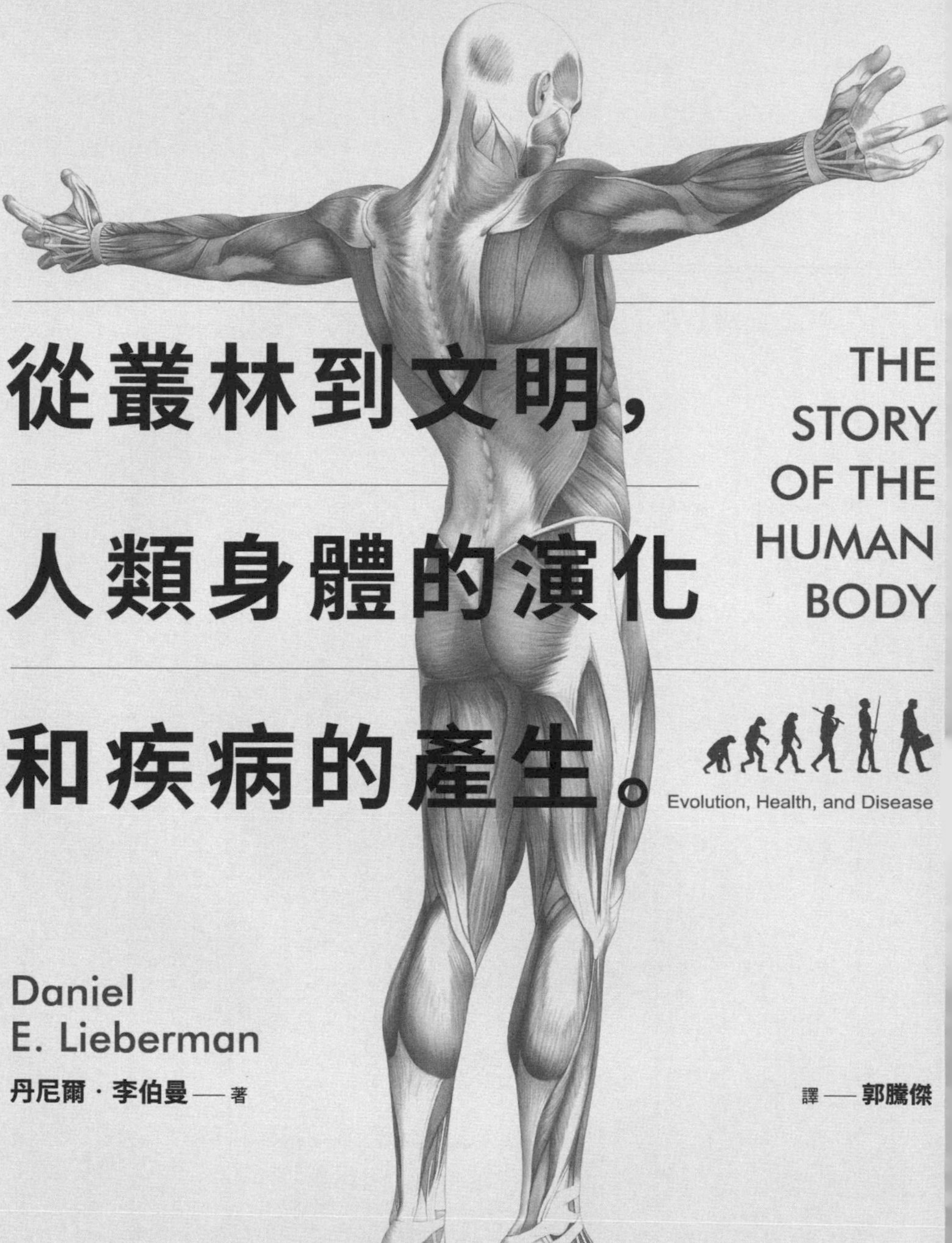

從叢林到文明，人類身體的演化和疾病的產生。

THE STORY OF THE HUMAN BODY

Evolution, Health, and Disease

Daniel E. Lieberman

丹尼爾・李伯曼——著

譯——郭騰傑

一場人類演化之旅

林秀嫚

《從叢林到文明，人類身體的演化和疾病的產生》一書依據演化的觀點來討論人類的演化，以及因應天擇與文化演化而於人類身上產生的一連串變化（從雙足行走、大腦發育、農業飲食、工業革命，以及文明病的發生），本書同時也強調能量於人類演化過程中的重要性。基於「我們這副代代相傳下來的軀體、我們創造的環境和我們有時做的決定，都串聯起來成為一個隱性的循環」，除了天擇對過去、現在和未來一樣重要，文化演化更是加重了新發明對當代與未來人類的影響。

本書主要分成三個部分在討論。第一部分的「猿與人類」在於闡述人類如何及為何從雙足行走發展至現今擁有高比例大腦的智人；第二部分的「農業文明與工業革命」描述了農耕傳播與工業革命對人類於正面及負面的影響；第三部分的「現在與未來」則描繪出過多能量與文化演化對人類健康所產生的種種影響。最後，作者丹尼爾．李伯曼以「較適者生存」提出幾個方法，期待以演化邏輯的觀點來改善現代文明病於人類身上的作用。

基於氣候變化，一連串的偶然事件使得最早的人類祖先發展出幾個演化適應，其中一項即為雙足行走。對應這個變化使得人體在結構也發生眾多的改變，如骨盆形狀變窄變寬、S形脊椎與足弓的形成、雙手解放。依據天擇，這種變化發生必定使早期人族從直立行走中得到優勢，如便於採集、節省體力，但是變化總是帶來新的可能，促進新的演化改變發生，因此，於雙足行走的優勢下，它同時也使早期人類失去速度。目前已知最早的人族為查德的沙赫人（*Sahelanthropus tchadensis*）與肯亞的圖根原人（*Orrorin tugenesis*）。他們與始祖地猿（*Ardipithecus ramidus*）或阿法南方古猿（*Australopithecus afarensis*）於腦容量、顱骨、手足等部位上都與猿猴（如黑猩猩）很像，但出於他們已經能夠兩腳直立行走，他們已被判定為早期人科。

大部分的早期人科化石也都有類似猿猴的臉和牙齒：頰齒較大而粗、口鼻部不明顯，這些特徵透露他們可能與猿猴擁有類似的飲食，換言之，他們多食成熟的水果，也能較有效地咀嚼粗硬的食物和植物莖葉。然而，從牙齒形狀、可能的食物類型，我們可以進一步推測早期人科於營養與擷取能量上所面臨的情形.而氣候變化與雙足行走等條件的加入，更使我們得知大概有六到七種南方猿會隨著所居住的多樣性生態環境調整飲食習慣與內容。

當冰河時期加速了狩獵和採集的演化，爪哇猿人（*Pithecanthropus erectus*）與北京猿人（*Sinanthropus pekinesis*）等直立人開始出現於早期人屬的行列之中。他們頸部以下的身材已與現代人非常相似，牙齒也僅比現代人稍大但雷同，不過，他們的腦容量介於南方古猿與現代人之間，而且頭顱上部長而扁平、後部格外突出。基於腦容量增加與狩獵採集時所需的能量，於食物攝取上，早期人屬已以肉類為主要飲食，也因此，早期人屬也有了食物分享、製作工具與食物加工等基本行為。

至此，人類於發展和維持身體機能上，人類投資的能量已超過猿猴，同時，我們也演化出幾乎是猿猴兩倍速率的繁衍能力。在古人屬（archaic *Homo*）改進投擲型武器與學習控制火源的同時，尼安德塔人緩慢地演化成目前最知名的古人屬。尼安德塔人與現代人乃兩支相近而發生過少量通婚的親戚，尼安德塔人的腦容量較現代人大（約一千五百立方公分），但他們的行為仍未現代化（如單純地埋葬死者、沒有藝術行為）。直至三十至二十萬年前，現代智人於非洲發展出來（百分之八十六的基因可見於任一智人的族群中）。整體而言，現代人與古人類身體的基本差異出現在頸部以上。

從智人出現以來，人類在生物層面就未再出現太顯著改變的演化，這不代表天擇已不再作用於現代人身上，因為天擇乃遺傳基因變異與繁殖成功率的差異兩者造成的結果，只是當今有一個更有影響的力量，它就是文化演化。文化演化改變了基因與環境間的交互關係。而農業革命就是文化演化的有力推手。農業常被視為老舊的生活方式，然而，從演化的觀點，農業是一種新近的生活方式。全球氣候變遷與人口壓力使得農耕於短時間內於世界各地發展出來，而相伴的遷徙則使得演化適應出現因太多、太少或太新的刺激而產生的失調疾病。農業飲食雖然促進食物增加，但它同時減少飲食的多樣性與品質，周期性糧食欠缺與饑荒更突顯出農業化飲食的缺點。除此之外，基於人口增加，衛生與傳染病等不良因素也是農業飲食下的附帶產品。

其後，科技變化和工業革命不期而遇，工業與科學革命的發生提高了醫學與衛生的發展，維他命的發現、X光等診療工具、麻醉技術的研發、以及橡膠製保險套等都是關鍵且附龐大商機的進展。但人體於工作時的體能活動度與工作外的體能活動度也伴隨改變。工業革命後的食品雖然更加美味而便宜且耐放，但其生產不僅影響環境與勞工健康，而食用這些含有大量微小粒子的加工食品所需消耗的能量更明顯降低。除此之外，工業革命也改變了我們的時間觀：日光燈、電視節目等，使我們於正常演化機制下就寢的時間，都還可以做其他事。然而，許多情形並非獨立事件，舉例來說，睡眠不足可以導致肥胖。

肥胖本身並非疾病，它導因於能量過剩，然而，過量的體脂肪將導致許多失調疾病。直到現代以前，大部分人長時間處於能量值為負的狀態，飢餓其實是常態。人類的演化史中，天擇使得人體得以獲得較多的體脂肪，因此，從靈長類的角度來看，包括骨瘦如柴的所有人類都相對較胖。基於人體本能就是會儲存大量脂肪，長期壓力與睡眠不足使得近代越來越多人變得越來越胖。

骨質疏鬆、氣喘或過敏等失調疾病可能都反應出需求相對能量的貧乏和失調。以骨質疏鬆症為例，單是攝取足量的維他命和鈣質並不足以預防或扭轉發病，我們還需使骨架有承受一定負荷的能力。而衛生假說（hygiene hypothesis）也指出定量的穢物才能發展出健康而正常的免疫系統。機能廢置或閒置所導致疾病的解決方案，絕非回到過去，畢竟許多近代與現代的發明使生活改善，但同時某些看似正常的舒適感一旦發展到極致，其實是有害的。

人類的演化之旅並未結束。我們遺傳得來的身體與所創造的新式環境之間最主要的產品就是失調疾病，因此，我們應該採用演化的觀點，多投資生物醫學研究與治療方式，並教育民眾需要的資訊及技巧，重新設計我們的環境，使大家可以戰勝原始欲望的動機，以便於充斥過量食物與省力裝置的環境中，做出有益健康的決定。

本書從演化的觀點來討論天擇對人體的影響、文化演化於人類生活環境及該環境對人體產生的一連串改變（特別是失調疾病）。以穿鞋子一事為例，不難看出作者丹尼爾・李伯曼不僅對人類赤足行走至人類利用鞋子的歷史非常清楚，也得以認識他對足部於解剖及其行走方式有深刻瞭解。想瞭解人類演化及演化（不論是天擇或文化演化）對人類的影響的讀者，千萬不要錯過這本書。

本文作者為國立臺灣史前文化博物館副研究員

前言

我和許多人一樣，對人體充滿好奇。一般人把對人體的興趣保留到晚上與週末，這點我和大家不一樣。我將研究人體當作志業。其實，我能在哈佛大學擔任教授是件非常幸運的事，在那邊我可以從事和人體知識相關的教學與研究，鑽研人體的道理，以及探討為何我們會長成今天的模樣。我的工作讓我什麼領域的知識都得碰一點。除了和學生合作外，我還研讀化石，也走訪世界各個角落觀察人們如何使用自己的身體，同時在實驗室研究人類和動物的身體是怎麼運作的。

和大多數教授一樣，我喜歡講話，也喜歡回答人們的問題。但我常被問到的問題中，最可怕的莫過於：「人類未來看起來會是什麼樣子？」這個問題讓我很感冒！我是人類生物演化學教授，也就是說我專攻的是關於人體過去的事情，而非未來。這個問題讓我想到庸俗科幻電影裡描繪的未來人類，有著巨大的腦容量、蒼白短小的身軀，還有閃亮的衣著。我可不是預言家。我當時直覺地回答：「由於文化因素，人類的演化變慢了。」通常被問到此類問題，我的教授同事也都採用這類標準回應。

但後來，我看法變了，我開始認定人體的未來是我們不得不去思考的關鍵議題之一。我們活在一個充滿矛盾的時代，對我們的身體來說，現代生活環境尤其矛盾。一方面，這個世代可能是人類史上最健康的一代。如果你住在先進國家，你可以合理期待你的子孫後代活過童年，直到老態龍鍾，變成父母和祖父母。我們克服，或者說戰勝了許多以往殺人無數的疾病：天花、小兒痲痺，還有瘟疫。人們長得越來越高，而以往對生命構成威脅的狀況如盲腸炎、痢疾、斷腿或貧血，都能輕易被治癒。可以確信的是，許多國家仍有許多人苦於營養不良與疾病的問題，但這些災禍常是肇因於腐敗的政府和社會的不公義，而非缺少食物或醫療知識。

另一方面來看，我們其實過得不算好，也就是說我們正面臨不少問題：肥胖、慢性病、可預防疾病和身體殘疾正席捲全球。所謂可預防疾病的類型很多，如特定幾種癌症、第二型糖尿病、骨質疏鬆、心臟病、中風、腎病、某些過敏、失智症、憂鬱症、焦慮、失眠，還有其他疾病。全球甚至還有幾十億人被各種疾患折磨，如下背痛、足弓下陷（又稱扁平足）、足底筋膜炎、近視、關節炎、便祕、胃酸逆流、腸躁症。有的疾患歷史悠久，但也有許多新的疾患是最近才在人類世界猛然地肆虐開來。某種程度上，因為人們活得更長，這些疾病就越來越猖獗，且多發於中年人。這些疾病的普遍不只導致許多人的痛苦，也造成經濟衰退。隨著嬰兒潮世代退休，他們的慢性病增加了醫療體系的壓力，也扼殺了經濟成長。此外，占卜水晶球裡預示的未來畫面看起來不太樂觀，因為這些疾病正流行肆虐，眼看就要蔓延整個地球。

我們面臨的健康挑戰，使全球的父母、醫生、病人、政治人物、記者、研究人員和其他人開啟了密集的全球對話。主要焦點集中在肥胖。為什麼人們越來越肥？我們該如何減肥並改善飲食？我們要如何預防小孩過重？我們又該如何鼓勵他們運動？因為病人需要得到幫助，針對日益普遍的非傳染性疾病，其新醫療措施也得到越來越多關注；我們該如何治療且治癒癌症、心臟病、糖尿病、骨質疏鬆，還有其他可能殺了我們和我們摯愛的人的疾病？

當醫生、病人、研究人員和父母正在激辯與鑽研這些健康問題時，我想一定鮮少有人想到遠古非洲叢林，我們的祖先們曾在那裡學會站立且變得和猿猴不同。他們極少想到露西（Lucy）或尼安德塔人，就算想到了演化，通常也只是承認人類過去曾是原始人（先不論這個詞代表什麼意思）。顯而易見的事實是我們曾是原始人，但這可能也正意謂著我們的身體對現代生活方式適應不良。不過，一個有心臟病的病人應該要立刻進行急救，而非去上一堂人類演化課。

如果我得了心臟病，我也會要我的醫生把重點放在我的緊急病況而非人類演化。然而，這本書揭櫫的是，社會普遍忽略人類演化，正是我們無法抵禦可預防疾病的主因。我們的身體寫著一個故事，還是一個演化的故事，而且至關重要。舉個例子來說，演化解釋了我們的身體為什麼是現在這個樣子，並提供我們一些避免生病的線索。為什麼我們那麼容易發胖？為什麼我們有時吃東西會噎到？為什麼我們腳背的足弓會是平的？為什麼我們的背會痛？思考人體演化的故事，是要幫助理解我們的身體適應什麼，以及不適應什麼。這問題很棘手，答案也違反直覺，但有著深厚的蘊含，可以告訴我們疾病和健康從何而來，並瞭解為什麼有時病痛會自然地造訪我們的身體。最後，研究人體最迫切的原因，我想是人體的故事尚未告終。我們還在演化中。但現在，演化最有利的形式不是達爾文所描述的那種生物的演化，而是文化的演變。藉由文化的演變，我們將新思維和行為發揚、傳承給我們的孩子、朋友和其他人。這些新穎的行為當中，特別是我們吃的食物，以及我們從事的活動，這些才是致使我們生病的原因。

人類的演化相當有趣又好玩，而且深具啟發性，這本書裡面有許多段落探索著我們身體精彩的演化歷程。我也試著強調農業、工業化和醫療科學等領域進步所帶來的福音，這些進展讓我們成為目前人類歷史上最好的一代。但我並不是如潘格羅士❖那樣的樂觀主義者，而且既然我們的挑戰是要過得更好，最後幾章就要把重點放在我們如何以及為何生病。如果讓托爾斯泰來寫這本書，他也許會寫：「所有健康的身體都是相似的，而所有不健康的身體則各有不同。❖」

這本書的核心：人類演化、健康和疾病，是巨大又複雜的主題。我已竭盡全力保持資料、解釋和論點的淺顯與精確，不讓它們顯得無聊，也試著不迴避一些關鍵疾病議題，特別像乳癌或糖尿病這類嚴重的疾病。我加入包含網站在內的許多參考資料，讓讀者可以自行深究。另外，該如何在深度與廣度之間找到正確的平衡，則相當困難。為什麼我們的身體成了現在這個樣子？這真是大哉問，畢竟我們的身體是如此複雜。因此我只著重在幾個方面，如涉及飲食和身體活動的幾個面向。每個主題背後，至少還有其他十個相關主題是本書沒有涵蓋到的。這個警告也適用於最後一章，其中我只重點選擇了一些疾病作為大問題的範例。而且，這個領域的研究日新月異，我的某些結論，有一天將無可避免地成為落伍之詞。我在此先致上歉意。

最後，我用我的一些想法短短地結束這本書。這些想法都是如何從人體過去的故事中學到教訓，以古鑑今。我先透露我的主要論點，並總結一下：我們並沒有在演化中變得更健康，但我們卻因天擇而在各種不同的艱難情況中擁有越來越多後代。結果是，在演化的過程中，我們從未在物質豐裕和舒適的情況下，理性選擇飲食與運動方式。更重要的是，我們這副代代相傳下來的軀體、我們創造的環境和我們有時做的決定，都串聯起來成為一個隱性的循環。我們的祖先照著演化的邏輯傳宗接代，但我們的身體卻只能笨拙地適應演化的改變，這樣的適應不良使我們染上慢性疾病。不僅如此，我們也把這這副在演化過程中適應不良的身軀傳給下一代，使他們也染病。如果想要遏止這個惡性循環，我們需要仔細推敲應對之道，有時還得強迫自己只攝取增進身體健康的食物，並加強身體機能。這些應變措施，當然也算是我們演化出來的生存之道。

❖譯註1：潘格羅士（Pangloss）是法國諷刺小說《憨第德》中的一個角色。作者是啟蒙運動哲學家伏爾泰。潘格羅士可說是萊布尼茨式樂觀主義的代表人物。

❖譯註2：托爾斯泰曾在小說《安娜卡列尼亞》寫道「所有幸福的家庭都是相似的，而每個不幸的家庭則各自有各自的辛酸。」

目錄

Part II

農業與工業革命

Part III

現在與未來

第一章

人類演化是為了適應什麼？

如果我們展開一場過去與現在的爭執，
那我們將發現我們已經失去了未來。
——溫斯頓．邱吉爾 Winston Churchill

你是否曾聽說過，二〇一二年在佛羅里達的坦帕市召開共和黨全國大會時，有隻登上花邊新聞的「神祕猴」（Mystery Monkey）？我們在討論的這隻猴子是一隻脫逃的獼猴，牠長達三年以拾荒維生，在垃圾箱和街上的垃圾桶獲取食物，還會閃躲汽車，聰明地逃過捕捉，讓野生動物保護官相當沮喪。於是，牠成了地方傳奇。政客和媒體自然蜂擁而上，一窩蜂湧入坦帕市會場，「神祕猴」也瞬間紅遍世界。機靈的政客，自然不會放過這個機會，用猴子的故事宣揚自己的理念。民主黨員一片歡天喜地，認為猴子一再逃脫象徵人類的本性，人（與猴子）一樣嚮往自由，對侵犯自由的行為也一樣厭惡。共和黨員則將多年來屢捉不到猴子的事件解讀為是政府的揮霍無度、空轉無能。記者當然也不落人後，大肆報導神祕猴的故事和可能捕獲牠的人，並將這兩者和城裡其他的政治馬戲團揶揄一番。人們則單純對這隻獨居在佛羅里達州郊區的獼猴感到好奇，想知道牠平常到底在做什麼，特別是因為這獼猴顯然不屬於這個地方。

作為一個生物學家和人類學家，我用另一種角度來檢視「神祕猴」：對我而言，牠象徵人類如何看待自己處在大自然的什麼位置，而人類的看法十分矛盾，這更凸顯了我們對演化的天真無知。從這點來看，這隻猴子也是其他動物的縮影，說明了牠們就算在物種理當無法適應的地方，還是能安然無恙地存活下來。獼猴在南亞歷經演化，牠們採食各種食物的能力，讓牠們在草地、林地，甚至是山區等環境都能棲息。在村莊、城鎮和都市裡，牠們也都能繁衍，但人類通常選擇將牠們帶往實驗室。這樣看來這故事一點也不讓人意外，神祕猴的天賦讓牠靠著坦帕市的垃圾堆生存下來。但是，若我們認定這隻野生放養的猴子絕不可能活在佛羅里達州內，只凸顯了我們對自身處境理解的貧乏。從演化的觀點來看，猴子出現在坦帕市，和數量龐大的人類出現在各大城市、郊區或其他先進的環境中一樣，一點也不奇怪。

你我和神祕猴沒有兩樣，都生存在一個遠離大自然的環境。超過六百個世代以前，狩獵採集者隨處可見，人人依賴採集維生。在漫長的演化時序裡，從採集時代到近代，也不過是一眨眼的時間，你的祖先開始群居，一群不超過五十人。他們規律地從一個營地移動到另一個營地，透過漁獵和採集植物獲取糧食維生。即使是農業社會開始的一萬年前，許多農夫還住在小鄉村，每天靠勞力自給自足，從未想過今天像佛州坦帕市那樣的地方會隨處可見，人們將汽車、廁所、空調、手機視為理所當然，遑論取之不盡的精緻食品和高熱量食物了。

我很遺憾地在此向各位報告，「神祕猴」已在二〇一二年十月被捕獲。但我們是否需要擔心今日的多數人類，正像神祕猴一樣，在一個全新且身體原本不適應的環境中生活？從許多方面來看，答案是「幾乎不用」。畢竟二十一世紀後，人類生活平均來說相當富足，而且整體上，特別歸功於過去幾個世代在社會、醫療和科技發展的進步，我們人類仍茁壯繁衍。地球人口已超過七十億人，這當中有相當多的人和他們的下一代，平均壽命都在七十歲以上。即使是普遍貧窮的國家，也有長足的進步：比如一九七〇年印度人的平均壽命仍低於五十歲，但時至今日已有六十五歲[1]。有數十億人會活得更久、長得更高，甚至比過去大多數的王公貴族享受更多舒適。

儘管前景看似樂觀，但我們還可以更好。而且，我們有足夠理由擔憂人體的未來。除了氣候變遷帶來的潛在威脅外，巨大的人口爆炸伴隨流行病的轉型，正朝我們襲來。越來越多人活得更久，越少人因染病或飢餓早逝，但是受慢性病和非傳染病之苦的中老年病患則呈指數上升。這在過去相當少見也難以預見[2]。同時肇因於財富，先進國家如英國與美國的成人中，虛弱體格與過重的比例飆升，預示著未來幾十年內這類人口將有數以百萬計。不佳的體格與超重的體重換來的代價就是心臟病、中風、各種癌症，以及一堆慢性病：如第二型糖尿病和骨質疏鬆症。各種形式的殘疾也以惱人的方式改變全球的人，如過敏、氣喘、近視、失眠、扁平足，以及其他問題。簡而言之，低死亡率其實正被高罹病率（不健康）給取代。某種程度上，這個轉變正是因為越來越少人因傳染病早逝，但千萬別被搞混，認為日益好發於老年人的疾病，單純只是因為病人上了年紀[3]。每個年代的發病率和死亡率都和生活方式有絕對關聯。

四十五到七十九歲間的男女，如果有固定運動的習慣、攝取足夠蔬果、不吸菸且飲酒節制，在幾年內平均死亡機率是沒有上述習慣的四分之一[4]。

慢性疾病如此普遍，這不只意謂著痛苦的擴大，也代表無比龐大的醫療支出。在美國，每年平均每人有超過八千美金花費在醫療照護開銷上，將近國內生產毛額的百分之十八[5]。這些錢當中，很大一部分花在治療可預防疾病，如第二型糖尿病和心臟病。其他國家的醫療開銷沒有那麼巨大，但也以令人憂心的速度上升（如法國，現在醫療照護開銷占國內生產毛額的百分之十二）。當中國、印度和其他開發中國家變得更富裕，它們會如何應付這些疾病和相關開支？事實很清楚了，我們需要降低醫療照護支出，發展出新的、廉價的治療方式，提供當前與未來數以億萬計的病人。與其如此，是不是應該要提早預防？但要怎麼做？

讓我們回頭再看一次神祕猴的故事。如果大家都認為這隻猴子應當離開坦帕市這個異鄉，那人類是否也應該被從城市中解放出來，因為我們身體本來就比較適應大自然環境。雖然人類和獼猴一樣，都能克服巨大的環境差異，生存下來並進行繁衍（包含郊區和實驗室），但如果我們像遠古的祖先一樣，吃著同樣的食物、進行同樣的活動，就會變得更健康嗎？演化的過程中，人類先以狩獵採集的方式適應生存，而非以農夫、工廠工人或是白領階級的角色，這邏輯啟發了一股「摩登原始人」的熱潮。這股熱潮的追隨者主張，按照石器時代祖先的飲食和作息方式過活，人會過得更健康、更快樂。第一步可以是「史前飲食」（paleodiet）：多吃肉（當然是指草食動物的肉）、堅果、水果、種子，以及多葉植物，並捨棄所有由醣類和澱粉製成的加工食物。可是如果你要玩真的，那就只攝取蟲類，完全不碰穀類食品、乳製品，或任何油炸物。你也可以在日常生活中多從事「史前活動」（paleolithic activities），如每天奔跑或步行十公里（六・二英里）、爬幾棵樹、追追公園內的松鼠、丟丟石頭，或是盡量不要坐椅子，還有睡覺時用一塊板子取代床墊。可話又說回來，提倡原始生活方式的人，可沒鼓勵你辭掉工作，搬到喀拉哈里沙漠，也沒有慫恿你放棄現代便利的生活機能，如廁所、汽車和網路（要用部落格分享你的石器生活心得給同好的話，怎少得了網路）。他們提倡的是，我們應當重新思考如何使用自己的身體，特別是吃什麼以及怎麼運動。

但他們說的對嗎？如果史前生活方式真的那麼健康，為什麼改用這方式生活的人仍然是少數呢？這種生活方式的缺點又是什麼？我們該吃些什麼食物、從事哪些活動，革除哪些壞習慣？儘管從演化的觀點來看，人類顯然適應不了大吃垃圾食物、成天坐躺在椅子上，但我們祖先的演化當然也不是為了鼓勵我們食用居家豢養的動植物、看書、服用抗生素、喝咖啡，然後又得赤腳在滿是碎玻璃的街上奔跑。

本書的核心正是為了呼應這些議題，並提出一個更原始根本的問題：**人體演化是為了適應什麼？**

這是個艱深又充滿挑戰的問題，要用多種研究方針來探索。其中一個方式，是探索人體的演化故事。我們的身體為什麼演化成現在這個樣子，而且又是怎麼演化而來的？我們經由演化後能吃的食物有哪些？經由演化後，哪些活動是我們能做的？為什麼我們有較大的腦容量、弓起的腳背，還有其他醒目的特徵，且沒有毛皮？從這本書裡我們將會瞭解到，這些問題的答案相當有趣，有些仍是假設，有的則違反直觀。首先，我們得思考什麼叫做「演化適應」（adaption），這是一個比較深刻且棘手的問題。事實上，要定義和實踐演化適應的概念，真不是簡單的事。原因很簡單，我們經過演化而開始食用某些食物，或進行某些活動，這不表示這些東西對我們有益，或其他食物和活動對我們無益。因此，在我們開始講人體的故事前，讓我們先想想天擇理論如何產生「演化適應」的概念，以及「適應」這個詞的真正意涵，還有天擇說如何讓我們更瞭解今日的人體。

天擇如何進行？

就像性的議題一樣，演化論也同樣敏感，特別在創造論者的社群裡，有些人認為這是危險、不應該讓小孩知道的概念。不過，縱使演化引起很多爭辯及堅決反對的意見，演化的存在與否仍不應該有爭議。演化不過就是一種生物隨著時間變化的狀態罷了。即使是死忠的創造論者，也承認地球和地球上的物種不會都一直是同一個樣子。當一八九五年達爾文出版《物種起源》（*Origin of Species*）一書後，科學家已經意識到高地上找到的貝殼和海生化石，是海洋板塊被擠壓後形成的。猛瑪象和其他絕種動物的化石被發現後，也能證明世界經歷徹底的改變。達爾文演化論的激進之處，在於他的論述合理得令人心碎，以及他解釋了演化如何透過天擇且未經由任何媒介來觸發[6]。

其實，天擇不過就是個非常簡單的過程，是下面三種常見現象的綜合結果。第一個是**變異**（variation）：同樣的物種中，每個生命體都有所不同。你的家人、鄰居，和其他人類，他們的體重、腿長、鼻型、個性等等皆有不同。第二個現象是**基因遺傳**（genetic heritability）：上一代將基因遺傳給他們的後代，某些變異因此被帶至族群中。你的體重遠比個性容易被遺傳；至於你說的語言，從基因的角度來看，完全沒有可以遺傳下去的根據。第三個，同時也是最後一個現象，就是**繁殖成功率的差異**（differential reproductive success）：所有的生命體（包括人類），在繁衍後代的數量上是有所差異的，而這裡的後代指的是能生存下來並繼續繁衍下一代的個體。繁殖成功率的差異常常看似無關緊要，而且差異的規模不大（譬如我哥生的小孩比我多一個）。但當個體都在競爭以求生存和繁衍時，這差異就會變得非常顯著。每年冬天，我家附近大概有百分之三十到四十的松鼠死掉，這比率和饑荒、瘟疫來襲時人類的死亡率差不多。西元一三四八年至一三五〇年，黑死病肆虐，摧殘了歐洲三分之一的人口。

你若同意變異、遺傳與繁殖成功率的差異是存在的，那麼你一定得接受天擇會發生，因為上述現象綜合起來，所形成無可避免的後果就是天擇。不管你喜不喜歡，天擇就是會發生。正確地說，在一個族群中，一個個體只要有可遺傳的變異能讓自己擁有比其他個體還多的存活後代，天擇就會發生（換句話說，他們的健康程度也各有不同）[7]。當生命體遺傳了稀少、有害的變異時，天擇的發生最為常見且明顯，如阻礙個體生存和繁衍的血友病（製造血凝塊功能不足）。這類特徵較不可能傳至下一代，因此也漸漸從族群中消失。這類的篩選被稱為「負選擇」（negative selection），也常導致一個族群在一段時間後仍維持現狀、缺乏改變。不過，「正選擇」（positive selection）偶爾也會在生命體湊巧繼承了一個新的、可遺傳的演化適應特徵後發生，畢竟這個適應能幫助個體比其他競爭者更適合生存和繁衍。這些適應性特徵，很自然地逐代遞增，時間一久導致了改變。

乍看之下，演化適應不過就是個簡單的概念，照理說也應該可以用在人類、神祕猴以及其他生物身上。如果，有一個物種演化了，而且我們假定牠「適應」了某種特殊的飲食或棲息地，那麼理論上該物種的成員最好是能待在已經適應了的棲息地，並維持這類飲食。舉例來說，我們認為獅子的演化其實並不能適應溫帶森林、荒島或動物園等環境，獅子適應的環境是熱帶莽原。獅子完全適應也最適合的環境是賽倫蓋提草原（Serengeti，位於坦尚尼亞），若以同樣的邏輯來看，那人類不就最適合以狩獵採集者的方式生活？很多理由指出，這個問題的答案「並不如此簡單」。而思考這個問題，可以一探人體過去的演化故事和未來的種種脈絡。

棘手的演化適應概念

你體內明顯有千萬種演化適應的結果。你的汗腺幫你冷卻身體，你的頭腦助你思考，你的腸道酵酶則幫助你消化。這些特徵都是演化適應而來。這些特徵對人類很有幫助，而且是天擇造成的，繼承這些特徵自然有助提升人類生存與繁殖的機會。人們通常都把這些當作理所當然，而這些特徵的價值，也只有在人們身體機能出問題時才能得到彰顯。舉例來說，你可能覺得耳屎既無用又討厭，但耳屎對你可是貢獻良多，因為耳屎可以防止你的耳朵受到感染。但並非所有的身體特徵都是演化的成果（比如說，我就想不到酒渦、鼻毛或打呵欠的頻率有什麼用處），而且許多演化適應都以違反直覺或無法預測的方式運作著。要領會我們究竟適應什麼，就要找出那些真正的演化適應特徵，並解讀其相關性——雖然，說的還是比做的容易。

我們首要任務自然是找出哪些特徵才算演化適應特徵，以及為什麼。想想你的基因體（genome），是由三十億個分子對（molecules，被稱為鹼基對）組成的序列，大約兩萬多個基因就是以分子對排序。你生命的每一瞬間，身體裡有上千個細胞忙著複製這幾十億個鹼基對，每次都精確無誤。我們可以做出這樣的推論：這幾十億個遺傳密碼都是重要的演化適應。但我們又發現，亙古的時光中，有些基因體的功能不知怎地增加或消失了，因此基因體中竟有近三分之一沒有明確功能[8]。你的表現型（phenotype，即你的可辨特徵，如眼球顏色、闌尾大小）包含那些曾經扮演重要角色，但現已不再重要的特徵，還有一些特徵單純只是人類成長過程中的副產品[9]。你的智齒（如果還在的話）之所以存在，是由於遺傳；而它們對你生存和繁衍能力的影響程度，和具雙重關節的拇指、緊貼臉頰的耳垂、男性的乳頭等特徵一樣，其實影響相當微小。因此，假定所有的特徵都從演化適應而來，是錯誤的。更進一步說，用「啊，這就是演化」打發一切問題很容易（還有一個荒謬的說法：鼻梁的演化是為了支撐眼鏡鼻墊），但嚴謹的科學需要好好檢測這些特徵是否真的是演化適應[10]。

雖然演化適應沒有你想的那麼普遍，也沒有你想的那麼容易認出，但你的身體卻已承載了這些從演化適應而來的特徵，但這些特徵如何真正具有「適應性」（adaptive）（也就是說，增進個體的生存與繁殖能力），常視情況而有不同。這就是達爾文在他那廣為人知的小獵犬號（Beagle）環遊世界之旅中，所得到的靈感之一。達爾文在結束旅程回到倫敦後推斷，加拉巴哥群島燕雀的嘴型變異，是為了吃不同類型的食物所發生的演化適應。在潮溼的季節，較長又細的鳥嘴可使燕雀吃到比較理想的食物，如仙人掌果實和蟲蝨；而在乾季，短又粗的鳥嘴才易於讓燕雀吃到較不理想的食物，如又硬又不太營養的種子[11]。鳥嘴形狀是可被基因遺傳的，同時又在族群中發生變化，所以加拉巴哥燕雀的嘴形特徵是受到天擇的影響。降雨規律隨季節和年度而有變化，長嘴燕雀在乾季就只能繁衍比較少的後代，短嘴燕雀在溼季繁衍的後代也相對較少，導致了長短嘴燕雀百分比的變化。同樣的過程也適用於其他物種，包括人類。許多人類特徵的變異如身高、鼻型和消化特定食物的能力（如牛奶），都是遺傳的且是從特定族群中的演化而來，通常是由於某些外在環境條件導致演化適應的特徵形成。譬如說，光滑的皮膚雖無法抵抗炙熱的艷陽，卻是一種協助皮下細胞的演化適應，以讓在溫帶棲息的人類，能在冬季的低紫外線照射環境中，合成足夠的維他命D[12]。

如果演化適應依情況而有不同，那麼怎樣的情況會造成改變呢？談到這裡，有一些事情不免會變得更複雜些。既然演化適應的定義是「協助你比你族群中的別人擁有更多的後代」，也就是說當你所擁有存活下來的後代數量可能改變時，演化適應的天擇將最有影響力。直接地說，適應的特徵在艱難的環境下，演化得最快。舉個例子。六百萬年前，你的祖先大多吃水果，但這不等於他們的牙齒能適應咀嚼無花果和葡萄。如果發生罕見、嚴重的旱災，讓水果變得稀少，有較粗臼齒的人可以咀嚼較不理想的食物，如粗韌的根、莖，和葉子。這種人將有較強的天擇優勢。同理，貪食並渴求蛋糕和起司漢堡這類高熱量食物，結果積存過多的卡路里，在今天這個物資取用不盡的時代也是一種錯誤的適應性。但在過去那個物資貧乏的時代，這可是非常有利於存活的。

所謂魚與熊掌不能兼得，演化適應特徵在某些環境下有優勢，但在另一種環境下卻有抵銷它的劣勢。而且當條件無可避免地改變時，變異所帶來相對應的得失也會跟著情況而改變。粗嘴的加拉巴哥燕雀無法有效食用仙人掌，細嘴的燕雀則無法有效食用堅硬的種子，嘴型適中的燕雀兩種食物都沒有辦法有效攝取。短腿的人類在嚴寒氣候有容易保暖的優勢，但不利於有效率地長途步行或奔跑。這和其他演化適應特徵的優劣折衷結果一樣，都代表一個事實：由於環境不斷改變，天擇鮮少完美。降雨量、溫度、食物、獵食者、獵物，以及其他種種隨季節、年度改變的因素，或是長期的變化，每個特徵的適應值也會隨之改變。每個個體的適應特徵，也是在無盡的變化和調合下，一個個不完美的產物。天擇不斷地推動生命體往最優化的方向前進，但這個最優化的狀態幾乎不可能達到。

完美也許無法獲致，但身體卻能在各種全然不同的環境下良好地運作。因為演化累積的身體適應特徵就像你可能會想要添購新的廚房用具、書本、小物和衣服一樣，你的身體就是幾百萬年累積下來的一堆適應特徵。這個混雜效應可比作羊皮複寫紙：一張被寫過不只一次且不只一層的古老的手寫稿，承載了許多文字，這些文字開始混雜在一起，比較不清楚的字跡則開始褪色。身體就好比一張羊皮複寫紙：各種相關的演化適應有時互相牴觸，但有時候又能協作順暢，幫助你適應各種不同狀況。想想你的飲食。因為人類從猩猩演化而來，而猩猩主要攝取的食物又是水果，我們的牙齒因而非常適合咀嚼水果，卻完全拿生肉沒辦法，尤其是乾硬的野味。我們演化適應的特徵還包括製作石具的能力，這石具可供我們烹飪並咀嚼肉類、椰子、蕁麻，以及其他所有無毒食物。多重演化適應的交錯，有時造成了調合。後面的章節我們會討論，人類演化成適應直立步行和奔跑，但無法快速衝刺和靈活攀爬的原因。

關於演化適應的最後一點、也是最重要的一點，同時更是一項重要警告：沒有生命體一開始就是健康、長壽、快樂的樣貌，或像人類一樣渴望達到各種目標。稍微再提醒一下大家：演化適應是天擇所形塑的各種特徵，提升宗族繁衍的成功率（和健康）。結果，演化適應的確促進了健康、長壽和快樂，**但前提僅限於這些特質可促進個體繁衍更多存活後代**。回到先前談過的主題，人類演化成易發胖體質，並非由於發胖讓我們健康，而是易胖體質有助於繁殖。同理，我們這個物種擁有了擔憂、焦躁、感到壓力的特質，也導致更多不幸和不快樂，但這些特質卻正是遠古留下的演化適應，使我們避開或處理危險的情況。經過演化後，我們除了會合作、溝通、創新、養育後代，但也學會了欺騙、偷竊、說謊，以及殺人。至少要釐清的是，許多人類的演化適應不必然是為了促進生理或心理的健康。

總之，要試著回答「人類演化是為了適應什麼？」這問題，答案會是很弔詭的，因為它既簡單又充滿遐想。一方面，最基本的答案當然是為了擁有兒女、孫兒和曾孫兒，而且越多越好！另一方面，我們的身體如何將各種特質傳遞給下一代，是非常複雜的。由於每個人歷經繁複的演化歷史，你能適應不只一種飲食方式、居住地點、社會環境，或是運動規律。從演化的角度來看，沒有「最理想的健康狀態」這種事情。結果便是，人類有時可以在全新的條件中生存下來，儘管那並非我們經過演化而能適應的環境——恰似我們的好朋友「神祕猴」進了佛羅里達郊區這個大觀園。

如果演化無法讓我們輕易找出最理想的健康狀態和疾病的預防方式，那為什麼每個關心健康的人都必須思考人類演化的過程呢？猩猩、尼安德塔人，還有舊石器時代的農人，和你的身體有什麼關聯？我能想出兩個關鍵的答案，一個包含在過去的演化，另一個則影響了現在和未來的演化。

人類演化史為什麼很重要？

每個人和每個人體都有故事。事實上，你的身體就有許多故事。其中一個故事是你的人生故事，也就是傳記：你的父母是誰、他們怎麼認識的，還有你成長的地方、你的身體又經歷過多少滄桑而成了現在的樣子。另一個故事是演化的故事：幾百萬年下來，漫長的一連串事件在你的每一代祖先身上留下痕跡，將你的身體變得不同於直立人（*Homo erectus*），不同於魚類及果蠅[13]。這兩個故事都值得我們多加瞭解，且包含我們熟悉的元素：角色（公認的英雄或壞蛋）、場景、機緣、勝利和磨難[14]。同樣地，這兩個故事也都能以科學的方法來剖析，透過設定假說，再從更多的事實和假設來質疑和修正假說。

人體的演化歷史就是一段有趣的奇譚。其中一個最寶貴的教訓是，我們並非捨我其誰的物種：只要環境曾出現過一點點些微的變化，我們就不會是今天這個樣子（或很可能根本就不存在）。但對許多人而言，講述和測試人體的故事主要原因，是搞清楚我們為何成為現在這個樣子。為什麼我們擁有龐大的腦容量、長腿、特別顯眼的小腹和其他怪癖？為什麼我們用雙腿行走，也用語言溝通？為什麼我們人類很常合作，還會烹煮自己的食物？去思考人體演化，有一個密切相關且緊急實際的理由，就是為了評價我們適應什麼、不適應什麼，並理解我們生病的原因。反過來說，評斷我們生病的理由，是防治和治療疾病的重要依據。

為了領會這個邏輯，請試著想想第二型糖尿病的例子——它是一種完全可以預防的疾病，卻在當今世界各地橫行。這項疾病讓你身體中所有的細胞對胰島素通通停止反應。胰島素是一種賀爾蒙，從血液的流動中將糖分運出，儲存為脂肪。當細胞對胰島素不再有反應，身體開始像個損壞的暖氣系統，無法將暖氣從火爐送到整棟房子，結果導致火爐過熱，整棟房子卻冷得結冰。身體罹患糖尿病時，血糖濃度會不斷上升，結果是刺激胰臟產生更多胰島素，但效果十分有限。過了幾年，疲勞的胰臟已無法生產足夠的胰島素，血糖濃度也始終居高不下。過多的血糖帶有毒性，會導致嚴重健康問題，終至死亡。幸虧醫學已有長足進步，能夠早期發現症狀並加以治療，讓幾百萬糖尿病患者可以多活幾十年。

乍看之下，人體演化的歷史和治療第二型糖尿病患並無關聯。因為這些病患需要的是緊急且昂貴的照護，上千名科學家開始研究這項疾病的因果機制：為何肥胖使得特定細胞反抗胰島素？胰臟中生產胰島素的細胞過勞的話，會如何停止反應？以及特定的基因如何使得某些人染病而其他的人則不會？這種研究可以促進治療，讓治療手段變得更完善。那要如何提早預防這項疾病呢？要預防一種疾病或其他複雜的健康問題，不只要理解它產生原因和類似的機制，還要深究根源。比如說：疾病為什麼會發生？以第二型糖尿病來說，為何人類這麼容易罹患此病？為什麼我們的身體，如此拙於應付當代生活方式，因此增加引發第二型糖尿病的風險？為什麼我們無法鼓勵大家吃更多健康的食物，更勤於運動，好預防這個疾病？

為了要回應這些問題，還有更多的「為什麼」，我們得好好審視人體演化的歷史。「生物學的一切，如果不用演化的觀點來看的話，看不出道理。」[15]關於演化的定律，最生動的描述莫過於基因學先驅多布然斯基（Theodosius Dobzhansky）的這句名言。為什麼呢？因為生命的初衷，莫過於生命體在生命過程中使用精力製造更多生命體。因此若你想知道你的長相為何如此、身體如何運作，以及生病的方式為何不同於你祖父母、鄰居和神祕猴，你需要知道生物歷史——也就是那個漫長的連鎖過程中，你、你的鄰居和神祕猴是怎麼成為各自不同的生物。

這個故事的許多重要細節，會追溯到很多很多代以前。你身體中各種演化適應，是天擇的成果，幫助你無數前世的祖先存活下來並繁衍後代。不只有狩獵採集者，連魚類、猴子、猿猴、南方古猿，和近代的農人都是。這些演化適應解釋並限制了你身體平時運作的模式，像是消化、思考、繁衍、睡眠、行走、奔跑等等。於是，思考身體的漫長演化歷史，有助於瞭解某些你身體不能適應或適應不良的狀況，而這些常常是導致你生病或受傷的原因。

回到原先的問題：為什麼人類會罹患第二型糖尿病？答案不只有細胞和基因機制加速誘發疾病；進一步地說，糖尿病是一種仍在發展的疾病，因為人體就像那些被豢養的靈長類動物，原先物種適應的環境條件和現在很不同，而物種其實很不能適應現代飲食和缺乏運動的情況[16]。幾百萬年前的演化幫了遠古祖先可以得到夢寐以求的高熱量食物，包含簡單碳水化合物如糖分（以前是很缺乏的），過多的熱量則會快速累積成脂肪。此外，就算你的遠古祖先有機會遊手好閒、終日飽食甜甜圈和汽水，最後得了糖尿病，那也絕非多數。對於近代的疾病，如糖尿病、動脈硬化、骨質疏鬆症和近視，我們的祖先顯然沒有經歷過這些疾病的天擇演化，以及發病後的適應。許多人體特徵在環境中會有適應性，使人類在當下的環境能夠演化並適應。但在我們現在創造的環境中，這些特徵的適應性已經大為降低。這個想法又被稱為失調假說（mismatch hypothesis），是演化藥物學科的新興領域，也能將演化生物學用於解讀健康和疾病[17]。

這個失調假說是本書第二部分的重點。但若要搞懂哪種疾病的產生才是由演化失調造成，則需要抽絲剝繭，更深入理解人體演化。有些簡易的失調假則提出，由於人類演化成為狩獵採集者，我們因而優化適應了狩獵採集者的生活方式。這個想法會導致我們天真地以為，只觀察喀拉哈里沙漠的布希曼人（Bushmen）或阿拉斯加的依紐特人（Inuit）其飲食和行為，就能當作是狩獵採集者的生活守則。這想法存在一個問題，就是狩獵採集者自己也並非始終健康，而且因為他們居住的環境範圍廣大，沙漠、雨林、林地和極地圈都是生活範圍，這也使他們的生活方式很多變。狩獵採集者並沒有一個刻版且理想的生活方式。更重要的是，如上所述，天擇並不必然讓狩獵採集者（或任何生物）變得健康，卻盡可能讓我們擁有越多得以繁衍後代的兒女。人類的身體（包含狩獵採集者的身體）就像羊皮複寫紙，演化適應像上面的文字被承載、累積下來，並代代相傳。我們的祖先在成為狩獵採集者前，是像猿猴一樣的雙足行走動物，在那之前他們則是猴子、小型哺乳類動物之類的生物。自那時起，某些族群演化出成為農夫的適應特徵。但是，人體演化並不只為了單一的環境，也因此人體適應了不只一種環境。所以，要回答「我們演化是為了適應什麼」這問題，我們實際探討的對象不只有狩獵採集者，還得審視漫長的過去裡導致演化的一連串事件、狩獵和採集的演化，以及當我們開始耕種食物時究竟發生了什麼事情。打個比方，如果只從狩獵採集者的角度去瞭解人體的適應，就像一場美式足球比賽只看第四節的一半就想知道比賽結果一樣。

要瞭解人類演化後究竟能適應什麼、不適應什麼，至少我們還可以從深思人體故事中得到一些深刻的想法，並找出人體為何和如何演化。像研究一個家族的故事一樣，研究人類物種的演化雖必然會有收穫，但其中又有太多錯綜複雜的混亂和斷層。研究經典名著《戰爭與和平》中的角色脈絡，應該夠複雜了吧？但是和人類祖先的族譜相比，前者無疑只是小兒科。在經過一個世紀以上的密集研究，我們總算找出一個大家普遍接受的連貫說法，解釋人類族系如何在非洲某個森林從猿猴演化為散居地球各處的現代人。撇開族譜的細節（誰生了誰）不談，人體的故事可以歸納為五個主要轉變。所有的轉變都不是註定會發生的，但每個轉變都用不同的方式，藉著增加新的演化適應和移除別的演化適應，改變了我們的祖先的身體。

轉變一：最遠古的人類祖先脫離了猿猴，演化成雙足直立人。

轉變二：這些最遠古祖先的後代，也就是南方古猿屬（australopiths，簡稱南猿屬），演化出物種除了採食水果之外，也能食用更多種類食物的適應特徵。

轉變三：大約兩百萬年前，最早的人屬（human genus）演化成近乎現代人的身體（雖非完全），有著稍大的腦容量，讓他們變成了最早的狩獵採集者。

轉變四：原古狩獵採集者人類開始增長、散布於舊大陸，演化出更大的腦容量，體型也越來越大，但成長則趨緩。

轉變五：現代人類演化出語言、文化和合作的特殊能力，讓我們在地球的各個角落快速廣散，成為唯一存活的人類物種。

演化對人類的現在和未來一樣重要

你覺得演化只不過是一門關於過去的學科嗎？我以前曾這麼覺得。甚至連我字典裡的解釋，也告訴我演化是「在地球歷史上，不同種類的生命體由前一個形式發展，擴大至下一個形式的可能過程」。我對這個定義不滿意。因為，演化（我偏好將它定義為隨時間演變）也是至今仍不斷發生的動態演變。和一些人所想的正好相反，人體的演化並非隨著舊石器時代結束而停止。只要人類遺傳了影響生存與繁衍的變異，就算是再微小的變異，天擇就會不間斷地繼續在人體留下刻痕。結果是，我們的身體不再和幾百代以前祖先的身體一樣。同樣地，我們也能看到，從今天起算幾百代後，我們的後代也會和我們不同。

而且，演化不只是生物上的演化。基因和身體如何隨時間改變，是一個很重要的議題，但另一個不得忽視的作用力，就是**文化演化**（cultural evolution），也是當今地球上對我們人體的演變影響最大的作用力，值得我們深思。文化本質上就是人們學會的東西。隨著學會的東西不同，文化也開始演化。但文化演化和生物演化之間最重要的不同是，文化不只會因偶然的機會而改變，還會因動機而改變；而且，變化的來源會來自各種不同的人，而不只是你父母。文化用一種令人窒息的速度和規模在演化。人類的文化演化也開始於數百萬年前，然而當近代人類在二十萬年前首先開始演化時，文化演化便急遽加速。到了現在，這個速度之快，令人頭暈目眩。回頭看最近幾百個世代，還有兩個文化上的轉變對人體的影響至關重要，所以這個演化轉變清單還需要再增加：

轉變六：農業革命，人們不再進行狩獵和採集，而開始自己耕種食物。

轉變七：工業革命，我們開始用機器取代人力。

雖然最後這兩個轉變沒有產生新的人種，對人體故事的影響力還是不容小覷，因為這兩個轉變徹底改變我們的飲食、工作和睡眠，甚至還有調節體溫、互動與排泄方式。儘管身體狀況中出現這些以及其他等等轉變，也刺激了天擇，但這些轉變都和我們遺傳下來的身體相互影響，只是需要我們再行探究。其中一些影響對我們有利，特別是讓我們擁有更多子女。另外一些對我們反而有害，譬如透過感染、營養失調和不常運動等交互影響所造成的一堆新型失調疾病（mismatch disease）。過去幾個世代中，我們試著克服與遏止這些新型疾病，但那些慢性、非傳染性且大多和肥胖相關的失調疾病卻急速增加，而且日益嚴重。但是，拜快速的文化變遷所賜，人體的演化完全還沒停止。

我必須要強調，多布然斯基的那句經典名言「生物學的一切，如果不用演化的觀點來看，看不出道理」。這不只適用於天擇驅動的演化，也適用於**文化演化**。更進一步來說，既然文化演化主宰了人體的演化，我們將會更容易瞭解染上慢性病和非傳染失調疾病的原因，以及思考文化演化與我們這具遺傳自祖宗、仍在演化之軀的交互影響，來預防這些疾病。這個交互影響有時會以一種不幸的、動態的方式，按下列順序一一發生：首先，由於對我們人類透過文化創造的全新環境適應不良，我們因此染上非傳染性失調疾病。然後，基於某些因素，我們有時就是無法預防這些失調疾病。某些情況下，我們又對疾病的成因瞭解不夠多，所以無從預防。要改變這些致病的全新環境因素顯得困難且不可能，所以通常預防疾病的努力都以失敗告終。有時，我們在治療這些失調疾病的症狀時太有效率了，甚至不知不覺地深化了它們的病因。綜合起來，我們對待環境因素的態度太過隨便，縱容這些失調疾病變得越來越常見，甚或更嚴重、更猖獗，這裡就出現了一個惡性循環。這種「回饋循環」（feedback loop）並非生物上的演化形式，因為我們不會直接把那些失調疾病遺傳給下一代，但我們卻會把引發那些疾病的環境和行為遺傳下去，所以這是一種文化演化的形式。

當然，這裡我草率帶過太多問題和人體的故事。在思索生物上和文化上的演化如何相互影響前，我們首先需要正本清源，想想漫長演化史的發展方向、我們如何演化出文化能力，以及人體到底適應什麼。讓我們乘坐時光機，回到六百萬年前一座非洲叢林，開始探索吧……。

[第一部]

猿猴與人類

第二章

直立的猿猴：我們如何變成雙足動物

打起架來你的手比我厲害，可是我的腿長些，逃得比你快。

——莎士比亞 Shakespeare，

《仲夏夜之夢》*A Midsummer Night's Dream*

森林中的蟲鳴鳥叫顯得相當輕柔，伴隨著樹葉摩娑的沙沙聲，襯托出一如往常的靜謐。突然間，三隻黑猩猩闖進來，在靜謐的樹梢間靈活跑跳，造成一股騷亂。牠們戰鼓隆隆，怒髮衝冠，在狂野的尖叫聲中以迅雷不及掩耳的速度攻擊一群疣猴（colobus monkey）。轉眼間，一隻經驗豐富的老黑猩猩就地拔起，逮住一隻驚慌失措、想要開溜的猴子，然後一把揪住猴子的腦袋往旁邊的樹幹拽去。這場狩獵才剛開始就結束了。勝利者將獵物撕成碎片，開始啃噬肉塊，其他黑猩猩也在一旁起鬨。任何目睹這個畫面的人，大概都會被可怕的景象給嚇到。觀察黑猩猩的狩獵，相當令人不舒服。不只是因為過程暴力，更因為我們傾向認定牠們是人類溫和的遠親。牠們有時像一面鏡子，呈現人類美好的一面。不過在狩獵時，黑猩猩卻著實反映了牠們渴求肉類的黑暗面、潛在的暴力傾向，以及如何利用團隊合作與策略奪取獵物性命。

這個畫面凸顯了人類和黑猩猩身體有許多本質上的不同。撇開解剖學上的明顯差異如毛髮、口鼻和四肢行走這些不看，黑猩猩驚人的狩獵技術完全把人類給比下去，在許多方面人類的運動能力和黑猩猩相比是望塵莫及。人類狩獵幾乎都得用上武器，因為目前沒有任何人能擁有黑猩猩的速度、爆發力和靈活性（尤其是在樹梢間）。儘管我渴望成為泰山，我的爬樹功夫還是很笨拙。就算是經驗豐富的攀爬者，他們上下還是要非常小心。把樹幹當梯子一樣蹦跳地上上下下，在不穩的樹枝間跑跳，以及從天而降飛抓逃跑中的猴子，降落枝頭時還能安然無恙，這些都遠勝人類中最菁英的體操選手。雖然觀看黑猩猩狩獵很不舒服，但我還是不得不佩服這些和我們有著百分之九十八遺傳密碼（genetic code）相符的黑猩猩，能做出這麼多超人特技。

比起其他陸上的運動能力，人類也是略遜一籌。世界最快的短跑選手，只能在不到半分鐘的時間，跑出時速二十三英里（三十七公里）的成績。對我們這些步履沉重的人而言，這速度簡直驚人。但對許多哺乳動物如黑猩猩和山羊來說，要跑出比這快兩倍的速度像喝水一樣容易，還不需要專屬教練和多年苦練。我呀，甚至還跑不贏一隻松鼠呢。人類奔跑起來也挺笨重、不太穩，無法急速轉彎，即使是最輕微的碰撞，都能讓奔跑中的人跌個四腳朝天。而且，我們還缺乏爆發力。一隻成年黑猩猩體重約十五至二十公斤（三十三至四十四磅），比許多男性人類來得輕，但研究測量牠們的力量後，我們發現一隻普通黑猩猩可以使出的肌力，是最結實、最菁英的人類運動員兩倍以上[1]。

在我們開始探索人體的故事，並找出人類演化後能適應什麼之前，首先有一個關鍵問題：為什麼人類脆弱、緩慢又笨拙——完全適應不了樹上的生活？

這個問題的答案，得從「人類開始直立行走」出發。很明顯，這是人類演化的第一個主要變化。如果有一個最初始的關鍵演化適應，啪的一聲將人類放在和猴子不同的演化道路上，那一定是雙足步行（bipedalism）——人類開始以兩足站立和行走。達爾文以他慣有的先知姿態，在一八七一年首先提出這個觀念。在完全沒有化石證據的情況下，達爾文用論證推測，最早的人類祖先演化自猴子；透過直立行動，雙手得到了解放，得以製造和使用工具，這些工具又幫助我們演化出更大的腦容量、語言能力以及其他種種特殊的人類特徵：

> 人類是唯一的雙足行走動物，這也正是他最顯眼的特徵之一。其導因我認為是可以推論的。人類的手能全憑自己的意志操控，若非如此，人類就不可能得到他目前在地球上的權威。……然而，進一步推論，若人類的手至今仍用於乘載全身重量、或用於爬樹，並用四肢行走，那麼人類的手與手臂似乎沒有可能成為製造武器、丟擲石頭和投準擲矛的完美工具。……既然如此，人類在演化競爭中的卓越表現於是證明了一點：穩穩地直立確實是一個巨大的優勢。因此我有充分的理由相信，人類的始祖必定也同樣因為越來越直立、越來越慣用雙足行走而得利。他們也因而更有辦法用棍子或石頭保護自己，攻擊獵物或用其

他方式得到所需的食物。長期而言，身材最佳的個體獲得最多成功，因此倖存的數量也最多。[2]

一個半世紀後的今天，我們有了足夠證據認為達爾文可能說得沒錯。由於一連串的偶然——多半由氣候變化所致，最早的人類祖宗發展出幾個演化適應，得以只用雙腳直立與步行，而且比猿猴更常、更便捷地使用雙腳。今天，我們徹底適應為習慣性使用雙足，幾乎不去多想站立、行走和奔跑的事情了。但看看身邊，除了鳥和袋鼠（如果你住澳洲）以外的其他生物，你看過多少僅用雙足跑跳的物種？這個證據指出，放眼過去幾百萬年發生的諸多人體主要轉變中，雙足行走可能是其中之一最重大的適應性演變。不過，這個演變之所以重大，不只是因為它為人類帶來優勢，也因為它還包含缺點。因此，去領略我們的遠祖如何適應直立，會是一個重新省視人體歷程的基礎出發點。首先來看看最後一位我們和猿猴的同宗祖先。

演化中失落的環節

「失落的環節」（missing link）這個詞，最早可上溯至維多利亞時代，常被誤用來指涉生命歷史中，歷經關鍵演變的物種。雖然很多化石都被技巧性地冠上「失落的環節」稱號，但在人類演化史中，有一個特別重要的物種真的「失落」無蹤了，那就是人類和其他猿猴們最後的同宗（last common ancestor，LCA）。這麼重要的物種至今仍下落不明，是一件令人非常沮喪的事情。達爾文推論，這個最後的同宗和黑猩猩與大猩猩一樣，住在非洲雨林，而那並不是個適合遺骸保存的環境，要留下化石遺跡自然也很困難。從樹上掉下林地的遺骸，很快就會侵蝕腐爛。出於這個原因，黑猩猩和大猩猩一族的化石遺跡提供的資訊相當有限，要找到最後同宗的化石遺跡，無異於海底撈針[3]。

儘管證據的缺乏並不意謂著證據不存在，但這難免引起許多猜疑。最後的同宗化石遍尋不著，人類的族譜中也因而少了這塊失落的環節。這個環節讓許多人爭辯和揣測。就算這樣，我們還是可以做出合理推測，推論出最後的同宗

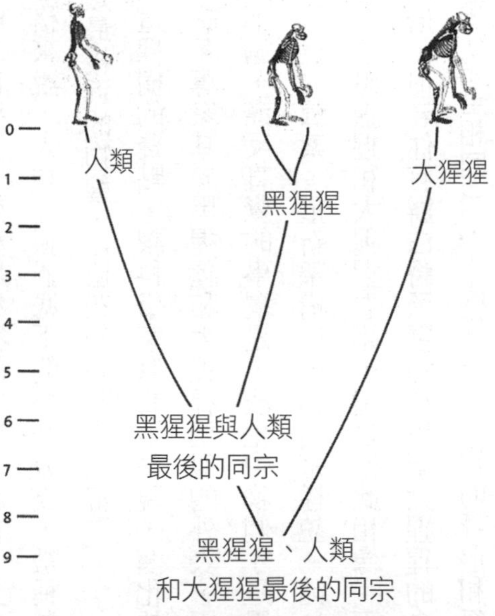

圖一　人類、黑猩猩和大猩猩的演化樹

從這棵樹可以看出，大猩猩有兩種（矮黑猩猩和一般大猩猩）；有些專家將大猩猩分開視為不只一個物種。

什麼時候住在什麼地方，並謹慎比較人類與猿猴的相同和不同，將之與我們所知的演化樹（evolutionary tree）連結起來。這棵樹如圖一指出，三種現存的非洲猿猴當中，和人類關係比較接近的是兩種黑猩猩：一般黑猩猩和侏儒黑猩猩（亦被稱為矮黑猩猩〔bonobos〕）；大猩猩則較遠。這張圖蒐羅了廣泛的基因資料做成，也指出人類和黑猩猩的宗族大約在五到六百萬年前就已分開（確實的時間仍有爭議）。嚴格來說，人類是猿猴底下的特殊分支，被稱為「人族」（hominin）。人族被定義為和現今人類最接近的物種，比黑猩猩和猿猴接近[4]。

一九八〇年代，分子生物證據得以解決這棵樹的疑點，讓科學家驚訝地發現，演化的道路上我們竟然和黑猩猩如此接近。在那之前，許多專家基於黑猩猩和大猩猩相似的外表，因而假定牠們兩者彼此較為接近，而非接近人類。不過，違反直覺的事實是，演化中我們才是黑猩猩的第一個親戚，而非大猩猩；這提供了一個珍貴的線索，重新架構最後的同宗樣貌。因為就算人類和黑猩猩有著專屬的最後同宗，黑猩猩、矮黑猩猩和大猩猩看起來還是彼此相像，而不像人類。雖然大猩猩的體重是黑猩猩的兩到四倍，但若你有辦法將黑猩猩豢養至大猩猩的身材，你會得到一隻體型酷似大猩猩的黑猩猩（雖非完全相同）[5]，成年矮黑猩猩的身形和行為也和黑猩猩相似[6]。此外，大猩猩和黑猩猩都用一種特殊的方式奔跑，牠們前肢的力量都放在手的指節中段，這種方式稱為指節觸地行走（knuckle walking）。所以，除非非洲巨猿的諸多相似之處都是個別獨立演化出來（這幾乎不可能），從解剖學的角度來看，黑猩猩和大猩猩的最後同宗必定是介於兩者間的一個物種。同理，從解剖學的角度來看，人類和黑猩猩的最後同宗，在許多方面應該也和黑猩猩或大猩猩相似。

當你觀察一隻黑猩猩或大猩猩，你很可能正注視一種很接近我們遠古祖宗的動物——雖然那個遠古祖宗經過了千百代，仍然下落不明。但我必須強調，這個假說在直接化石證據出土以前，仍有許多爭論的空間。有些舊石器時代學者認為人類走路和直立的方式，會讓人聯想到和另一種人類有些微關係的猿猴，就是在樹枝上盪呀盪的長臂猿。事實上，超過一百年前，當黑猩猩和大猩猩還被認為是最早的人類遠親時，就有許多學者推論人類可能其實是從另一個類似長臂猿的不明物種演化來的[7]。另外，一些舊石器時代學者懷疑，最後的同宗是類似猴子的生物，用四肢在樹枝上走路[8]。從這兩種平衡觀點和證據，我們可以假設，人類族系中最早的物種，應該和今天的黑猩猩和大猩猩相去不遠。這個推論有一些重要含義，能幫我們瞭解最早的人族為何且如何演化為直立行走。幸好，不像至今仍難尋的最早同宗，人族留下了一些有形證據給我們。

誰是最早的人族？

當我還是學生時，那時還沒有堪用的化石記錄人類演化最初一百萬年的事情。資料的缺乏使得當時許多專家不得不（有時是欣然）假設當時已知的最老化石就是最老的，如三百萬年前的露西，名正言順地成為其他年代更早的失傳人族代言人。到了九十年代中，我們有幸藉由許多化石的發現，才又能夠在人類譜系裡構築幾百萬年前的樣貌。最早的人族命名藏有玄機，也讓我們重新思考最後的同宗其長相；更重要的是，他們揭露雙足類動物的其他特徵，這些特徵使得最早的人族和其他猿猴不同。目前最早的四種人族，已有兩種被發現，請見圖二。在談論這些物種的樣貌、適應和之後人類演化的關係等等問題以前，還要瞭解他們的來歷和其他相關基礎知識。

目前已知最早的人族，是查德的沙赫人（*Sahelanthropus tchadensis*），是在法國考古隊長布呂內（Michel Brunet）堅忍不拔的領導下，於二〇〇一年在查德發現的。他們花了數年時間，在薩哈拉沙漠南方進行了多年艱困又危險的田野調查，才蒐集到沙赫人的化石。那個區域今天看來相當貧瘠、不宜人居，但百萬年前那裡有一部分是樹林，而且臨近大湖。最知名的沙赫人又叫做圖邁（Toumaï），在發現地的語言意指「生命曙光」。至今發現了幾乎完整的顱骨（見圖二）、一些牙齒、部分下顎，還有一些其他骨頭[9]。根據布呂內和他的同事們的看法，沙赫人距今至少有六百萬年至七百二十萬年之久[10]。

另一個被提出可能是早期的人族物種，是肯亞的圖根原人（*Orrorin tugenensis*），距今大約六百萬年[11]。可惜的是，這個謎樣的物種只留下為數稀少的骨骸：一個下顎碎片、一些牙齒和一些肢骨碎片。我們對圖根原人的所知仍有限。部分原因是沒有太多可以研究的材料，一部分原因則是化石尚無法有效地通盤分析。

最珍貴的人族化石，是由懷特（Tim White）所領導的國際考古隊與加州柏克萊大學的一些同事在衣索匹亞發現的。這些化石是另外一個屬——地猿屬其下的兩個物種。一個是較早的卡達巴地猿（*Ardipithecus kadabba*），大約是五百八十萬年前至五百二十萬年前，至今只留下數量極少（一個手掌那麼多）的骨骸和牙齒[12]。較晚的始祖地猿（*Ardipithecus ramidus*），存活年代大約是四百五十萬年前至四百三十萬年前，留下較多骨骸。其中屬於一名暱稱為阿爾迪（Ardi）的女性地猿骨骸最引人注意，見圖二[13]。阿爾迪的骨骸之所以成為重點研究的項目，是因為她給了我們一個絕佳的機會探索她和其他早期人族站立、行走和爬樹的方式。

你基本上可以把地猿、沙赫人和

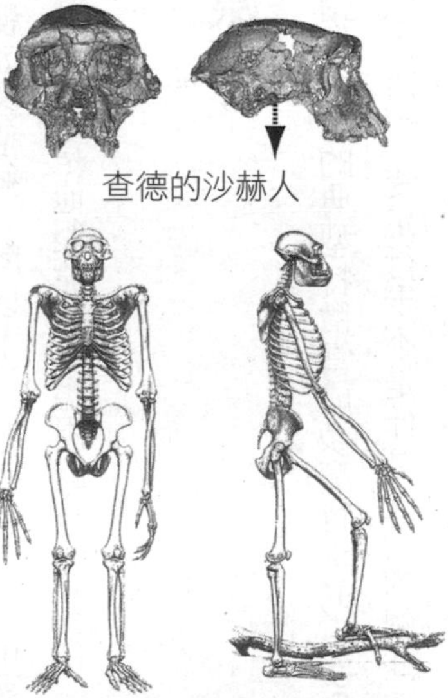

圖二　兩種早期人族

圖上為查德的沙赫人（又稱圖邁）的顱骨；圖下則為重構後的始祖地猿（綽號阿爾迪）樣貌。圖邁的枕骨大孔角度顯示了他的上頸部是垂直的，這是雙足行走的明確證跡。重建部分地猿骨骸後可發現，他適應雙足步行和爬樹。沙赫人的圖片由布呂內所提供；重構圖 © 2009 Jay Matternes。

圖根原人都歸在同一類別，至少在我們人類和最後的同宗分道揚鑣後，他們都得以讓我們一窺前數百萬年人類演化的確實過程。毫無意外，早期人族看起來通通像猿猴。人族和非洲巨猿的關係之接近，從許多細節就看得出來，如牙齒、顱骨和下顎，還有手臂、腿、手掌和腳[14]。舉例來說，他們的頭顱內有小小的頭腦，和黑猩猩的頭腦差不多大，眼窩上的眉骨突出、門牙碩大，而且口鼻顯得長而凸出。阿爾迪的許多手腳和腿部特徵都和非洲猿猴相似，特別是黑猩猩。事實上，有些專家認為這些遠古物種太像猿猴，所以不可能是人族[15]。出於幾個原因，我卻覺得他們真的是人族。最重要的一個原因，是他們能夠適應兩腳直立步行。

最早的人族，請問你能夠站起來嗎？

自我中心的生物如我們人類，時常錯把我們的典型特徵當成多麼特別的（special）東西，然而這些特徵不過就是不尋常（unusual）而已。雙足行走不是什麼天大的例外。很多父母一定像我一樣，記得自己的女兒總算成功踏出第一步時，那畫面讓你感覺：「啊，她總算不像我們家的狗啦！」人們（尤其是驕傲的家長）普遍相信，直立行走極其困難又具挑戰性，也許是因為人類的幼兒需要花上幾年才能順暢步行，或是因為慣用雙足的動物並不多。事實上，由於我們的神經肌肉控制技巧也需要多年時間才能成熟[16]，孩童通常要到一歲以後才能開始蹣跚步行。同理，我們的大頭寶寶也要花上幾年的時間，才能脫離牙牙學語、不自主排泄的階段，並學會使用工具的技巧。此外，慣用雙足行走的動物雖少見，偶爾使用雙足的卻不在少數。猿猴有時會用兩腳站立和行走，其他哺乳類動物也是（包括我家的狗）。然而人類的雙足行走有一個關鍵特點和猿猴能做的不一樣：我們人類能夠習慣性地站立和迅捷行走，這是因為我們早早就放棄了四肢行走的能力。黑猩猩和其他猿猴直立步行時，走起來搖搖晃晃，而且步伐笨拙又費力；因為我們擁有一些牠們沒有的重要演化適應，使我們得以順暢步行（如圖三所示）。最早的人族化石最令人興奮的一點，也是他們擁有其中一些演化適應，表示他們近似於直立雙足類動物。然而，如果阿爾迪是一般的人族代表，那人族仍保留許多古老的特徵利於我們爬樹。要仔細建構出阿爾迪和其他早期人族不爬樹時的行走樣貌，是很困難的。但毫無

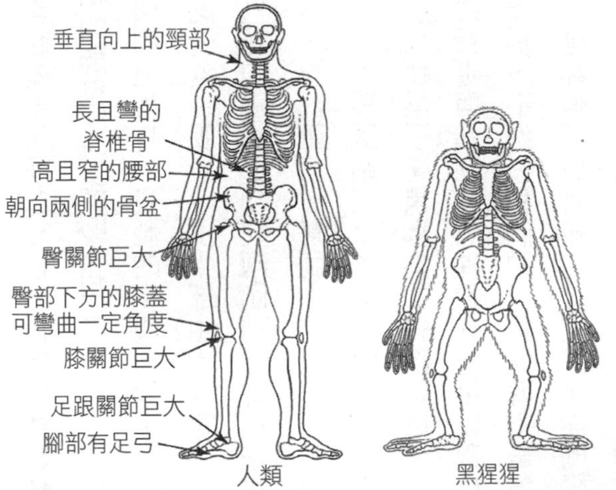

圖三　人類和黑猩猩的比較，凸顯出人類在直立行走和站立的演化適應

圖片取自 D. M. Bramble and D. E. Lieberman (2004). Endurance running and the evolution of Homo. *Nature* 432: 345-352。

疑問的是，他們走路方式比較像猿猴，和你我大不相同。這類早期雙足類動物，直立步行時踩著比較接近現代人的步伐，這可能扮演了承先啟後的重要角色。這要歸功於幾個演化適應，而我們的人體至今仍保留。

第一個適應特徵是臀部的形狀。如果你觀察黑猩猩直立行走，記得看看牠們走路時是否雙腳開開、上半身左右搖晃，看上去像個行動不穩的醉鬼。清醒的人類反而會不自覺地擺動軀幹，讓我們把大部分的體力用於向前移動，而非穩固上半身。我們的步伐穩健，大部分要歸功於骨盆形狀的小小改變。如圖三所示，猿猴身體的骨盆（腸骨）上半部由大且寬的骨頭構成，並朝向後方；但人類的臀骨在這部分卻較短，而且朝向兩側。朝向兩側的臀骨正是雙足類動物的一個重要演化適應，因為行走時若只有一腳著地，臀部兩旁、雙腿上的肌肉（即小臀肌）仍可幫你穩固上半身。你自己就可以示範這個演化適應：單腳站立，然後盡可能挺直軀幹。（現在就去試試看吧！）一兩分鐘後，你會感覺這些肌肉疲累了。黑猩猩的臀部朝後，同樣部位的肌肉只允許牠們將腳向後伸，所以不能像我們一樣行走與站立。黑猩猩唯一可以避免倒向兩旁的方式，就是單腳著地時將軀幹往著地腳那一側傾斜。不過，我們的阿爾迪就不是這麼一回事了。雖然阿爾迪的骨盆極度扭曲，尚待徹底重建，她卻似乎擁有較短、朝向側面的腸骨，這和人類相似[17]。此外，圖根原人的頸部甚長、大腿甚寬，股骨還擁有特別大的臀關節，這些特徵使她在行走時，臀肌能夠有效穩固軀幹，並抵消這個動作帶來的兩側彎曲力[18]。這些特徵告訴我們，最早的人族步行時不需要左右搖晃維持平衡。

雙足行走的另一個重要演化適應是S形脊椎。猿猴和許多其他四肢行走動物一樣，擁有些微彎曲的脊椎（前部略凹），所以直立時會自然向前傾。結果，猿猴的軀幹便坐落於臀部前方，看起來有些不穩。相反地，人類的脊椎有兩段彎曲。較低的腰部彎曲是由於擁有較多腰部椎骨（猿猴通常擁有三到四個，而人類有五個），其中有些呈楔形，上下兩個表面不平行。正如同楔形石頭能讓工程師建造出拱橋，楔形椎骨使骨盆上、靠近腰部的下脊椎向內彎曲，讓臀部上方的軀幹保持穩固的姿態。在人類的上脊椎部分，透過胸椎和頸椎骨產生了另一個微彎，使得靠近頭顱的頸部略呈垂直朝下，而非朝後。雖然我們還沒找到早期人族的腰椎骨，但阿爾迪的骨盆形狀已經暗示我們，早期人族的腰部會比較長[19]。另一個關於雙足類動物擁有S形脊椎的更直接線索，是沙赫人的顱骨形狀。在黑猩猩和其他猿猴身上，靠近頭顱的頸部較呈水平狀；而幸虧圖邁的顱骨（見圖二）非常完整，我們可以很清楚推論出，他直立或走路時，上頸部幾乎是垂直的[20]。這種垂直頸部結構的出現，必要的伴隨條件是圖邁的下脊椎、頸部或兩者都有朝後的脊椎骨。

但是，早期人族能夠直立活動，更重要的適應特徵其實是在身體底端，也就是腳上。人類步行時，通常是足跟先著地，當腳的其他部分著地時，足弓通常會伴隨大腳趾一起緊繃，以讓我們的身體進入可以向上或向前移動的狀態。人腳的足弓形狀是由腳骨構成，並由許多韌帶和肌肉固定住腳骨。這些韌帶和肌肉就像懸索橋的粗懸索一樣，會在足跟離地時變得緊繃（緊繃程度因情況而異）。此外，連結腳趾和腳的關節表面，非常豐腴飽滿，且微微朝上，使我們墊腳時能夠將腳趾彎出一個極大的角度（過度伸直）。黑猩猩和其他猿猴的腳少了足弓，因而無法用緊繃的腳向上或向前施力，而且牠們的腳趾也不能伸得像人類的腳趾那樣長。

重要的是，阿爾迪的腳（和其他較晚期的同類腳骨遺骸）有一些特徵顯示，腳的中段有部分僵直緊繃，而且她有可以向上彎曲的腳趾關節，這是能夠蹬腳的特徵[21]。這些特徵都顯示了阿爾迪比較像人類而非黑猩猩，腳部在直立步行時可以產生有效的推進力。

從我剛統整的證據來看，這些最早的人族擁有雙足行走特徵，是很激勵人心的，但必須承認證據仍有許多不足。由於阿爾迪的骸骨尚有缺佚，沙赫人和圖根原人的骸骨我們又幾乎一無所知，無法推測這些物種到底如何站立、行走和奔跑。我們還有太多不知道的事情。但是，有充分的證據指出，這些遠古物種還保留很多爬樹的適應特徵，所以站立和走路方式與你我一定大有不同。譬如阿爾迪的腳，她的大腳趾歧出，肌肉十分發達，很適合攀握樹枝或樹幹；她其他腳趾既長且彎，腳踝也略微向內縮。這些特徵都指向便於爬樹，功能上也讓她的腳和現代人類的腳大不相同。走路時，她用腳的方式可能較像黑猩猩，將重心擺在腳外側，而非像人類一樣向內翻（或稱內旋）[22]。而且阿爾迪的腿也很短，如果她用腳的外側走路，那麼她的步伐也一定比今天的人類還寬，她的膝蓋可能也有些微彎曲。你也許可以猜想，阿爾迪的上半身擁有許多其他適合自由攀爬的證跡，譬如一雙又長又壯的前臂，以及又長又彎的手指[23]。

讓我們離開細節，退後一步總覽整個輪廓：最早的人族在陸地上活動時，絕對不是四肢行走動物。他們不爬樹時，只是偶爾使用雙足行走，而且都用一種絕非人類的方式站立和行走。

他們不能像我們一樣邁開大步前進，但可能比黑猩猩或大猩猩更有辦法穩定地直立行走；而這些遠古祖宗也是攀爬高手，大部分的時間都在空中度過。如果我們有機會觀察他們爬樹，應該會驚豔他們穿梭於枝幹間的能攀擅爬，但也會發現他們還是不比黑猩猩敏捷。如果我們有機會觀察他們步行，我們會覺得他們帶著長而內縮的腳踝用足側行走、邁著小步伐的樣子，看上去很古怪。想像最早的人族可能像直立黑猩猩一樣，東倒西歪地走路（好比喝醉的人類），看上去應該很好玩，但實際上並不是這麼回事。我相信他們真的有辦法同時精於爬樹和行走，但他們爬樹、行走的方式卻又不像今日任何一種生物。

飲食差異

動物用各種方式移動身體，包括逃離獵食者的捕捉或是和敵人打鬥。但牠們行走或奔跑的首要目的，應該還是為了一頓餬口的晚餐。因此，在開始探討雙足行走的特徵為何會應運而生，我們先得搞懂另外一組特徵。這些特徵都跟飲食有關，而且讓最早的人族顯得很不同。

大部分的最早人族，如圖邁和阿爾迪，都有著猿猴似的臉和牙齒，這個特徵透露出他們可能擁有近似猿猴的飲食，也就是多半食用成熟的水果居多。譬如，他們的門牙像抹刀一樣寬闊，咬食水果時能使牙齒深陷進果肉裡，這跟我們大口咬蘋果的效果一樣。而且他們的頰齒齒尖較低，可以有效嚼食肉類和富含纖維的水果。但是，人類老祖宗的身上還有許多微妙的變化，在飲食上能適應得比黑猩猩更好，並且能夠食用除了水果外的次等食物。其中一個不同是，和黑猩猩和大猩猩相比，他們的頰齒較大，也比較粗[24]。這樣的臼齒，也較能有效嚼斷粗硬的食物，如植物莖葉。第二個不同點，阿爾迪和圖邁的口鼻部比較不明顯，取而代之的是些微向前的臉頰骨，整張臉顯得較為垂直[25]。這樣的臉部配置能讓咀嚼肌產生更高的咬合力，壓碎更粗硬的食物。最後一個不同，與公黑猩猩相比，早期男女人族的犬齒（獠牙）較短小，也比較不像匕首的形狀[26]。雖然有些研究專家相信，犬齒較小的男性比較少互相鬥毆，但另一個比較可信的說法是，小犬齒的演化適應能讓他們咬嚼更粗更多纖維的食物[27]。

把所有證據蒐集起來，我們可以更肯定地推論，最早的人族肯定會狼吞虎嚥手邊的水果，可是天擇也有利於他們攝取較不理想、堅硬又高纖的食物，像植物的莖柄，其堅硬的程度可比木頭，需要更大力的咀嚼才能咬斷。這些飲食相關的差異，誠然細微，但我們只需把目前所知他們的移動行為和所住環境相連，就能假設為什麼最早的人族會變成雙足行走動物，並由此和我們的猿猴親戚分道揚鑣，踏上完全不同的演化之路。

為什麼要雙足行走？

柏拉圖曾把人類定義為「沒有羽毛的雙足動物」，但他那時當然不知道恐龍、袋鼠和沼狸的存在。事實上，我們人類是唯一一個沒有羽毛也沒有尾巴的直立雙足步行動物。儘管如此，兩腳直立步履蹣跚，這一個看似必經的過程，在演化史上也不過只出現幾次，而且沒有其他雙足行走動物與人類相近。因此，要將習慣性直立的人族具備的優缺點做個評比，無異緣木求魚。如果人族開始用雙足步行是例外，那這又是為了什麼演化出來的呢？如此詭異的站立與走路姿勢又是怎麼誘發具體的變化，影響人族的身體？

要確知天擇為何有利雙足行走，已經是不可能的了。但我認為，習慣性直立行走最初是為了幫助最早的人族面臨大型氣候變遷時，能更有效率地採食。那場氣候變遷的發生期，其實也正是人類與猿猴分家的關鍵時刻。

氣候變遷在今天是個非常有趣的主題，因為證據指出人類在地球上燃燒了過多化石燃料，導致了地球暖化。但氣候變遷其實一直以來都影響著人類演化的歷史，包括在我們和猿猴分家的時候也受此影響。**圖四**可以看出地球的海洋溫度在過去一千萬年的變化[28]。如你所見，一千萬年前至五百萬年前，整個地球的氣候相當酷寒。這場酷寒發生了超過幾百萬年，而且冷熱期交互不斷，導致非洲雨林萎縮，林地棲地擴增[29]。現在，我們想像一下自己是那個年代裡的最後的同宗：身型龐大，主食水果。若你住在雨林的心臟地帶，你恐怕不會注意到有什麼變化；但是如果你運氣不太好，住在雨林邊境，那麼這個變化一定對你造成壓力。如果你身邊的雨林在萎縮，通通成了一般林地，而你需要的水果變稀少、散佈各處而且生長有季節性，這將驅使你為了同樣分量的食物而跋涉更長，此外你也需要頻繁食用次等食物；雖然次等食物還是一樣普遍，但品質不如成熟水果那麼好。黑猩猩的典型次等食物包含高纖莖柄、葉片，還有各種草本植物[30]。氣候變遷的證據指出，最早的人族將會需要比黑猩猩更頻繁尋覓並食用次等食物。也許他們更像猩猩（orangutan），棲息地的食物沒有黑猩猩那裡豐裕，需要吃非常堅硬的莖柄，當食物不夠時還會發出嚎叫[31]。

正所謂「不經一番寒徹骨，焉得梅花撲鼻香」，天擇的啟動大多不是在豐衣足食的承平時刻，而是在物資匱乏、充滿壓力的環境中。若我們假定最後的同宗是一隻住在雨林、主食水果的猿猴，那麼天擇應該助長了兩個主要演變，這兩個演變在非常早期的人族如圖邁和阿爾迪身上可以看到。第一個演變特徵就是更大更粗的頰齒，可以增進咀嚼的能力，以便食

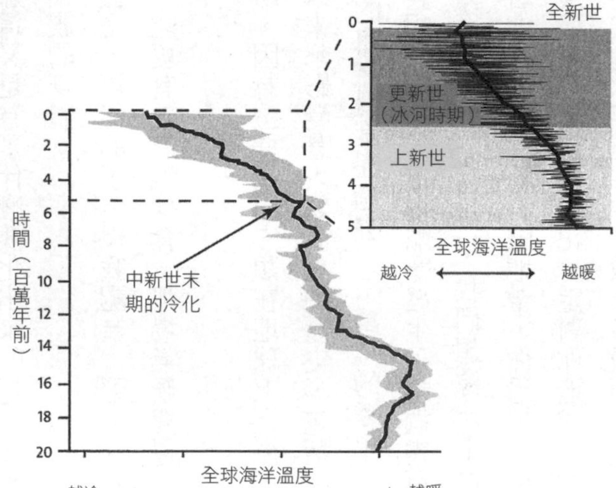

圖四　人類演化時經歷的氣候變遷

圖左顯示了全球海洋溫度在兩千萬年前大幅下降，全球溫度冷化，而同一時間人類和黑猩猩則開始分家。圖右則特別放大了五百萬年前的變化：中線顯示了溫度的酷寒，以及均溫呈非常劇烈的波動（Z 字形的變化），而非冰河時期剛開始的極速冷化。圖片來源：Trends, rhythms, and aberrations in global climate 65 Ma to present. *Science* 292: 686-693。

用堅硬高纖的次等食物。第二個更全面的演變特徵，就是雙足行走。這個演變要說是為了適應氣候變遷，可能很牽強，但長遠來看它卻非常重要，而且有許多驚人的理由來支持這個論點。

雙足行走的其中一個明顯的優勢，是雙腳站立更便於採集特定水果。舉例來說，猩猩有時會近乎垂直地站在樹枝上，以便撈到那些垂晃將落的水果。牠們會盡可能伸直膝蓋，並至少握住另一個樹枝[32]。黑猩猩和其他猴子在採集低垂的莓果或其他水果時，也會用類似的方式站立[33]。因此，雙足行走一開始是一種姿勢的適應。也許當競爭食物日益激烈時，早期人族必須站得更直，以便在水果稀少的季節採集到更多水果。在這個情況下，早期人族擁有朝側邊的臀部以及其他特徵，幫助他們直立時獲得更多優勢，如少費點體力、撐得更久，也站得更牢。同樣的表徵，當競爭更加激烈時，有效率地直立行走可以幫助早期人族攜帶更多水果，黑猩猩有時候也會這麼做[34]。

第二，雙足行走更驚人、也可能更重要的優勢，是用雙腿行走能讓早期人族長途跋涉時節省體力。回想一下，最後的同宗可能是以指節觸地的方式步行的。從四肢行走的角度來看，指節觸地行走算是其中最沒效率的方式之一，相當耗費體力。有實驗室做過一項研究，就是讓黑猩猩帶上氧氣罩，然後把牠騙上跑步機讓牠動一動，以便觀察牠們步行的效率。驚人的結果出現了：行走同樣的距離，這些猿猴要比人類多花四倍的體力（以雙腳或四肢）[35]。四倍！這個顯著的差異來自黑猩猩的腿很短，加上牠們行走時左右搖晃，總是彎著臀部和膝蓋行走。結果，黑猩猩持續花精力拉緊背部、臀部和大腿肌肉，以免搬運水果時承受不了重量摔倒。於是，黑猩猩平均一天能走的距離，也相對較短：每天只能走兩到三公里（大約一至兩英里）[36]。人類使用同樣的體力，可以走八到十二公里（五至七．五英里）。因此，如果早期人族雙足行走時，還有辦法將臀部和膝蓋伸得更直、同時避免踉蹌跌倒，那他們在體力上的優勢將遠勝過指節觸地行走的猿猴親戚。在雨林萎縮、支離破碎甚至門戶洞開的同時，理想的食物也隨之減少並散佈各處。如果能用同樣的體力走得更遠，這便是一個非常有利的適應。但請記得，雖然人類雙腳走路遠比黑猩猩的指節觸地走路有效率得多，但最早的人族其實只比黑猩猩來得有效率一點點，而且沒比後來的人族好去哪。

你也許會猜想並假定其他的天擇推動力，也促使最早的人族成為雙足動物。直立行走帶來的優勢，一般還有其他假設，如使用工具的能力、視線不會被高草遮住、步行渡河，甚至還有游泳。這些假設，沒有一個經得起考驗。最早使用石器的年代，已經是演化出雙足行走的幾百萬年後。更何況，猿猴也可以直立、步行渡河，甚至四處東張西望，硬要說人類適應游泳的代價是放棄陸地上的速度，恐怕扯得太遠了些。（畢竟在非洲河湖中花太多時間渡河，很快就會成為鱷魚的晚餐。）

另一個根深柢固的想法是，雙足行走最先是為了協助人族攜帶食物，也許如此一來，男性就可以讓女性三餐溫飽，像今日的男性授獵採集者一樣。事實上，這個想法有另一個說法：演化出雙足行走，是為了幫助男性用食物換取與女性交配的機會[37]。這想法可能看起來很肉麻，特別是當今人類女性並不像母黑猩猩在排卵時有明顯徵兆。當然，這個想法也缺乏可信的證據，其中一個理由是人類女性也常負責讓男性餬口。此外，早期男性人族的體型究竟比女性人族大多少，至今仍屬未知；但已知的是，較晚期的男性人族體型比女性大了百分之五十[38]。這項兩性間的體型差異，和男性飢渴競爭與女性交配極度相關，而非透過合作和分享食物來求愛[39]。

簡而言之，有許多證據指出，氣候變遷刺激了雙足行走的演化，使早期人族在水果短缺時，增進獲取更多折衷食物的能力。要知道事件全貌，我們還需要更多證據。但無論如何，變成能夠直立與步行，是人類演化史上第一個重大的轉變。但在人類演化史上，雙足行走為什麼這麼重要？是什麼將雙足行走變成如此重大的演化適應特徵？

雙足行走為何重要

乍看之下，萬物皆有其道理，自然又正常地運行。正因如此，無可避免地，我們會以為身邊能夠感知的一切都是天造地設且有其用途的。這種思考事情的方式，會教人以為人類就像空中的月亮和重力的存在，是恆久不變、理所當然的，我們對此深信不疑。雖然雙足行走的天擇，為人類演化史翻開了最初始的扉頁，但天擇只出現在特定的可能情況，這證明了它並非完全無可避免的。如果早期人族沒有變成雙足行走，人類就不可能演化成我們所知的樣子，你可能不會坐在這裡看這本書。進一步說，最初雙足行走的演化，是肇因於一系列的陰錯陽差，加上全球氣候變遷的後果，所應運而生的現象。如果用指節觸地行走、以水果維生的猿猴沒有一開始就在非洲雨林中生活，雙足行走的人族可說不能、也無法演化至此。此外，地球如果沒有百萬年前的那場酷寒冷化，放棄四肢行走而改用雙足的優勢也將不復存在。我們今天之所以存在，完全是一連串巧合的結果。

無論導因為何，人類演化的濫觴，真的是天外飛來一筆般的習慣性兩腿直立步行嗎？許多方面看，我們從阿爾迪和她的同伴身上看到的雙足直立，已經有點基礎，不太可能是開山鼻祖。但也正如我們所看到的，最早的人族除了最關鍵的地面直立外，許多方面和非洲猿猴根本是一家親。如果我們真有機會找到最早人族的遺族，我們應該會把他們送進動物園，而不是寄宿學校，因為他們的腦容量實在太像黑猩猩了。這方面，達爾文早在一八七一年就有先見之明，大膽推測表示，讓人類和猿猴分家的最重要特徵，不是大腦、語言，也不是使用工具，而是雙足行走。達爾文的論證表示，雙足行走使得雙手得到解放，更讓天擇實質上幫助我們獲得額外的能力，比如製造與工具。另一方面，儘管我們缺乏速度、力量和運動才能，但較大的腦容量、語言以及其他認知技能，又使人類變得與眾不同。

達爾文似乎說對了。但他的假說有一個主要問題，那就是他沒有解釋天擇到底為何與如何有利於雙足行走，也沒有解釋為什麼是雙手先得到解放，然後才學會使用工具、認知和語言。畢竟，袋鼠和恐龍也空出雙手，但牠們卻沒有演化出較大的腦容量和製造工具的能力。這樣的論證導致許多達爾文論者辯駁說，是大腦的演化決定了人類的演化之路，而非雙足行走。

一百多年後的今天，我們對於為何先演化出雙足行走，以及這為何是個具有重大里程性意義的改變，總算有了比較清楚的輪廓。如我們所見，最早的雙足行走動物之所以直立，並非為了解放雙手，而可能是為了更有效率地採食，並減少步行所耗的體力（如果最早的同宗也用指節觸地行走的話）。從這個方面來看，雙足行走對喜愛水果的猿猴可能是個有利的適應，因為這讓牠們在非洲氣候變寒冷時，有辦法生存在更多開放的棲地。此外，身體演化出習慣性雙足行走，不需要立刻大幅轉變。

雖然少數哺乳類動物也能習慣性使用雙腳直立並行走，但有些解剖學上的特徵使得人族有效地成為雙足動物，而且實際上這也是來自天擇。想想我們的腰部吧。在任何一個黑猩猩族群中，你會發現半數都有三節腰椎骨，另一半有四節腰椎骨，還有非常少數的黑猩猩則有五節。這都要感謝遺傳變異[40]。如果擁有五節腰椎骨，能讓一些猿猴在幾百萬年前試著直立與行走時得到一些優勢，那牠們很可能將這個變異遺傳給下一代。同樣的天擇程序，也必定幫助了最後同宗，使他們適應雙足行走，像是腰椎骨呈楔形的方式、臀部所朝方向，還有腳的硬度。最後同宗裡某個族群轉變成最早的雙足行走人族，這個過程花了多久至今仍不清楚，但發生的原因只有一個：這種變化不會憑空出現。換個方式說，最早的人族必定從直立行走中得到了些許的繁衍優勢。

改變總是帶來新的可能、未知的事物和新的挑戰，而一旦演化出雙足行走，就又會有新的演化改變接踵而來。達爾文當然也明瞭這個邏輯，但在雙足行走導致日後的演進與變化，他關注的主要是它們所帶來的優勢，而非劣勢。沒錯，雙足行走可以解放雙手，並引導天擇在工具的製造上發揮影響力，但幾百萬年下來，這些額外的天擇改變，重要性其實始終沒有太大，而且這些改變也並非由於空出來的雙手而出現的。達爾文沒有仔細尋思過的是，雙足行走其實也為人族帶來了嚴峻的挑戰。我們已經太習慣雙足行走，這看起來再尋常不過，尋常到我們時常忘記移動的困難。追根究柢看待整個人類演化史，這些挑戰可能和帶來的優勢一樣重要。

雙足行走的一個主要缺點，就是女性該怎麼面對懷孕的情況。懷有身孕的哺乳類動物，無論是四肢行走或兩腳行走的，都必須負擔額外重量。這額外的重量不只來自胎兒本身和胎盤，也來自多餘的水分。一個懷孕的人類媽媽，她的體重整體而言會增加七公斤（十五磅）。但人類媽媽和四肢行走動物的不同是，懷孕帶來重心的改變，讓重心移往臀部與足部前端，這會提高她跌倒的機會。任何一個即將臨盆的媽媽都會告訴你，她在懷孕的過程中重心變得越來越不穩，感覺也越來越不舒服，而且背部承受越來越多壓迫，過程相當累人。所以她們需要像企鵝一樣走路，讓重心不要老是壓在同一個部位。企鵝式走路法雖然可以節省體力，但會對下背部的腰椎骨產生額外的剪切應力，使腰椎骨分離；因此，下背痛是所有人類媽媽的共同煩惱。但是，我們可以看到，天擇用具體又實際的方式幫助人族媽媽解決了這個問題：女人的下脊椎有三塊楔形腰椎骨，男人只有兩塊[41]。多出來的椎骨等於多了一條曲線，可以降低脊椎受到的切力。天擇也有利於女性的腰椎擁有更多強化的關節，來支撐這些重量。而且如你所預期的，解決懷孕這種特殊問題的適應很早就出現了，在現已出土最古老的人族中的椎骨部分就能發現。

雙足行走另一個主要劣勢，就是失去速度；早期人族開始雙足行走後，他們就再也無法暢快奔馳了。許多保守的估計指出，無法奔馳讓我們的祖宗們只擁有猿猴奔跑速度的一半。此外，在奔跑時如果要進行轉彎，兩腿遠比四腿來得不穩。獅子、獵豹和劍齒虎等肉食動物，可能也把古早人族當作獵物，我們的祖宗在進入開放棲地時變得格外危險（冒著無法傳宗接代的危險）。雙足行走也可能阻礙了爬樹能力，使我們無法像四肢行走的猿猴那麼敏捷地攀爬；這點雖然尚待證實，但早期雙足行走動物應該是無法像黑猩猩那樣，跳躍在樹梢間的同時進行狩獵。付出減少速度、爆發力和敏捷度當作代價後，終於讓天擇（在幾百萬年後）誘發我們的祖宗製造工具，並擅於耐久奔跑。雙足行走也讓人類出現了一些特有的問題，像是扭到腳踝、下背痛和諸多膝蓋問題。

儘管雙足行走有這麼多缺點，在每個演化階段裡，雙足行走帶來的好處必定還是勝過缺點的。儘管早期人族在地面上失去速度和敏捷度，但他們必定仍在非洲部分地方辛苦跋涉過，以找尋水果或其他食物果腹。這些人族應該還精於爬樹。這樣的生活方式就我們目前所知，至少維持了兩百萬年。但距今四百萬年前發生另一次爆炸性的演化，使得不同族群的人族集體變成今日我們所知的南方古猿。南方古猿之所以重要，不只是因為雙足行走的實質重要性得到了證實，也因為他們為接下來人體的各種演化轉變起了頭。

第三章

一切取決於晚餐：南方古猿如何幫我們戒掉水果

自夏娃食了禁果，一切便取決於晚餐了。

——拜倫Byron，《唐璜》*Don Juan*

你可能像我一樣，每天攝取容易入口的精緻食品，其中包含少部分的水果。如果把每天花在咀嚼的時間加起來，你會發現總共還不到半小時。猿猴可不是這樣的。每天從早到晚，一隻黑猩猩在醒著的時間中，牠得要花將近半天咀嚼生食[1]。黑猩猩通常攝取森林中的水果，如野生無花果、野葡萄和棕櫚果實，這當中沒有任何甘甜易嚼的東西，更別奢望出現你我在家每天吃的香蕉、蘋果和柑橘等等。黑猩猩所吃的這些東西，纖維含量高，外皮粗厚，而且多還有點苦味，最甜的也不比紅蘿蔔。為了攝取相當水果以獲得一天所需的熱量，一隻黑猩猩必須食用相當大量的水果，有時候一小時就會吃下一公斤（二．二磅），然後等兩小時待胃部消化完畢，再開始下一波進食[2]。當水果不足時，黑猩猩和其他猿猴還會取用次等食物如樹葉和粗糙的莖柄。自何時開始，我們人類不再整天只吃水果？能夠攝取不同食物的適應特徵，又是如何影響身體演化？

攝取水果之外的不同食物，這樣的演化適應，是人類身體故事中第二個重大的演變。如我們所看到的，最早的人族可能偶爾需要靠樹葉和莖柄果腹，這攝取越來越多不同食物的演化趨勢，在四百萬年前導致了人族後代出現急遽的變化，其中一個令人困惑的族群便被暱稱為南方古猿（因為他們當中有許多屬於南方古猿屬）。這些有趣的先人，在人類演化史中占了一個特別的位置，因為他們填飽肚子的方式改變了今天的我們，這些演化適應的特徵甚至今天我們攬鏡自照時仍看得到。最明顯的轉變，是我們的牙齒和臉部為了咀嚼堅硬食物而出現的適應。還有一點更重要的演化適應，是為了到更偏遠的地方廣泛地採集食物而產生。這個特徵的好處是慣於更有效率地長途步行，而且比我們所知的阿爾迪或其他任何早期人族都來得更有效率。這些為應付氣候變遷而誘發的適應加總起來，為日後幾百萬年人屬的演化與人體的特徵，打下了一定的基礎。如果不是南方古猿，你的身體會非常不同於今貌，你也可能還在樹上啃著水果。

南方古猿露西

南方古猿屬住在四百萬至一百萬年前的非洲，多虧現存的化石遺骸，我們才能夠瞭解更多關於他們的事情。最有名的化石，莫過於那個生活在三百二十萬年前的衣索匹亞、小而迷人的女孩，也就是露西。她很不幸地死在一個沼澤裡（對我們來說很幸運），沼澤很快地將她給淹沒，至今保存了她三分之一又多一點的骨骸。露西屬於南方古猿阿法種（*Australopithecus afarensis*）中的上百個化石之一，居住在距今約四百至三百萬年前的東非地區。南方古猿阿法種則是超過十二種南方古猿中的物種之一。不似智人（*Homo sapiens*）獨霸的今天，南方古猿活動的那個時代中有許多不同人種生活著，南猿屬正是其中特別多樣的一群人種。為了讓你快速瞭解誰和誰是親戚，我把他們的基本介紹放在表格一中。請注意，這當中有一些人種至今只留下非常少數的化石取樣，所以有些史前時代專家尚未取得定義他們的共識。由於人種間的不同之處與其所造成的不確定性，要瞭解各種不同的南方古猿最好的方式，就是分為兩大類：纖細小齒的，和粗壯大齒的。最有名的纖細南猿屬人種，就是東非來的南方古猿阿法種（露西的名聲遠播）。而非洲南方古猿（*Au. africanus*）和源泉南方古猿（*Au. sediba*），則是從南非來的。粗壯的南猿人種，則是東非的鮑氏南方古猿（*Au. boisei*），和南非的羅百氏南方古猿（*Au. robustus*）。從圖五可以看到這些人種大概的樣子。

先撇開命名和生存的年代不談，讓我們來想想他們大

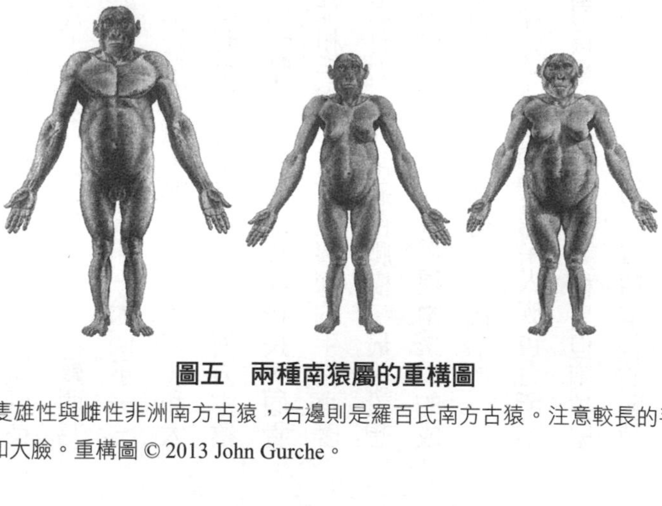

圖五　兩種南猿屬的重構圖

左邊是一隻雄性與雌性非洲南方古猿，右邊則是羅百氏南方古猿。注意較長的手臂、短腿、寬腰和大臉。重構圖 © 2013 John Gurche。

概長得是什麼模樣，以及他們展現的特別之處。如果你有機會觀察他們其中一群，你對他們的第一印象可能是直立的猿猴。以大小來說，他們更像黑猩猩而不像人類。雌性平均可長到一．一公尺（三英尺七英寸）、重達二十八至三十五公斤（六十二至七十七磅），而雄性平均可長到一．四公尺（四英尺七英寸）、重達四十至五十公斤（八十八至一百磅）[3]。以露西為例，她略輕於六十五磅（二十九公斤），但同種雄性（暱稱Kadanuumuu，意即「大個子」）卻可重約五十五公斤（一百二十一磅）[4]。這表示雄性南方古猿大概是雌性的兩倍大，和大猩猩和矮黑猩猩的性別與體型差異相似，而他們互相毆鬥的目的也是為了接近雌性。南方古猿屬的頭形，整體而言也較像猿猴，腦容量較小，只比黑猩猩大一點，他們的口鼻部較長，眉骨粗大。和黑猩猩一樣，他們的腿相對較短，手臂則較長，腳趾和手指都沒有黑猩猩的手指那麼彎曲，也沒有像人類的手指那麼短且直。他們的手臂和肩膀很有力，非常適合爬樹。最後設想一下自己可以像珍．古德（Jane Goodall）一樣，多年觀察南方古猿屬，你會發現南猿屬的成長率和繁衍率都接近猿猴：他們要花十二年才成年，而雌性則每五或六年繁衍下一代[5]。

但從其他方面來看，南猿屬其實不只和猿猴不同，和我們之前提過的最早人族也有所不同。其中一個明顯且重要的差別，就是他們吃的東西。雖然南猿屬有很多不同人種，但南猿屬整體而言很少攝取水果，而較依賴塊莖、種子、植物莖柄和其他粗硬的食物。這項推論的關鍵證明，是他們擁有許多適應咀嚼的驚人特徵。和地猿屬（*Ardipithecus*）相比，南猿屬有著較大的牙齒、巨大的下顎，臉同時也較寬、較長，顴骨極度前凸，咀嚼肌龐大。但這些特徵每個

表格一　各種早期人族

人種	年代（距今百萬年前）	發現地點	腦容量（立方公分）	身體質量（公斤）
早期人族				
沙赫人	7.2-6.0	查德	360	?
圖根原人	6	肯亞	?	?
卡達巴地猿	5.8-4.3	衣索匹亞	?	?
始祖地猿	4.4	衣索匹亞	280-350	30-50
纖細南猿				
湖畔南猿	4.2-3.9	肯亞、衣索匹亞	?	?
阿法南猿	3.9-3.0	坦尚尼亞、肯亞、衣索匹亞	400-550	25-50
非洲南猿	3.0-2.0	南非	400-560	30-40
泉源南猿	2.0-1.8	南非	420-450	?
驚奇南猿	2.5	衣索匹亞	450	?
肯亞平臉人	3..5-3.2	肯亞	400-500	?
粗壯南猿				
衣索匹亞南猿	2.7-2.3	肯亞、衣索匹亞	410	?
鮑氏南猿	2.3-1.3	坦尚尼亞、肯亞、衣索匹亞	400-550	34-50
羅百氏南猿	2.0-1.5	南非	450-530	32-40

人種都不同，在下列三個人種中差異尤其巨大：鮑氏南猿、羅百氏南猿，以及衣索匹亞南猿（*Au. aethiopicus*）。乍看之下，這些粗壯人種的體型差距，就好比人族和乳牛的體型差距一樣。最顯眼的粗壯南猿，如鮑氏南猿，他的臼齒是你我臼齒的兩倍大，顴骨又寬又高，還往前凸出，整張臉看來活像個湯碗，而且他的咀嚼肌尤其巨大，猶如小塊牛排；瑪麗和路易斯·李奇夫婦（Mary and Louis Leaky）在一九五九年發現鮑氏南猿時，對那副「重量級」的下顎感到非常震驚，於是將他暱稱為「核桃鉗男子」。從其他的解剖特徵來看，這隻巨無霸南猿和牠其他纖細的兄弟可說完全不同[6]。

南猿屬有另一個突出的特徵，變化幅度也不小，值得我們細細思考——那就是走路的方式。像阿爾迪與其他最早的人族，都是雙足行走；但南猿屬有些人種走起路來可是大步向前，更像人類。多虧他們的一些特徵，像是寬闊的臀部、堅硬且帶有部分足弓的腳部，以及大腳趾顯得較短（與其他腳趾長度接近一致），我們才有今天的樣貌。南猿能以雙足行走的最佳鐵證，就是拉多里足跡（Laetoli footprints）。這一串足跡出現約三百六十萬年前，是一群南猿橫越今天坦尚尼亞北方一塊火山灰平原所留下的，其中包含男人、女人和小孩。這些足跡和其他保存在骨骸的線索，說明阿法南猿等南方古猿人種已有辦法習慣性順暢地用雙足行走。但，其他南猿人種如源泉南猿，他的腳型卻比較適合爬樹，重心也在腳的外側，平地上只能踩著短促的步伐[7]。

所以，南方古猿究竟從何而來？為什麼南方古猿有這麼多人種，他們又是哪裡不同？最重要的是，這些人種在人類身體的演化過程中，扮演什麼樣的角色？廣義來說，這些問題的答案，都和物種好好找一頓晚餐吃面臨的挑戰有關——尤其是在非洲氣候不斷變遷的情況下。

最早的垃圾食物

你我的生活方式與過去相比，其實很不尋常。特別像是關於「晚餐吃什麼？」這類問題，我們和祖先就有著天差地別的不同，我們有難以計數的多樣營養食物等著我們挑選。但對其他動物來說，像是南方古猿，可就沒那麼愜意了。牠們只能吃能夠找到的東西，而且不是在自己的祖先常常快意進食的水果森林，而是樹林稀疏的空曠地點。更糟的是，時值地質紀元的上新世（Pliocene，約五百三十萬年前至兩百六十萬年前），地球變得稍微寒冷了些，非洲則變得越來越乾燥。當這些變化一陣陣襲來（請參考圖四的Z字形鋸齒狀），也正值南猿活躍的時代，非洲的開放式林地棲地和熱帶草原不斷擴張，而水果的取得也呈現量的減少與產地分散的趨勢[8]。水果危機無疑在南猿身上催化了天擇的出現，讓個體能更有效取得其他食物。

而南猿屬（某些人種情況來得特別嚴重）就是被迫經常食用較為劣質食物的倒楣鬼。劣質食物是指當一個人偏好的食物無法取得時，所必須勉強食用的次等食物。今天的人類偶爾仍被迫食用劣質食物。比如橡樹果實，在中世紀歐洲普遍被當成是快餓死的人的最後救星；而一九四四年的冬天，荷蘭發生大饑荒，很多荷蘭人只能吃鬱金香球莖度日。不只有人類，猿猴也會吃次等食物；當無法取得成熟的水果，牠們就會退而求其次，改吃樹葉、植物莖柄甚至是樹皮。次等食物扮演著影響生物生死交關的重要角色，所以天擇通常會在演化適應上面下多一點功夫，以幫助生物勉為其難吞下那些次等食物[9]。我們常說「人如其食」，但按照演化的邏輯，這句話有時候反而是「人如其不食」。

露西和其他南方古猿所吃的次等食物又是什麼？而那些看得見的身體適應特徵裡，又有哪些可以證明天擇推了我們一把，好讓人類吃下那些次等食物？要清楚回答這些問題是不可能的，但我們至少可以做出幾個有道理的推論。首先，南猿屬所住的棲地有些果樹，這個部分已經被證明。所以他們有辦法得到水果的話，就可能拿去食用，這就像今天生活在熱帶的人類還會去野外採食一樣。因此，他們的骨骸留下了許多適應爬樹的痕跡，比如長臂、又長又彎的手指，這些一點也不意外。而他們的牙齒有許多慣吃水果的猿猴也擁有的特徵，像是寬闊、略往前凸的上門牙（增進剝皮能力），還有寬闊的臼齒（齒尖較低，有助於嚼爛果泥）。但是像林地等棲息地，果樹的密度比雨林來得低，水果產量也會隨四季改變，我們幾乎可確定南猿一年會面臨幾次水果不足的困境，而在乾燥的年度，水果的短缺勢必更嚴重。這種情況下，他們恐怕只能像猿猴一樣，退而求其次，食用其他可消化但較不理想的食物，像是黑猩猩會改吃樹葉（如葡萄樹葉）、植物莖柄（如生蘆筍）和草本植物（如新鮮月桂葉）。

關於南猿屬的牙齒研究與棲地的生態分析，都指出南猿屬有著複雜又多樣化的飲食習慣，不只食用水果，也吃易嚼的樹葉、植物莖柄和種子[10]，然而他們也極有可能開始翻找新的、具高營養價值但較不偏好的食物，為飲食習慣增色。雖然許多植物都把糖分儲存在地面上的部位，如種子、果實或莖柄精髓，但還是有些植物像馬鈴薯和薑，把熱量存在地面下的部位，如根、塊莖或球莖，防止鳥類和猴子等草食動物的侵襲，或避免日照脫水；這些植物部位被稱為地下莖（USO）。要找到地下莖可不是那麼容易，需要一點技巧，但這些富含水分的食物基本上一年到頭都找得到，甚至包括旱季。熱帶地區，在沼澤（莎草科植物如紙莎草，具有可食的塊莖）、開放的棲地如林地和熱帶草原，都可以找到地下莖[11]。許多狩獵採集者相當依賴地下莖，最多甚至可占所有飲食的三分之一以上。地下莖也經常出現在今天的家常食譜中，比如馬鈴薯、樹薯和洋蔥。

沒有人確切知道是否有不同種的南猿也食用地下莖，但塊莖、球莖和根部其實都含有高百分比的熱量，對某些物種來說這些東西遠比水果重要。事實上，這種地下莖飲食可能隱藏著某些祕訣，於是在人族中打響了名號。我們就姑且稱之為露西飲食法（Lucy Diet）。要記得，露西飲食法可是很重要的，要體會其重要性就先從黑猩猩的食物開始談起。黑猩猩的食物中大概有四分之三是水果，其他的都是樹葉、髓心、種子和草葉。如果我們幫黑猩猩愛吃的水果做個營養分析，你會發現這些水果的纖維含量十分高、也算富含蛋白質與澱粉，但極少脂肪[12]。你可能會預期，黑猩猩的飲食中纖維成分應該也較高，澱粉與熱量較低[13]。但地下莖本身卻比許多野生水果含有更多澱粉和熱量，而且纖維含量還占了一半[14]。地下莖在雨林並不常見，黑猩猩也不常挖找地下莖；但南猿開始找他們的晚餐、找不到水果也找不到黑猩猩會吃的次等食物時，就可能用地下莖來代替。

總結一下，南猿屬的群體都是狩獵採集者，攝取包含水果在內的多樣化食物，但他們也從塊莖、球莖和根部的食物中受益。可以確信的是，他們幾乎都採次等植物為食，包括樹葉、莖柄和種子。我們也推斷，他們像黑猩猩與矮黑猩猩一樣，以白蟻和蛆等昆蟲為主食，但有肉可吃時他們也是會吃，儘管雙足行走並非他們的強項——走起路來既緩慢又不穩，狩獵恐怕太強人所難，但食腐倒是有可能。不過，究竟是什麼東西決定了他們的菜單，有什麼證據可以支持我們的推論？更重要的是，填飽肚子的挑戰，也就是達爾文的用詞「生存競爭」（struggle for existence）的主要架構之一，如何影響了人類身體的演化，使他們可以把這些東西吞下肚子？

阿嬤，妳的牙齒可真大！

你身體充滿幫助你咀嚼和消化的各種適應的特徵。這些適應當中，沒有比牙齒更醒目的了。除了牙痛之外，你平常可能很少體恤自己的牙齒。我們活在食物精緻、烹飪技術精進的時代，很難想像過去掉牙齒可是一件攸關人命的事情，幾乎宣判了一個人的死刑。牙齒的形狀、結構會大幅決定動物咬斷食物並把食物磨碎的程度，並進而影響消化和擷取營養與熱量的能力，天擇也因此在牙齒上留下重大的影響。既然消化顆粒狀食物可以產生更多熱量，你可以想像南方古猿如果不必像猿猴一樣花半天咀嚼食物，會有多麼歡天喜地，又會得到多少身材優勢。

咀嚼地下莖也可能是一個很特別的挑戰。我們今天所食用的栽培植物，它們的根部和球莖，被培養成纖維含量較低且較柔軟的作物，經過烹煮後變得更易嚼。相反地，野生的地下莖富含纖維，對我們今天擁有的上顎來說實在難以應付；它們未經過加工處理，需要多次用力咀嚼，你可以咀嚼生的山藥或蕪菁甘藍來體驗看看，你需要大力地嚼，才能徹底嚼爛。其實狩獵採集者還是有特殊的方法食用某些富含纖維的地下莖，又被稱為「嚼吮」（wadging）：長時間咀嚼，萃取出養分和汁液，然後把剩下的殘渣吐出來。試想一下，你吃了點東西，但還是很餓，因為食物很少，所以你只能一再嚼吮同樣的東西。如果生存的意義之一是有效攝取堅硬粗糙的食物，那天擇應該幫了南猿一臂之力，使他們更有辦法用力咀嚼，並具備能撐過無數次大力咀嚼的嘴巴。

因此，我們可以從南猿和其他人族被天擇影響後所具備的牙齒形狀和大小，推論出我們的祖先都吃些什麼樣的食物——特別是次等食物。最重要的是，要找出南猿的特徵，其中最鮮明的一個就是南猿大又平的頰齒，和牙齒上厚厚一層琺瑯質。纖細的南猿屬如非洲南方古猿，有著比黑猩猩大百分之五十的臼齒，牙冠還有石頭般的琺瑯質（人體最堅硬的組織），是黑猩猩的兩倍粗。粗壯種的南猿屬如鮑氏南猿，則更極端；他們的臼齒可達到黑猩猩的兩倍甚至是三倍粗。讓我們把這些不同一起攤開來瞧瞧。你的大臼齒面積，大概和小指的指甲一樣，有一百二十平方毫米（〇・一九平方英寸）。但是鮑氏南猿的大臼齒則好比大拇指指甲，面積大約有兩百平方毫米（〇．三一平方英寸）。南猿的牙齒除了又寬又粗，表面還非常平，比黑猩猩的牙齒還平；牙根長且寬，使牙齒得以牢牢固定在下顎[15]。

研究人員花了許多功夫研究南猿到底為什麼可以長出那麼巨大、粗厚而且寬平的頰齒。答案不讓人意外，這些頰齒是協助咀嚼堅硬粗糙食物的演化適應[16]。就好比攀爬羊腸般的山徑時，穿著粗鞋底登山靴比薄鞋底運動鞋走起來更省力，而粗大的牙齒當然也更能夠咬碎粗硬的食物。粗厚的琺瑯質自然也是為了抵禦食物中無可避免的粗糙顆粒，使牙齒免於磨損。此外，大片平整的牙齒表面也有幫助，因為大面積的牙齒能將咀嚼的力道分散，並用側邊使力嚼食，好將堅韌的纖維給剝開。基本上，南方古猿——特別是粗壯種的南方古猿，都有磨石般的巨大牙齒，適合齒間不斷使出高壓來碾碎食物。如果你人生中一半的日子必須嚼食未經處理的塊莖，有了這副龐大的牙齒，你一定會感激涕零的。某種程度上，今天的我們還擁有一點類似的特徵，這都得感謝南方古猿。雖然人類的頰齒沒有南方古猿的來得粗大，但他們還是比黑猩猩的還粗大。

俗話說「有一好沒兩好」，牙齒大小的影響自然也不例外。就算你擁有南猿般的口鼻，你下顎能容納牙齒的空間還是只有那麼一點。至於門牙，最早的南方古猿，如阿法南猿，有著猿猴般寬闊突出的門牙，可以深陷果肉裡。但當南猿的頰齒變大變粗厚時，他們的門牙也跟著變得較小也較垂直，犬齒也萎縮成和門牙一樣大小。某種程度上，小前齒牙反映了水果在人類飲食的重要性降低，但也反映了大頰齒需要空間的迫切。今天，我們的前齒還包括了門牙般的犬齒。

如果你粗大的臼齒每天需要用上數個小時咀嚼粗硬又富含纖維的食物，那麼當然需要強健的咀嚼肌。毫無意外，南猿的頭顱（見圖六）有許多特徵，指出他們擁有大片咀嚼肌，能夠產生龐大的咬嚼力。南猿的顳肌（temporalis，即頭顱側面的扇形肌肉）很大片，為了給這一大片咀嚼肌更多的空間，很多南猿的顱骨上方就生出了一小塊突起。此外，這片肌肉的中間部分，即顴骨和顳部之間、和下顎相接之處，相當地厚，南猿的顴骨（即顴弓，zygomatic arch）便往兩旁突出發展，於是臉的左右和上下距離一樣寬大。南猿的巨大外凸顴骨也提供了足夠空間來發展另一片大型咀嚼肌，也就是嚼肌（masseter），它位處於顴骨和下顎底部之間。整體來看，南猿的咀嚼肌不僅很龐大，一般認為這些肌肉的所在位置可以有效產生咀嚼力[17]。

你是否有過一種經驗：嘴巴裡的東西太硬，嚼得你齒頰痠痛？當動物（包含人

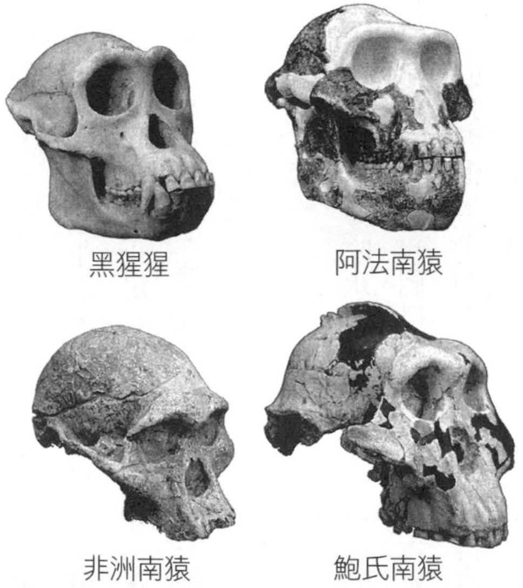

圖六　黑猩猩與三種南方古猿的頭顱骨比較圖

阿法南猿和非洲南猿都被認為是纖細種的南猿。而鮑氏南猿比較粗壯，有著巨大的牙齒、大片咀嚼肌，還有大臉一張。

類）咀嚼時，就是會產生這麼大的咬合力，足以讓下顎和臉部些微變形，甚至導致微小的傷害。咬嚼時產生的衝擊如果程度尚輕，骨骼會自動修復，並使得骨骼變得更粗厚[18]；但不斷受到傷害卻會讓骨骼嚴重受損，進而導致骨折。因此，能夠產生高度咀嚼力的種族，會擁有較寬、較粗也較高的上下顎，以降低每次嚼咬產生的壓力，南猿正是其中之一。正如你在圖六看到的，南猿屬都具有龐大的下顎，加上大臉一張和眾多骨骼，讓他們得以整天咀嚼堅硬的食物，臉部還不至於整個垮掉[19]。這些臉部支撐骨骼在纖細的南猿臉上已算相當醒目，在粗壯的南猿臉上，看上去根本活像武裝坦克。

簡而言之，南方古猿就像黑猩猩和大猩猩一樣，可能也愛吃水果，不過唾手可得的東西他們一定也來者不拒。南方古猿並沒有一個專屬的特定飲食，但我們目前已知大概有六、七種南方古猿，會隨著所居住的多樣生態環境條件調整飲食習慣。不過，當氣候變遷使得水果更稀少，某些難以入口的次等食物（特別是地下莖），就變成了相當重要的飲食來源——某種程度，我們今天也算保留了這種飲食習慣[20]。但首先我們的祖宗們要如何取得這些食物呢？

步履維艱找塊莖

當你在市場中逡巡時，改變你飲食習慣的，有可能是你選購了不同包裝的產品，或是剛剛深入平常較少駐足的一排商品。相反地，狩獵採集者每天得花數個小時長途跋涉，找尋食物。

就這點來看，黑猩猩和其他森林棲息猿猴進食，比起狩獵採集者更像我們現代人的採購行為，因為他們鮮少長途跋涉只求溫飽，不求一定要吃到偏好的水果飲食，也不排斥較不理想的莖、葉或草。一般而言，一隻母黑猩猩一天會走上兩公里（一．二英里），通常是從一顆果樹到另一顆果樹，公黑猩猩每天則走多一些（接近兩英里）[21]。然而，兩種性別的黑猩猩多把時間花在餵食、消化、打扮，要不然就是互動。當水果稀少時，黑猩猩和其他猿猴就會採集俯拾即是的食物，但這幾乎不會改變他們跋涉的距離。本質上，猿猴四周都是他們通常選擇忽略的食物。

飲食取向從主要攝取水果轉變成攝取塊莖與其他次等食物，對南方古猿的跋涉需求必定有重大的影響。南方古猿人種雖多，但他們大多住在部分開放的區域，比如近河林地或湖畔草地。這些棲息地除了較少果樹外，還比猿猴經常居住的雨林要來得有季節變化。因此，南方古猿必須尋找散佈各處的食物，每天也必定需要行走較長的距離以求填飽肚子。他們有時也因而在比較空曠的地點，暴露在肉食動物和酷熱天候的威脅下。但同時，南方古猿可能仍需要爬樹，並非僅僅為了獲取食物，也為了找個安全的地方睡覺。

長途跋涉以期找到足夠食物和水，這類需求表現在許多重要的步行演化適應，在許多南方古猿人種的演化中相當明顯，今日的人類身上也看得到。像之前所提到的，早期人族如阿爾迪和圖邁雖可謂是雙足動物，但阿爾迪走路的方式並沒有和我們非常相似（然而圖邁也可能是如此），他們踩著距離比較小的跨步，走路時用腳邊支撐自己的重量。阿爾迪也保留許多便於爬樹的特徵，如利於緊握且分開的大腳趾，這些腳趾拖累了她的步行能力，以致於無法像我們一樣健步如飛。但大約四百萬年前，某些南方古猿人種中開始出現較易於有效率雙足行走的生物適應，這個適應至少讓他們其中一些成為較能長遠步行的人種。這些適應正是今天人體不可忽視的重要特徵，幫助我們理解我們是如何、又是為什麼能這樣行走。

我們先從效率開始看起吧。猿猴走路時，無法像人類般邁開大步，因為人類擁有挺直的臀部、膝蓋和腳踝；相對地，猿猴拖著腳步向前走時，上述部位的關節，則彎曲到極致。諧星格魯喬．馬克思（Groucho Marx）般的走路方式的確很具娛樂性，不過也相當累人，由此當中我們歸納出一套人類步行機制。從圖七可以看到，走路時雙腿像鐘擺一樣擺動，旋轉的中心會改變。當腿往前擺動，旋轉的中心在臀部；一旦腿已經

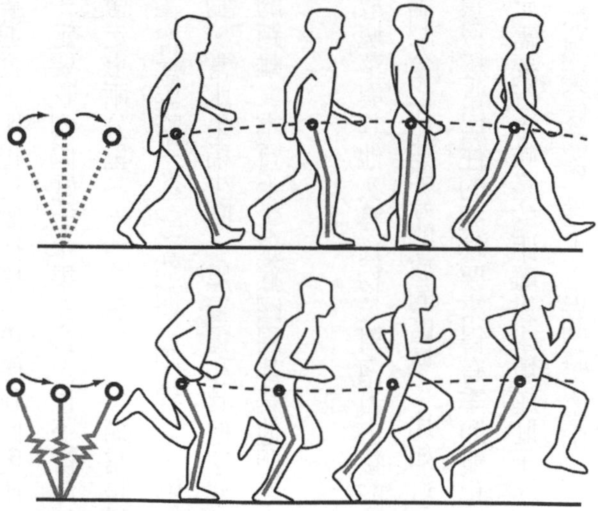

圖七　步行與奔跑

步行時，腿像上下顛倒的鐘擺，在跨出前半步、即將邁入後半步時，始終維持重心（圓圈處）。奔跑時，重心在跨出前半步時向前傾，腿就會像彈簧一樣伸長，在後半步時又像彈簧般彈回，在身體呈站姿時上推，像是準備跳起。

著地並支撐身體向上時，這個鐘擺效應便會倒過來，旋轉的中心改落在腳踝。旋轉中心的改變使得哺乳類動物可以有效地節省精力，每一步的前半段，腿的肌肉會收縮並將腿往下推，用足部與腳踝拱起身體；這樣的拱起動作，可以將身體重心舉起，也儲存了能量，就像舉起重物等於儲存了位能一樣。然後，每一步的後半段，儲存的位能在身體重心即將傾倒時，便以動能的形式產生（像你把舉起的重物放下一樣），推動你往前、往上。所以，鐘擺式步行是相當有效率的一種步行方式。如果你擁有屈曲的臀部、膝蓋和腳踝，能像黑猩猩一樣穿梭於樹林，步行就會變得困難，因為地心引力會將你的身體往下拉，讓那些部位的關節更屈曲。要學格魯喬步伐，你得持續縮緊臀部和大腿，上身呈較大幅度的擺動，像一個顛倒過來的鐘擺。而且屈曲腿部關節也會縮限你的步伐，每步的長度自然也變短。經過實驗，我們可以清楚得知，屈曲臀部與膝蓋行走遠比正常行走費力。一隻重四十五公斤（一百磅）的公黑猩猩要走三公里（近兩英里），得花一百四十大卡的熱量；同樣的距離，六十五公斤（一百四十五磅）的人類只要花三分之一的熱量[22]。

不幸的是，我們永遠無法看到南猿的步姿，也無法測量他們移動所耗費的體力。有一些研究人員認為這些遠古祖宗有著屈曲的臀部、膝蓋與腳踝，步行的方式和直立黑猩猩差不多[23]。不過也有幾條證據指出，有幾種南猿有著較直（伸展）的關節，走起路來很流暢，和你我幾無二致。這些線索就在腳部，今天的我們保留了一些和南猿相似的特徵。猿猴和阿爾迪有較長的大腳趾，並向外曲展，使他們得以攀抓和爬樹。反觀阿法南猿與非洲南猿，他們的大腳趾形狀近似人類，厚重且和其他腳趾平行[24]；尤有甚者，他們的足部有部分的縱足弓，步行時有辦法綳緊足部中段[25]。緊綳的足弓以及腳趾著地彎曲時能夠朝上的關節，在在說明一件事，那就是南猿和人類一樣，在腳尖將離地時可以用腳趾順暢推動身體往前、往上。更重要的是，某些南猿人種如阿法南猿，足跟骨骼又大又平，是一種降低足跟著地衝擊力的適應[26]。這種足跟也正是人類的特殊表徵之一，告訴我們露西走路時一定也是擺腿向前，用人類的方式跨出寬大的步伐[27]。不過，還有一種南猿，他的足跟較小，走起路來足跟沒有明顯著地，有足內彎的跡象、搖搖晃晃，步伐也比較小。那就是源泉南猿。

另一組適合步行的高效適應特徵，在南猿的下肢化石中可以看到[28]。南猿有朝內彎的股骨，使膝蓋的位置靠近身體中線，所以他們走路不會腿開開地左右搖擺，像個嬰兒或醉鬼[29]。他們的臀部和膝蓋關節很大，提供強而有力的支撐，可以承受單腳著地時帶來的沉重壓力。他們的足跟樣貌大部分近似人類，比黑猩猩的還堅實，也比較缺乏屈曲的能力，這可能是為了保護足踝不要扭傷。

最後，南猿身上還有幾個適應特徵，以便在雙足行走時穩固他們的上半身。今天，我們臀部上方有又長又彎的腰椎骨，我們還不知道這是否由人族所演化而來，但在某些南猿人種中，比如非洲南猿和源泉南猿，這個特徵已經存在[30]。此外，南猿還有寬大如臉盆、彎曲朝外的骨盆。我們之前探討過，寬闊朝外的臀部，能讓臀側肌肉在單腳著地時有效穩固上半身。臀部如果不是這個形狀，我們可能會隨時倒向兩旁，或是像黑猩猩一樣搖搖擺擺地走。

總之，南猿屬的人種如阿法南猿，很可能踏著人類般的步伐，步行起來也較有效率，知名的坦尚尼亞拉多里足跡就是相當充分的證據。這片足跡雖然還不知道是誰留下的（比如說，極可能是阿法南猿），但步行時他一定得具備寬闊的臀部和膝蓋，誰都不例外[31]。但是，要說南猿的行動方式和我們一模一樣，這恐怕不準確。畢竟南猿還是照常爬樹，以採摘水果、躲避獵食者，甚或是睡覺。他們的骨骼留有來自猿猴的善爬樹特徵，這也不是多稀奇的事情。像黑猩猩與大猩猩，他們的腿相對較短、手臂相對較長，還有些微彎曲的腳趾與手指。許多不同種的南猿的前臂肌肉都相當有力，朝上的肩膀非常適合懸吊或引體向上；自由爬樹的適應，在源泉南猿的上半身最為顯著。[32]

天擇在南猿身上留下的大步伐特徵，今天的人體也保留了一些。最重要的是，他們能有效率且流暢地行走，這特徵在人類演化史中承先啟後，人族耐走、適應長途跋涉以穿越開放的棲地，也是由此而來。請注意，減少步行會消耗的體力，這個天擇在黑猩猩身上影響有限，也許是因為牠們一天只能走個一兩英里，還得爬樹以及在樹梢間活動。但如果南猿要採食水果和塊莖也經常得跋涉一段距離的話，更有效率地移動將會帶來巨大的優勢。想像一下，一位普通的媽媽南猿，可重達三十公斤（六十六磅），每天必須跋涉六公里（三・七英里），這可是媽媽黑猩猩的兩倍。若她像人類女性一樣能夠順暢行走，她一天可以少消耗大約一百四十大卡，一週可以累積快一千大卡的熱量；若她比黑猩猩省力個百分之五十，那麼她一天也可以少消耗約七十大卡，一週可以累積約五百大卡。食物稀少的時節，這樣的差別就會出現天擇上的優勢。

我們之前討論過，雙足行走會對人族的身體產生決定性的優勢，也必須付出龐大的代價，而最大的代價莫過於無法再以跳躍的方式高速奔跑。也就是說，南猿的速度相當緩慢。南猿下了樹梢後，肯定是肉食動物眼中的肥羊，劍齒虎、印度豹和土狼都虎視眈眈。也許那時起他們學會了排汗，因此能夠等到中午才出來覓食；而那些肉食動物無法有效散熱，中午也正是牠們的休息時間。至於優勢，直立徒步易於搬運食物，垂直的步態也減少太陽照射的表面積，這代表雙足行走比起四肢行走更能免於炙陽的威脅[33]。

雙足行走的最後一個優勢，也是達爾文所強調的，就是得到解放的雙手可以從事其他用途，比如挖掘。地下莖通常都在地下幾尺深的地方，用棍子挖的話要花二十分鐘至半小時才能得手；不過，挖掘對南猿來說，應該不是什麼大問題。比起猿猴，他們的大拇指較長，其他手指較短[34]，手形介於猿猴和人類之間，有效抓握棍子是沒有問題的。而且，挖掘用的棍子不需要精挑細選或調整，黑猩猩就擁有製造這種工具的能力：黑猩猩會用棍子捕抓白蟻和小型哺乳類動物，還會用石頭敲開堅果[35]。也許，用棍子挖掘的天擇演化，為之後使用工具的天擇打下了基礎。

你體內的南方古猿

為什麼我們今天需要回過頭去看南方古猿？畢竟，除了直立行走外，他們和我們可是南轅北轍。他們的腦容量只比黑猩猩大一點，整天的時間都花在採食堅硬難吃的食物上，而且老早以前就絕跡了。我們要怎麼將他們聯想成人類？

我認為，關注南方古猿有兩個好理由。首先，這些遠古祖宗在人類演化史上，扮演了承先啟後的角色。演化的發生是一個漸進深遠的過程，每個事件都和前一個事件息息相關。如果早期人族如沙赫人屬和地猿屬不用雙足行走，南猿屬就不會演化而生；同樣的道理，如果地猿沒有適應地上生活、雙足行走、擺脫對水果的依賴的話，人屬也不會演化而生，進而衍生出更多面對氣候變遷的適應特徵。更重要的是，我們所有人的體內都還流著南猿的血液。人類算是一種奇特的猿猴，因為我們幾乎不再爬樹了（你今天爬樹了嗎？），取而代之的是，我們幾乎都在步行，也不再照三餐嗑水果。這些趨勢可能在我們和猿猴分家時就出現了，但這些特徵在演化出各種南方古猿的這幾百萬年間變得更強烈。這些演化實驗的諸多特徵至今仍在你體內，像：和黑猩猩相比，你的頰齒比較粗大。你的大腳趾短而肥大，很遺憾地，這腳趾沒辦法抓攀任何樹枝。你擁有的是長且能屈伸的下背部、腳底的足弓、手腕、大膝蓋，還有許多助你步行得長遠的特徵。我們把這些特徵當作理所當然，不過，它們其實一點都不理所當然。它們在我們的身體中出現，就是因為幾百萬年前強烈的天擇使然，並讓我們開始尋覓次等食物。

然而，你並不是一隻南方古猿。和露西與她的族人比起來，你的腦容量是他們的三倍大，腿也長多了，手臂倒是比較短，沒有大鼻子或大嘴巴。你已經不再吃次等食物，而是大量依賴肉類等高級食品；你還會使用工具、煮飯、用語言對話，還有文化這個重要資產。這些以及其他種種重要的不同，開始於冰河時期，也就是大概兩百五十萬年前，漸漸為人類演化出一條不同的路。

第四章

最早的狩獵採集者：人屬如何演化出接近現代人的身體

有一天，一隻兔子嘲笑短腿烏龜跑得太慢，
烏龜笑答：「雖然你能跑得飛快，但我能跑贏你。」
——《伊索寓言》*Aesop*，
〈龜兔賽跑〉The Tortoise and the Hare

你是否曾擔心過，今天全球氣候會出現急速變化？如果沒有的話，你應該要稍微感到擔心，因為上升的氣溫、變化的降雨頻率，還有生態系統的轉變，都會讓糧食的供應出現危機。儘管如此，全球氣候變遷一直以來都是人類演化的驅動力，不斷讓人類「晚餐該吃什麼？」這個古老的民生問題出現新的回答。面臨全球氣候變遷，填飽肚子的急迫性也改變了整個世代的人類。

晚餐吃什麼（或是早餐和午餐，看從什麼角度）可能不在你每天要處理的事務清單上，但是大多數的物種可是隨時都在全神貫注地尋覓熱量和營養的食物。我們可以肯定地說，動物也需要成群結隊、避免被吃掉，但生存的艱難常等同於覓食的艱難，這道理直到近期還適用於多數人類身上。當你的棲地變化相當劇烈時，你本來吃的食物會消失或減少，找食物就成了一件苦差事。我們也看到，填飽肚子的挑戰與掙扎，在人類演化史的前兩個轉變留下了不可抹滅的痕跡。幾百萬年前，當非洲變冷、變乾燥，水果也跟著慢慢減少、散布各處，也利於我們的祖先直立步行，才能更順利擴大採食範圍。其他的演化反應還有粗厚的頰齒與大臉，很適合攝取水果外的其他食物如塊莖、根莖、種子和堅果。但就算這些轉變很重要，我們還是很難把露西和其他南猿與人類聯想在一起。他們雖是雙足行走動物，但腦容量的大小仍和猿猴相去無幾，而且他們無法像我們一樣說話、思考與進食。

我們的身體以及行為模式，演變成今天所稱的「人類」，最早是出現於冰河時期初期。冰河時期是地球氣候變化的轉捩點，全球溫度急遽下降，當時約是三百至兩百萬年前。這個時期的地球海洋大概降了攝氏兩度（華氏三・六度）[1]。兩度看起來似乎很微小，但全球海洋整體平均溫度出現如此幅度的下降，代表釋出龐大的能量。全球冷化之間溫度出現過幾次升降變化，但在兩百六十萬年前，地球冷化威力之強，讓極圈的冰帽開始擴展。我們的祖先完全不知道幾千英里外有冰山正在慢慢成形，但是他們肯定感受到棲地變化的週期，甚至被躁動不安的地表活動搞得緊張兮兮，特別在東非[2]。由於這一帶有一個龐大的火山熱點，整個區域於是就像舒芙蕾一樣被推擠上來，然後中間的部分凹陷（也像某幾種舒芙蕾），形成了東非大裂谷（Great Rift Valley）。裂谷的出現造成的廣袤雨影區，讓大部分的東非乾燥不堪。裂谷也容納了許多湖泊，時至今日裂谷仍讓這些湖泊維持滿溢然後乾涸的循環[3]。雖然東非當時的氣候始終在改變，但整體的趨勢卻是雨林萎縮，而林地、草地和更乾燥不毛的棲地與季節性棲地卻得到擴展。兩百萬年前，這一帶比較像獅子王的佈景，而不是泰山的佈景[4]。

想像一下，兩百五十萬年前，你是人族，住在馬賽克般有一塊沒一塊的草地和林地上，餓著肚子盤算著該吃什麼。比較理想的食物如水果變得越來越稀少。你該怎麼辦？我們可以從大臉巨齒的羅百氏南猿化石歸結出一個可能的解決辦法，那就是專攻比較硬也比較普遍的食物，如塊莖、球莖、種子與植物根部。這些人族一天必定花了許多個小時，在那邊費勁地嚼啊，嚼啊，嚼。多虧天擇，使我們利於採取另一種更革命性的解決辦法：狩獵與採集。這種生活方式除了演化出採集塊莖與其他植物的辦法，還結合了數種晝時代的行為，如攝取更多肉類、使用工具萃取和加工食物，以及與同伴密切合作以分享食物和其他任務。

狩獵和採集的演化，也因此為人屬（Homo）的演化埋下了伏筆。更進一步說，幾個關鍵的演化適應，讓這種聰明的生活方式在最早的人族當中成為可能；這些適應並沒有讓他們的腦容量變大，卻讓他們擁有接近現代人的身材。這些在在說明了一件事：狩獵和採集的演化刺激了你的身體，使它成為現在的樣貌。

誰是最早的人族？

冰河時期加速了狩獵和採集的演化，以及現代身材的人種出現，這可以從幾種早期人屬身上觀察到，當中最重要的莫過於直立人。一八九〇年，勇敢的荷蘭軍醫杜布瓦（Eugène Dubois）受了達爾文等人的影響，前往印尼尋找人類和猿猴間的失落環節，並成功找到了直立人骨骸；這也是人類演化史上，一個值得註記的里程碑。杜布瓦其實有些幸運。他抵達幾個月後，就發現了一個頭蓋骨化石，以及一節股骨，他馬上將之命名為爪哇猿人（*Pithecanthropus erectus*，意即「直立猿人」）[5]。不久後的一九二九年，類似的化石在中國北京附近出土，並被命名為北京猿人（*Sinanthropus pekinensis*）。其後的幾十年間，越來越多化石如雨後春筍般在非洲出土，像是在坦尚尼亞的奧杜威（Olduvai），還有北非的摩洛哥和阿爾及利亞等地。北京猿人化石出土後，這些慢慢被找到的化石通通被冠上不同物種名稱。直到二戰結束後，學者們繞了一大圈才得出一個結論：這些散跡全球各地的化石，原來本是同根生：他們都是直立人[6]。根據目前最可靠的證跡，直立人最早在一百九十萬年前的非洲演化而出，並從非洲快速擴散到其他舊世界地區。一百八十萬年前，直立人（或相近的物種）開始出現在今天喬治亞的高加索山，並在一百六十萬年前出現在北京和印尼兩地。在亞洲部分地區，這個物種一直存活到幾十萬年前才絕滅。

你可以猜到，既然直立人在三大洲存活了近兩百萬年，他們的體型應該也和今天的人類一樣，自然也各不相同。請參考表格二裡所歸納出的幾個重要數據。他們的體重在四十至七十公斤（八十八至一百五十磅）之間，身高一百二十二公分至一百八十五公分（四英尺至六英尺）不等[7]，他們當中有許多人都有著現代人類的體型。不過，從在喬治亞一個叫德馬尼西（Dmanisi）的村落中所發現的一個直立人族群來看，女性的體型普遍比現代人嬌小。你如果在路上碰上一群直立人，應該會感到驚訝，因為他們的身材——尤其是頸脖以下，和我們是何

表格二　人屬中的各個人種

人種	年代（距今百萬年）	發現地點	腦容量大小（立方公分）	身體質量（公斤）
巧人	2.4-1.4	坦尚尼亞、肯亞	510-690	30-40
盧道夫人	1.9-1.7	肯亞、衣索匹亞	750-800	?
直立人	1.9-0.2	非洲、歐洲、亞洲	600-1,200	40-65
海德堡人	0.7-0.2	非洲、歐洲	900-1,400	50-70
尼安德塔人	0.2-0.03	歐洲、亞洲	1,170-1,740	60-85
佛羅勒斯人	0.09-0.02	印尼	417	25-30
智人	0.2-今天	世界各地	1,100-1,900	40-80

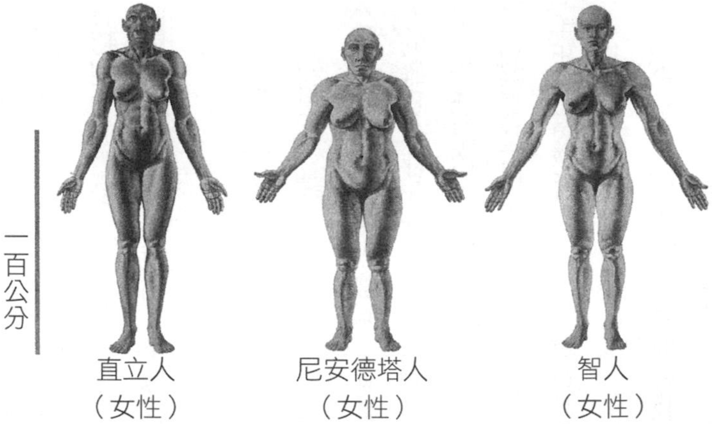

圖八　三種女性人屬的重構圖：直立人、尼安德塔人和智人

請注意身體比例的相似處，也別忘記看看尼安德塔人的大頭，還有現代人的小臉和較圓的頭顱。重構圖 © 2013 John Gurche。

等相似。就像圖八所看到的，他們有著長腿、短臂，身材比例極似人類，和南猿大有不同。加上高窄的腰和完全現代化的腳，他們和我們真的很像——不過他們的臀部面朝兩側，也比我們的寬。人類擁有寬闊的肩膀和水桶般的胸膛，他們也有。他們的頭部就完全與我們不同。雖然直立人沒有突出的口鼻，但臉形長而深，男性則擁有特別大的眉骨，像欄杆一樣。直立人的腦容量大小介於南方古猿和人類之間，頭顱骨上部長而扁平，後部向外突出，不像我們的後腦杓那麼圓。他們的牙齒與今日人類相似，不過稍微大了點。

人類族譜裡這麼多人種當中，直立人是最重要的人種之一，但其演化成因也相當晦暗不明。早期人屬中，至少有兩個人種，可以說是直立人的祖先，請見表格二。首先是巧人（*H. habilis*），直譯學名意即「靈巧的人」，是在一九六〇年由李奇夫婦所發現。如此命名的原因是，巧人被認為是第一個開始製造石器的人種。巧人的確實生存年代已經難以考證，但大約介於兩百三十萬年至一百四十萬年前。顯而易見，巧人也擁有南猿般的身體：矮小，臂長，腿短，還有碩大且具有粗厚琺瑯質的頰齒。但是，巧人的腦容量比任何一個南猿都要大上幾百克，顱骨也比較大，而且沒有突出的口鼻部。他的手也相當接近現代人，適合製作與使用石器。

巧人還有一個較少人知道的同期夥伴，盧道夫人（*H. rudolfensis*）。目前就我們所知，盧道夫人的腦容量比巧人大一點，但牙齒和臉部也較大、較長，這很像南方古猿的特徵[8]。盧道夫人可以說是大頭版的南方古猿，實際上恐怕不能算是人屬的一員[9]。

先不管早期人屬有多少人種、他們之間又是如何互相關聯，從現已出土的化石來看，至少有兩個特徵可以觀察出近似當代人體的樣貌。首先，巧人的腦容量比較寬闊，臉部沒有突出的口鼻。再來，直立人有著現代的腿型、腳型和手臂長度，還有較小的牙齒，腦容量大小適中。可以確信的是，直立人的身體不是百分之百與你我相似，但這個關鍵物種的演化標誌了當代人體的起源，以及當代的進食、溝通、使用工具和行為方式的出現。本質上，直立人的確是我們覺得最像人類的遠古祖先。這項演變怎麼發生，又為什麼會發生？冰河時期開始時，早期人屬要怎麼利用狩獵與採集應對危機，而這種生活方式又是如何影響天擇，並在今日的人體中留下清晰可見的痕跡？

直立人晚餐吃什麼？

除非等到哪天發明了時光機，或在某個不明荒島上發現了早期人族的遺族，否則現在我們只能好好研究出土的化石和祖先留下的手工藝品，並對照今日狩獵採集者，來拼湊出最早人屬的生活型態。這樣的重新建構無可避免地包含臆測，但我們能據理推論出來的東西，可是驚人的多。這是因為狩獵和採集的整合系統，包含了下列四項要件：採集植物、獵取肉類、密切合作和食物處理。最早的人類為什麼可以完成這些任務，並如何完成這些行為？他們又是在什麼時候辦到的？

讓我們從採集開始討論。在早期人屬居住的非洲棲地上，植物的取得絕對是飲食最重要的來源，比例達七成以上。採集看似容易，實則不然。雨林中，猿猴就算是隨手採集能吃的水果與樹葉，一天也要走上兩至三公里（一至兩英里）才能蒐集到足夠的食物。相較之下，在更開放的棲地上生活的人族，辛苦跋涉的距離更加遙遠。這些近代的狩獵採集者，就算是老手，每天也要走上六公里（近四英里）才能找到食物，然後設法萃取並消化[10]。萃取食物代表著必須先設法找到植物的營養部分，通常它們也受各種形式的保護，像躲藏在地下（如塊莖）、包護在硬殼中（如許多堅果），或含有毒性（如野莓或植物根部）。此外，比起長滿水果的雨林，開放的棲地能吃的植物分佈更稀疏、也更受季節影響，最早的狩獵採集者，恐怕需要萃取更多種類的食物。非洲的狩獵採集者通常都會採食多達幾十種不同植物，當中有許多是季節性植物，難以尋找且萃取困難。地下莖就是個好例子，許多非洲狩獵採集者都賴以維生；但單一株地下莖就要花十至二十分鐘努力挖掘，也需要移除挖掘過程中碰到的頑石，然後花更多時間搗碎地下莖，以便入口下嚥，然後消化。狩獵採集者萃取的另一種高營養食物則是蜂蜜。它甘甜、可口，熱量又高，不過採集困難而且危險。

食用植物的優勢是食物來源豐富，以及植物的取得具可預測性；畢竟它們不會長腳跑掉，算是相當可靠的食物來源。至於劣勢，當然是難以消化的纖維。尤其是非居家栽培植物，滿滿的纖維降低了營養密度。屈指算算，我們可以輕易推論出，早期人屬（特別是一位媽媽）要採集到足夠食物以生存並繁衍後代可能很困難。女性直立人體重約五十公斤（一百一十磅），一天大概需要一千八百大卡的熱量以供應身體所需。如果懷孕或養育小孩，則需要再多五百大卡的熱量。這大概是一般的情況。極其相似的是，她每天還至少需要一千至兩千大卡的額外熱量，來照顧已經斷奶、但尚無能力獨立覓食的後代。把這些數字加起來，她一天需要的熱量大概是三千至四千五百大卡。不過，研究今日狩獵採集者的資料指出，一位媽媽一天可以採集到一千七百至四千七百大卡的植物熱量，但若需要撫養年幼後代的話，可採到的熱量就會偏低[11]。既然女性直立人不太可能比今天的女性採集者更會覓食，那女性直立人應該是常常沒辦法獲得足夠熱量來撫養後代。這個不足就得靠其他食物的熱量來解決；其中一種食物來源，便是肉類。至少兩百六十萬年或更久以前的考古遺址，找到過被用簡易石器削去皮肉並切斷的動物骨骸[12]。其中某些骨骸斷裂得相當徹底，這是為了萃取其中的骨髓。因此，我們有非常可靠的證據能確信，人族早從兩百六十萬年前就開始吃肉了。他們吃了多少肉，仍需要推估，但熱帶地區的飲食中，肉類大概占了三分之一（溫帶地區吃魚和肉的比例更高）[13]。此外，那時的狩獵採集者一定極度渴望肉類，程度和今天的黑猩猩和人類一樣，這是有其要因的。吃一塊羚羊排，獲得的熱量和等量紅蘿蔔相比，前者是後者的五倍多，而且前者還富含蛋白質與脂肪。其他動物部位如肝臟、心臟和骨髓、腦髓，都富含營養，特別是脂肪，當然也有鹽、鋅、鐵等其他礦物質。總之，肉類是非常營養的食物。

從早期人屬開始，肉類就是主要的飲食了。從今天的狩獵採集者可以看出，從吃素轉為吃肉，是需要時間適應的，而且食物來源不太穩定、風險也有點高。所以，在舊石器時代早期，這應是更具挑戰性的任務，因為那時還不可能發明投射武器。獵捕與食腐雖被認為主要是男性的工作，實在很難想像早期人屬中懷孕或攜幼的媽媽能夠定期狩獵與食腐，尤其是有幼兒需要照顧時。我們可以推論，食肉的起源和分工的現象，兩者是同時開始的，也就是女性多半負責採集，男性則負責採集以外的狩獵與食腐工作。這種古老的分工，也是今日的狩獵採集者生存的主要方式，此外它還有一個關鍵的特徵，那就是食物分享。公的黑猩猩幾乎不分享食物，也不分給自己的後代。但狩獵採集者不一樣。一公一母會彼此許下終身，然後由丈夫提供老婆與後代所需的食物。現在，一名男性狩獵者一天大概可以得到三千至六千大卡的熱量，足夠自給自足還能養家餬口。雖然狩獵者會把大型獵物的肉分給族人食用，但他們仍把最大塊的肉留給自己的家人[14]。而且，一名爸爸有了妻小後，在小孩還年幼時，他們會更頻繁地出獵。也有時候，當爸爸結束了一無所獲漫長的一天，兩手空空地回家前，也會需要其他族人採到的植物，好給家人一個交代。最早的狩獵採集者從分享食物中得到許多優勢，我們幾乎無法想像如果男女兩性沒有如此的分工與合作模式，他們要怎麼生存下去。

食物分享更不只是出現在血親關係間，也出現在一群人當中，凸顯了狩獵採集者社群中的高度凝聚力合作。合作的一個基本形式，就是家族的擴張。關於狩獵採集者的研究指出，有經驗、有能力的阿嬤級採集者——通常膝下無孫，她們會替媽媽補充食物，姊妹、堂表親和阿姨也會這麼做。其實，阿嬤的這種表現，也被認為是女性長壽的天擇：過了能當媽媽的年紀後，協助女兒照顧並養育後代[15]。當然，阿公、叔叔和其他男性有時也會幫忙。分享和合作的另外一個形式，出現在家庭範疇外。狩獵採集者媽媽彼此分工，以便照顧小孩[16]，而男性分享食物的對象則很廣泛，不僅限於家人，還有其他人。當一名狩獵者獵殺了一頭大型動物後，像是幾百磅的羚羊，他會分給所有族人。這種分享不僅是出於當個好人或減少浪費，而是一種必要的策略：減少挨餓的風險。畢竟，沒有每一天都在過年的。在豐收的日子裡分享食物，下次當自己一無所獲時，就有比較多理由跟其他族人討一點肉來吃。人們通常也會集體狩獵，增加成功機會，並幫忙把獵物扛回家。不意外，狩獵採集者信奉平等主義，他們會為彼此留下許多庫存，好讓每個人平時都有足夠的糧食。今天我們把貪婪和自私當成一種罪，但在高度合作的狩獵採集者世界中，不分享、不合作，造成的差別可是攸關生死。對兩百萬年前的狩獵採集者來說，合作是至關重要的生活方式。

狩獵和採集的最後一個重要構成要因，就是食物處理。許多狩獵採集者吃的植物類食物，都難以萃取或咀嚼，要下嚥更是不易。比起我們今天吃的蔬菜，他們吃的植物含有太多纖維。超市裡賣的生甘藍菜，都要比野生塊莖或根莖來得易嚼、易消化。如果早期人屬需要食用大量且未經處理的野生植物，他們恐怕得像黑猩猩進食一樣，花半天嚼食高纖食物以填飽肚子，然後再花半天等待消化完畢，一再如此循環。肉類雖然營養，卻也是個早期人屬面臨的挑戰，因為他們就像今天的猿猴和人類一樣，低平的牙齒實在不適合咀嚼肉類。如果你嚼過野生獵肉，你就知道那種感覺：我們的平牙齒無法咬斷堅韌的肌肉纖維，所以只能一嚼再嚼，然後絲毫沒有起色。更不用說，黑猩猩一天還可以花十一個小時咀嚼猴子的肉[17]。簡單說，如果最早的狩獵採集者像猴子一樣，只嚼食粗糙且沒有處理過的食物，那麼他們恐怕沒有時間成為狩獵採集者。

解決這個問題的辦法就是將食物加工處理一下。一開始，當然是用最簡單的方法。最早的石器陽春原始的程度，會讓你認不出來它們是堪用的工具。以坦尚尼亞的奧杜威峽谷命名而被稱為奧杜威工藝（Oldowan Industry）的石器，是從表面光滑的石頭敲打而成的鋒利石器。許多就僅只是碎石片，但有一些特別長，像刀鋒一樣，可以用來砍。雖然這些遠古工藝品和我們今天使用的精煉工具，實在是天差地遠，但仍遠勝黑猩猩製造工具的能力，而且其重要性瑕不掩瑜；它們既尖銳又具多功能。每年春天，我系上的學生都會學著製作奧杜威工藝品，然後用這些成品來實際宰殺一頭羊，並且剝皮、割肉去骨，把骨髓挑出來，實在地感受這種器具的威力。

雖然生羊肉難嚼，但如果割成小塊，吃起來還是很順口[18]，這樣的食物處理也相當適合植物類的食物。這類最簡單的食物處理形式，就足以將細胞壁和其他難消化的纖維都去掉，讓難消化的植物更易嚼。此外，就算只用石器將生的塊莖或肉塊給碎裂，都能實質增加你每一口能攝取的熱量[19]。這是因為被切斷的食物可以更有效地消化。因此，研究結果指出，最早的石器有些被用來分割肉塊，大多則被用來切斷植物，這一點都不意外。人們處理食物的歷史之早，從他們開始狩獵與採集時就開始了。

如果我們把這些證據都放在一起看，我們可以做出結論：在氣候劇烈變遷時，最早人屬徹底採用全新的策略來解決晚餐吃什麼這個問題。這些祖先開始脫胎換骨，變身為狩獵採集者，領會出怎麼獲取、處理並食用較高級食物的方式，而非繼續食用次等食物。這種生活方式涉及每天長距離採食，有時候也得食腐或狩獵；狩獵和採集自然也需要族人密切合作以及簡單的技術。這些行為特徵在目前幾個最古老的考古遺址被發現，可追溯至兩百六十萬年前。如果你有機會到這些東非考古遺址參觀，你可能無法相信這裡就是出土遺址。這些遺址就在這一片不毛、半荒漠的地景中出土，四處遍佈火山石，當中也充滿了很多化石。但如果你仔細看，你會在幾平方公尺的範圍內發現當中有散佈一地的簡易小石器，還有參雜其中的零星動物骨骸，上面有被屠宰過的痕跡。也有些石頭是從幾英里外的地方運來，在這裡才被製成工具；有許多骨頭有土狼的咬痕，提醒我們若祖先要吃到寶貴的一餐，需要跟多少兇狠的肉食動物纏鬥。這些最早遺址可能都很古老，而且遺跡多半只有極為短暫的活動時間。想像一下一群巧人或直立人聚集在樹下，快速地分食肉塊，加工處理塊莖、水果和其他從各處蒐集來的食物，並且製造簡單的工具。這種基本行為的結合——吃肉、分享食物、製作工具、食物加工——看起來可能很平凡，但對人族來說是一件相當特別的事，也改變了人屬。

狩獵採集怎麼影響了人類身體的演化？最早人類變成狩獵採集者時，有哪些天擇適應推了他們一把？

長途跋涉

猿猴通常一天可以行走將近三公里（兩英里），但人類才是長距離行走的王者。最近的一個特殊案例是喬治・米坎（George Meegan），他從南美最南端徒步跋涉至阿拉斯加最北處，平均一天步行了十三公里（八英里）[20]。雖然米坎這趟步行實屬罕見，但他每日平均距離其實仍在當代狩獵採集者採食的步行範圍內（女性平均一天走九公里，即五・六英里；男性則是十五公里，即九・三英里）[21]。既然，成年直立人和當代狩獵採集者的身材大致接近，也需要差不多的熱量又住在相似的棲地，他們每天自然也可能需要在開放式的燥熱環境裡走上相當距離，以填飽肚子。可以想像，這種遺傳是始自早期人屬體內的一系列適應，幫助他們比南方古猿更適應長途步行。

這當中最明顯的適應是圖九中的長腿。經過分析身體的不同特徵後，我們發現，一位最典型的直立人，他的腿要比南方古猿長百分之十到二十[22]。當兩個不同腿長的人走在一塊，長腿的每一步當然比短腿的大。既然每一步的距離會影響身體消耗的精力，擁有長腿在步行時所花的力氣自然較少；有一些數據資料粗估，若直立人和南方古猿步行同樣距離的話，直立人的長腿可以比南猿省下一半的力氣[23]。不過，長腿也有劣勢，就是爬樹變得困難（短腿和長臂立於爬樹）。

關於步行，直立人還有一個重要的演化適應。請看看你的腳。我們已經看到，南猿當中有一些人種有著較為現代化的腳，巨大、幾與其他腳趾平行的大腳趾，還有部分足弓。每踏出一步，足弓可以適時將腳的中心繃緊，在腳尖離地前從腳底產生往前和往上的推力。不過，這些人種走路時，腳部看起來多少還是有點扁平足。直立人的完整腳部雖然從沒被找到，但在肯亞發現的一百五十萬年前完整足跡，充分顯示了他們的腳印就像你我在海灘上漫步留下的腳印一樣，幾無二致[24]。這些足跡無論是誰留下的，都顯示了他身材應該相當高大，而且每一步都是由完全發育的足弓所踩出的。

長途步行所出現的適應，從我們腿骨的骨幹和關節就可以看到

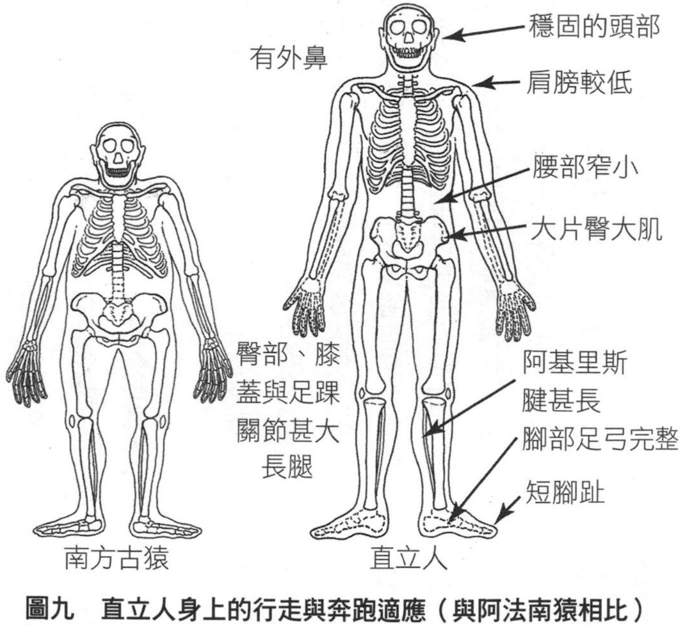

圖九　直立人身上的行走與奔跑適應（與阿法南猿相比）

這些特徵顯示，左邊的適應有助於行走與奔跑，但右邊的適應主要有助於奔跑。而阿基里斯腱沒有留存至今，所以其長度仍是個謎。資料來源：Bramble and Lieberman (2004). Endurance running and the evolution of Homo. *Nature* 432: 345-352。

了。我們每踩一步，它們都能感受到重壓。既然雙足步行動物——人類和鳥類都算，能用兩腳而非四腳走路，那麼雙足動物每一步所承受的壓力當然是四肢行走動物的兩倍。隨著時間增長，重壓也可能會導致骨折，或關節的軟骨損壞。要與重壓的力量抗衡，天擇有一個簡單解決方案，就是讓骨骼和關節變得更大。直立人和今天的人類一樣，骨幹比起南猿來得較粗，能夠降低彎腰與扭動身體帶來的應力[25]。此外，直立人的臀部、膝蓋和腳踝的關節都比較大，於是便降低了關節承受的壓力[26]。

許多今日的人類，和最早的狩獵採集者，其實還面對了另一個挑戰：在熱帶長時間步行時的散熱問題。在赤道地帶的烈日下長途跋涉，加上步行所產生的身體溫度，簡直是殘酷的懲罰。熱帶地區的動物，包括肉食動物在內，日正當中時都學會怡然自得地在樹蔭下休息。既然雙足行走的人族無法快速奔馳，對身處非洲的早期狩獵採集者來說，長途步行時體溫還能維持穩定，可能就是一個關鍵的演化適應：畢竟這使他們得以在肉食動物最不可能出動的時間，安全地外出採食。英國諧星諾爾．寇威爾（Noël Coward）曾經諷刺地說過：「唯有瘋狗和英國人，會在日正當中跑到外頭去」，但他其實應該將主詞修正為「瘋狗和人族」。

要保持身體涼爽，一個最簡單的方法當然是雙足行走。直立步行的姿態將我們身體受直接日曬的表面積減到最低，體溫過熱的危機也就大為降低了[27]。比起四肢行走動物全身接受炙陽無情的炭烤，我們只暴露了頭部和肩膀，應該要偷笑了。另一個適應是，直立人擁有比人族更高的身體，四肢也變得更長。加長的身形（皮膚表面積也隨之增大），加上表層皮膚協助我們排汗，兩者相輔相成，讓我們保持涼爽舒適的體溫。當汗水蒸發時，皮膚和底下的血管都會感到涼爽。基於這個理由，在酷熱不毛之地演化的人類族群，具有較大皮膚表面積的天擇演化，身體、四肢同時也顯得較高較長，生活於較寒冷棲地的人類族群，身形則普遍比較瘦小（看看高大的圖西族人和矮小的依努特人）。雖然直立人的臀部纖細程度還有待商榷，但整體而言他們的身形已經有效幫助他們抵抗中午的烈日了[28]。

我們長途跋涉之所以還能保持涼爽的身體，是因為我們身上還有一個重要的演化適應：外鼻。這也要多謝早期人屬將它遺傳給我們。扁平的鼻子是南猿臉部的特徵，這點很像猿猴和其他哺乳類動物。但巧人和直立人可不一樣，他們的鼻孔外圍的鼻翼角度朝外，像人類的鼻子一樣，從臉部往外伸[29]。突出的外鼻除了使今天的我們看起來比較順眼之外，更重要的是，它可以在鼻子吸入空氣時產生擾流，讓空氣不要過熱。當猿猴或犬科動物用鼻子呼吸時，空氣是直直進入鼻孔、竄進鼻腔的。但人類用鼻孔呼吸時，由於鼻孔幾乎呈直角，空氣進入後會轉個九十度的彎，然後進入另一對鼻瓣，才達到鼻腔。這個奇異的特徵會干攪空氣，並出現一個混亂的漩渦。雖然吸入受干攪的空氣，代表需要一對更堅強的肺部，不過這也讓空氣在鼻腔內和鼻膜黏液產生更多接觸，而鼻膜黏液能留住大量水分，但不會太久；所以當你透過外鼻吸入乾熱的空氣，受到干擾的空氣進入鼻腔後，鼻膜黏液會協助濕潤這些空氣。這樣的濕潤功能十分重要，保護肺部。同樣重要的是，這樣的干擾能讓我們的鼻子在呼氣時保持濕潤[30]。早期人族演化出的大外鼻，使他們在乾燥的太陽下長時間步行走路，仍能免於脫水枯竭，這就是天擇的又一明證。

演化出天生就會跑的身體

當古早人類成為狩獵採集者後，長距離步行的能力自然非常關鍵，但有時候還是得奔跑。當自己成為被追趕的獵物時，飛快跑上樹或其他遮蔽物，這當然是催化出奔跑能力的一個有力因素。當一隻獅子在追趕你時，你雖然只要跑得比你身旁的同伴還快就行了，但雙足行走的人類整體而言還是跑得挺慢的。世界最快的跑者，在十到二十秒內可以跑出時速三十七公里（二十三英里）的極速，但獅子可以輕鬆跑出兩倍快的速度，而且還能持續長達大約四分鐘。早期人族像我們一樣，跑起步來速度實在慘不忍睹，加速衝刺的效果也不彰。但是，我們卻有足夠證據確信，我們的直立人祖先演化出長距離奔跑的能力，在大熱天還能跑出不錯的速度。這些演化適應帶出了人體的奧祕，告訴我們為什麼在哺乳類動物的世界中，隨便挑個一般人類出來，都能在長跑項目中勝過其他動物。

今天，人類長跑多半是為了維持身材、通勤或跑好玩的。但你我可能沒想過，耐久長跑的真正要因，最初是為了吃肉。想要多一點臨場感嗎？那就想想最早的人類兩百萬年前狩獵覓食的光景。很多肉食動物都會速度與力氣並用，獵殺獵物。大型的獵食者如獅子和獵豹，更會在追上獵物後將之撲倒，然後用力致命一撕，把獵物肢解。這些致命又恐怖的肉食動物快跑起來可以達到時速七十公里（四十三英里），而且天生就身懷凶器：匕首般的獠牙，如剃刀般尖銳的爪子，以及能給予重重一擊的腳爪。狩獵者和食腐者，如土狼、禿鷹和豺狼，也需要具備快跑與打鬥的能力。畢竟屍體是很搶手且稍縱即逝的資源，只要屍體的位置一被發現，那裡就是兵家必爭之地，各方食腐梟雄呼聲此起彼落，廝殺見骨[31]。今天，我們利用科技狩獵與自衛，像是使用投射式武器；但弓箭一直到十萬年前才被發明出來，最陽春的石製矛頭也是五十萬年前才出現[32]。對最早期的狩獵採集者來說，那時可用的最厲害武器只有磨尖的木棒、棍子和石塊。身型瘦弱、手無寸鐵、行動遲緩的人族，投入競逐肉類這個凶險艱困的領域，情況無疑相當險惡。

耐久奔跑自然就是問題的解答之一。最早利於奔跑的天擇，可能就是為了早期人屬的食腐活動而生的。今天的狩獵採集者要發動一場食腐行動，有時就是靠觀察空中盤旋的禿鷹來決定，畢竟這個訊號再明確不過了：底下有屍體。接著他們就會勇敢地衝到屍體所在位置，趕跑獅子和其他肉食動物，盡情掠奪所有剩下的東西[33]。狩獵採集者還有另外一招，就是專注聆聽夜裡獅群狩獵的吼聲來自何處，然後隔天一早跑去那裡搶頭香，以免其他食腐者捷足先登。不管用什麼方式食腐，對狩獵採集者來說，長跑都是必備技能。更何況，一旦人族找到了肉類，他們多半會需要帶著食物先開溜到安全的地方，以免其他覓食者來分食。

狩獵採集者食腐的時間有幾百萬年，但根據考古資料，早期人類一直到一百九十萬年前才會獵食大型動物，如非洲牛羚（wildebeest）和南非大羚羊（kudu）[34]。食腐需要奔跑能力，換個方向想想看，對最早的狩獵者來說，他們本來赤手空拳、瘦弱、跑得又慢，能開始快跑根本就是天降福音。最早的狩獵者如果想要吃大型動物如斑馬或南非大羚羊的肉，如果沒有比棍子或鈍矛更致命的武器的話，最好還是乖乖吃素吧。鈍矛如果不近距離用力刺，根本殺不死動物。[35]此外，早期人屬狩獵者無法很靠近獵物，因為他們跑不夠快，就算小心翼翼地偷偷靠近獵物，還是要冒著被踢開和被頂開的危險。我和我的同事大衛．卡里爾（David Carrier）、丹尼斯．布藍伯（Dennis Bramble）都一致認為，這個問題的解決之道，是一種需要耐久奔跑的古老狩獵法，也就是耐久狩獵（persistence hunting）[36]。耐久狩獵本著人類跑步的兩項基本特徵。首先，對四肢行走的動物來說，得從小跑步改成飛馳，才能跟上人類長跑的速度。第二，人類奔跑時可以流汗散熱，但四肢行走動物只能大口吐氣，這樣子是不能同時飛速奔馳的[37]。因此，儘管斑馬和非洲牛羚快跑起來可以抵過任何一個人類的速度，但只要把牠們逼到大太陽下跑個一陣子，牠們跑得再快，最終仍會過熱並體力不支，然後被人類捕獲。這還僅只是比較有耐心的狩獵者會做的事。通常而言，一個或一群狩獵者會鎖定一隻大型哺乳類動物（越大越好），然後把牠趕到日正當頭的曠野中[38]。剛開始，獵物會極速奔馳，想辦法找樹蔭躲避然後喘口氣。但狩獵者跟上以後——通常只用走的就可以，獵物會再度受驚嚇並逃離，但牠還沒完全散熱完畢。就這樣重複幾次走路、奔跑再走路的循環，最終這頭可憐的獵物便會熱到心臟病發，然後不支倒地。這時狩獵者不需要動用太精良的武器，就可以輕鬆又安全地宰殺獵物。狩獵者所需要的能力，就只是長距離行走與奔跑（有時是三十公里，約十九英里）、追捕的智慧、部分開放的棲地，以及在獵物到手前後補充水分。

在弓箭或其他工具如網子、槍枝和豢養獵犬出現後，耐久狩獵法已經相當少見了。但時至今日，南非的布希曼人（Bushmen），北美、南美和澳洲的原住民，都還會用這個方式狩獵[39]。耐久狩獵法需要的許多適應特徵，當中有許多最早出現在直立人身上，像是長跑能力。

其中一個重要的適應，是用流汗取代喘氣，這要感謝千百萬條汗腺以及光滑皮膚的幫忙。很多哺乳類動物的腳掌或手掌都有汗腺，而猿猴和其他舊世界猴子的身體上則到處都有汗腺，我們人類演化的過程中，汗腺也充分擴增，達到五百至一千萬條[40]。當我們開始發熱時，汗腺會分泌汗水，送到皮膚表層。當汗水蒸散後，皮膚會得到冷卻，然後表皮底下的血液和整個身體也冷卻了[41]。人類一小時可以流超過一公升的汗，這個汗量足以讓運動選手在大熱天跑步時應付頭頂的太陽。以二〇〇四年雅典奧運女子馬拉松為例，雖然當時溫度高達攝氏三十五度（華氏九十五度），但人體排汗的機制可以讓跑最快的女選手，用時速十七．三公里（十．七英里）跑超過兩小時，而且沒有中暑！這是其他哺乳類動物做不到的，因為牠們沒有那麼多汗腺，也因為牠們全身都是毛。毛髮就像一頂帽子有助於阻擋太陽輻射、保護皮膚，甚至吸引同伴，但毛髮也阻礙空氣在皮膚附近的流動，使汗水無法蒸散。人類的毛髮密度其實和黑猩猩一樣，不過大部分人類的毛髮其實很細緻，就像桃子的絨毛[42]。我們還不知道人類何時演化出那麼多的汗腺，並脫離了多毛的階段，但我猜想，我們要嘛是從人屬那裡遺傳到這個適應，要嘛是南猿身體上本來就演化出這種適應，然後在人屬身上發揚光大。

雖然毛髮和汗腺不會留存為化石遺跡，但人類肌肉和骨頭有幾十個適合耐久長跑的適應，這些特徵最早就是出現在直立人身上。這些特徵大部分能讓我們的腿像一具大彈簧般，行進間單腳交互跳躍，像鐘擺一樣甩動雙腳。這和走路非常不同。如圖七顯示，當你跑步時你的腳跟著地，你的臀部、膝蓋和腳踝會在著地的前半段時屈曲，使你的重心下降，然後你腿上的肌肉和肌腱就會伸直[43]。當這些組織伸直時，它們會儲存彈力，在後半步釋放出來，幫助你向上跳躍。其實，奔跑中的人類雙腿能以相當不錯的效率儲存和釋放能量，只比長途耐久步行多花百分之三十至五十的體力。而且這些「彈簧」相當有效，讓人可以不顧速度來耐久奔跑（但非快跑）：跑五英里，每英里跑七分鐘或十分鐘，兩者花的能量竟然是相同的。這與許多人的直覺大相逕庭[44]。

既然奔跑讓雙腿像彈簧一樣，那麼我們身上為了奔跑而出現的許多重要適應，就可謂名副其實的彈簧了。其中一組關鍵彈簧，正是圓頂形狀的足弓。足弓的發展從人類小時候學步與奔跑時就開始了，它將韌帶和肌肉與骨頭精密地結合在一塊。像我們之前所談的，南方古猿的腳有部分足弓，幫助他們走路時繃緊足部，但他們的足弓既沒有我們的高聳，也不像我們的那麼穩固，這表示他們的足弓沒有彈簧般的效果。雖然我們未曾發現早期人屬的整隻腳，但直立人留下的腳印和部分腳部，已經指出直立人有完整的人類足弓。像彈簧般完整的足弓，當然也不是步行的必要條件（問問扁平足的人就知道了），但足弓所擁有的彈簧效應可以在跑步時為你省下百分之十七的體力[45]。人類的腿還有另一組彈簧，也稱得上前無古人，那就是阿基里斯腱。在黑猩猩和大猩猩身上，這條肌腱長度不到一公分（約三分之一英寸），但在人類身上長達十公分（四英寸），而且寬度甚粗，身體跑步（非走路）時產生力學能，有將近百分之三十五被有效儲存並釋放。可惜的是，肌腱不會變成化石，但是南猿足跟骨有一小片阿基里斯腱銜接處，說明了這條肌腱在南猿腿上也是相當微小，就像在猿猴腿上一樣；而且，從人屬開始，這條肌腱才開始增大。

有許多相當直白的證據指出，人屬是為了奔跑而演化出穩固身體的方式。奔跑本質上是單腳大步交互跳，步伐當然比走路還不穩；輕輕一推，或是地面不平，甚至是地上有香蕉皮，都可以讓跑步的人跌倒受傷。今天，扭傷腳踝雖然是惱人的問題，但兩百萬年前的熱帶草原上，受這種傷可是會要命的。因此從直立人開始，我們受益於一系列的特徵，讓我們像重生一樣，在奔跑時免受跌倒之苦。這當中最重要的首推臀大肌（**gluteus maximus**），同時也是人類身體上最大的肌肉。這片大肌肉平常很文靜，你不太常用到，但跑步時它卻非常活躍；在你跨出每一步時幫你穩住上半身[46]。（你可以自我測試一下，走路或奔跑時抓住自己的臀部看看，感覺一下這片肌肉在你踏出每一步時多緊實。）猿猴的臀大肌很小塊，而從南方古猿留下的臀骨化石來看，這些肌肉已經漸趨成熟，到直立人身上完全發揚光大。大塊臀部肌肉可以輔助攀爬和快跑，但既然臀大肌在南方古猿和直立人身上都如此顯眼，那麼這種肌肉的擴張，主要目的可能就是為了長跑。

早期人屬還有另一組重要的演化適應，最初出現是為了奔跑時穩固頭部。和行走不同的是，奔跑在每一步造成的顛簸，足以震動你的頭部，一時不察甚至會讓你眼花撩亂。你可以藉由觀察綁馬尾的人在跑步來感受到這一點：跑步時就算這人的頭維持挺直的姿勢，馬尾受震動後竟可呈八字形擺盪，證明了這當中存在一種無形的穩固機制。既然人類身上連結頭顱與軀幹的頸脖甚短，我們自然也無法像四肢行走動物一樣，伸長或屈曲頸脖來穩固頭部，但我們卻有另外幾樣法寶。其中一樣出眾的法寶，也是維持平衡的感官，那就是中耳內擴大的半規管。這些半規管就像旋轉陀螺一樣，可以感測到頭部扭動、趨前和擺動的速度，並誘發眼睛和脖子肌肉做出反應（就算眼睛是閉著的）。擴大的半規管敏感度也更高，頭部容易受到震動的動物如狗和兔子，牠們的半規管也比定棲久坐的動物來得大。幸好，我們的頭顱內保留足夠空間給這些半規管，所以從比例來看，直立人與當代人體身上的半規管比猿猴和南猿要大[47]。抑制頭部震晃的另一功臣，是頸部韌帶。這一小塊奇妙的筋肉，就像沿著頸部中線連接後腦和手臂的橡皮筋。它最早在早期人屬身上被發現，但猿猴與南猿身上卻沒有。每次你的單腳接觸地面時，同側的肩膀和手臂也會跟著你的頭部趨前。頭部韌帶連結了頭部與手臂，在你的頭部重心向下時會往後拉，使你的頭部保持平穩[48]。

你可能想過，人體有許多額外特徵幫我們有效地運作，最早也是從人屬身上演化而生的[49]。我把這些特徵用圖九做了一點總結，包含相對較短的腳趾（可以穩固足部）[50]、窄腰和寬低的肩膀（兩者都獨立於臀部與頭部，有效協助人體在奔跑中穩定軀幹）[51]，還有抽動緩慢的腿部肌肉纖維（給了我們耐久但折衷的速度）[52]。這些特徵當中，很多都有助於我們行走與奔跑，如大片臀大肌、頸部韌帶、擴大的半規管、短腳趾等等。它們都沒有影響我們走路的順暢度，奔跑時甚至相當管用，這表示它們的確都是奔跑的主要適應。這些特徵也指出人屬身上的天擇不只是有利於行走，還有利於奔跑，據信是為了食腐和狩獵。也請想一想，這些適應——特別是長腿和短腳趾，如何限制了我們爬樹的能力。奔跑的天擇可能使人屬成為第一個不會爬樹的靈長類動物。

總之，透過食腐和狩獵，吃肉的好處已經為人體的演變下了註解，特別是早期人屬裡的狩獵採集者，他們不但藉此得以行走，甚至還能長跑。直立人跑不跑得過今天的人類，我們已無從得知，但這些老祖宗透過這副軀體為我們留下許多重要的演化適應，使我們得以舒舒服服地耐久長跑，而且幾乎可說是唯一一種能跑馬拉松的哺乳類動物，這毫無疑問。

用工具幹活

沒有工具，我們活得下去嗎？本來，人類被認為是唯一一種會使用工具的動物，但像黑猩猩等少數物種其實偶爾也會用簡單的工具來敲碎堅果，或是修剪樹枝來捕魚、抓白蟻[53]。不過，當人類演化出狩獵與採集的生活方式以後，能生存下來與否就大幅依賴工具，譬如說挖掘植物、獵捕並屠宰動物、加工處理食物等等。人類製作石器，已經有兩百六十萬年的歷史（也許更久）；時至今日，各種人類族群中，很多成熟的工具俯拾即是，隨處可見。製造與使用工具的天擇應該一點都不意外，因為這解釋了從人屬開始演化的人體，身上具備的幾個顯眼特徵是從何而來，像是我們的雙手。

除了手，我們身上大概沒有哪個部位反映出人類對工具的依賴。黑猩猩和其他猿猴抓握東西的方式，多半像我們抓握槌柄一樣，用手指牢牢捏在掌心裡（所謂的強力緊握）。有時候，黑猩猩會用大拇指的側邊和另一指的側邊抓住小物體，但牠們無法用拇指和另一指的指尖肉墊確實掌握鉛筆和其他工具[54]。人類卻可以做到這一點，因為我們有較長的大拇指、較短的其他指，還有非常強壯的拇指肌肉，以及碩大的手指骨骼與關節[55]。如果你曾試過製作石器並用來屠宰動物，你馬上會瞭解，早期的狩獵採集者多麼需要使對力氣以求精確操控工具。要製作石器，你當然得重複地使力並掌握訣竅，好打造出堪用的工具。但是，要把屍體剝皮，除了使用石器以外，腸已開、腹已剖的關鍵時刻，你更需要有力的手指，因為屍體已經是滑溜溜的一片血肉模糊，再用工具剝皮只會更費勁[56]。纖細的南方古猿如露西，使用手部的技能只是中等，大概介於猿猴和人類之間，但絕對可以握住棍子挖地；何況，根據資料，強力緊握的能力最早在兩百萬年前就出現了[57]。其實，在奧杜威峽谷所發現的手骨化石，已經讓路易斯．李奇和其同事大感驚豔，並將這個人種命名為「巧人」（即「靈巧的人」）。

別忘了，人屬身上還演化出另外一項與工具相關的特別技能，改變了我們的身體，那就是投擲。儘管最早的狩獵者沒有尖矛可以遠距離砸死動物，他們仍會丟擲簡單的標槍類武器——你猜得沒錯，這真的只有人類做得到。黑猩猩和其他靈長類動物有時也會扔扔石頭、樹枝，或排泄物之類的噁心玩意，而且準度還不差，可是牠們真的無法同時結合速度與準度。當牠們伸直了手肘、傾上半身之力奮力一丟，準度低得可以。我們人類就大不相同。我們會朝丟擲的方向踏出一步，然後側身、彎曲手肘，同時在身體後方聳起手臂。如此一來，先藉著旋轉腰部、再旋轉軀幹，身體就產生了強大的力量，然後經過肩膀、手肘，手腕，依序呈甩鞭狀擲出物品。雖然奮力一擲的關鍵仍是腿部和腰部，但丟擲的主要力量來源還是肩膀，還有像投石車一樣聳起手臂和頭部[58]。如果選對時機，人類可以準確擲出長矛或石頭等投射式武器，以及最快可達時速一百英里的棒球。要準確地做出這樣的連續動作，需要長久的練習與合適的身體結構。這種身體結構始見於南猿，但直到直立人的出現，它們才合而為一，成為投擲能力的真正基礎。要具備投擲能力，需要能自由擺動的腰部、寬低的肩膀，還有朝側而非朝上的肩膀關節、能大幅伸展的手腕[59]。可以確信的是，直立人狩獵者應該也是最早具備投擲能力的族群。

人類需要工具的理由不只是狩獵和屠宰，還有處理食物。你有辦法不用工具切割搗磨，直接將原物料吞下肚嗎？如果是萵苣、紅蘿蔔之類的東西，那應該可以；但要生吞肉類和塊莖，可就沒那麼容易了。烹飪技術大概也是一百萬年才前出現的。不過，根據最早的考古遺址中所發現的石塊和骨頭，早期人族還是先學會切割、擊打食物，然後才會咀嚼[60]。就算如此，基本的食物處理，也多少有些裨益，其中一項是減少咀嚼與消化的時間和精力。狩獵採集者和黑猩猩不同的是，他們不需要花半天時間進食與消化，只需用工具採集、狩獵，然後做點其他有用的事情。此外，在咀嚼之前先設法軟化塊莖或肉塊，營養和熱量的吸收效果也會顯著提升[61]。最後，學會處理食物導致咀嚼肌和牙齒縮小。我們之前看到了，南猿身上演化出龐大的頰齒和咀嚼肌，以便碾碎大量的堅硬食物；反觀直立人的頰齒，卻萎縮了將近四分之一，幾乎和我們現在的臼齒一樣大[62]，他們的咀嚼肌也幾乎縮水為我們現在的大小。這自然也引發了天擇，縮短了人屬臉部的下半段長度。今天，我們人類也是唯一一種沒有突出口鼻部的靈長類動物，一部分要歸功於工具的使用。

腦肚之爭

通常，你會用你的頭腦思考，但消化系統有時候會取而代之，策動全身反應，僭越思考的職權。自從人屬開始狩獵和採集，腸肚的反應不再只來自於衝動或直覺，也來自與頭腦的關鍵連結。

在狩獵與採集的過程中，天擇如何協調頭腦與腸肚兩者和身體的運作呢？只要想想這些器官都含有珍貴的組織，使之成長與維持運作需要花很多力氣，答案就很明顯了。其實，維持頭腦與腸肚器官正常運作，兩者所費的力氣是一樣的：新陳代謝所耗的總能量當中，兩者都各占了百分之十五；也就是說，在這兩者當中，血液運送氧氣和燃料、排泄無用物質所需要的能量是幾乎相同的[63]。你的腸肚擁有大約一億個細胞，比脊髓細胞或所有末梢神經系統的細胞都還要多。也就是說，腸肚可以算是你的第二個頭腦，數百萬年前就演化出處理大小生理活動的能力，像是嚼爛食物、吸收營養，還將食物從口中加工處理變成排泄物送到肛門。

人類身上有一個不得不提的奇異特徵，那就是大腦和胃腸道（空腹時）的大小其實差不多，重量都些微超過一公斤。體型相近的哺乳類動物，腦容量只有人類的五分之一，但腸肚卻是人類的兩倍[64]。也就是說，人類的腸肚稍微小了點、腦容量稍微大了點。雷斯里・艾洛（Leslie Aiello）和彼得・惠勒（Peter Wheeler）兩位學者寫過一份重要研究，認為腦容量的比例之所以如此特別，是肇因於最早狩獵採集者身上能量轉換，並改採高品質飲食，天擇於是幫最早的人族做了選擇：捨棄發展大容量的肚子，改採大容量的腦[65]。根據這個邏輯，要把肉類添入飲食，就更需要處理食物，早期人屬消化食物時有辦法事半功倍，並發揮更多額外的體力回饋給更大的腦容量。來看看確實的數據吧。南猿的腦容量大概有四百到五百五十克，而巧人的腦容量稍微大一點，五百至七百克；早期直立人的腦容量更大，六百至一千克。如果參考身材比例，直立人的身體和頭腦都比南猿大，腦容量更是大了三分之一[66]。腸子雖然也不會被化石給記錄下來，但是有些學者論證指出，直立人的腸肚小於南猿。如果真是如此，那作為一個狩獵採集者擁有力量的優勢，使他們的腸肚可以比較小，並有力量演化出較大的腦容量。

儘管頭腦的運作很費力，在最早的狩獵採集者當中，擁有較大的腦容量必定較具優勢。如果要做有效的狩獵與採集，並分享食物、資訊和資源，密切合作是必不可少的。此外，狩獵採集者的合作不只出現在親人之間，也出現在沒有親屬關係的族人之間[67]，可說是人人為我，我為人人。比如說，媽媽們會彼此幫忙採集、處理食物，還有照顧小孩；爸爸們則會彼此幫忙打獵、分享戰利品，並幫忙搭建遮蔽之地、保護資源等。上述所有合作行為，都需要複雜的感知能力，遠非猿猴所能及。要合作無間，首先要具備良好的心態（設身處地為人著想）、語言溝通和思考能力，還有遏制自身衝動的能耐。狩獵和採集需要能夠把找到不同食物的地點和時間牢記在心，還得像個自然主義者，能夠預測食物會在哪裡出現。追蹤獵物靠的是多種成熟的感知能力，還有演繹和歸納性思考[68]。老實說，最早的狩獵採集者在感知能力上並不像今天人類那麼成熟，但單靠著較大的腦容量、功能較佳的頭腦，已經勝過南猿。一旦狩獵和採集的成效立竿見影，就會省下更多體力，也就促成了演化出更大腦容量的天擇。腦容量的增大伴隨著狩獵與採集的出現，兩者相輔相成。

你是否曾擔心過，自己哪天必須在荒島中狩獵採集以求生存？歷史上，這種事情其實不時會發生。最著名的例子是亞歷山大．塞爾柯（Alexander Selkirk）的事蹟，也是《魯賓遜漂流記》故事的原型，他在智利西邊四百英里外的小島上，學會如何赤手空拳捕捉野山羊[69]。類似的例子還有一個。一五四一年，法國女貴族瑪格莉特．拉羅格（Marguerite de La Rocque）和她的情人（隨後生下了一個小孩）與女僕一名，被放逐到魁北克沿岸一個荒島上，在島上度過數年時間。他們一行四人只有瑪格莉特存活下來。她躲在小木屋，採集能吃的植物，用簡單的武器捕捉動物，直到獲救為止[70]。這些野外求生故事描繪了我們人類許多被認為理所當然、但其實很不可思議的特徵：獵食肉類、採集植物的能力，使用工具的技術，還有耐力。這些特質最早可以追溯至人屬的出現，特別是直立人，

不過，亞歷山大和瑪格莉特都不是直立人；和遠祖一比，他們有著明顯較大的腦容量，繁衍與成長的方式也和遠祖大異其趣，思考、溝通和行為模式更有本質上的不同。這些不同說明了一點：冰河時期的棲地成了滄海桑田，環境持續不斷地快速改變，而在這種惡劣的條件下，狩獵和採集如何成功使人屬脫胎換骨，並堅強地生存下來。

第五章

冰河時期的能量：我們如何演化出超級大腦，以及又大又胖且成長緩慢的身體

隨著資源的急速萎縮，我們對能量的需求一定得維持一個平衡。即知即行，這樣我們才能夠掌握未來，而不是讓未來宰制我們。

——吉米・卡特Jimmy Carter（1977年）

想像一下：如果一群兩百萬年前的直立人被複製到二十一世紀的今天，被放在賽倫蓋提國家公園裡，而你剛好在那裡進行一趟野生動物之旅。你看到這群直立人，大概會感覺他們從脖子以降和自己有點雷同；但你也會意識到，有幾項重要部位完全不像。最明顯的就是腦容量的差異，以及臉部大小和形狀。他們的頭腦比我們小，臉像一張大餅，而且沒有下巴，眉骨直接從前額凸出。你若有機會好好觀察他們幾年，你更會發現他們繁衍後代的速度比起今天的狩獵採集者並不快，但小孩多半很早熟，大概十二、三歲就成年了。我甚至猜測，他們身材大多纖瘦，今天伸展台上那些超模也只能望之興嘆。自從人屬開始演化後，這些差異在整體上告訴了我們遠祖是用哪些重要的方式繼續演化下去，像腦容量開始增大、後代的繁衍越來越迅速卻越來越晚熟，以及比諸其他靈長類動物越來越多的胖子。也許，這些轉變都並非一日之寒，但也反映了我們人體使用能量的革命性變化，

以致於出現我們今天的人種，也就是智人。

你或許感受不到身體使用能量的方使有多特別，但其實你的身體真的很特別。想想我們獲取、儲存和消耗能量的方式，以及使用能量製造更多生命，你就能體會了。從小細菌到大鯨魚，所有生命體都是藉由食物得到能量，然後將能量消耗在成長、生存與繁衍上。既然天擇將許多利於繁衍存活後代的適應特徵加諸個體身上，以讓個體在自己所屬的族群中擁有更多後代，那演化自然也驅動了生命體獲取與使用能量，來繁衍更多子孫。許多生命體如老鼠、蜘蛛和鮭魚，生存方式就是盡可能花少一點力氣在成長上，而花盡可能多的力氣在繁殖上。這些物種成熟得很快，並在有限的生命中，一次繁殖十幾百個甚至上千個卵或幼體。雖然大部分的子孫很快就死去，但其中一些比較幸運的會活下來。在高死亡率且資源取得不可預測的情況下，以最少投資獲取最大報酬的方式，如成長快速、早逝、大幅繁衍，是較有意義的：如果生命稍縱即逝，那就要用最快又有效率的方式得到報酬。

而人類演化出相當不同的能量投資策略，使得繁衍速度比較緩慢，這在所有生物中並不多見。像猴子和大象一樣，我們也用緩慢的步調發育成熟，並長成一副龐大的軀體；繁衍比較少的後代，並花比較多心神養育他們。這種策略之所以特別，是因為後代的存活率與繁衍率比較高，比如說猿猴和大象。而老鼠就是完全相反的例子：一隻只有五週大的雌性家鼠就能當媽媽，一胎能生出四到十隻小老鼠；在二十五個月長的生命裡，每兩個月就可以生一胎；但是，絕大多數的小老鼠都會早夭。相對地，黑猩猩或大象媽媽直到十二歲才能繁衍後代；接下來大概三十年的生命中，也要每五、六年才會生一胎，而這些後代有一半能再行繁衍，升級成父母。這種密集投資策略——生長慢、晚逝，繁殖保守，只有當資源可預期、新生兒死亡率低時才會演化而生[1]。

人類使用能量與繁衍後代的策略，顯然更接近黑猩猩，而非老鼠；但冰河時期的人屬卻以一種顯著、驚人且必然的方式調整了這種策略。一方面，我們的祖先演化並加強了猿猴的生育策略，身體的成長於是得花更多時間和精力。但黑猩猩成熟僅需約十二或十三年，人類卻要大概十八年，此外我們花更多能量成長出更龐大的軀體以及頭腦，而頭腦所花的能量占全身能量比例也越來越高。也就是說，在發展和維持身體機能上，人類投資的能量遠比猿猴多；但同時，我們也演化出加速繁衍的能力。狩獵採集者通常每三年就會繁衍後代，幾乎是猿猴速率的兩倍；而且，人類嬰兒要撫養到成人曠日廢時，狩獵採集者媽媽除了要養育新生兒以外，年紀稍長但仍未成年的小孩也需要費神管帶，這也是猿猴媽媽一直以來的挑戰。本質上，我們其實已經演化出結合猿猴與老鼠生育策略的全新能力，而要做到這一點，需要用全新的方式使用能量，這也對人類健康產生了巨大影響。

人屬經歷了演化，如何利用更多能量長出更大更厲害的身體，並在繁衍週期加快時還能擁有更長的生命？這是我們人類身體故事的下一個關鍵演變。這部分的人體故事，將從冰河時期開始，也就是直立人和狩獵採集法登場不久後。

就算是冰河時期，也要吃飽再上路

我們的主角，也就是直立人，上次登場時是才剛演化出來的新人種。目前出土最早的直立人化石來自肯亞，距今大約是一百九十萬年。但這個人種（或非常接近的變種）[2]之後也在舊世界的其他地方出現過，最早在非洲以外出現化石，有一百八十萬年的歷史，出土於位於裡海與黑海之間的喬治亞山城德馬尼西（Dmanisi）遺址。那裡出土了半打的遺骸，如果他們都是直立人，那麼他們的體型恐怕是這個物種當中已知最矮小的，而且這群人當中還有一個沒有牙齒的老人，大概需要旁人幫忙他咀嚼食物[3]。種種發現指出，直立人向東（也許在喜馬拉雅山以南）朝南亞擴散，並在一百六十萬年前出現在爪哇，差不多同時也在中國留有遺跡[4]。直立人向西則沿著地中海岸擴散，並在一百二十萬年前出現在南歐[5]。因此，直立人成了第一個跨洲移動的人屬（雖然有些學者認為巧人也從非洲擴散開來，這點我們會在本章結尾再行討論）。

這麼快速地全球趴趴走，直立人是怎麼做到的？希塞爾．德米爾（Cecil B. DeMille，好萊塢影業元老）可能會把這一幕拍成人族遷徙的畫面，而且還會弄得很戲劇性：搭配音量逐漸增強的管弦音樂，鏡頭聚焦在全身滿佈皺紋的大眉骨人族身上，他們揮別親愛的非洲故鄉，並一路向北討生活。你甚至可以想成早期直立人當中有個摩西，分開紅海領導族人往中東前進。從史實角度來看，這不是一種遷徙，而是一種漸進的擴散。當族群擴散時，密度不會增加；一般認為，最早的成功狩獵採集者就是這樣發展的。記得嗎？狩獵採集者通常一小群居住在廣袤的範圍，人口密度低。如果他們的群居型態近似於當代的狩獵採集者，那我們可以估計他們一群大概二十五人（大概七到八個家庭），居住範圍大概是兩百五十至五百平方公里（九十六・五至一百九十三平方英里）。這樣的密度，在曼哈頓島上將只能住六到十二人！此外，女性直立人撐過了童年期後，將會繁衍四到六個後代，這些後代中又只有一半左右能存活至成年期。如果我們用此數據推估，直立人族群平均每年約成長百分之〇・四，在一百七十五年內數量會增加兩倍，那只要一千年就能增加五十倍。既然狩獵採集者不住在城市裡，使他們族群數量成長的唯一辦法就是待在密度較低的地方，這樣密度增加的族群就會分支並擴散至新的棲地。如果直立人採集者住在肯亞的奈洛比，每五百年向北分出新的一支，每支的生活範圍大概是五百平方公里（約一百九十平方英里），且幾乎呈循環趨勢，那依此類推只要不到五萬年直立人就可以到達尼羅河峽谷，再到約旦峽谷，然後是高加索山[6]。就算每一千年分支一次，從東非擴散到喬治亞，大概也不用十萬年的時間。

所以，對於直立人的快速擴散，我們毋須太大驚小怪。比較需要注意的是，冰河時期裡，狩獵採集者開始占據了宜居的棲地。講到冰河時期，許多人都會想到地球佈滿大片冰山的畫面。但這只不過是冰河時期冷熱循環的一部分，也就是極度冷化時冰山擴散，冷化期過了以後還有急速暖化期（這些循環解釋了圖四的鋸齒狀變化）。一開始，每次的循環都相當劇烈，且至少持續四萬年；後來，從大約一百萬年前開始，這些循環變得更極端，每次循環也持續更久，大約十萬年。每個循環都對早期人類討生活的棲地有重大影響。在極端冷化期（約五十萬年前開始），海洋平均溫度下降了好幾度，而且地表有三分之一被冰片覆蓋，還有五千萬立方公尺（一百三十億加侖）的水。這些冰山使海平面降低了好幾尺，大陸棚因而顯露出來。當這些冰山分佈達到最大範圍時，你可以從越南走到爪哇和蘇門答臘，甚至在英法之間的英吉利海峽散步。冰河時期每次循環所引發的氣候變遷，也改變了動植物的分佈。中歐與北歐的大片地區在冷化期間多半變成苔原，不但不適宜人居，能吃的東西也只剩苔蘚和麋鹿；南歐則成了一大片松樹林，裡頭盡是野熊和野豬。對早期狩獵採集者來說，這種天候簡直是煉獄，特別是在發現怎麼用火以前。有證據顯示，早期人類在這些地球驟冷急凍的時期，從沒有跨越阿爾卑斯山和庇里牛斯山以北。在這些急凍期之間的溫暖期，冰蓋（ice sheet）退至極圈附近，廣袤的地中海森林回到南歐，河馬在泰晤士河中快樂地嬉戲[7]。在這段氣候溫和期，人類占領了舊世界中的大半宜居土地。

住在非洲的族群則沒有直接受到冰山影響，但也感受得到氣候變遷的循環。濕度和溫度的波動，導致撒哈拉沙漠成了開放式棲地，比如熱帶草原，這當然相對縮限了森林和林地[8]。這些波動與循環好比一座巨大的生態泵浦：在撒哈拉沙漠萎縮的濕季，狩獵採集者可能從南撒哈拉沙漠散佈開來，直達尼羅河谷，再穿越中東直至歐洲與亞洲；但撒哈拉沙漠擴展的乾季，非洲的狩獵採集者卻被與世隔絕。此外，當歐洲和亞洲遭逢更乾冷且嚴峻的冰河期，直立人可能面臨絕種的危險，或被推往南邊，退回到地中海或南亞。

簡而言之，在地球開始出現劇烈變化的時期，直立人在非洲的演化其實不順遂且困難重重。但是，這個人種卻沒有長駐非洲，而是全球遷徙，繼續朝非洲其他地區與歐亞大陸擴展。讓我們更仔細地瞧瞧這些人是誰，還有他們面臨冰河時期氣候的劇烈波動時，是怎麼脫困與蓬勃發展。

冰河時期的古人類

當你和親戚或大學室友分開以後，難免會失去聯絡。但是，當一個種族散居各地時，造成的影響是深遠且巨大的。當族群散居各地時，繁衍的行為也隨之變得分散，天擇和其他隨機的演化過程更能趁勢而入，他們也隨著時間拉長開始有所不同。去一趟加拉巴哥群島，你就能從海鬣蜥（**marine iguana**）身上發現這個現象：牠們的大小和顏色差別之大，專家一眼就能分辨哪種海鬣蜥來自哪裡。直立人八成也經歷了同一個過程。當狩獵採集者族群擴散至世界其他大洲，遭遇了冰河時期的各種滄海桑田，他們於是也開始變化，特別是體型上；大部分的情況是身體變得較大，但也有些情況讓身體反而縮小。平均而言，直立人個體重量約在四十至七十公斤之間（八十八至一百五十四磅），身高介於一百三十至一百八十五公分（四・三至六・一英尺），但上面提過的德馬尼西村落裡的族群，卻是落於上列數字的低標，體型和腦容量都比非洲親戚們還小了四分之一[9]。然而，直立人腦容量和頭腦占身體的比例，卻是隨著時間而增大的。如圖十所示，在各人種生存的年代裡，他們的腦容量幾乎成長一倍，一百萬年後達到約略等同今天的標準[10]。但儘管有著如此變化，不同年代的直立人化石卻又具備相近的特徵，請見圖十一：他們的頭骨長而扁平，前額低矮，眉骨碩大，後腦杓還有一塊呈水平狀的骨頭，而且都有著又大又垂直的臉、深邃的眼窩和寬大的鼻子；許多人在頭骨上部的中線部分，還有一根突出脊骨（龍骨脊）。如我們前面所討論的，直立人除了寬闊、往兩側凸出的臀骨和全身骨頭較粗厚以外，整體而言身材是近似於現代人的。

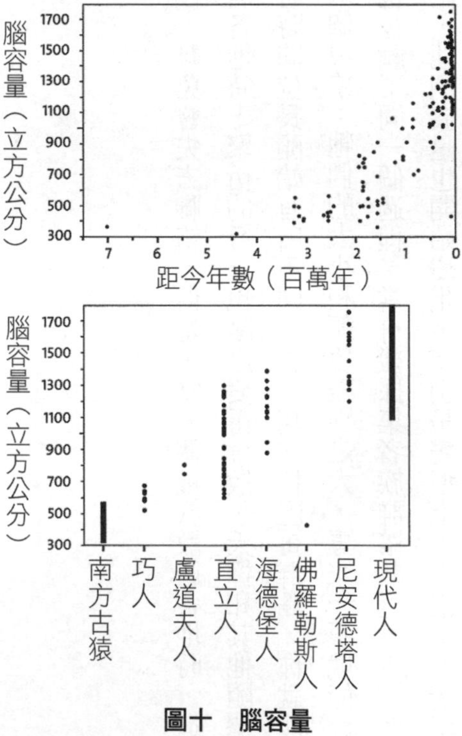

圖十　腦容量

上圖顯示人類演化過程中腦容量的增長，下圖則顯示不同人族間的腦容量範圍。

六十萬年前，直立人的某些後代充分繼承了前人的遺澤，分類成幾種不同人種。最有名的就是圖十一中的海德堡人（*Homo heidelbergensis*），他們從非洲南部一路擴展到英格蘭與德國；海德堡人的珍貴化石是西班牙北部的遺址胡瑟裂谷（Sima de los Huesos），意即「骨洞」。大約在六十萬至五十三萬年前，至少有三十個人被拖到這一處懸崖旁的天然洞穴深處，並被埋葬其中（據推測應是死後），他們的遺骨提供我們特別的視角一窺這個人種。他們像直立人一樣，顱骨既長又扁、眉骨碩大，但他們的腦容量更大，介於一千一百至一千四百立方公分；他們的臉也比較大，還具備特別寬大的鼻子[11]。他們的體型也比較大，體重達六十五至八十公斤

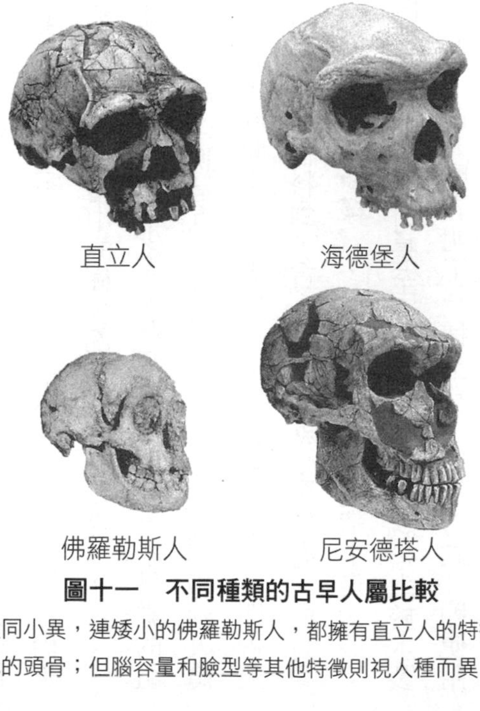

圖十一　不同種類的古早人屬比較

所有人種其實都大同小異，連矮小的佛羅勒斯人，都擁有直立人的特徵：一張垂直前凸的大臉，還有長而低的頭骨；但腦容量和臉型等其他特徵則視人種而異。佛羅勒斯人圖片來源為 Peter Brown。

（一百四十三至一百七十六磅）[12]；同一時間，直立人若不是還堅守在亞洲，就是演化成另一個相近的人種，並同樣具備大頭和大臉。關於這群人屬還有另一個重要發現：一隻保存完好的手指骨。這是在孟加拉兩千英里以北的西伯利亞阿爾泰山（Altai Mountains）所發現的，根據DNA鑑定，這隻骨頭來自丹尼索瓦人（Denisovans），他們可能是直立人的後代，在一百萬年至五十萬年前和人類與尼安德塔人有著最後的同宗[13]。丹尼索瓦人究竟是誰，至今仍是個謎，不過當代人類遷徙到亞洲時，丹尼索瓦人和他們當中的極少部分發生過雜交[14]。

要將人種化石仔細區分其實相當不容易，而究竟有多少人種繼承自直立人、誰是誰的祖先，至今也無共識。重點是，丹尼索瓦人本質上可以說是直立人的大頭版本，當我們想到人體的演化時，常將丹尼索瓦人和直立人相提並論，同時用「古人屬」（archaic *Homo*，即古人類，archaic humans）這詞來將他們歸類。你可能已經料到，古人屬其實就是訓練有素的狩獵採集者。他們製造的石器比直立人製造的稍微精細且多樣[15]，但他們在武器製造上最大的突破是矛頭。鈍矛這種東西可能在石器時代開始就發明了，可是至今仍未尋獲，應該是由於木製品難以保存的關係[16]。但是，五十萬年前左右，古人屬發明了一種全新巧妙的方式，即使用現有型狀物（包括三角狀物體）來磨製銳石器[17]；這種製作方式需要精湛技術與大量練習，製作出的石尖又輕巧又尖銳，容易裝在矛上，這倒也使得投射型武器出現劃時代的演進。當這些石尖登場時，還真無法想像對狩獵者造成的變化有多大！長矛於是突然成了銳器，它們朝獵物扔去不會彈回來，而會穿過牠們的外皮，甚至直透肋骨；一旦矛頭停留在身體裡，就會加強割裂傷的嚴重程度。狩獵者有了石尖當武器，就能從比較遠的距離宰殺獵物，打獵受傷的機率隨之降低，也比較容易滿載而歸了。其他用石核技術（prepared-core technique）製成的工具也適合剝皮或進行其他工作。

另一個更重要的發明是控制火源。沒人確定人類最早學會用火並控制火源是什麼時候。最近，一百萬年前南非遺址和七十九萬年前以色列遺址都出現了最早使用與控制火源的證據[18]。然而，火的蹤跡卻直到四十萬年前才在火場和燒過的骨頭中出現，指出古人屬不像直立人，習慣性烹煮食物[19]。烹煮食物，的確是轉捩點。一方面，烹煮食物可以吸收食物中更多營養，也比較不會致病。火也讓古早人類在寒冷棲地中得以保暖、驅敵（如穴熊），以及夜裡守更。

在嚴寒的冰河時期，就算有時候有火可用，對古早人類來說想必仍是相當寒冷，特別是居住在北歐和北亞的族群。比如說，冰河覆蓋北歐期間，海德堡人集體消失，只在地中海邊緣現蹤；這可能是由於居住在北方的族群絕跡或往南移動；然而，當氣候回暖時，他們又往北四處擴散了。如果他們確實徹底地散佈各處，那麼從基因的角度來看，歐洲和非洲的海德堡人族群差異其實不大。但從分子與化石資料來看，四十萬至三十萬年前他們卻部分衍生出分支的族系[20]。非洲的那支族系最終演化成現代人（我們會在第六章討論他們的根源），另一支族系則演化成亞洲的丹尼索瓦人，還有一支在歐洲與西亞演化成最知名的古人屬，也就是尼安德塔人。

我們的尼安德塔親戚

尼安德塔人可說是最激盪人心的古人種。尼安德塔人化石出土於一八五九年，當年《物種起源》一書出版。不過，一直到四年後，也就是一八六三年，尼安德塔人的身分才被正式確認。從那時起，這種史前穴居人原型引起廣泛討論與書寫。於是，他們成了一面鏡子：我們看待他們的方式與思維，正顯露了我們看待自己的方式與思維。一開始，尼安德塔人被錯當失落的環節：他們是噁心、野蠻、粗魯無文的祖先。二戰結束後，這些看法反而造成另一種言之有理但過於極端的反彈：一部分肇因於反對納粹假借科學之名行種族主義之實，另一部分則因為尼安德塔人得到平反，他們被證明能在冰河時期的歐洲生存，而且腦容量和當代人類一樣大，甚至更大。從一九五〇年代起，許多史前研究專家將尼安德塔人歸類為人類亞種（地理位置受隔離的種族），而非不同的種族。最近的資料則指出，尼安德塔人和當代人類的確是分別的種族，八十萬年至四十萬年前基因就已經分家[21]。雖然兩個種族之間發生過少量的雜交，但他們的確是相近的親戚，而非祖先[22]。

關於尼安德塔人最重要的證據是，他們其實是古早人屬的一族，二十萬至三萬年前居住在歐洲和西亞。他們是擁有技術和智慧的狩獵者，具備天擇與適應的優勢，而且能夠承受冰河時期的半極地氣候。如圖十一所示，尼安德塔人的頭骨和我們看到的海德堡人有著差不多的配置：大臉、又長又低的頭蓋骨、大鼻子、突出的眉骨，而且沒有下巴；但是，他們的頭偏大，腦容量則在平均值，約一千五百立方公分。不過尼安德塔人的頭骨有一組特徵，可讓人輕鬆指認出來：典型的尼安德塔人特徵包含大臉、鼻子兩側浮大、頭骨後方有蛋形突起和一條淺溝，以及下智齒後方的下顎有一些空間；身體的其他部位雖和其他古人屬差不多，但他們肌肉特別發達，健壯如牛，並具有短小的前臂和小腿。這種典型的極地人體型，在依努特人和拉普蘭人身上也看得到，這是為了協助他們保存體溫。

尼安德塔人可說是狩獵採集者中的天生贏家；若非智人的出現，他們可能今天還存在。尼安德塔人會製造精密複雜且用途多樣的石具，如刮刀和尖頭；他們烹煮食物，並獵捕野牛（auroch）、鹿群與馬匹[23]。儘管尼安德塔人有著上述成就，他們的行為卻並非完全現代化。雖然他們必定用動物毛皮製作衣服，但使用骨頭製造的工具卻很少，只有縫針；他們處理死者的方式就是埋葬而已，也幾乎沒有留下任何象徵性的痕跡，比如說藝術。尼安德塔人所居住的某些棲地應該也充滿魚類或貝類，但他們卻很少攝取；此外，他們運送原物料的距離也鮮少超過二十五公里（十五．五英里）。我們將會看到，四萬年前起，當現代人類抵達歐洲時，他們就大幅取代了尼安德塔人。

超級大腦

直立人與古人類後代身上承載的變化證據，最明顯又醒目的無非是腦容量的擴增。圖十可以看到，冰河時期人屬的腦容量幾乎翻了一倍，如尼安德塔人的腦容量還比今天的人類平均還大一點。演化出超級大腦的原因是要幫助我們思考、記憶、進行其他複雜感知任務，但如果變聰明是件好事，為什麼人類的超級大腦沒有早一點演化出來，又為什麼沒有其他動物的大腦和我們一樣大？如我稍早談到的，答案和能量脫不了關係。對許多物種來說，大腦的耗能可說是所費不貲，但直立人和古人屬卻透過狩獵和採集的分工，長出更大隻的身材、更耗能的頭腦。

我們先想想測量腦容量這個麻煩問題，再來談頭腦日益增大的利弊。假設你是一名普通的人類，你的腦容量大約是一千三百五十立方公分；相較之下，一隻獼猴的腦容量僅約八十五立方公分，黑猩猩則是三百九十立方公分，成年大猩猩是四百六十五立方公分。相較於猴子，甚至是大隻猴子，人類的腦容量仍可說碩大無朋，至少都多出三倍以上。但若調合了體型的差異來看，人類腦容量到底大了多少呢？答案在圖十二中可以找到，圖中有說明各種靈長類動物的腦容量與體重對照；我們可以清楚看到，腦容量與體型的關係並非呈線性成長：身體越大，腦容量也會增大，但全身看上去卻顯得較小，[24]而且這個種關聯性相當一致。所以，如果你知道某個物種的平均身體質量，你就能用牠實際腦容量除以牠的身體質量，來計算出牠的相對腦容量，這個比例也就是所謂的大腦化商數（encephalization quotient，簡稱EQ）；黑猩猩的指數是二．一，人類則是五．一。這些數字顯示，黑猩猩的腦容量是一般哺乳類動物的兩倍大，人類腦容量則是同體型哺乳類動物的五倍大；與其他靈長類動物相比，人類腦容量則比平均多出三倍。

表格二 人屬中的各個人種

人種	年代（距今百萬年前）	發現地點	腦容量大小（立方公分）	身體質量（公斤）
巧人	2.4-1.4	坦尚尼亞、肯亞	510-690	30-40
盧道夫人	1.9-1.7	肯亞、衣索匹亞	750-800	?
直立人	1.9-0.2	非洲、歐洲、亞洲	600-1,200	40-65
海德堡人	0.7-0.2	非洲、歐洲	900-1,400	50-70
尼安德塔人	0.2-0.03	歐洲、亞洲	1,170-1,740	60-85
佛羅勒斯人	0.09-0.02	印尼	417	25-30
智人	0.2-今天	世界各地	1,100-1,900	40-80

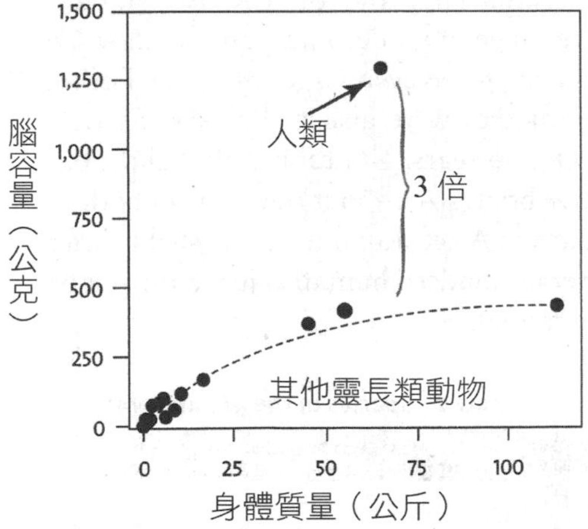

圖十二 靈長類動物的腦容量和身體比例

體型較大的物種，腦容量也比較大，但這卻不是線性關係。同樣體型的人類和猿猴相比，人類的腦容量是猿猴的三倍；和一般哺乳類動物相比，我們的腦容量整體而言則約有五倍大。

且讓我們想想腦容量如何利用身體質量的預估值（如骨骼大小，或從頭顱大小預估的腦容量）來逐漸演化[25]。這些預估值（如表格二所示）指出最早人族的腦容量和猿猴一樣大，但直立人的腦容量不但相對較大，全身看上去頭腦也明顯比較大。一名一百五十萬年前的男性直立人，腦容量有八百九十立方公分，體重達六十公斤（一百三十二磅），EQ值是三・四，腦容量大概比黑猩猩多百分之六十。也就是說，人屬的初始演化中腦容量已經有了明顯增長的演化，但相較於全身的發展，腦容量的增長相對迅速。一百萬年前，我們的祖先腦容量大概是一千立方公分，五十萬年前起，祖先的腦容量已經進入了現代人的範圍，請見圖十。其實，在冰河時期末期，腦容量有變得更大的趨勢，因為同時身體也變大了；而在一萬兩千年前，地球開始暖化，人體與腦容量雙雙出現些微的縮水，使早期與近期的現代人的相對腦容量大致相同[26]。均化了體重的些微差異後，一名普通的現代人腦容量也僅比尼安德塔人大一點而已。

人屬的頭腦如何變大？頭腦增長基本上有兩種方式：花比較長的時間，或長得快一些。比起猿猴，我們雙管齊下[27]。黑猩猩出生時腦容量約一百三十立方公分，接下來的三年則翻了三倍[28]。新生兒的腦容量則是三百三十立方公分，出生後的六至七年則翻了四倍。所以，出生前我們腦容量的發展就已經是黑猩猩的兩倍快，出生後我們發展的時間比較久，發展程度也比較大。額外的頭腦大小主要來自加倍的腦細胞，也就是神經元（neurons）[29]。這些細胞位於頭腦外層，即新皮質（neocortex）區，是大部分的感知功能如記憶、思考、語言、感官產生的地方。儘管人類的新皮質僅有幾毫米寬，它們展開後的面積可是有〇・二五平方公尺（二・

五平方英尺）。更多的神經元，自然表示能產生比黑猩猩頭腦多出幾百萬條的連繫[30]。既然頭腦能從這些聯繫網發揮功能，藉由更大更多條的聯繫，人類的新皮質也就更有潛力進行記憶、理解和思考等複雜任務。如果超級大腦能使你變聰明，那尼安德塔人與其他擁有超級大腦的古人類應該也很聰明。

不過別忘記一點，大頭意謂著同樣巨大的能量支出。雖然你的頭腦僅占了全身體重的百分之二，但在你休息時它卻要耗掉你身體能量預算的百分之二十至二十五，而且你睡覺、看電視或試著看懂眼前這句話時都要耗費能量。精確來看，你的頭腦一天會耗去兩百八十到四百二十大卡，而黑猩猩的頭腦則是一天一百到一百二十大卡。在我們今天這個豐衣足食的世界，你一天只消吃一個甜甜圈就能滿足這個需求，但狩獵採集者哪來甜甜圈呢？所以他們一天要多採六到十株紅蘿蔔來獲得相同數量的大卡。當你需要餵養小孩時，這個支出當然更是有增無減：假設一名懷孕的人類媽媽還要照顧兩名三歲和七歲的幼童，那她一天需要四千五百大卡，以應付自己、胎兒和幼童的需求[31]。如果她的小孩腦容量和黑猩猩差不多，她所需要的能量會減少四百五十大卡左右，這在舊石器時代可是大數字。

擁有大頭還意謂著其他困難的挑戰。比如說，一夸特的血液，也就是全身血液總供給的百分之十二至十五，流經大腦並隨時供應能量、移除廢料，並且保持適當的溫度。結果便是，人類的頭腦需要專門的管線取得含氧血液，然後血液再流回到心臟、肝臟和肺臟。同時，頭腦也是一個脆弱的器官，需要好好保護，避免跌倒時產生碰撞或被打到，以免受傷。打個比方，你弄來兩個頭腦形狀的吉露果凍（Jell-O），一大一小，然後都拿來搖晃看看；因為施力的效果會因受力物體大小而呈指數增加，所以大的那個果凍會很容易從表面的部分裂開。比較大的頭腦也因此需要比較多保護，才能免於腦震盪的危害[32]。此外，大頭也增加生產的複雜性。人類新生兒的頭腦約有一百二十五毫米長、一百毫米寬；媽媽的產道至少有一百一十三毫米長、一百二十二毫米寬[33]。要通過產道，新生兒必須在進入媽媽骨盆時面向側面，在產道裡轉九十度，從產道出來時臉再轉向朝下而非朝上[34]；最佳的生產情況通常是產婦必須把嬰兒「硬擠」出來，這也需要專人在旁協助。

把這些能量支出加總起來，無怪乎大多數的動物都沒有那麼大的頭腦了。超級大腦可能使你變得更聰明，但它所費不貲，而且也帶來不少麻煩。從直立人起，人類腦容量逐漸變大，這不僅意謂著古人類獲得越來越多能量，也代表增加的智力勝過了維持頭腦運作的能量消耗。但扼腕的是，除了控制火源以及製造複雜工具（如投射式尖矛）以外，我們幾乎沒有直接證據可以說明古人類的智力帶領他們獲得多少成功；超級大腦所帶來的最大優勢可能與行為相關，但這一點我們也無法從考古資料中證實。不過，每樣新學會的技術，必定都代表著合作能力的增進。人類算是特別擅長合作的物種：我們分享食物與其他重要資源、幫忙撫養他人的小孩、傳遞重要資訊，有時甚至會捨身救人，無論是朋友或素昧平生的他人。要進行合作行為，需要相當複雜技巧，比如說有效率的溝通、抑止自私或躁進衝動、瞭解他人的需求與動機，以及掌握團體社交中的複雜互動[35]。猿猴有時會合作，比如說一起狩獵，但其他情況下牠們無法非常有效地合作。譬如說，母黑猩猩只會將食物分給自己的嬰兒，公黑猩猩則幾乎不分享食物[36]；因此我們可以說，人類具備一個超級大腦所獲得的最明顯優勢之一，便是學會在大團體中與其他人合作、互動。羅賓・鄧巴（Robin Dunbar，英國人類學家）的知名分析裡面提到，靈長類動物的新皮層大小和族群的大小有關聯[37]。如果這樣的關係也適用於人類，那我們頭腦的演化使我們擁有可以與一百至兩百三十人社交互動的能力；綜觀舊石器時代狩獵採集者一生接觸的人數，這個估計值可說相當可靠。

人類的超級大腦還具有另一個優勢，就是讓我們能成為一個自然科學家。今天很少人充分瞭解自己身邊的動植物，但狩獵採集者對周遭生物毫無瞭解的話，根本活不下去。狩獵採集者最多攝取超過一百種不同植物，他們的生計全維繫在哪些植物生長在什麼季節、哪裡（無論大小範圍）可以找到，以及食用前如何處理它們。而狩獵更造成了許多感知官能上的挑戰，特別是對虛弱緩慢的人族而言。動物都有躲避獵食者的天性，而古人類無法用力量制衡獵物的話，就得仰賴體能、智力和對自然環境的理解，並綜合使用這些能力。狩獵者必須預測獵物在各種情況下的習性為何，才能找到、接近牠們並將之宰殺，或是在牠們負傷時加以追蹤。某種程度上狩獵者使用歸納法來發現並跟蹤獵物，比如說從動物留下的景象線索如腳印、痕跡，還有味道。不過，追蹤獵物同時也需要演繹推論的能力，比如說針對獵物的可能行動建立假說，然後解讀線索以證實預測的真實性。這些用來追捕獵物的技能，其實就已經為科學思考的出現打下基礎[38]。

無論超級大腦的初始優勢何在，大腦演化而生一定是利大於弊，否則它也不會出現；但為什麼人類得花那麼多年才能長出大腦以及其他身體部位？從何時開始我們拉長了大腦和身體的成長時間？為什麼要拉長這些時間？

逐步緩慢成長

當一個小孩很有趣，但是，從演化的角度來看，人類發育時間的延長卻讓我們付出許多慘痛代價。你得花十八年才能長大成人，你的父母花了無數金錢栽培你，你媽則是特別勞動身體才把你生出來。結果，這限制了你媽生養更多小孩的機會；假設你和你的兄弟姊妹發育的時間快個兩倍，你媽就可以多生一倍的小孩。緩慢成長也導致你付出身體上的代價：發育速度減緩影響你繁衍後代的能力和機會，因為你本來可以早點開始繁衍後代的。從演化角度看，成長時間延長自然也代表繁衍時間縮短；更進一步說，從能量的角度來看，每名後代的能量支出也增加了。一名人類要長成十八歲的成人，要花一千兩百萬大卡，黑猩猩發育成熟只需要人類的一半左右。這很大程度要托人屬的福，他們讓今天的我們花這麼多時間和能量來成長。

要瞭解古人類如何不計代價延長成長階段，以及其原因，讓我們先比較一下體型龐大的哺乳類動物成年前的主要成長階段，請見圖十三。一開始，**嬰兒期**（**infant**）的哺乳類動物相當依賴母親的乳汁和其他資源，同時頭腦和身體迅速成長；到了斷奶（這其實也是個漸進的過程）後，哺乳類動物進入了**少年期**（juvenile），他們已不再只依靠父母生存，身體也持續成長，並同時發展出社交與感知技能。成年前的最後一個階段是**青年期**（adolescence），隨著陰囊和卵巢的成熟，成長速度也隨之加快[39]。青年期是一段尷尬時期，通常介於青春期初期（仍無生育能力）和在骨骼完全發育後的成熟繁衍期之間。人類的青年時期，身體會開始發育第二性徵，如胸部和恥毛，身體結束發育時人類的社交能力與智力也得到充分發展。

圖十三顯示了人類的個體發育（ontogeny）如何以幾種特殊方式得到延長，最顯著的不同

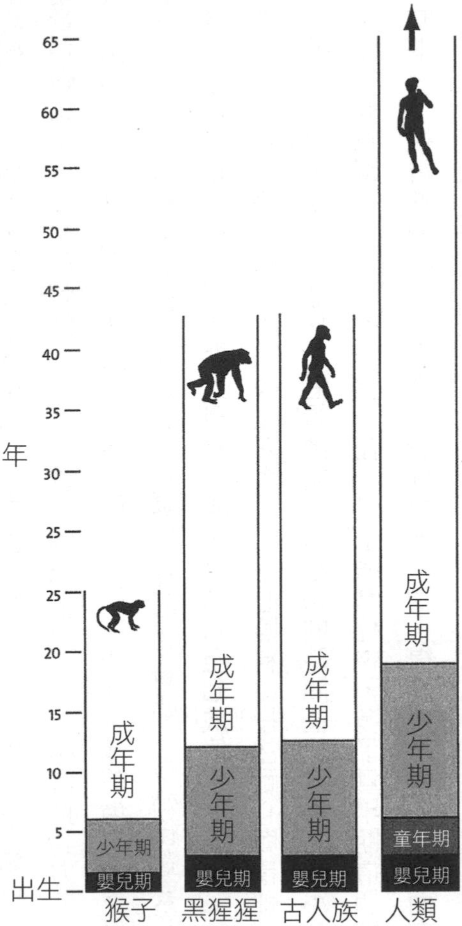

圖十三　不同的生命歷史

人類的生命歷史較長，除了童年期增長外，成年期之前的青少年時期也延長了。南方古猿和早期直立人的生命歷史則比較像黑猩猩，而古早人屬的生命歷史可能開始沒那麼緊湊，但以什麼方式和程度減緩，至今仍不清楚。

是我們多了一個全新階段：**童年期**（childhood）[40]。童年期是人類特有的階段，這個階段的幼童在斷奶後仍需父母照顧，直到幼童頭腦完全發育，並能自食其力。黑猩猩嬰兒大概到了三歲，頭腦就已成長完全，並長出恆齒。但是牠們在四到五歲前仍需要父母的照顧，只是程度日益降低[41]。相對地，人類狩獵採集者通常三歲前才斷奶，斷奶後還要三年才會長出恆齒，腦容量也才會停止增長。童年期大概有三年，直到六至七歲停止。這時，幼童仍相當稚嫩，需要提供他們大量的優質食品；如果沒有大人的悉心照料，投注耐心與精神，幼童是沒有機會生存下去的。不過，由於狩獵採集者媽媽給小孩斷奶的時間甚早，提早讓小孩進入童年期，所以她們能比猿猴媽媽早開始懷下一胎。在一般生命歷程中，多了童年期這個持續依賴媽媽的「後斷奶時期」，使得狩獵採集者媽媽接觸到更多食物，得到更多協助，從而有辦法撫養更多嬰兒，甚至達到猿猴的兩倍[42]。

人類生命歷史之所以特別，是因為我們在童年後有特別漫長的青少年時期。這些階段加起來在猴子身上僅約四年，在猿猴身上則僅約七年，人類則是大約十二年。女性人類狩獵採集者，初經通常會在十三至十六歲來到，但無論從繁衍後代或社會交流的角度來看，卻都還未完全成熟。通常，初經後的五年，也就是至少十八歲[43]，女性才會成為一名媽媽。男孩狩獵採集者進入青春期的時間比女孩晚，但通常也要二十歲以後才會當爸爸。每個父母和高中老師都知道，青少年人類仍無法完全解除對父母的依賴，但青少年已經有辦法協助父母照顧更年幼的弟妹、分擔煮飯等家事，以及開始採集與狩獵——一切都先從幫忙做起，然後自己來。當然，時至今日，上述的採集與狩獵已經被中學課業或農場勞動給取代。

我們的成長與發展階段為何延長？為什麼頭腦發展所需的時間加倍了？為什麼人類的成長期有一段是媽媽必須蠟燭兩頭燒，哺育嬰兒的同時還得照顧年長些但仍未成熟的幼童？而且，為什麼青少年期變得如此漫長，更不用說這段時期青澀又苦悶？

大型動物通常要花比較長的時間才真正成熟，但人屬的發展步調如此漫長，絕不能單用體型來解釋。畢竟，雄性大猩猩可是比人類重兩倍，但只要十三年就成年了（五噸重的大象也是差不多的時間）。比較可信的說法是人類頭腦相當碩大，要花比較長的時間才能「裝配齊全」並成熟，而其中一個因素，是腦容量本身的大小。靈長類動物中，頭腦大小要完全定型得花較長時間。比如小型獼猴的頭腦需一年半才能定型；黑猩猩的腦容量是小型獼猴的五倍大，也需要三年長成。人類的頭腦是黑猩猩的四倍大，至少要花六年才定型。我們可以由此據理推論出，絕種的人族花了多少時間發展出成人大小的頭腦（而且竟然是根據他們的牙齒）[44]。南方古猿如露西，頭腦成長的速度和黑猩猩一樣快，表示他們的腦容量也差不多大。早期直立人花了大概四年時間，發展出八百至九百立方公分的腦容量[45]。腦容量較大的古早人屬演化時，早期過程其實與我們頗為相似。尼安德塔人的腦容量需要五至六年才完全定型，比今天大部分的人類還快；大小則和現代人差不多大，有時甚至更大[46]。

人類的頭腦大小定型需要六至七年（這得以解釋為何大人與小孩可以戴同一頂帽子），但對一個六歲小孩而言，頭腦與身體的發展還需要再十幾年才臻完善。在我們人類歷史中，青少年階段的延長是何時開始，至今還不清楚。但我們有一些線索，其中一個最好的線索是「納里歐柯托米男孩」（Nariokotome Boy），是一副幾近完整的直立人少年化石，死於約一百五十萬年前（可能是感染疾病）的一處沼澤附近，這使他大部分的骨骸得以保持完整。根據他留下的牙齒，他的年齡大概只有八到九歲，但骨骸年齡則近似於十三歲的人類[47]。由於他的第二大臼齒才剛長出來，我們大概可以推知他還要幾年才真正成年。我們可以因而推知，早期直立人成年速度只比黑猩猩慢一點，延長的青少年階段則是人類演化史上比較近代的事情。有一些證據指出，尼安德塔人在這一點上可能比較像直立人；在勒穆斯帝耶（Le Moustier）考古遺址，曾出土過一名十二歲的尼安德塔少年，我們根據他的牙齒來判斷他的年齡。但他的智齒還沒長出來，表示他還要大概一、兩年才成年[48]。當然，我們需要更多資料才能確認，但「後童年時期」的漫長青少年階段，對當代人類來說相當特別，因為古早人類的青少年階段也許沒有占太久的時間。

如果我們把現有的證據通通擺在一起，我們似乎可以說，當人屬的頭腦越來越大，初期發展的關鍵階段（嬰兒期和童年期）也會延長，使得頭腦發育得更大。即使青少年發展步調是直到現代人演化後才完全延長，古早人類媽媽卻早已經歷過能量加倍帶來的噩夢。首先，由於童年期的人類仍不懂事，許多媽媽除了撫養幼童外，還必須哺育嬰兒，古早人類媽媽也因而需要更多能量和協助。供應媽媽一天所需的熱量大約是兩千三百大卡，還要額外加上幾千大卡來餵養幼兒。要達到這個目標，只能靠攝取高級食物（如肉類）並學會烹煮；而且，媽媽還需要學會在高度合作的團體裡生活，才能穩定獲得來自爸爸、祖父母與其他人的協助。

擁有超級頭腦的媽媽和她的後代面臨的第二個能量困境，就是頭腦既大且耗能。腦組織無法儲存能量，但能從血液流動取得源源不絕的血糖；而血糖若短暫停止供給或運作，只要一至兩分鐘就會導致不可回復的致命後果。擁有超級大腦的人類媽媽因此需要儲備許多能量，以應付自己和孩子那貪得無厭的腦袋。在某些無可避免的情況下，比如饑荒或疾病，他們能吃的東西也更少；早期人類媽媽究竟要如何從食物的短缺，甚至可能是天擇最嚴峻的考驗中生存下來？

答案是靠著大量的脂肪。我們像其他許多動物一樣，將足夠的熱量儲存為脂肪，以應付不時之需。然而，人類和其他哺乳類動物比起來，還是異常地胖；你有充分理由相信在古早人屬的腦容量開始增長，整體發展速度減緩後，我們也就變得相對肥胖了。

胖嘟嘟的身體

現代社會最荒謬的特徵之一，就是很多人擔心肥胖的問題。雖然脂肪與體重的問題早已糾纏人類達幾百萬年之久，但直到很最近，我們的先人仍不時受著營養不足、體重過輕之苦。脂肪是儲存能量最有效率的方式，演化過程中我們的祖先發展出幾項關鍵適應，使我們比其他靈長類更有辦法累積大量的脂肪。這些祖先的出現，讓今天的我們——就算是身材最纖細的，在其他野生靈長類面前仍要為自己的豐腴感到慚愧，而我們的嬰兒也比其他靈長類動物的來得肥胖。假設沒有我們累積脂肪的能耐，古早人類將永遠不可能演化出超級大腦和成長緩慢的軀體。

我們在後面的章節會再來談身體的使用和脂肪的儲存，但現在至少有兩個重點可以瞭解這個要義：第一，消化能幫助每個分子元素分解高脂食物的脂肪，但我們的身體也從碳水化合物中合成脂肪（這就是為什麼脫脂食物還是會使你變胖）[49]。第二，脂肪分子很管用，能高度集中並儲存能量。每公克脂肪能夠儲存九大卡的熱量，是醣類和蛋白質的兩倍以上。你飽餐一頓後，荷爾蒙會協助你將糖、脂肪酸和甘油轉變成脂肪，儲存在特殊脂肪細胞。你身上大概有三百億個這種細胞。然後，當你的身體需要能量時，其他荷爾蒙會將脂肪裂解成細小的成分，讓身體可以燃燒（第十章會談到更多）。

所有的動物都需要脂肪，但人類從出生的那一刻起，對脂肪就有特別多的需求，主因還是我們那相當耗能的頭腦。嬰兒的頭腦只有成人的四分之一，但每天仍需要消耗一百大卡，在他小小的身體中，這大約占身體能量預算的百分之六十（成人每天則需兩百八十至四百二十大卡，占身體能量預算的百分之二十至三十）[50]。既然頭腦無時無刻需要糖，儲存足夠的脂肪能確保我們的頭腦可隨時享用可靠的能源補給。一隻幼猴的體脂肪是百分之三，但健康的人類嬰兒一出生體脂肪就有百分之十五[51]，而鮮為人知的事實是，懷孕的最後三個月主要任務是將胎兒增肥；在這三個月裡，胎兒的大腦會增大三倍，而脂肪儲存量則增加一百倍[52]！而且，一名健康的人類，在童年階段體脂肪會飆升至百分之二十五，至成年時才會降回男性約百分之十、女性百分之十五的水平。對懷孕、授乳以及維持頭腦發展與運作而言，脂肪不只是一種能量倉庫，還是供給能量以成為耐久狩獵採集者的幫手。當你步行與奔跑時，你所燃燒的能量大多從脂肪而來（如果你加速快跑的話，醣分當然也會燃燒）[53]；脂肪細胞也能幫你調節並合成賀爾蒙，比如說雌激素，而皮膚脂肪也能扮演好隔離板的角色，幫我們保暖。

綜合起來，如果沒有大量脂肪，人類的頭腦無法長得如此碩大，狩獵採集族群的媽媽也無法產生高品質的母乳來哺育她們的大頭寶寶，我們更可能變成寡取易盈的駑馬。不幸的是，脂肪也無法保留在化石中，所以我們看不到祖先自何時起增肥。也許這股風潮是由直立人帶起的：能量自那時起開始分撥給日益增大的頭腦，還有長途步行和奔跑。人體（特別是嬰兒身上）高百分比的體脂肪，對古早人屬來說可能更重要。如果我是一個尼安德塔人，生活在冰河時期的歐洲冬季，我大概也想要多點體脂肪來保暖。追根究柢，我們要證實這個假說，可以藉由探索身體中哪些儲存脂肪的基因增加了，再斷定這些遺傳適應是何時演化出來的。

我們遺傳了前人處理脂肪的能力，在人類演化史上可謂至關重要。但弔詭的是，今天我們每個人已太過適應於渴望並積存脂肪。有部紀錄片電影叫做《麥胖報告》（*Super Size Me*），主角摩根・史波洛（Morgan Spurlock）在二十八天內三餐只吃麥當勞食物（平均一天五千大卡），竟然爆肥十一公斤（二十四磅）！這樣的豐功偉績，其實不過是咱們老祖宗幾千代脈脈相傳的天擇適應，讓我們一有機會就盡可能儲存更多熱量；前一天儲存的半磅熱量，會在隔天化作耐久狩獵來回報。在無可避免的淡季將臨時，在旺季時預先存好的幾磅熱量可是重要的保命符，就像存在銀行裡的錢一樣，庫存的脂肪讓人類保持活躍、維持身體機能，在淡季時還能延續香火[54]。但不幸的是，天擇沒有教我們怎麼應付綿延不絕的旺季，更別說速食店了——這個主題我們會留到第十章再談。

能量從何處來？

古早人族如何取得所需能量，以長出較大的身體和更大的頭腦，還延長了成長所需的時間，甚至還可能提早讓嬰兒斷奶，好讓他們早早開始累積脂肪？要完成這些「壯舉」，只有兩個辦法。第一個，就是四處累積更多能量；第二個，用不同方式分配能量，將更多能量用在頭腦成長與傳宗接代上，減少能量作為其他用途。證據指出，古早人族則是雙管齊下。

要瞭解我們身體的能量策略，你可以把你身體的總能量想像成是一筆預算，並擁有好幾個不同帳戶。首先是基礎代謝率（basal metabolic rate，即BMR），也就是在不需要移動、消化或進行其他事情的情況下，維持身體眾多組織所需的能量。對所有哺乳類動物來說，基礎代謝率主要是測量身體功能的數據[55]，而人類在這方面不算突出。一隻普通黑猩猩重四十公斤（八十八磅），基礎代謝率約是一天一千大卡。一名六十公斤（一百三十二磅）的普通狩獵採集者，基礎代謝率約是一天一千五百大卡[56]。但是，如同第四章談過的，人類的基礎代謝轉變，並分配給不同的身體組織；因此我們可以合理猜測，直立人和古早人屬能夠維持一顆不成比例的大頭，部分原因是擁有較小的腸肚。要有比較小的肚子（和牙齒），只能透過攝取高級飲食如大量的肉類，還有將食物進行高度處理才能做到。

雖然你的小小腸肚負擔了頭腦所需能量，但你還得想想你的身體每日消耗了多少能量，也就是將「總能量消耗」（total energy expenditure，即TEE）和「每日能量產生」（daily energy production，即DEP）做比較；人類在這兩方面都很突出，古早人類應該也是如此。黑猩猩的平均每日總能量消耗是一千四百大卡，而當代狩獵採集者則是每日兩千至三千大卡，高於同樣身型的平均值[57]。狩獵採集者的總能量消耗相對較高，是因為他們過著相當勞動的生活，常要走路、長跑甚至是攜帶幼兒與食物、挖掘植物、處理食物，還有從事其他日常雜務，而且都沒有機器或馱獸的幫忙。既然古早人類可能需要像體型相近的當代人類狩獵採集者一樣奔波、幹活，那麼兩者的總能量消耗應該相去不遠。然而更重要的是，成人狩獵採集者的每日能量產生，普遍比總能量消耗還高。雖然要計算每日能量產生並不容易，而且每日、每季、每人或甚至是每個族群都有顯著差異，但研究發現普通的成人狩獵採集者一天可以得到約三千五百大卡[58]。這是一個相當粗略的計算，包含許多變異與不精確的來源，但我們知道成人狩獵採集者常常每天都至少剩下一千至兩千五百大卡的能量。這些豐厚的大卡來自許多不同的地方，包括更大範圍地捕獸和採集高級食物來源如蜂蜜、塊莖、堅果、莓果等，所含的能量都抵銷取得它們所花的能量[59]。

另外兩個極可能協助古人類獲得多餘能量的關鍵因素，是合作和技術。狩獵採集者無法不靠分工而生存，像是和親人與非親人分享食物，還有各種分工合作；我們無法確定最早的狩獵採集者是否和今天的狩獵採集者一樣密切地合作，但天擇必定會迫使他們更快開始合作。相較之下，要追蹤科技所扮演的角色就容易多了。我們已經探討過最早的石器如何協助早期人屬切斷、敲擊食物，以及古早人屬之後如何發明出尖頭投射武器，大幅提升狩獵過程中的安全度。烹煮食物則是另一種相當深奧的先進科技。你一旦進食，就得消耗能量來咀嚼並消化食物（所以你飽餐一頓後，脈搏與體溫都會上升）。靠機械處理食物，如切割、碾磨、撞擊等，都大幅降低消化食物所耗的能量，無論食用的是肉類或植物，而烹煮帶來的效應就更顯著了。有些食物烹煮後產生的大卡，是烹煮前兩倍，比如馬鈴薯[60]。烹煮的另一個效益是殺菌，可以大幅降低染病機率以及免疫系統的負擔。

無論古早人類到底用什麼方式補充來源可靠的高品質食物，這些能量與食物的積存形成了一種正向的回饋循環。有許多不同理論探討這些回饋循環的運作方式，但這些理論都本著於同一個原則——只要你均衡兼顧身體的基本需求，你就能以四種不同方式利用多餘的能量：如果你還年輕，你能用這些能量來成長，這是其一；另外你也可以將之累積為脂肪，去從事更多活動，或是生兒育女傳宗接代[61]。在嬰兒夭折率很高、生命脆弱的情況下，最佳的演化策略自然是將多餘的能量用於繁衍後代，像老鼠而非猿猴；然而，當你的子孫後代都生存下來而且開始發育茁壯，古早人屬有另外一個妙計維持演化優勢：將能量挹注在較少、較佳的後代成員身上，讓他們盡情發揮所長，於是較大的腦容量也就應運而生。較大的腦容量允許他們學習更多複雜的感知與社會行為，包括語言和合作。學會了這些行為後，他們會成為更優秀的狩獵採集者，生存與繁衍的成功機會也隨之大為提高。然後，這些聰明的、更團結的狩獵採集者就會有更多剩餘能量，讓腦容量持續增長，同時讓身體有更多時間發育，並積存更多脂肪。此外，媽媽若獲得充分食物補給和強大的社群奧援，將會得利於提早讓自己的嬰兒斷奶，因為如此一來媽媽就有辦法生養更多小孩。

我們無法直接驗證上述過程，因為我們無法證實人類增肥的時間點，也無從確定人類幼兒比猿猴提早斷奶的時間；但是我們可以測得腦容量和身材雙雙增長的時間，也能測得初期發育過程的延長是何時開始的。這些線索指出，漸進的演化階段，其實完全按照回饋假說所預期。圖十說明了人屬的腦容量沒有立刻突飛猛進，但在直立人出現後的一百萬年間卻有緩慢且穩定的增長。相似的改變進程，可能真的交代了人類發育時間延長的原因。當然，要驗證這些假說都還需要更多資料。不過，在冰河時期，由於多餘能量而導致的多變能量預算，是驅使古人類身體演化的關鍵因素。

人屬開始使用更多能量，但他們沒有帶起這股潮流；我們知道，身處冰河時期，並非所有族群都有多餘的能量，也有充分的化石紀錄指出某些時期中生存有多麼不確定，環境又是多麼殘酷無情，而有些物種頂不住壓力，就這樣從地球上消失了。人類命脈的延續大半依賴富含能量的食物，但食物短缺時這可不是什麼好兆頭，就像平常開台大車很威風，但能源價格上漲時，這台車就顯得累贅了。古人類族群受苦受難，冰河面積擴張期間，更使得許多族群在看似溫和的歐洲滅絕。就算在熱帶，食物也可能受影響而變得短缺，特別是島嶼地區。其實，依賴能量可能導致失敗的最鮮明案例，就是佛羅勒斯人的遭遇。他們是印尼的古早人類，身材矮小，又名哈比人（Hobbit）。

能量轉折點：佛羅勒斯島上的哈比人

島嶼上總會發生一些奇奇怪怪的演化事件。在與世隔絕的小小孤島上，大型動物會先碰到能量不足的麻煩，因為島上可沒有大陸上那麼多的植物與食物。在這種條件下，身型龐大的動物其實相當吃虧，因為牠們總是吃不飽。相反地，小型動物在島嶼上的發展卻比在大陸上順遂，這要歸因於島嶼上沒那麼多相似物種與自己競爭，食物的取得相對容易；而且島嶼上通常較少獵食動物，所以不需要躲躲藏藏。許多物種在島嶼上都出現相反的發展狀態：大的物種會縮水（侏儒化，dwarfism），小的物種會膨脹（巨人化，gigantism）。像馬達加斯加、模里西斯或薩丁尼亞等島嶼，是大型老鼠和蜥蜴（即科摩多巨蜥，Komodo dragons）的生長環境，上面還住了縮水版本的河馬、大象和山羊。

同樣的能源消長也影響了狩獵採集者[62]。在偏遠的佛羅勒斯島（island of Flores）上，就有一個相當極端的例子發生在人屬當中。佛羅勒斯島屬於印尼群島的一部分，東邊有相當深邃的海溝，將峇里島、婆羅洲和帝汶島等島嶼從亞洲分開；即使在冰河時期海平面最低的時候，佛羅勒斯島還是與最近的其他島嶼隔了幾英里的海面距離。但有一些動物，如大老鼠、巨蜥和大象，仍克服這段距離，陰錯陽差地溜上這座島嶼，於是經歷了侏儒化與巨人化的改造。今天這座島嶼仍住著大老鼠和科摩多巨蜥，直到約一萬年前的居民還有矮種象（劍齒象，Stegodon）；當然，還有哈比人。

一九九〇年代，考古學家在佛羅勒斯島上發現約有八十萬年歷史的原始工具[63]，這指出人族（也許是直立人）可能更早就划船或游泳到島上了；到了二〇〇三年，一組由澳洲與印尼學者組成的研究團隊在梁布亞（Liang Bua）發現了一名矮小人類的部分骨骸，距今約有九萬五千年至一萬七千年歷史，這個消息旋即成為世界新聞。這群學者將他命名為佛羅勒斯人，並主張這些遺骸是由早期人屬中的侏儒人種所留下的[64]。媒體於是很快地將他們冠上「哈比人」的稱號。經過了後續的挖掘行動，這群團隊又找到了至少六組矮小人類骨骸[65]。這些矮人大概只有一公尺（三英尺）高，體重僅約二十五至三十公斤（五十五至六十六磅），腦容量極為迷你（約四百立方公分），體型和成年黑猩猩幾無二致。這些化石擁有許多奇異的特徵組合，如大眉骨、無下巴、短腿、無足弓的長腳。許多研究認為，經修正大小比例後哈比人的頭骨（見圖十一）其實與直立人非常相似[66]。若真如此，那我們可以合理認定，直立人至少在八十萬年前就到了島上，迫於天擇與食物的短缺而變成小腦袋、五短身材的人種。

佛羅勒斯人的出現，其爭議程度自不待言。有些學者聲稱，這個人種的腦容量小到不可能屬於人類的身體。如果你將不同身型的動物做比較，你會發現體型較大的物種頭腦也比較大，但全身看上去頭腦卻占比較小的比例。大猩猩的身材是黑猩猩的三倍大，但前者的腦容量只比後者多百分之十八。根據一般的比例法則，如果哈比人身材真的只有一般人類的一半（也就是侏儒），他的腦容量應該也要有大約一千一百立方公分；如果這個哈比人是矮種直立人，那他的腦容量應該是五百至六百立方公分[67]。這些推論讓一些研究人員斷定，哈比人的遺骸其實是某種現代人族群所留下的，這個族群可能遭受疾病才侏儒化，並擁有如此病態的小小腦袋。但是，比較謹慎的物種腦容量和頭骨形狀及四肢分析通通指出，佛羅勒斯人看起來並不像得了怪病或發育不良[68]；而且，針對其他島嶼上侏儒化的河馬研究也顯示，在島內生物侏儒化（insular dwarfting）的過程中，天擇會使腦容量急遽縮水，佛羅勒斯人的小小腦袋也於是得到充分解釋[69]。很明顯地，當小島上的生活開始變得艱困，碩大又耗費能量的頭腦就成了奢侈的負擔。

如同福爾摩斯說過的（雖然是在小說中）：「當你排除了那些不可能的事情，剩下的那些再怎麼不可能，也是真相。」如果哈比人沒有經過侏儒化，而是天生就頂著小小的頭腦，那他肯定是一個真的人族種類了。真正說來，關於哈比人的前世今生有兩個可能的解釋：一個是，他們就是直立人的後代。另一個比較驚人的可能是，從他們粗拙的手腳來看，他們也可能是更原始人種（如巧人）的遺族，很早就遠離非洲，陰錯陽差地到了印尼，然後再泳渡海峽，登上佛羅勒斯島，沒有在非洲外留下任何化石遺跡。這兩種可能，都需要腦容量的縮減才做得到。

最矮小的直立人，腦容量也有六百立方公分；最矮小的巧人則是五百一十立方公分；所以，要解釋哈比人的腦容量，論點是天擇可能使他們的腦容量縮減了至少四分之一。

對我來說，關於哈比人更重要的一件事情是，他們讓我們對能量在人類演化的重要性有了更深入且驚人的發現。在資源匱乏的荒島上，腦容量和身體的縮小一點也不誇張；當古人屬面對有限的能量供給時，這反而是你我都想得到的合理可能。龐大的身體和頭腦所費不貲，天擇當然要先從這兩者下手。縮水的結果是，佛羅勒斯人一天只要靠一千兩百大卡就能生存，分泌乳汁時也許一天需要一千四百四十大卡，這仍遠少於健全的直立人媽媽。直立人媽媽在一般情況下一天需要約一千八百大卡，如果需哺育幼兒則需要一天兩千五百大卡。我們不知道佛羅勒斯人是否也將某些感知官能廢棄作為擁有迷你頭腦的代價，但很顯然地這樣的代價是值得的。

古早人類怎麼了？

今天你到熱帶地區轉一圈，你會發現許多不同但相近的靈長類物種，還有牠們的相同與不同之處；比如說黑猩猩有兩種，矮黑猩猩有五種，獼猴則多達十幾種。我們已經知道，冰河時期的天擇導致在早期人屬的後代中產生了類似的多樣性，包括歐洲的尼安德塔人、亞洲的丹尼索瓦人，和印尼的哈比人等等。當然，除上述外還有另外一個人種：智人。他和尼安德塔人演化的時間相同，你觀察二十萬年前的最早現代人，你不會注意到他同期的人種有什麼本質上的不同。除了哈比人外，現代人和古早人類的身形相似，腦容量也差不多。但是，很顯然地，現代人類在許多方面都顯得與眾不同，今天的我們（到目前為止）也受到了相當特殊的演化待遇：在冰河時期結束以前，與我們相近的親戚都絕跡了，現代人類變成人類族系裡唯一倖存的物種。

為什麼？為什麼其他人種都絕跡了？現代人類在生理上和行為上究竟有何特殊之處？現代人類身上又有哪些特別的適應？來自古早人屬的遺傳，包含使用和控制能量的全新方式，又是如何為人體演化史開啟下一個轉變？

第六章

彬彬有禮的物種：人類如何靠手腦並用征服世界

文化幾乎可說是所有我們從事的、而猴子卻不會的行為。

——費茲羅·索麥賽特 Fitzroy Somerset

（拉格蘭男爵，Lord Raglan）

我八歲時才知道，原來所有人類都曾經是石器時代的狩獵採集者。我依然記得，小時候在電視上看到當時在菲律賓發現的原始部落塔薩代人（Tasaday），想到他們與世隔絕時的陶醉與狂喜。他們只有二十六個人，住在洞穴裡而且幾乎都沒穿衣服，會製造石器，並靠著食用昆蟲、青蛙與野生植物維生。這項發現震驚全世界。塔薩代人讓當時的大人（像是我學校的老師）特別興奮，因為塔薩代人對世界上的戰爭與暴力一無所悉，也沒有意見；如果每個人都像塔薩迪人一樣就好了。

可惜，塔薩代人只是一場騙局。這個原始部落的存在，其實是被馬紐爾·伊里札德（Manuel Elizalde）「發現」的。他被指稱花錢請附近村民脫去T恤與牛仔褲、改以荷葉和腰布為衣，並在攝影機前改吃蟲子與青蛙，而非平常所食用的米飯與豬肉。我覺得這場塔薩代騙局之所以唬過這麼多人，是因為伊里札德將越戰期間許多人心目中的原始人類社會樣貌編導得淋漓盡致：塔薩代人融匯了盧梭的精神，表現出人性本善、愛好和平而且未受汙染的健康樣貌；而且，塔薩代人優閒的生活方式與眾人對石器時代根深柢固的假想形成強烈對比，大家總認為石器時代的生活相當刻苦，人類從農業的發明開始才在歷史的流光不斷進步。就在塔薩代人在螢光幕前亮相、還風光登上國家地理雜誌封面的同時，人類學家馬歇爾・薩林斯（Marshall Sahlins）於同一年出版了深具影響力的著作《石器時代經濟學》（*Stone Age Economics*）[1]。薩林斯認為，狩獵採集者的社會是「原始的小康社會」，因為他們除了基本生活所需外別無所求，毋須費勁工作，吃的東西既多樣又有營養，社交生活豐富、自由時間充裕，鮮少有暴力行為。根據這種思考方式，六百個世代以前，當我們轉變成農人且開始耕作以後，人類的狀態就每況愈下了。直到今天，許多人對這個想法仍深信不疑。

石器時代的生活距今其實也不算太久遠，更沒有極端的場景，既不恐怖也不溫馨。雖然狩獵採集者不需要像大部分的農人一樣長時間工作，傳染病的威脅也比較小，這不表示狩獵採集者在石器時代是大懶蟲，衣食無缺好吃懶作。狩獵採集者其實常常感到飢餓，但他們僅藉由高度合作和大量勞動就得到了足夠的食物，比如說一天花好幾個小時步行、奔跑、載物和挖掘等等。但是薩林斯的分析，確實有幾分道理。如果你是狩獵採集者，要滿足你家人和族人的每日需求其實並不需要超時或超量工作；你有閒暇時間休息，或從事社交活動、與人聊天八卦，以及享受天倫之樂。許多當代社會才有的壓力——通勤、失業的風險、上大學、退休金存款——在狩獵採集者的經濟運作系統中都不會出現。你可以說這樣也挺不錯的。

時至今日，一些狩獵採集者族群仍生存在世上，不過與真正狩獵採集者多少有段距離；也有一些族群堅持自己的生活方式到近代才徹底消失，而類似塔薩代人的部落今天則是完全杳然無蹤。這些人們值得我們好好研究，而且應該也很有趣，因為他們是最後一群保留我們祖先幾千代以來生活方式的人。觀察他們的飲食、活動和文化，應該可以幫我們瞭解現代人到底適應哪些東西。但是我們單靠觀察當代狩獵採集者，仍無法瞭解為什麼人類有著今天的樣貌，畢竟我們的身體經過演化，已不再只會狩獵或採集了；而且，這些族群都已非最原始的石器時代採集者，他們已經和農人、牧人打了幾千年的交道。

想要瞭解現代人體的成因，以及我們為什麼是地球上最後倖存的人種，我們得回到過去，直溯至人體歷史上最近一次物種形成（speciation），也就是智人的起源。如果你集中研究這個轉變期的化石紀錄，就會得到一個結論：當代人類演化成型是由於一些組織結構上的變化，它們在我們頭部有跡可循，像是小臉、渾圓的大腦和頭顱。這些轉變其實都伴隨我們從考古紀錄中看到的東西，暗示現代人體和古人類本質上最大的不同：現代人有能耐接受文化上的變化。今天，我們每個人都各有突發奇想的創新能力，和傳遞資訊與意見的能力。最初，當代人類的文化演變逐漸加速，導致我們祖先狩獵與採集方式出現重要且大幅的轉變；後來，大約五萬年前起出現了文化和技術的革新，幫助人類殖民了整個地球，從那時起，文化演化就成了一具引擎，漸漸加快，加強改變與影響世界的力道。所以，智人為何如此特別，我們又為何成了唯一倖存的人種？這個問題的最佳解答就是，我們在硬體方面演化出許多細微的變化，驅動了軟體的革新，這樣的革新仍在持續進行中，並且逐漸升溫。

誰是最早的智人？

對於我們這個人種的起源，也就是智人，每個宗教都有各自一套說法。據希伯來文的《聖經》記載，上帝用伊甸園的土創造了亞當，再用亞當的肋骨創造了夏娃，他們就是最早的人類；其他的文化傳統經典中，最早的人類有的被上帝「吐」出來，有的從泥土中捏造出來，有的則是大烏龜生下來的。然而，關於現代人類起源的科學說法只有一個：這個命題經過多番研究與測試，並由許多條線索考證，我們已能合理斷定現代人類是從至少二十萬年前的非洲古人類演化而來。

要確定人類物種起源的時間和地點，多半得研究人們的基因。基因學家比較世界各地人類的基因後，可以得知每個人的族譜與其他人的族譜關係，並校正這一整個大族譜，估算出每個人最後的同宗為何許人也。這種研究針對幾千人做過了不下數百份，今天所有人類的根源都可追溯至三十萬至二十萬年前非洲的一個族群，而他們當中有一支在約十萬年至八萬年前從非洲開始擴散[2]。換言之，直到相當晚近以前，所有人類都還是非洲人。這些研究也揭露了一件驚人事實：現今的所有人類，其實都是一小群人的後代。根據一項估算，今天的人類，祖先都指向薩哈拉沙漠以南地區一個不到一萬四千人的族群；而且，繁衍出非非洲人後代的族群，原始數量只有不到三千人[3]。既然我們都來自同一小群人，那這也能解釋另一個重要的現象：我們的基因源頭是相同的。如果你把人類所有出現過的基因變異做個記錄，你會發現大概有百分之八十六的基因在任一族群裡都存在[4]。如果人類現代瀕臨絕滅，只剩下——我隨便舉例，像是斐濟人或立陶宛人，那他們身上依然擁有絕大多數相同的基因變異。這個模式在猿猴（如黑猩猩）當中，則是完全相反的；在任何一個黑猩猩族群中，共有的基因變異只有不到四成[5]。

人類起源帶有非洲淵源這一點，化石DNA也可以作證。在正常情況下，比如溫度沒有過熱、土壤酸鹼度適中，DNA片段在化石裡可以保留幾千年。目前在許多早期現代人類和十幾個古人類（大多是尼安德塔人）身上，我們找回許多古老DNA的片段，斯萬特．帕博（Svante Pääbo）與他的同事大費周章重新蒐集並解讀這些片段，發現現代人類和尼安德塔人從同一族群分支出來的時間，約是五十萬年至四十萬年前[6]。毫不意外，人類與尼安德塔人的DNA極度相似，我們身上每六百個鹼基對當中只有一對與尼安德塔人不同。這些努力造福了大家，我們也因而更明白這些基因的意義。

古人類與現代人類的DNA中，也暗藏幾項與族譜有關的驚喜。經過謹慎的分析，我們在尼安德塔人和現代人類的基因組發現幾項差異，其中包括非洲以外的人類基因中，有極小的百分比（約百分之二到五）來自尼安德塔人。顯然，當現代人類從非洲擴散至整個中東時，尼安德塔人和現代人類在超過五萬年前出現過些許交配[7]，而這個族群的後代之後便擴散至歐洲和亞洲。這也因而解釋了非洲人沒有尼安德塔基因的緣故。另一個混種事件，則起因於人類擴散至亞洲後和丹尼索瓦人交配。大洋洲和美拉尼西亞的居民，身上大概有百分之三到五的基因來自丹尼索瓦人[8]。只要有更多化石DNA出土，我們就能找到更多其他交配事件的跡象；但請記得，這些跡象都不能被單方理解為人類、尼安德塔人和丹尼索瓦人就是相同人種。相近的種族接觸時並不常交配，人類顯然也不例外。雖然尼安德塔人已經絕跡了，我其實很高興自己身上還流著他們的血液。

現代人類從何時何地演化而來，各種不同的具體證據都在化石裡。正如同基因資料所預期的，最早現代人類化石來自距今約十九萬五千年前的亞洲[9]；而一些早於十五萬年前的早期現代人類化石也來自亞洲[10]。這些年代古老的遺骸可以追溯到智人最早開始全球擴散的時間。現代人類首先於約十五萬年前至八萬年前（非確切時間）出現於中東，而後在歐洲冰河時期的高峰銷聲匿跡了三萬年；尼安德塔人正於此時進駐這一帶，這可能導致了人類的暫時消失[11]。直到五萬年前，現代人類才又坐擁新技術，在中東重出江湖，並快速往北方、東方和西方散佈出去。根據目前最可靠的日期推算，歐洲的現代人類最早出現於約四萬年前，亞洲則是約六萬年前，新幾內亞和澳洲則是不到四萬年前[12]。也有考古遺址中的證跡指出，人類有辦法橫越白令海峽（Bering Strait）殖民新世界，時間大約介於三萬年至一萬五千萬年前[13]。只要有更多發現，人類散佈的確實過程就會更精確，但重點是人類最早在非洲演化後，竟然只消十七萬五千年就殖民了南極洲以外的所有大陸；此外，無論現代人類自何時何地起開始擴散，古人類很快就絕跡了。我們以歐洲最後一個尼安德塔人為例。他是在西班牙的一個山洞裡發現的，時間大概是據今三萬年，也就是現代人於歐洲現蹤後的一萬五千年到一萬年後[14]，這個證據說明現代人類在歐洲擴散之快。尼安德塔人完全消失以前，他們的族群被一個個孤立，人數急遽減少。為什麼會這樣？智人成為地球上唯一倖存的人種，究竟有何祕辛？我們又能歸功於哪些生理上或心理上的因素？

現代人類身上，有哪些「現代」元素？

就像歷史是勝利者寫的一樣，史前的故事，則是倖存者所寫的，也就是我們；但我們太常用「這是必然的」當作唯一解釋了。但是，如果這本書是二十一世紀尼安德塔人所寫的，他們會不會也很納悶：為什麼智人幾千年前就絕跡了？他們可能也從考古物證和化石等物品著手，找尋我們的身體和使用方式與他們有何不同。

弔詭的是，分辨我們和古人類的最直接差異，是組織結構上的差異，而這一點在生物方面的相關度著實難以釐清。這些明顯差異大半在頭部，可以根據頭部組成方式細分成兩大類，請見圖十四。首先，我們的臉並不大。古人類則有張大臉，頭顱前端甚為突出；但現代人的臉不高，側面也不深，而且臉部完全在前額下方[15]。如果你從尼安德塔人眼窩垂直伸出手指，手指會頂出眉骨，能在頭部外的前方揮舞；相反地，我們的臉部五官相當收縮集中，手指從眼窩垂直一伸，幾乎就會碰到額葉（frontal lobe）。圖十四中我們可以看到，收縮集中的小臉對臉型有些直接影響，最明顯的莫過於較小的眉骨。眉骨一度被認為是穩固臉上半部的一種適應，但實際上它只是一個連接前額與上眼窩的骨架，就像建築物的附屬品一樣，反映出臉型大小、頭顱前端突出程度而已[16]。這種輪廓比較淺的臉也讓人類鼻腔更小、更短，口腔也隨之變小。垂直的小臉也讓我們的頰骨隨之變小，眼窩較呈方形。

現代人類第二個醒目的特徵是較為渾圓的頭部。當你從側面觀察古人類頭顱時，你會發現他們的頭形狀像檸檬：長且低，眼窩上與頭

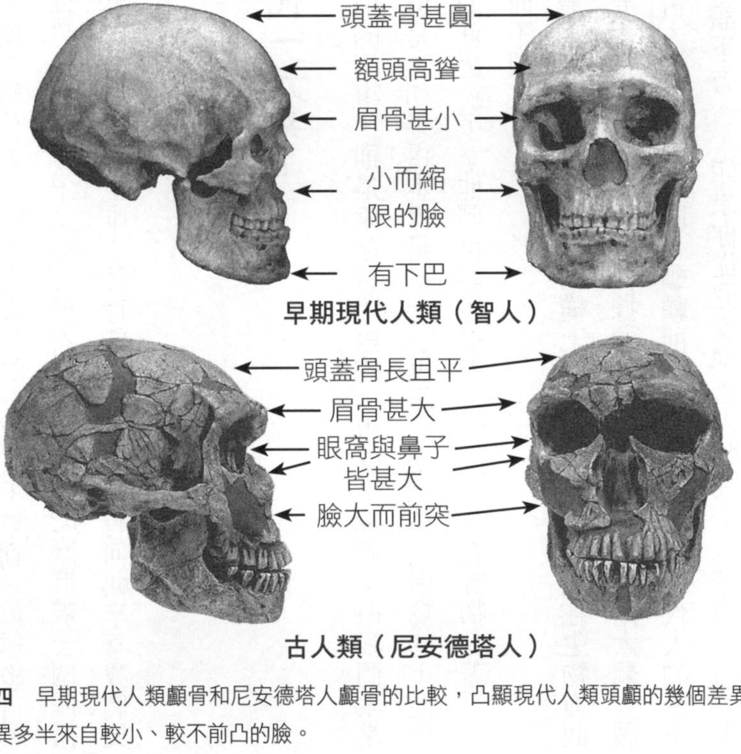

圖十四　早期現代人類顱骨和尼安德塔人顱骨的比較，凸顯現代人類頭顱的幾個差異，這些差異多半來自較小、較不前凸的臉。

顱後方的骨頭突出；相反地，現代人類的頭顱形狀比較像橘子：幾乎呈圓球狀，額頭高聳，側面和後面也渾圓（請見圖十四）。這種圓顱的成因除了小臉外，還有更圓的頭腦，坐落在不甚平坦的顱底[17]。

若非如此，人類頭顱也沒那麼特別了：我們的頭腦沒比較大、牙齒沒比較特別，眼睛耳朵或感覺器官等等亦是如此。現代人類另一個細微卻獨特的特徵是下巴，也就是下顎底部一塊朝下的倒T字型骨頭。所有古人類都沒有真正的下巴，為什麼現代人類卻有下巴？儘管至今有很多猜想，真正的原因仍不明[18]。而且，身體頸部以下的其他部位和古人類只有些微的不同；下半身最顯著的差異大概是現代人類臀部較窄，女性產道也比較窄，前後則變長[19]。而且，尼安德塔人的肩膀肌肉比現代人類來得多，我們的下背部則比較彎曲、軀幹比較沒有水桶狀，足跟骨也較短。人類骨架總被認為不算太大，但這點嚴格來說並不正確。經過調和體重和四肢長度以後，早期現代人類有著和尼安德塔人一樣粗的手臂骨和腿骨[20]。整體而言，現代人類和古人類身體構造差異，在頸部以上才顯得比較不同。

雖然現代人類和古人類的身體大致相同，差異微小，考古遺跡卻有另一種說法。既然石器、動物骨骸和其他手工製品留在遺址中，這些多半是學習行為的證據，那麼考古證據中的不同族群間行為差異，也會隨著時間過去而漸漸加大。其實，初始階段的相似完全是可以預期的。尼安德塔人和現代人類都是擁有超級大腦人種的狩獵採集者，在超過四十萬年前告別最後的同宗，開始分支；結果是，尼安德塔人和現代人都繼承了同樣的工具製作傳統，也就是在所謂的舊石器時代中期（Middle Paleolithic，請見表格五）。此外，兩個人種都住在人口密度較低的地方，都用矛獵捕大型動物，也會使用火源烹煮食物。但是你仔細看非洲考古遺跡的話，你就會發現引人入勝的差異[21]；若干早於七萬年前的非洲遺址顯示，那時住在非洲最早的現代人類交易範圍甚遠，這也代表背後龐大複雜的社交網絡。這些早期人類也會製造新型工具，比如當作箭頭的小石塊，還有各種骨具如捕魚用的魚叉[22]。南非也有一些早期遺址，裡面帶有象徵藝術起源的證跡，如染色串珠項鍊和黃土雕刻塊[23]，這類象徵行為在尼安德塔人當中就非常稀少[24]。但是，行為上的現代性證據，在非洲也只短暫出現過。舉例來說，帶有錘柄的箭矛在六萬五千年至六萬年前的南非出現，而後又消失，並沒有一直流傳下去[25]。而且，最早的現代人類狩獵採集者，沒有創造出豐富且能流傳下去的藝術，也沒有蓋房造屋，更沒有住在高人口密度地區。

所以，自五萬年前起，發生了一件超乎尋常的事情：舊石器時代晚期（Upper Paleolithic）文化出現了。雖然這項變革的確切時間與地點不明，但合理推測是在北非出現，然後快速朝北直達歐亞大陸、向南直達非洲其他地區[26]。舊石器時代晚期最大的一個差異，是人類生產石器的方式。舊石器時代中期，複雜工具都需要大量勞力和技巧才能造出，但舊石器時代晚期人們想出用菱柱體外邊敲磨出細長石劍，這項創新使得狩獵採集者得以生產許多較精細、較多功能的工具，並且能更方便地製成更多不同形狀的工具。舊石器時代晚期，可就不只有削磨石頭的新方法而已了，而是一陣名副其實的科技變革。舊石器時代晚期的狩獵採集者不似舊石器時代中期的前人，他們已開始製造大量骨器，包括碗和縫衣或織網用的針，同時也製作燈盞、魚鉤、長笛等。他們甚至還會搭造複雜的營地，有時甚至是半永久房屋。此外，舊石器時代晚期的狩獵者製造更多投射式武器，比如擲矛器和魚叉；數千個舊石器時代遺址都能證明，舊石器時代晚期經歷了狩獵與採集生態的變革。

舊石器時代中期的人們就已擅長打獵，對象多半是大型動物；但舊石器時代晚期的人們打獵的範圍更廣，包括魚類、貝類、鳥類、小型哺乳類和烏龜等飛禽走獸[27]。這些動物相當常見，而且對婦孺來說捕獵牠們也不難，成功率高且風險低。談到植物，舊石器時代留存至今的植物並不多。但人們在舊石器時代晚期也已經採集多樣的植物，而且處理方式更具效率，除了烘烤之外他們還會水煮與研磨[28]。這類飲食習慣的轉變，都促成族群人口急速增長。於是，到了舊石器時代晚期，人類族群的密度和數量開始增加，包括西伯利亞等偏遠且自然環境險惡的地區也出現人跡。

從許多方面來看，舊石器時代晚期最明顯且重大的轉變，其實是文化上的轉變：人們的思考與行為方式開始有所不同，其中最顯著的不同就是藝術。舊石器時代中期的幾處遺址，曾出土過幾樣簡單的藝術品，但與舊石器時代晚期藝術品相比，它們顯得稀少而且毫不起眼。舊石器時代晚期藝術品包含精彩的洞窟與石穴壁畫、附有華麗裝飾的雕刻塑像，以及手工精製的喪葬物品。可以確定的是，並非所有舊石器時代晚期遺址和區域都留有藝術遺跡，但舊石器時代晚期的人類應是最早透過永久性媒介，固定抒發信仰與情感的一群人。舊石器時代晚期的另一項變革是文化上的改變。舊石器時代中期，幾乎沒有文化變化：不管是二十萬、十萬或六萬年前在法國、以色列還是衣索匹亞，找到的遺址基本上都一樣。但是，五萬年前開始的舊石器時代晚期就有了明顯不同：我們可以用手工藝品來區別各種不同時空地點產生的不同文化。世界自舊石器時代晚期開始後，各地都見證了一連串無止盡的文化演變，靠的就是不間斷的創造力與源源不絕的創意。時至今日，這些改變依然踩著快速的腳步前進。

簡而言之，要說現代人類和古人類最大的不同，那非驚人的文化創新能力莫屬。當然這不是說尼安德塔人和其他古人類很愚笨，歐洲一些考古遺址的資料指出尼安德塔人和現代人類接觸以後，他們在舊石器時代晚期開始創造出自己的一套生活方式[29]。不過，這樣的呼應維持並不久，也不完美，而且只模仿了其中一部分。在數百個考古遺址中，尼安德塔人都被證實缺少現代人製造新工具、接納新行為以及透過藝術表達自我的能耐。那麼，文化適應力和創造力會是導致我們生存下來，而他們絕跡的最大分野嗎？還是我們就是生得比他們多、比他們快？我們可以利用現代人體來回答這些問題，看看現代人體是否有特別的地方可能，或甚至真正驅使了文化的實質演進。當然，首先要看的就是頭腦了。

現代人類的頭腦比較優秀嗎？

頭腦無法留存為化石，何況我們至今也還沒找到被冰凍在冰河裡的尼安德塔人。所以關於頭腦，唯一的差異證據就是研究腦容量和顱骨形狀的資料，這些包括了比較人類與靈長類（人類除外）動物的頭腦，還有找尋人類與尼安德塔人身上是否有影響腦容量的不同基因。用我們對腦部運作僅有的粗淺理解和線索來比較我們和祖先頭腦不同之處，就像只憑外觀與一些不甚瞭解的零件就要判斷兩台電腦的差異一樣；但只要盡可能使用現有的各種資訊，嘗試比較也並非不可行。

腦容量的比較是最明顯的。必須要重申的是，現代人和尼安德塔人的腦容量一樣大。腦容量和智力沒有直接關係（智力又是個何其難測的變量），而這也駁斥了大頭尼安德塔人絕對不聰明的假說[30]。這雖不代表人類和尼安德塔人在感知上沒有不同，但這的確表示頭腦中有許多細微的不同，比如構造與線路的精細程度。於是，我們下了很多功夫比較頭腦所在位置的骨頭形狀，以便探索頭腦深層結構的不同。我們雖然不可能解讀出所有的差異，但頭腦的某些關鍵「零件」造成的差異，的確使現代人類擁有更渾圓的頭顱[31]。而且，這些差異可能也和現代人類與古人類的感知能力不同有關。

頭腦的許多結構中，最重要的無非是由多個腦葉（lobe）所組成的大腦（the cerebrum），如圖十五所示。古人類和現代人類的大腦外層，都有面積廣大的新皮質（neo-cortex），負責處理知覺意識、計畫、語言和其他複雜的感知任務。此外，新皮質還分為數個具不同功能的腦葉，它們的表面佈滿迴繞的皺摺，部分會被保存在頭顱化石中。在古人類和現代人類的新皮質中，最大的差異是顳葉（temporal lobes），智人的顳葉比古人類大了百分之二十[32]。這對腦葉在太陽穴後方，執行許多使用與組織記憶的任務。當你在聽某人說話時，你的部分顳葉會接收並轉譯聲音[33]；此外顳葉也幫你理解影像和味道，比如將認識的人名與長相配對，或聽見、聞到某事物後產生回憶。顳葉深處還有一個結構稱做海馬體（hippocampus），讓你學習並儲存資訊。我們可以據此假設，擴大的顳葉能使現代人類長於使用語言與記憶。這類相關官能的共同點，可能是靈性上的反應：腦部外科醫生發現，在病人清醒時進行手術並刺激病人的顳葉，可以誘發強烈的靈性情緒反映，甚至也適用於自稱無神論者的人[34]。

現代人類頭腦較大的部分還有頂葉（parietal lobes）[35]。這對腦葉至關重要，能轉譯並整合身體不同部位感官的資

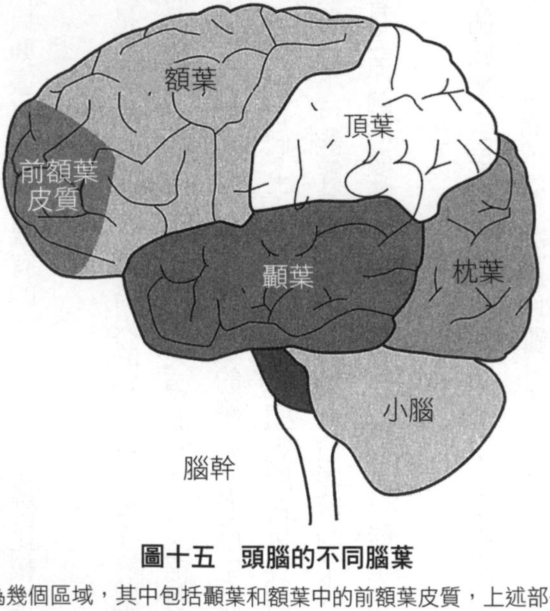

圖十五　頭腦的不同腦葉

人類頭腦可分為幾個區域，其中包括顳葉和額葉中的前額葉皮質，上述部位在人類身上可能都比猿猴要來得大，而現代人類甚至也比古人類來得大。

訊。在這麼多功能中，頭腦的這個部位幫你建立一張觀察世界的心智圖，思索自己是誰，轉譯符號（如字彙），瞭解如何操作工具，演算數學習題[36]。如果這部位損壞了，你可能會失去同時進行許多事物或抽象思考的能力。當然，其他的差異肯定存在，只是較難測量而已。其中一個是額葉（**frontal lobe**），也被稱為前額葉皮質（**prefrontal cortex**），這個部位的頭腦大小如核桃，位於眉骨後方，人類的前額葉皮質會比同體型的猿猴大百分之六，而且連結更緊密、結構也更複雜[37]。可惜，目前所做的顱骨比較，都無法顯示人類演化進程中前額葉皮質是何時開始變大的。所以我們只能保守地說，現代人類的前額葉皮質特別大。但是，前額葉皮質的擴張至關重要，這是幾乎沒有疑問的。如果將頭腦比喻為管弦樂團，前額葉皮質就是指揮，在你說話、思考、與人互動時，協調並計畫頭腦其他部位的功能。因此，一個人的前額葉皮質如果損壞，他將無法控制衝動、無法有效做決定，理解他人的行為也有困難，而且無法掌握自己的社交行為[38]。換言之，前額葉皮質幫我們策略性地協調各種行為舉止。

顳葉和頂葉的擴張，最明顯的效果是讓人類頭部成了更渾圓的球體，因為它們所在位置就在頭顱底部中心的絞鏈狀結構上方。有鑑於人類出生後頭腦就長得很快，現代人類的頭腦的絞鏈狀結構比起古人類大概傾斜了十五度，使得圍繞在外的頭顱變得更圓，同時讓額頭下方的臉部更往下移[39]。不過，更重要的是，現代人類頭部的重新配置可以為某些我們獨有的感知適應提供解釋。狩獵採集者的成功，相當大的程度要依靠與他人合作的能力，同時狩獵和採集也必須相當有效率；要合作就得對別人有一番瞭解——也就是要瞭解他人的動機和心理狀態，並控制自我的衝動，然後有計畫地執行。前額葉皮質的擴大和其增進的機能，都能使你完成上述的任務。合作也需要快速溝通、傳遞資訊的能力，而資訊不只有情緒和動機，還有想法與事實；顳葉的擴張也增進了這些功能，而且與頂葉分頭並進，可能幫助了最早的現代人類更有效率地狩獵與採集。這些頭腦部位讓我們可以構譜出心智圖、解讀可靠線索以追蹤動物、推論資源所在位置，以及製作和使用工具。現代人類的腦部在這些區域出現擴張，我們可據此推論，變圓的頭腦不只讓我們看起來很新潮，還連帶使我們的行為也變得更新潮了。

現代人類頭腦也許還有其他方面的不同，但沒有古人類的頭腦可供研究，一切只能靠臆斷了。其中一個可能是，人類的頭腦線路就是不一樣。和猿猴相比，人類頭腦發展出較厚且具有神經的新皮質，線路的完成需要花比較久的時間[40]。人類頭腦和猿猴一樣，具有複雜的線路將外皮層區與深層結構連接起來，這些深層結構也協助執行學習、身體移動等其他種種功能。雖然這些線路在人類腦部的串連方式並非完全不同，但尚在發展中的人類顯然能夠在更大程度上調整這些線路，使其具備更多聯結[41]。也許人類演化出延長的成長階段，就是為了給頭腦更多時間發育成熟，包括青少年時期，那時許多複雜的連結都已完成且各自獨立，而很多用不到的連結（只會增加雜訊）就被修去了[42]。這個臆斷性的假說，確然需要更仔細地求證[43]；然而，人類演化史當中的某些時刻，人類發育期卻沒有延長。假如發育期能延長，應能對狩獵採集者的社交、情緒和感知功能（包含語言）發展有幫助，並增加存活與繁衍的機會[44]。

如果現代人類和古人類的頭腦在結構與功能上有所不同，那必定是肇因於隱藏其中的基因差異。我們可能會猜想，有些基因表現增加頭腦的合作和計畫能力，這在現代人類出現時就存在了；但也有些學者則認為這種基因演化是比較晚近的事情（大概五萬年前），並刺激了舊石器時代晚期的出現[45]。不過，這類基因迄今並沒有得到確證，當我們能更理解頭腦發展與功能的相關鹼基對，那麼我們絕對可以找出它們並估算演化出來的時間。其中一個極重要的基因被稱為FOXP2，在發音與其他求知行為中扮演關鍵角色[46]。雖然FOXP2基因在人類與猿猴身上並不相同，但尼安德塔人和人類都擁有同樣的FOXP2變異[47]。如果我們能更清楚解讀人類和尼安德塔人的其他基因，它們是否影響了人類的感知將會是個很有趣的命題。我的猜測是，尼安德塔人應該非常聰明，但現代人類更有創意，也更擅長溝通。

鬥嘴鼓之術

假設你有一個非常絕妙的點子，卻表達不出來。這點子還絕妙嗎？近幾百年來，文化的進步都要歸功於資訊傳播的方式越來越有效率，像是寫作、平面媒體、電話和網路等。這些資訊變革其實都享受了此前更早一項傳播進步的果實，那就是現代人類的話語言談。雖然古人類也會說話（如尼安德塔人），但我們現代人特別收縮集中的短臉卻能讓我們用簡單快速的方式更清晰地說話；我們是口才便給的特別物種。

話音基本上都是透過加壓空氣使能產生，並不像樂器藉由簧片產生樂音（如單簧管）；就像你可以在簧片上施加不同的吹法來改變單簧管的音量和音調，你也可以在空氣離開氣管上方的語音盒（喉頭，larynx）時調整送氣量與頻率，來改變話語的音量和音調。一旦音波離開喉頭，它經由聲道後就會產生明顯的質變。如圖十六所示，聲道其實是條從喉頭通往嘴唇的 r 字型管路，而且形狀還能呈現多樣變化，你只消移動舌頭、嘴唇和下顎就可以改變它的形狀。改變聲道的形狀後，在空氣經過聲道時你可以改變送氣頻率與所需要的能量，結果就是你有辦法將很多字母發音出來。譬如說，你可以拉緊聲帶至特定位置，並以特定頻率增加氣流，發出如「sss」或「ch」的音；或者你也可以關閉然後快速打開聲道，用特定頻率施力然後發出爆裂音，像「g」或「p」的音。

大部分哺乳類動物都會發音，但菲利浦・李柏曼（Philip Lieberman）指出，人類聲道之所以特別，有重要兩個原因[48]：其一，我們的頭腦特別擅長快速精準地控制舌頭的移動，也善於控制其他結構使之調整形狀。其二，收縮集中的短臉是現代人類的另一特徵，它讓聲道成為一種特別的構造，能確實發出許多話音。圖十六透過比較黑猩猩與人類，說明了這樣的形狀變化。黑猩猩與人類的聲帶其實都有兩條管路：一條在舌頭後方，呈垂直狀；另一條在舌頭上方，呈水平狀。不過，人類的聲道的配置比例較為不同。人類的臉比較短，所以口腔也比較短，舌頭因而也需要縮短並圓鼓起來，而非又長又直[49]。同時由於喉頭在舌頭底部受到一段小浮動的小骨頭（舌骨〔hyoid〕）縮限，人類低圓的舌頭便使喉頭坐落在頸部較低處，遠比其他動物來得低。結果，人類聲道中的垂直和水平的管路就一樣長了。聲道的構造在哺乳類動

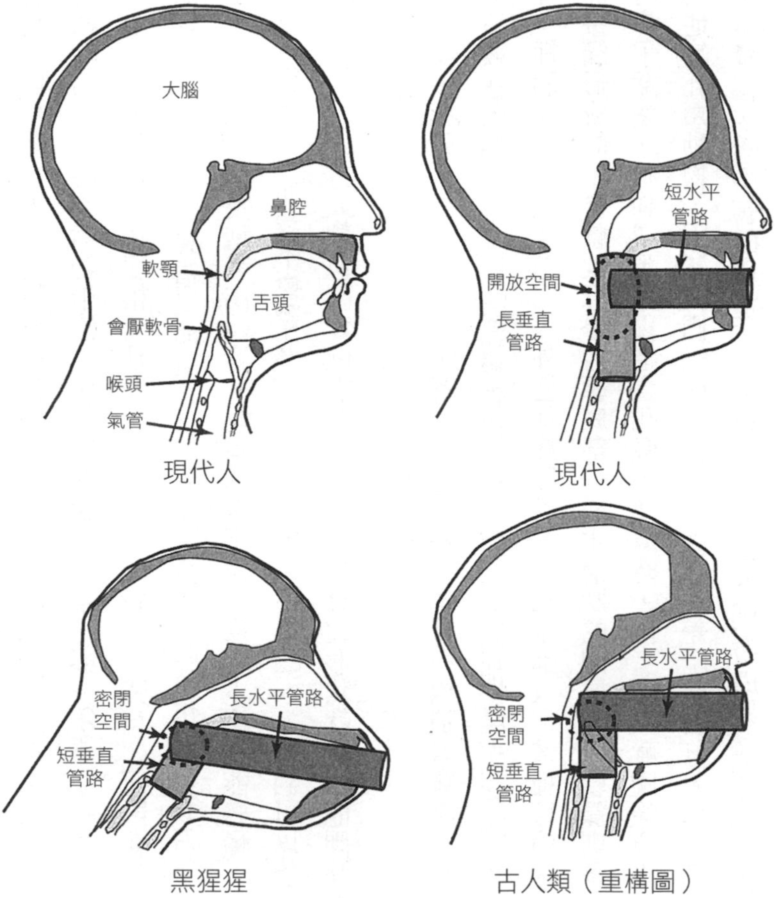

圖十六　話音產生的解剖構造圖

左上圖（現代人類頭部中段）顯示人類喉頭的位置偏低，還有短而圓的舌頭，會厭軟骨與軟顎間有開放空間。這種特殊構造導致水平與垂直聲道幾乎一樣長，能在會厭軟骨和軟顎間產生開放空間（右上圖）。黑猩猩聲道如同其他的哺乳類動物，也有一個較短的垂直管路和另一個較長的水平管路，舌頭後方只有密閉空間。從古人類頭部重構圖來看，我們可以推論他們的聲道構造比較近似黑猩猩。

物身上都不大相同，黑猩猩也不例外，牠的聲道水平部分至少是垂直部分的兩倍長。人類聲道還有另一個相關且重要的特徵：我們的舌頭非常圓潤，可以在兩條管路的切面自由移動，讓兩條管路的切面都能伸縮約十倍（比如當你說「oooh」與「eeeh」時）。

水平與垂直管路長度相同且形狀特殊的人類聲道，究竟如何影響我們的話音？水平與垂直兩條管路長度相同的聲道，能產生更清楚的音頻，同時也比較省力[50]。實際上，人類聲道構造讓我們可以更輕易地發出母音，聽者甚至不需要靠上下文就能聽懂；因此你可以說出「Your mother's dad.」，而我不會聽成「Your mother is dead.」❖。我們可以想像，一旦我們的祖先開始講話——就如古人類也確實做過的——這樣的聲道形狀就給了他們強力的天擇優勢，讓他們講話更易懂。

然而，天底下沒有白吃的午餐，聲道獨特的位置與構造著實讓人類付出另一種慘痛代價。包括猿猴在內的所有其他哺乳類動物，鼻子與嘴後面都有空間（咽頭，pharynx）並分成兩條管線：裡面那條讓空氣進出，外面那條則供食物和水進入。這種管中管的構造是由會厭軟骨與軟顎接觸形成的。會厭軟骨是舌頭底部一面水溝狀的門扇；而軟顎則是一片上顎多出來的肉，能將鼻子關閉。狗狗或黑猩猩進食和吸入空氣時，兩者進入喉嚨後會走不同的道路；但人類不像其他哺乳類動物，因為我們的會厭軟骨太深了，差了幾公分，搆不到軟顎；咽頭在人類頸脖的位置降低，管中管的構造不復存在，舌頭後方則發展出寬闊空間，於是食物除了進了食道外，也會不時誤入氣管，結果便是食物有時會落在喉嚨後方，阻塞住氣管。人類是唯一一個會被口中體積過大或咀嚼不精的食物噎死的物種，而且致死率高乎想像。根據美國國家安全協會（National Safety Council）的資料，被食物噎死是美國排名第四的意外死因，幾乎是車禍致死的十分之一。所以，為了更清楚地說話，我們可是付出了龐大的代價啊。

下次你和朋友們共進晚餐並閒話家常時，別忘了你正在進行兩件很特別的事情：清晰地說話，並同時冒著噎住的風險將食物下嚥。這兩件事情都是現代人類特別的地方，得靠特別縮限集中的小臉才能辦到。當然，古人類在滿嘴食物時也有辦法說話，但他們的發音應該就沒那麼清楚，也不那麼容易被食物噎到。

文化演化的路途

無論什麼樣的生物特徵使我們與古人類不同，這些特徵必定效果顯著。舊石器時代晚期的革新是逐漸累積出來的成果，然而舊石器時代晚期的發展火力全開後，現代人類便順勢快速往全球擴散，無論我們從何而來、何時到來，我們的古人類親戚就是消失了。我們雖取代了他們，但部分的細節和原因仍是謎。當然，現代人類有時會和古人類（如尼安德塔人）互動甚至交配，但沒人知道為什麼是我們活下來，而不是他們[51]，關於這點眾說紛紜。其中一個可能是，我們就是生得比他們多、比他們快，這可能是靠提早斷奶的時間才達到，或要歸功於較低的死亡率。出生率和死亡率存在一個很微小的差別，但對狩獵採集者可能有毀滅性的後果，那就是狩獵採集者需要住在族群人口密度比較低的地方。有幾項計算結果指出，如果現代人類和尼安德塔人都住在同一區，但尼安德塔人的死亡率只比現代人類高百分之一，那麼尼安德塔人不出三十代（一千年以內）就會絕滅殆盡[52]；何況，有證據顯示舊石器時代晚期的人類壽命比中期還長[53]，尼安德塔人滅絕的速度只會更快。尚有一些互不衝突的假說，如現代人類之所以硬是把尼安德塔人給比了下去，是因為我們比較擅長合作，因此能夠狩獵或採集較大範圍的食物來源，包含更多魚類和家禽，並因此得以擁有更大、更有效率的社群網絡[54]。考古學家針對這些論點持續激辯，但至少有一個大家都能接納的清楚共識，就是現代人類的某些行為可能具有相當程度的優勢。

套用經典的循環邏輯，我們會將所有讓現代人類行為與眾不同的因素通通定義為「行為的現代性」[55]；但在我們定義「行為的現代性」後，卻發現這些因素自舊石器時代晚期開始就對我們的身體有深刻影響，經歷了幾千代，時至今日仍然重要。為什麼會這樣？因為無論哪種生物因素使我們感知和行為具有現代化特徵，這些因素主要都是透過文化得到彰顯。文化固然具有多重意義，但我們可以說，文化本質上就是一套習得的知識、信仰和價值觀，上述這些能夠促使各個族群的思考和行為有所不同，有時候甚至具適應性，有時候則是隨機的。在這個定義下，黑猩猩的文化就非常簡單，而直立人或尼安德塔人等古人類的文化就非常精深。但是，根據與現代人類相關的考古紀錄，我們毫無疑問地擁有特別且超凡的能耐來發明並傳達新思想。智人，正是特別有文化素養的人種，而文化也必定是這個人種最凸出的特徵。如果外星人派來一個生物學家觀察人類，他一定會注意到人體和其他哺乳類動物有很大的不同，比如說我們會用雙足步行、缺少體毛、頭腦碩大；但是外星人也一定會被我們隨機又任意的行為模式給嚇到，像是我們的穿著、使用的工具、居住的城鎮，還有食物、社會化程度以及無數種語言。

人類文化的創造力一旦得到解放，就會是一具引擎，加速演化和變化的出現；文化就像是基因，也是會演化的。但是，和基因不同的是，文化經歷了不同過程的發展，使之比天擇更有威力，影響速度也更快。這是因為，文化特徵（也就是所謂的「模因」，memes）在許多方面和基因有著關鍵的差異[56]。無論新的基因是否藉由突變隨機產生，人類時常刻意創造出各種文化變異，像是農耕、電腦和馬克思主義等，通通都是出於特定目的的巧思。此外，模因的傳遞不只透過父母由上往下傳給後代，還會透過多種媒介，像是閱讀本書只不過是今天資訊水平交換的一種方式罷了。最後，文化上的演化雖然很隨機（想想領帶的寬度或裙子的長短等潮流），但仍需要媒介才能發生，比如登高一呼的領袖、電視傳媒，或是社群中解決飢餓、疾病等集體需求，甚至不讓蘇聯在太空競賽中捷足先登的危機意識都算在內。整體來看，這些差異使文化上的演化變得快速，而且比生物上的演化更有威力，也產生更多影響[57]。

文化本身並非生物上的特徵，文化的兼容並蓄使人類變得文質彬彬，並開始使用或修正文化，這種兼容並蓄也出現在現代人類的生物適應中，這也是現代人類獨有的。假如尼安德塔人或丹尼索瓦人是地球上僅存的人種，那我大膽猜測（但無法證實）他們到今天還是會用我們十萬年前那些招式狩獵和採集，而智人顯然不是這樣的。舊石器時代晚期，當文化上的變化開始加速後，出現在我們身上的變化也加速了。文化之於你我身體的生物性變化，最基本的交互影響莫過於所習得的行為——我們所吃的食物、所穿的衣著、所進行的活動，在在轉換了你的身體環境，並因而影響你的身體成長和身體機能。這些影響不必然導致演化（若是，那就是拉馬克學說），但隨時光荏苒，某些交互關係的確可能使族群中演化得到揮灑的舞台。有時候，文化創新會誘發身體內的天擇；有一個經過詳細研究的案例可以說明這點，就是成人的乳糖消化能力（即耐乳糖），這是由於非洲、中東和歐洲的人們攝取動物乳汁而獨立演化出來的[58]。其他許多案例中，文化或是增進或是阻止了環境對身體的影響，因此緩衝天擇原本可能給身體帶來的效果。文化緩衝無所不在。當我們沒有科技（如衣物、烹飪和抗生素等）時，我們只記掛原始的不便；但事實是若沒有這些科技，今天許多人應該早就從基因庫給移除了。

千百年來，你的身體承載了許多文化和生理交融所產生的特徵，當中甚至有些適應特徵早於現代人類的起源。比如說，石器和投射式武器的發明要歸功於手工技藝的日益靈巧，還有丟擲力道與準確度的提升；牙齒則隨著舊石器時代晚期石器容易取得、消化系統因烹煮而變化（到今天我們仍極度仰賴這項技藝），經由天擇變得更小[59]。雖然有些人假定人類生理方面從二十萬年前的直立人以降就幾乎沒有變化，但上述這類來自於我們自己不間斷的驅動力，的確誘發了身體內的天擇。這種天擇多半是地域性的，導致不同地區的不同族群間出現各種大大小小的變異。舊石器時代晚期，人類在全球遷徙的過程中遇到了新的病原體、新的食物、不同的氣候條件等，天擇就幫助散居各地的人類族群適應當地環境。

試想一下，各種現代人類族群如何演化出適應截然不同氣候的能耐？現代人類來自非洲，那裡酷熱不堪，散熱自然是首當其衝的要務；但當人類在冰河時期移居溫度宜人的歐洲和亞洲時，保暖的重要性反而大為提升。請記得，最早從非洲出走的移民正是非洲人，他們和我們沒兩樣，在冰河時期面對要命的北方氣候、又缺少衣物、暖氣和排水溝等科技，很容易喪命。早期的現代狩獵採集者，往北擴遷後為了在天寒地凍下存活，諸多文化適應就此發祥。舊石器時代晚期的新發明中，其中一類是骨質工具（比如骨針），這是舊石器時代中期完全沒有的，所以尼安德塔人顯然衣不蔽體。舊石器時代晚期人們也會搭蓋溫暖的遮庇處，製造燈盞、魚叉和創造其他科技，幫助他們在困厄的棲地生存，儘管這些棲地嚴格來說不適合熱帶靈長類動物。這些文化創新卻沒有自外於天擇的影響，反而讓一些本來不可能發生的天擇發生了。在冰河時期嚴寒的冬日，文化上的適應使足夠數量的人們生存下來，也讓天擇在個體身上留下遺傳變異，增加他們的生存與繁衍能力；這種天擇可見於身形的變化。如果要在熱帶地區藉排汗以散熱，那麼又瘦又高、手長腳長可以使你身體表面積達到最大；但如果要在溫寒帶地區保暖，五短身材、寬闊骨架就會是你的首選[60]。歐洲舊石器時代晚期的人們挺住了冰河時期最後一段，身形的變化也合乎預期。最早出走、遠赴歐洲的移民們和其他非洲人一樣，都具有又瘦又高的身材，但數千年後他們卻演化成矮而厚實的模樣，特別是在歐陸北邊的地區[61]。

隨著現代狩獵採集者人類擴遷世界各個角落，落腳的棲地也各有不同，沙漠、極地苔原、雨林、高山等一應俱全，身形只不過是眾多人類族群在各地受天擇誘發而改變的適應之一。要說身體其他特徵，大概就屬膚色最能直接引人注意。至少有六種基因會導致皮膚外層合成色素，這層色素像天然的遮陽板，能阻擋紫外線輻射的危害，但也會阻止維他命D的合成（即皮膚對陽光的反應）[62]。於是，赤道附近的天擇就特別偏好黑色素，而搬離赤道地區的族群也受天擇影響，擁有較少色素，以確保他們可以擁有足夠量的維他命D。關於人類基因變異的諸多研究已經確證，有數百個基因在過去數千年留下強烈的天擇跡象（之後的章節也會提到）。但有一項我們必須謹記在心的警訊：某些造成人類族群差異的特徵，比如髮質和眼珠顏色，其實相當表面，而有些變異甚至非常隨機，和天擇一點關係也沒有，更不用說文化演化。

現代人類手腦並用的勝果

到目前為止，顯而易見的是人體的歷史並沒有為我們在第一章提出的問題做出解答：「人類到底適應什麼？」我們漫長的演化路徑裡，人類適應了直立行動、採取不同飲食、成為狩獵者、多方採食、培養耐久體能，烹煮、分享並處理食物等等。但是，如果現代人類身上真有一個特別的演化適應，能充分解釋我們在演化過程（到目前為止）裡獲得的成功，那絕對非適應能力莫屬，因為我們具有超凡的溝通、合作、思考與發明能力。這些能力的生物性基礎扎實地根植在我們的體內，特別是頭腦。但它們的效果主要顯現在我們創新時利用文化的方式，以及適應全新或不同的環境。當最早的現代人類自非洲演化而生後，他們漸漸發明越來越多進步的武器和各種新工具、創造了象徵性藝術、進行更多遠距交易，行為模式同時也出現全新的、典型的現代性。舊石器時代晚期生活方式的出現大概耗時十萬年，但這項變革只是許多文化大躍進的其中一項，還有很多持續進行中，而且越來越快：比如最近五百個世代裡，現代人類就發明出農耕、書寫、城市、引擎、抗生素、電腦等事物。文化演化的速度和層面大幅提升，遠超過生物演化。

因此，我們可以很合理地做出結論：讓現代人顯得特別的所有特質中，我們的文化能力當居首功，同時也帶來最多改變。這些能力也許能解釋尼安德塔人為何在現代人類登陸歐洲後就絕跡，也能說明為何現代人類擴散至亞洲時也讓丹尼索瓦人、佛羅勒斯島上的哈比人等直立人殘存後代一樣灰飛煙滅。現代狩獵採集者人類還受惠於許多其他文化創新，才得以在一萬五千年前就遍居世界各地，包含西伯利亞、亞馬遜、澳洲中央沙漠和火地島（Tierra del Fuego）等不宜人居的地區。

從這個角度看，人類演化的成功，著實是由於比較依賴頭腦而不是發達的身材。其實，很多解釋人類演化的敘述都強調了這一點[63]；儘管我們缺乏力氣、速度、自然武器和其他體能優勢，我們卻仍利用文化手段，在自然世界中大部分地區——上至北極下至南極，小至細菌大至獅子，建立並發展出一個統治範圍。今天幾十億人口中，有很大比例的人過得比以前還健康，活得更長久。多虧與舊石器時代晚期一樣迸發的創意火花，我們現在可以飛翔、更換發病的身體器官、探索原子內部的世界，並享受月球之旅。也許有一天，我們的頭腦會洞悉宇宙運行中最精髓的物理定律，那時我們將可以前往「殖民」其他星球，或消弭人類世界的貧窮，這些都不再是夢想了。

我們的思考、學習、溝通、合作和創新能力縱然讓我們人類獲得最近的成功，但僅由此檢視現代人演化並得到頭腦比手腳重要的結論，我認為不但不正確，而且相當武斷。舊石器時代晚期文化，以及其他幫助現代人類在地球上進行「殖民」、並強壓其他人種的各式文化創新，雖然帶來許多優勢，但並不曾讓狩獵採集者脫離身體勞動以求生存的宿命。如我們所見，狩獵採集者本質上好比職業運動員，必須保持體能活動，方能生存下去。譬如說，坦尚尼亞的哈札人（Hadza），一般重達五十一公斤（一百一十二磅）、每日可步行十五公里（約九英里），也必須每天爬樹、挖掘塊莖、載運食物和進行其他費力的工作[64]。他們必須付出相當高的能量，每天約兩千六百大卡；這些大卡中的一千一百大卡是用來維持身體機能（基礎新陳代謝），一千五百大卡則用來勞動身體，也就是說每天身上每一公斤的體重就要花掉三十大卡。讓我們拿一般的美國或歐洲男性來做個比較。他們比哈札人重百分之五十，工作量則少百分之七十五，每天只花十七大卡從事身體勞動[65]。換言之，狩獵採集者的工作分量比同體型的西方人多兩倍（可以充分解釋為何西方人體重容易過重）。

現代人類狩獵採集者靠著手腦並用得以強勢崛起，而比起大部分後工業時代的人類，他們過著更艱鉅的勞力生活。話雖然是這麼說的，但有必要強調一點。狩獵和採集雖然很費勁，卻沒有某些人想像的那麼誇張；當考古學家開始量化狩獵採集者所需的勞力後，紛紛對他們在艱困環境下的「工作」時間感到十分訝異。比方說喀拉哈里沙漠的布希曼人，平均一天花六小時採集、狩獵、製造工具以及做家事[66]，而這也不表示一天其他時間都花在休閒和玩樂。因為狩獵採集者沒有生產過剩的食物，一有機會就休息以免造成能量的浪費，所以他們永遠無法在六十五歲後就退休安養天年，何況他們一旦受傷或傷殘，其他人就得更努力工作來補上缺口。

我們人類的感知和社交技能很特殊，所以現代狩獵採集者的工作還是很賣力的，但不需要非常賣力。我們會隨機應變，並擁有使用、適應和改進文化的能耐和習性，所以我們有另一個重要特徵，那就是求新求變。現代狩獵採集者殖民地球，他們發明的科技和技術不勝枚舉，以面對各種全新狀況[67]。在廣袤的酷寒地帶，他們學會狩獵猛瑪象並用牠們的骨頭建造小屋；在中東，他們會收割野生大麥，並發明磨石以磨製麵粉；在中國，他們製造了最早的陶器，可能用水烹煮食物或熬湯。有鑑於許多熱帶地區的採集者只從獵捕大型哺乳類動物獲取約百分之三十的大卡，移居溫寒帶的狩獵採集者開始獵捕其他動物維生（最常見的是魚類），以獲得足夠熱量存活下來。而當大多數狩獵採集者跟隨季節性食物移居營地時，某些採集者（如美洲西北部的原住民）則設法定居在村落中。事實上，沒有所謂的單一種狩獵採集者飲食，就像親近關係、宗教信仰、行動策略、分工方式或族群大小也不只一種。

人類文化適應的諷刺之處在於，我們人類所獨有的創新與解決問題天賦，不只讓狩獵採集者遍地開花，卻終究也使某些人放棄這項老本行；從大約一萬兩千年起，幾群人開始聚居在固定社區內、耕種植物，並豢養動物。一開始這些轉變可能是漸進的，但幾千年來這些轉變醞釀出巨大的能量，終究促成了世界性的農業革命；時至今日，農業革命就像人體一樣，依舊顛覆著地球。我們等一下就會看到，農業帶來許多好處，但也造成許多嚴重問題。農業為人類創造更多食物，我們因而繁衍出更多後代，後果是需要更先進的工作方式、更多改良過的飲食，於是導致潘朵拉的盒子被掀開來，許多其他疾病和社會問題於焉而生。農業的出現至今不過數千代的歷史，但它大幅提高文化變化的速度與幅度，力道之大讓許多人今天仍難以想像我們的祖先發明農業以前的生活方式，更不用說書寫、輪軸、金屬工具或引擎等東西的出現了。

上述洋洋灑灑的諸多文化發展，難道都是一樁錯誤嗎？既然人體都是從同一個模子出來的，幾百萬年來慢慢一點一滴學會雙足行走、成為南方古猿，然後長出超級大腦、變身有文化有創意的狩獵採集者，照理說我們的身體接下來不就應該適應演化階段初期的生活方式嗎？文明，是否讓我們的身體迷失了方向？

❖譯註：中文意為：「你母親的爸爸」（your mother's dad）和「你母親死了」（your mother is dead）。作者舉此例解釋，兩個母音發音的些微不同，卻指涉完全不同的兩件事。

[第二部]

農業與工業革命

第七章

進步、失調和不良演化：史前時代的身體生活在現代之利弊

即使我們今天還沒有退化到住窯洞、棚屋，或穿獸皮的程度，
我們還是應該接受人類以高價換來的便利發明與工業貢獻。
——亨利．大衛．梭羅Henry David Thoreau，
《湖濱散記》*Walden*

你是否曾想過，拋棄一切世俗名利，讓自己這副承載演化的身軀配合更簡單的生活方式？在《湖濱散記》中，梭羅描述自己在瓦爾登湖畔森林的兩年歲月。這段時間，他遠離了十九世紀中期的美國文化，而那時的消費主義和唯物主義潮流令他相當困擾。沒有讀過這本書的人，常以為他那些年都過著隱士生活；其實，他只不過是在追尋一種簡約和自給自足的感受，與大自然產生更強烈的連結，以及暫時獨處。從麻省的康科德小鎮（Concord）中心步行數里，就會到達梭羅的小木屋。他每一兩天就去那裡與朋友閒聊八卦、洗衣服，或是一抒騷人墨客的感懷。儘管如此，《湖濱散記》仍是簡樸生活的聖經，嘲諷文明的進步並嚮往回到美好舊日時光。從這個角度想，當代科技導致社會分裂為「有產」和「無產」階級，毫無公平可言，還造成無所不在的隔離與暴力，以及尊嚴的腐蝕。有些簡樸生活主義者想要回到人類過去理想化的農村生活，甚至還有少數人認為，自從

人類放棄舊石器時代狩獵採集者的身分之後，生活品質已經每況愈下。

是否要回到過去簡單的幸福，這當然有很多地方可以討論。但一股腦反對科技與進步，膚淺又無意義（而且梭羅從來沒有如此提倡過）。從各種角度來看，人類一族在舊石器時代結束後便開始蓬勃發展，二十一世紀初的人口總數至少是石器時代的一千倍。儘管貧窮、戰爭、饑荒和傳染病仍在世界最窮的地方上演，全球還是有許多人擁有長壽健康的人生，過著豐衣足食的生活。人類數量達到史無前例的高峰。例如，今天的英國人平均比百年前的曾祖父高了七公分（三英寸），平均壽命也多了三十年，後代的存活率則高出十倍[1]。而且，幾百年前貴族所無法想像的奢華生活，資本主義竟已幫我這樣的一般人達到了，還被我們視為理所當然。我是沒有興趣一輩子窩在森林裡當冥想家，更不要說回到過去在沒有醫療照護、教育機構，衛生條件不佳的環境，當個原始人。我很享受多樣、美味的食物，熱愛我的工作，也喜歡大城市有趣的人們、餐廳與店鋪，處處蓬勃的生機，晚近的科技如空中旅行、iPod、熱水澡、空調與3D電影，也讓我陶醉無窮。

梭羅和其他人中肯地針砭了當代生活不斷提升的消費主義和唯物主義，但人們得到機會滿足自我時，欲望卻依舊不變；另一方面，許多前所未有的嚴峻挑戰就擺在人類眼前，忽略它們也同樣膚淺且愚蠢。舊石器時代以降，出現了農業、工業化和其他形式的「進步」——對一般人來說這些可能是天賜恩典，但這些進步也帶來舊石器時代沒有（或少見）的新型疾病與其他問題。幾乎每個大型傳染病，比如天花、小兒麻痺症和瘟疫，都在農業革命後才出現。而且，關於近代狩獵採集者的研究也顯示，他們雖非豐衣足食，但也不為飢餓或嚴重營養不良所困。現代生活方式孕育了心臟病、某些癌症、骨質疏鬆症、第二型糖尿病與阿茲海默症等普遍的新型非傳染病，以及蛀牙與長期便祕等幾十種不適症狀。我們有足夠理由相信，相當大比例的心理疾病（如焦慮和憂鬱症）的出現，幕後元凶正是現代環境[2]。

在石器時代結束後，文明的前進讓故事繼續發展下去，但卻沒有大家想的如此漸進與持續。我們在下面幾章會看到，農業生產了更多食物，導致人口成長，但是過去幾千年中多數時間，一般的農人要比狩獵採集者更辛苦勞動，他們的健康狀況普遍低落，通常也死得比較早。人類健康的明顯進步，像是長壽與嬰兒死亡率降低，大都是近幾百年的事情。其實，從身體的角度來看，許多已開發國家的進步都「太超過」了；我們面臨的竟是體重危機而非食物短缺，這可是人類史上頭一遭。美國每三人就有兩人有過重或肥胖的問題，孩童肥胖比率也超過三分之一。而且，已開發國家如美國與英國，大部分成年人身材都不佳；這是因為我們的文化已將許多事情變得輕而易舉且平凡無奇了，一般人毋須喘氣流汗就能度過一天。多虧這些「進步」，每天我都可以從柔軟舒適的床上醒來，起床後按幾個按鈕就可以弄好早餐，再開車到上班地點，搭電梯進辦公室，接著在舒服的辦公椅裡度過八小時，完全不用流汗、挨餓，也不受氣溫影響。現在，機器幾乎能幫我處理所有日常生活大小事：取水、梳洗、取得並處理食物、旅行，甚至刷牙。

簡而言之，人類這個物種最近這幾千年放棄了狩獵採集者角色後，取得了空前的進展，但這些進展如何對我們的身體產生不良影響？為什麼？下幾章將會討論到人類身體從舊石器時代以降的變化，但在那之前讓我們先停下來想想，自己的身體經歷了百萬年的演化，卻已不再過著百萬年前的生活，這會產生什麼利與弊。健康狀況惡化有許多類型，然而這是文明的必然結果嗎？更概括地說，生物演化和文化演化在舊石器時代以降是如何交互影響，對人體帶來什麼樣的好處與壞處？

我們又是怎麼持續演化的？

我為大學生講授人類演化課程已經超過三十年，通常我的課程內容只到本書第六章就結束了，也就是到現代人類的起源以及人類遍及全球為止。總結舊石器時代的部分，我的推論是，從那時起智人在生物層面上便未再出現太顯著的演化，這已經是個共識。根據這個觀點，文化演化變得比天擇更有威力之後，人體就幾乎沒有出現變化，而過去一萬年前出現的變化，也就比較屬於歷史學家而非演化生物學家的學術範圍了。

但現在我已經後悔用那種方式教授人類演化史了。其一，舊石器時代結束後，我們直接認定智人停止演化。這是錯誤的。這個想法其實也不可能正確，因為天擇是遺傳基因變異和繁殖成功率的差異兩者造成的結果。從石器時代至今，人們將基因傳給下一代，這點依舊不變，而有些人就是擁有比別人更多的後代。結果是，只要有任何可遺傳的根基且能造成人類繁衍的差異，天擇仍會孜孜矻矻地繼續下去。而且，文化演化的速度大幅增加後，根本地改變了我們食用的物品、工作的方式、可能面臨的疾病和其他產生天擇壓力的環境因素。演化生物學家和人類學家都已經表示，文化演化不曾遏止天擇的腳步，甚至還可能促發或加快天擇的速度[3]。如我們所見，農業革命始終是文化演化的有力推手。

我們之所以不會想到演化到今天仍深具威力，有一個原因：天擇是漸進的，常需要幾百代的時間才看得出效果，而人類一代大概是二十年以上，一個人也無從用觀察細菌、酵母和果蠅的方式檢測人類的演化。不過，發生在近幾代人類身上的天擇卻是有可能量測到的。只要樣本夠多、下足功夫就有機會。同時，也有一些研究已經為過去幾百年出現的小範圍天擇找到證據；以芬蘭與美國為例，女人初經和生產的年齡始終都和天擇有關，就像人體的身高體重、膽固醇和血糖濃度一樣[4]。放眼更長久的時段，我們可以觀察到更多證據。新科技能用快速且不昂貴的方式為整個基因體做出排序，並顯示出幾千年來在特定族群裡經歷天擇的數百個基因[5]。你可能也料想得到，許多基因控制著繁衍或免疫系統，並且經過強力天擇，因為它們協助人們擁有更多後代或抵抗傳染病[6]。有些基因則對代謝做出貢獻，並幫助農耕族群適應某些食物（比如乳製品和澱粉類主食）；也有一些天擇基因和體溫調節有關，可能是由於它們協助了散居各地的族群適應各種不同的氣候。打個比方，我和同事找到過一個關於天擇的強力證據，說明冰河時期末亞洲一帶演化出一種基因變異，導致東亞人和美國原住民的頭髮較粗，汗腺更多[7]。研讀這些晚近出現的基因有一個實用之處，就是更瞭解人們對某些疾病的抵抗力為何那麼低，還有更瞭解該如何面對不同的藥物。

儘管舊石器時代以後天擇沒有停止，過去幾千年和幾百萬年前比起來人體經歷比較少的天擇，卻也是千真萬確。這個差異可以預期，因為最早的農人出現在中東耕地，至今不過六百代的光景，而且多數人類祖先開始耕種的時間更晚，大概是三百代以前；用具體的方式來作他想，我家老鼠繁衍三百代，就需要一百年的時間。儘管天擇能在三百代的時間裡發揮龐大影響，但它的威力必須夠強大，才能讓有益的突變席捲整個族群，或是使有害的突變快速消失。[8]而且，最近這幾百代，天擇前進的方向並不一致，因此也不容易找出清楚的蹤跡。舉例來說，氣溫和食物供應出現變動時，天擇在某些時期會幫助體型龐大的人，又會在其他時期幫助五短身材的人。最後，也是最重要的一點：毫無疑問地，某些文化發展為無數的人擋下了那些原本可能出現的天擇。比如盤尼西林在一九四〇年代開始普及，肯定影響了演化；到今天仍有數以百萬計的人身上帶有增加肺結核或肺炎染病率的基因，沒有盤尼西林的話，他們很可能就會得病。於是乎，雖然過去幾千年天擇沒有停止，但它只對特定區域人類生態產生影響。如果我們在現代法國家庭中扶養一名舊石器時代晚期的克羅馬儂（Cro-Magnon，智人的一支）女孩，她可能還是一個普通的現代女孩，除了一些生物上的差異外，特別是免疫或代謝系統的不同。我們之所以有辦法確定這一點，是因為世界各地每個人的祖先都是二十萬年前出現的；儘管他們可能來自不同族群，但基因上、構造上和生理上都相似。[9]

無論自舊石器時代起出現了多少天擇，人類在過去幾千或幾百年還是以其他重要方式進行演化，但並不是所有的演化都是透過天擇發生的。當今另一個更有效、影響更大的力量是文化演化，它改變了基因和環境間的交互關係，但它並沒有改變基因。你我身體上的每個部位，如肌肉、骨頭、頭腦、腎臟和皮膚，都是基因在成長過程收到外在環境訊號而改變的（比如外力、分子微粒、氣溫），而且這些器官仍持續受到你我所在環境的影響。雖然人類基因在過去幾千年出現不少變化，文化演化也讓我們的環境產生巨變，甚至可以說造成了比天擇還不同、還更重要的改變。像是菸草的毒素、致癌的某幾類塑膠以及其他工業產品，而且通常是接觸幾年以後才發作。假如你從小就咀嚼較軟的食物，那你的臉會比咀嚼粗硬食物的人來得小[10]。如果你成長階段初期都待在熱帶地區，你會比生長在溫寒帶地區的人擁有更多汗腺[11]。這種種變化都**藉由文化遺傳，而非基因**。就好比你把姓氏傳給下一代、養育下一代的同時，也將周遭的毒素、所攝取的食物與所感受到的溫度等環境條件遺傳下去。文化演化加速時，人體成長與環境機能變化也在加速。

我們的遺傳基因和我們所居環境的關係，受文化演化的影響可說是結果深遠。過去幾百代以來，人體出現很多面向的變化，這要歸功於文化變化。我們變得比較早熟、牙齒比較小、下顎比較短、骨骼比較細、足部比較平，許多人甚至有多顆蛀牙[12]。不只這些，看過下面幾章後，你更有充分理由相信今天的人類還睡得比較少，面臨比較多的壓力、焦慮和憂鬱，罹患近視的機會也增加了。此外，今天人體還要對抗無數原本相當罕見、甚至完全不存在的流行病。這些變化中的每一項都有基因基礎，但細究致病的原因，你會發現基因的影響仍比不上環境和基因兩者的交互作用。

以第二型糖尿病為例：它是一種原本相當罕見的代謝疾病，現在卻席捲全球。有些人的基因就是比較容易罹患第二型糖尿病，這說明了為何這種疾病會在中國和印度比較普遍，而不是在歐洲與美洲[13]。不過，第二型糖尿病在亞洲激增的速度卻沒有比美洲更快，這是因為新型基因也在東方擴散開了。於是乎，新的西式生活方式席捲全球，與原本應該無害的古老基因產生交互影響。換個方式說，並不是所有的演化都透過天擇發生，基因和環境的互動也在快速改變，改變有時甚至很劇烈，大抵是因為我們的身體狀況受快速的文化演化影響。你可能擁有容易罹患扁平足、近視和第二型糖尿病的基因，而你的遠古祖宗和你的基因相去無多，但他們卻不受這些困擾。因此，如果使用這個視角觀察演化，我們將收穫良多，並思考舊石器時代結束後出現的基因與環境交互作用有哪些轉變。例如，我們從遠古祖宗繼承下來的基因和身體，如何讓我們在當代環境中過活？還有，要如何實際應用這些轉變的演化觀點？

醫學需要一劑演化針

在醫院的診間裡，大概沒有哪個字眼能比「癌症」造成更大恐懼，而你也絕對不會將癌症聯想到演化。如果我明天被診斷出罹患癌症，我第一個想法會是怎麼把這個病從我身體攆出去。我還會想搞懂癌細胞在哪、哪些突變導致它們失控分裂，還有哪些醫療措施如手術、輻射和化療最可能根治癌細胞，同時不致於藥到命除。儘管我是研究人類演化的，在我面對癌症時，我也會把天擇學說通通先拋到腦後。同樣的道理，假設我罹患心臟病、牙痛或腿筋拉傷，我當然是看醫生而不是去找演化生物學家。而我所看的醫生，他們在培訓階段也幾乎不太去研究演化生物學。為什麼？因為沒必要。總而言之，演化主要是一門關於過去的學問，何況今天的病人又不是狩獵採集者，更不是尼安德塔人。一名心臟病患者需要的是手術、藥物或其他療程，涉及的領域包含基因學、生理學、解剖學和生物化學，醫生與護士自然毋須選修演化生物學的課程。而我更不覺得這些醫生、護士、保險公司以及其他醫療照護業界人士，他們在工作時曾想過達爾文或露西。就像貫通工業革命的歷史無助於技工修車，知曉舊石器時代人體的歷史又怎能幫助醫生治好你的病？

儘管一開始就假設演化和醫學無關，本是無可厚非；然而，這種思考方式其實錯得離譜，而且目光短淺。你的身體並不像汽車機械，而是從古至今一路接受演化調適出來的產物。所以，瞭解自己身體演化的歷史能讓你更清楚身體**為什麼**是這副樣貌、身體的工作項目，還有你**為什麼會生病**。雖然科學領域（如生理學和生物化學）都能幫我們瞭解疾病背後的大略機制，演化醫學領域的快速發展也可以讓我們清楚疾病發生的根本原因[14]。譬如說，癌症其實是身體中偏離正軌的演化程序。當一個細胞分裂時，它的基因就有一定程度的機率發生突變。因此，細胞分裂越頻繁（如血液細胞和皮膚細胞），或越常暴露在導致突變的化學物質（如肺細胞和胃細胞），意外發生突變的機會都會增加，導致細胞分裂失控，最後形成腫瘤。不過，大多數腫瘤其實並非癌症。腫瘤細胞需受到突變才會真正罹癌，如此它們才敵得過其他健康細胞，搶走養分並且影響正常機能。其實，癌細胞不過就是不正常且發生突變的細胞，突變會使它們比其他細胞更容易生存與繁殖。如果我們沒有演化出繼續演化的能力，我們就永遠不會得癌症了[15]。

更進一步說，因為演化仍在持續進行，貫通演化的運作有時可以避免錯誤、掌握治療良機，也能增進我們對許多疾病的預防和治療能力。這裡有一個特別迫切的清楚案例：演化生物學在醫學領域的需求主要是應付傳染性疾病，但傳染性疾病也隨著我們一同演化至今；但是愛滋病、瘧疾和肺結核等疾病仍處在演化軍備競賽的惡性循環中，而我們由於無法瞭解這個事實，所以有時不知不覺中用藥物或破壞生態狀態等方式，反倒推波助瀾這些傳染媒介的發展[16]。要預防或治療下一個流行疾病，恐需要達爾文式的作法，演化醫學則提供重要觀點，改善我們以抗生素治療日常感染的疾病。過度使用抗體不只會讓新品種的超級病毒加速演化，還會改變身體內的生態、導發新的自體免疫疾病，比如克隆氏症（Crohn's disease，請見第十一章）。演化生物學甚至也能為預防或治療癌症重燃另一種希望。我們常用輻射或有毒化學物質（化療）試圖殺死癌細胞，但演化解釋法則能告訴我們為什麼這些療程有時會產生副作用：輻射和化療不只讓無害腫瘤突變成癌細胞的機率增加，還會改變細胞所處的環境，增加新突變擁有的天擇優勢。從這個角度來看，用較不具侵略性的療法對抗較溫和的癌症，據推測有時能讓病人受惠更多[17]。

演化醫學的另一個用途，是釐清許多症狀通常只是演化適應，因而能協助醫生和病人重新思考對待疾患和傷病的方式。當我們有發燒、嘔吐、腹瀉的初期徵兆，或只是感到疼痛，我們經常直接買成藥解決。這類身體微恙普遍被認為一定要緩解的病狀，但演化觀點有另一種解釋：它們也是演化適應，還能像哨兵值勤般守護身體。像發燒協助身體對抗病毒感染，關節和肌肉痛則提醒你不能再從事有害的行為（如不正確地跑步），嘔吐和腹瀉則協助你淨化身體，排除毒素和病菌。而且如同第一章所強調，演化適應是一個棘手的概念。人體的許多適應都經歷了長久的演化，增加了我們祖先能擁有的後代數量；所以，我們之所以有時還是會生病，是因為天擇通常偏好繁衍率而非健康程度，這也表示我們經歷演化後並不一定變得更健康。譬如說，由於舊石器時代的狩獵採集者不時得面臨食物短缺的困境，且非常需要勞動身體，所以經歷天擇後他們變得相當需要高營養食物，一有機會就休息，以儲存脂肪，並將更多能量用在繁衍上。從演化的觀點來看，大多數飲食和健身計畫其實都會招致失敗，而事實也是如此，因為我們的天性就是愛吃甜甜圈和搭電梯省力氣[18]。此外，由於身體充滿各式各樣的適應，所有特徵的利與弊有時會互相衝突，因此沒有絕對完美的飲食或健身計畫。我們的身體充滿了各種不同的折衷結果。

最後，也是本書的最重要部分：思考並瞭解演化整體而言怎麼回事、特別是人類演化，對所謂的演化失調（evolutionary mismatches）疾病和其他問題的預防與治療是不可或缺的[19]。這樣的失調假說（mismathc hypothesis）背後的想法其實非常簡單。隨著時間，天擇讓生命體適應（或符合）特定的環境狀況，像是斑馬能適應在非洲莽原步行、奔跑與吃草的生活，也會躲避獅子的追殺、抵抗某些疾病，還能應付燥熱的氣溫。如果你要把一隻斑馬運到我住的地方（新英格蘭地區），你不需再擔心獅子會吃了牠，但斑馬卻可能要擔心別的問題，像是沒有足夠的草料、冬天能否保暖，以及抵抗各種新的疾病等。沒有任何輔助的話，這匹遠渡重洋的斑馬會因為不適應（即失調）新英格蘭的環境而生病，甚至可說是必死無疑。

持續蓬勃發展的演化醫學領域提出一個觀點：儘管從舊石器時代以降，人類出現了大幅的進步，但某些層面卻仍和斑馬沒兩樣。當進步加速了（特別是從農業開始後），我們也具備或養成越來越多與身體衝突的新式文化習慣。一方面，許多相對晚近的發展都頗有裨益：農業帶來更多食物，當代衛生和科學醫療讓嬰兒死亡率降低並使人長壽；另一方面，各種文化演化改變了我們的基因與環境的交互關係，引發各種健康問題。這些病徵就是失調疾病，失調疾病的定義則是我們這副石器時代流傳下來的軀體，在「後石器時代」的當代特別無法適應某幾種生活行為和情況。

失調疾病的嚴重性極為顯著，情勢相當險峻：你我都有可能死於失調疾病，或是由於失調疾病導致殘疾。失調疾病同時也讓世界各地醫療照護的開銷大增。這些究竟是什麼疾病？我們怎麼染上這些疾病的？為什麼我們不能更有效地防患未然？從演化的角度，如何切入醫療和醫學（並深刻思考人類身體的演化歷史），同時預防和治療失調疾病呢？

演化失調帶來的病症

演化失調的假說，基本上可用來解釋演化適應如何應對基因和環境多變的交互關係。讓我們先總結一下：每一代中的每個人繼承了上千個基因，這些基因會與所在環境發生交互關係，而大多數的基因是經過成千上萬代的天擇而來，因為這些來自祖先的基因在某些環境條件中能幫助生存與繁衍。因此，多虧你繼承的這些基因，你才得以在不同條件下適應不同活動、食物、氣候條件，以及所處環境的其他面向。同時由於你身處環境也在變化，你有時（非隨時）也不太適應某些類型的活動、食物、氣候條件等等，這些適應不良有時會致病，但也不必然總是如此。譬如說，自從天擇在過去幾百萬年幫助人體適應了攝取水果、塊莖、野味、種子、堅果和其他富含纖維的低糖食物後，你太常吃低纖高糖的食物會得第二型糖尿病和心臟病，就不算太意外了；而只吃水果不吃其他東西的話，你也是會生病的。但請注意，並非所有新式的行為與環境都會對我們這副繼承自祖先的身體有害，有時甚至是有益的；舉例來說，人類沒有演化出喝咖啡因飲料或刷牙的能力，但我沒有證據能證明適量飲用茶或咖啡會有什麼危害，而刷牙無疑是相當健康的（特別是如果你吃很多含糖食物）。也請記得，並非所有的適應都會促進健康。比如說鹽分，原本我們因為其重要性而能適應大量攝取鹽分，但吃太多鹽也會致病。

失調疾病有很多種，它們全都是因環境改變而出現的，同時也改變了我們的身體機能。要分類失調疾病，最簡單的方式就是以特定外界刺激改變的方式來區分。廣義地說，當一般的刺激增加或減少幅度超過身體適應範圍，或是全新的刺激使身體完全適應不了，失調疾病就會發生；簡而言之，失調疾病就是由太多、太少或太新的刺激造成。正如同文化演化讓人類的飲食產生改變，某些失調疾病的發生就是由於吃太多脂肪，某些則是吃太少，又有一些是食用太多身體無法消化的食物（如部分氫化脂肪）。

還有一個方式去思考失調疾病的起因，就是環境改變的過程，也會改變個體適應環境的程度[20]。由此看來，失調疾病最簡單的肇因就是遷徙；當人們移居到身體非常不適應的新環境時，就容易導致失調疾病。例如，當北歐人移居到艷陽高照的澳洲時，由於蒼白的皮膚不足以抵抗高度太陽輻射，他們很容易罹患皮膚癌。因遷徙而導致失調並不是什麼很新的問題，這問題在舊石器時代必定也發生過，那時許多族群從非洲擴散至全球，同時遭遇各種新的食物和病原體。但現在和以前的關鍵不同是，過去的族群擴散是較為漸進且長期的，這給了天擇足夠時間來應付失調（如同第六章所談到的）。

造成環境改變的過程並因而導致演化失調，最常見也最有威力的就是文化演化。前幾代出現的科技和經濟變化，已經改變了我們會得的流行病、所吃的食物、使用的藥物、進入體內的汙染，還有可消耗的能量，以及所面臨的社會壓力等等。許多變化都對人類有益，但我們會在接下來的章節中看到，我們相當不適應某些變化，最後就是導致生病。這些疾病的共同特徵，就是它們發生交互作用的因果關係既不直接也不明顯。汙染要花許多年才會致病（如要抽個十多年的菸才會罹患肺癌），可是你被蚊子或跳蚤咬了成千上百次後，還無法適應牠們傳染的瘧疾或瘟疫。

失調的最後一個有關成因是生命史中出現的轉變。我們邁向成人的過程中，會經歷不同的發展階段，這些階段會影響我們得病的機率。譬如說，活得比較久可能增加你的後代數量，但這也可能讓心血管的損害增加，以及在不同細胞系中累積更多突變。老化並不直接導致心臟病和癌症，但這些疾病的力道確實隨年紀增長而變得更猛烈，同時說明當壽命得到延長時，這些疾病的發生率也會增加。而且，生命史中青春期開始太早，儘管可能增加多子多孫的機會，但也增加了某些致病機率較高的生殖激素。以乳癌來說，初經時間較早的女性罹患乳癌的機率也較高（第十章有更詳細的說明）[21]。

有鑑於失調疾病的複雜成因，要判定哪些疾病屬於演化失調，恐怕會是一個漫長的挑戰。而其中一個棘手的問題是之前強調過的，關於人類究竟適合什麼，至今沒有直接答案。我們人類的演化歷史並不簡單，也並非所有身體特徵都是演化適應，許多適應也包含各種此消彼長的機制，而且身體中各種雜亂的不同適應有時也會相互衝突。因此，要確定哪些環境條件具有適應性、且到什麼程度，是相當困難的。比如說，我們適應吃辣的程度有多高？我們適應身體勞動，但過度的身體勞動我們就適應不了嗎？大家都知道過量跑步和許多其他運動會降低女性的生育能力，而超級馬拉松這類的極度耐力比賽，是否會增加人們受傷或得病的風險卻是不得而知。

另一個判定失調疾病會遇到的問題，是我們對許多疾病常缺乏足夠理解，以致於無法精確指出導致或影響它們的環境因素。比如說，自閉症可能屬於失調疾病，它原本相當少見。但近來自閉症變得比較常見（不僅由於診斷標準的改變），而且在開發中國家也較常見；然而，自閉症的肇因並不清楚，要判定成因是否就是古老基因和現代環境發生衝突，也就格外困難[22]。目前我們沒有更好的資料佐證，所以我們只能假設許多疾病如多發性硬化症（multiple slerosis）、注意力缺乏與過動症（ADHD）、胰臟癌，或是普通疾患如一般性下背痛等，都屬於演化失調。

要找出失調疾病，還有最後一個問題，就是我們缺乏完整的狩獵採集者健康調查，特別是舊石器時代的狩獵採集者。本質上，失調疾病肇因於我們身體不適應全新的環境狀況，所以，如果有一些疾病較常出現在西方族群，但狩獵採集者身上卻不普遍，那麼它們很可能就是演化失調；相反地，如果有一種疾病好發於狩獵採集者，而狩獵採集者想必也相當適應自己所居住的環境，那麼這種疾病就不太會是失調疾病。當初，找出失調疾病也是花了一些工夫的。最早嘗試找出失調疾病的人，是美國牙醫威斯頓·普萊斯（Weston Price, 1870-1948），他在二次大戰前環遊世界蒐集各種資料佐證自己的理論，那就是現代西式飲食（特別是高麵粉與高糖）容易導致齲齒、齒列擁擠（dental crowding）和其他疾病[23]。從此，有些研究人員開始針對高度依賴農業維生的狩獵採集者和族群蒐集他們的健康與環境相關資料[24]。可惜的是，這些研究的樣本數不足、抽樣範圍不夠廣，而且許多是民間傳聞且資料有限。我們可以合理做出結論：第二型糖尿病、近視和其他類型的心臟病在這些族群中並不常見，但關於其他疾病的資訊像是癌症、憂鬱症和阿茲海默症就非常少。而懷疑論者則指出，證據的缺乏不意謂著證據不存在；此外，現有的隨機對照研究（一種實驗性研究，即設定一個變量並控制其他可能影響結果的潛在因素，如設定食物或活動為變量來觀察其對健康的影響）中，也沒有任何資料來自非西方社群。最後，今天也已經沒有任何原始的狩獵採集者了，他們在數百、甚至數千年前就消失殆盡[25]。雖然關於今天的狩獵採集者的健康調查所在多有，但他們已經和常人一樣吸菸、飲酒、與農人交易換取食物，並與外來傳染病搏鬥。

將這些警告牢記在心，對於思考哪些疾病（可能）是演化失調也有幫助。表格三只列出部分疾病和其他健康問題，而這些疾患仍相當可能是由演化失調造成或加劇的；換個方式講，由於人類並不適應太新的、致病的環境條件，這些疾病可能會變得更猖獗、更嚴重或讓更多人年紀輕輕就深受其擾。但請注意，表格三僅列出部分疾病，許多疾病仍只是假定的失調疾病，仍待求證；同時我也略過了人類因接受新病原體而罹患的傳染性疾病。如果我把那些疾病也列進去，這清單會太長，且太過驚人。

如果表格三（這還只是一部分）讓你大吃一驚、戒慎恐懼，那也是應該的！有必要再次提醒各位，表列的疾病並非都肇因於失調，也有部分僅是假定，需要更多資料才能確定它們是否由基因與環境的交互作用造成或加劇症狀。儘管如此，農業和工業化的出現造就許多環境因素，這些環境因素讓表中的許多疾病變得越來越普遍，並困擾越來越多人。人類漫長的演化史中，人們大多沒機會罹患第二型糖尿病或近視，甚至因而殘疾，所以，困擾現代人類的各種醫

表格三　假定的非傳染性失調疾病

胃酸逆流／胃灼熱	扁平足
粉刺	青光眼
阿茲海默症	痛風
焦慮	錘狀趾
睡眠呼吸中止症	痔瘡
氣喘	高血壓
香港腳	碘缺乏（甲狀腺腫／呆小症）
注意力缺乏與過動症	阻生智齒
姆囊腫	失眠（長期性）
癌症（僅限特定幾種）	腸躁症
腕隧道症候群	乳糖不耐症
齲齒（蛀牙）	下背痛
慢性疲勞症候群	咬合不正
肝硬化	代謝症狀
便祕（長期性）	多發性硬化症
冠狀動脈心臟病	近視
克隆氏症	強迫症
憂鬱症	骨質疏鬆症
糖尿病（二型）	足底筋膜炎
尿布疹	多囊性卵巢症候群
飲食失調	妊娠毒血症
肺氣腫	佝僂（駝背）
子宮內膜異位症	壞血病
脂肪肝症候群	胃潰瘍
纖維肌痛症	

療狀況中，有很大比例屬於演化失調，因為失調讓當代生活和身體古老的生物性失去同步，甚至使病況加劇。其實，在已開發國家中，心臟病和癌症是最致命的疾病，因此失調疾病就是你我最可能的死因；而且，殘疾很可能降低你的生活品質，它也很可能是演化失調造成的。我必須重申，表格三只是部分清單，因為它不包含肺結核、天花、流行性感冒和痲疹等許多在農業發展後開始蔓延的致命傳染病，這些傳染病是肇因於人類接觸農場動物並開始與他人群居，且居住環境的人口密度高但衛生環境差。

不良演化的惡性循環

在我們繼續講述人體的故事，並探索舊石器時代結束後的文化演化如何改變環境，甚至不時導致失調疾病以前，讓我們先思考另一個額外的演化動力：文化演化有時候怎麼應對這些疾病？這絕對不是鑽牛角尖。因為，應對的方式能說明某些失調疾病（如天花和甲狀腺腫），何以到了今天都已絕跡或變得罕見，但其他像是第二型糖尿病、心臟病和扁平足則一樣常見，或越來越常見。

探索這項機制前，我們要先比較兩種失調疾病的演化成因（第八章會談到更多）：壞血病和齲齒。若飲食中缺乏維他命C的主要天然來源（如新鮮蔬菜水果），將容易導致壞血病，這種疾病以往好發於船員與士兵身上[26]。近代科學直到一九三二年才找出壞血病的導因，但許多群體卻早就知道多吃富含維他命C的植物來預防壞血病[27]。時至今日，壞血病也正由於容易預防而變得相當罕見——即使不常攝取新鮮蔬菜水果也不容易罹患，因為維他命C已經出現在各種加工處理過的食物裡。我們現在知道如何有效預防壞血病，所以它就成為一種屬於過去的失調疾病了。

但反面的例子也不是沒有，譬如說齲齒。齲齒是細菌（即牙菌斑）的傑作，會呈透明薄膜狀附著在牙齒上。你口中大部分的細菌都是自然且無害的，但某些菌種會在你把澱粉和糖分送進嘴裡咀嚼後產生酸性物質溶解牙根，然後出現一個蛀洞，這就是麻煩的開端[28]。若不治療，蛀洞會擴大並深入牙齒，導致疼痛難耐與嚴重的感染。不幸的是，人類除了唾液以外幾乎沒有其他天生的防禦機制可以抵抗蛀蟲，這可能是由於我們沒有演化出攝取大量高糖高澱粉食物的適應。齲齒較不常發生在猿猴或狩獵採集者身上，而從農業出現以後變得越來越頻繁，在十九世紀與二十世紀開始暴增[29]。今天，齲齒折磨了世界上將近二十五億人[30]。

雖然齲齒是一種演化失調，發生的機制和壞血病一樣偶然，我們也已徹底瞭解這種病；然而兩者之間的差異是，齲齒今天卻依然常見。深究其因，是我們並沒有徹底預防，反而是文化演化使我們能成功治癒齲齒，一旦有了蛀牙就找牙醫拔牙或補牙。而且，我們也發展出部分有效的方式來預防齲齒，透過刷牙、使用牙線、窩溝封填（sealing teeth）等方式，還有一年一到兩次的洗牙以去除牙菌斑。假如沒有這些預防性措施，齲齒影響的人數大概會再多幾十億人。但如果我們真的想要預防，那可能得大幅減少糖分和澱粉的攝取。但是，在農業出現後，大部分的世界人口都依賴麥穀類食物當作熱量來源，幾乎沒有人可以將糖分與澱粉從飲食中徹底捨棄。其實，齲齒是我們攝取便宜熱量所付出的昂貴代價。我就像多數父母一樣會讓女兒吃導致齲齒的食物，再鼓勵她刷牙，同時帶她去看牙醫，我們很清楚她可能有幾顆蛀牙。我希望她會原諒我。

齲齒不像壞血病，是一種由回饋循環造成的失調疾病，也就是一種由文化演化和生物間交互作用所造成的惡性循環。環境中太多、太少或太新的刺激，導致身體不適應環境，這種演化失調使我們苦於疾患，惡性循環於焉產生。雖然我們治療疾病症狀時有成就，但面對疾病根源，我們卻選擇不去預防，或是根本無法預防。當我們將環境條件傳給我們的小孩後，我們也啟動了一個回饋循環，使疾病本身抗藥性增強，甚至可能讓疾病在下一代更為猖獗。以齲齒為例，我沒有將我的蛀牙傳給我女兒，但我卻把會導致蛀牙的飲食方式傳給她，而她很可能也會如法炮製，將這一套傳給她的小孩。

幾百年來，人們不斷討論不對症下藥的缺點，而且常常著眼於病人的症狀；根據牛津英語辭典，**palliative**（減緩）這個字（最早出現於十五世紀）原先的意思是「減輕疾病或病症的症狀，而不去處理病因的一種照護」[31]。此外，許多演化生物學家和人類學家也闡明，文化和生物長期的交互影響不只刺激生物變化，也刺激文化變化[32]；舉例來說，舊石器時代人類朝溫暖的地區遷徙，刺激了新式穿著和住房的發明。同樣的程序，也適用於失調疾病。但是，我們缺少一個能夠形容有害回饋循環的正確語詞。若我們不去根治失調疾病的導因，反而把致病的環境因素通通留給後代，這種循環就會在好幾代接連出現，使得疾病開始盛行，有時甚至變本加厲。我個人相當反對造新詞，但「**不良演化**」（dysevolution）這個新詞我卻覺得十分恰當；從身體的角度來看，這形容相當合適，因為這個程序是有害（dys）的形式，且會隨時間演變（evolution）。容我再次強調，「不良演化」不是一種生物演化，因為失調疾病不會直接代代相傳；相反地，由於我們將助長失調疾病的行為與環境傳遞下去，「不良演化」即以一種文化演化的形式出現。

很不幸地，齲齒只是「不良演化」中失調疾病類型的冰山一角。其實我懷疑表格三所列的失調狀況中，很大比例都是肇因於這種有害的回饋循環。以高血壓來說，它影響超過十億人，同時也是導致中風、心臟病、腎病和其他疾病的主要危險因素[33]。一如其他所有條件，高血壓是由基因和環境交互影響而造成，也像動脈隨年紀增長而自然硬化一樣，都是年歲增長的副作用；但是，在年輕人和中年人身上，高血壓發生的主要原因則是肥胖的飲食、鹽分攝取過多、運動不足和飲酒過量。高血壓可以用許多醫藥治療，但最佳療法和最佳預防方式一樣，就是健康的傳統飲食和運動[34]。所以，如同齲齒，高血壓是一種常見的「不良演化」，儘管我們知道如何遏止，我們的文化仍持續創造並傳遞致病的環境因素，於是高血壓依然十分普遍。我們將在第十章到第十二章看到，相似的回饋循環也能說明第二型糖尿病、心臟病、某幾類癌症、咬合不正、近視、扁平足等其他失調疾病的案例。

儘管不去應付失調疾病的根源會造成「不良演化」，有時我們也可能在治療症狀時無意中激發「不良演化」的程序。症狀的定義是偏離正常健康狀態的現象，如發燒、疼痛、嘔吐和起疹子等，都是疾病狀態出現的訊號。症狀並不會加速疾病的發生，但會使身體感到痛苦，因此生病時它們就是我們注意和擔憂的對象。當你感冒時，你不會抱怨鼻子和喉嚨裡有病毒，而是抱怨發燒、咳嗽和喉嚨痛等使你痛苦不堪的症狀。同樣地，糖尿病患也不會想到自己的胰臟，而是受過多的血糖帶來的毒害所困擾。如同我上面論述的，症狀通常是一種刺激行動的演化適應。在許多情況中，對症下藥多半有助於痊癒；對某些疾病而言（像一般感冒），我們除了針對症狀治療以外別無他法。何況，有減輕痛苦的想法是相當人性的，而且針對症狀治療通常有益，甚至能挽回生命。不過，有時我們對失調性疾病症狀的治療太過有效，以致於降低治本的急迫性，我個人認為齲齒屬於這樣的案例。在後面的章節，我們還會一窺治療其他新式疾病症狀的影響。

藉由觀察「不良演化」來面對失調疾病，我想是值得深思的。從我們開始耕作、攝取新式食物，到使用機器工作、成天坐在椅子上，人體最近一萬年的變化，是一個重要的持續過程。雖然並非所有失調疾病都會導致「不良演化」，但很多失調確實會導致「不良演化」。而且它們有幾種共通且可預期的特徵。首先，最明顯的特徵是，它們似乎都是慢性、不具傳染性的疾病，要正本清源其實相當困難。由於醫藥科學的進步，我們已能找出並殺死許多傳染性疾病的病原體，對預防與治療駕輕就熟。因食物不足或營養不良而產生的疾病，可以藉由脫貧或提供飲食補給品來有效預防；相反地，由於慢性非傳染性疾病的肇因通常和其他因素產生交互影響，也涉及各種複雜的此消彼長機制，因此仍難以治療或預防。譬如說，我們演化出渴求糖分、增加體重、刻意節省能量等天性，加上各種生物上或文化上的因素，這些因素似乎一起密謀讓過重的人難以甩掉肥肉（第十章將講述更多細節）。克隆氏症等其他新疾病很可能是失調疾病，但這類疾病的起因難以掌握，而且我們大概也盼不到下一個巴斯德（Pasteur，法國化學家與細菌學家）來解決這些問題了。

「不良演化」還有第三個特徵：我們常認為「不良演化」的過程大多適用於對生殖沒有太大影響的失調疾病。比如說，齲齒、近視或扁平足這類疾病已經能得到有效治療，不至於影響一個人尋找伴侶和生兒育女；其他像是第二型糖尿病、骨質疏鬆症或癌症，也大多到一個人當上祖父母的年紀才出現。這類疾病在中年或晚年出現，在舊石器時代可能會產生強烈的負選擇結果，因為狩獵採集者祖父母是提供孫兒食物的重要角色[35]，但祖父母在二十一世紀所扮演的經濟角色已經截然不同。你的身體在五、六十歲時變得十分羸弱，甚或來日無多，對你的兒孫數量所構成的負面影響，其實相當有限。

失調疾病的最後一個特徵，就是它是由文化、社會或經濟的利益而導致的退化。許多失調疾病的原因很常見，如吸菸或喝太多汽水，因為這些行為提供一時的快感，凌駕了理智評估和長期後果；而且，製造商和廣告商有強烈動機投我們所好，告訴我們進行這些行為可以增進舒適、方便、效率和愉悅感——甚至出現「自己高人一等」的幻覺。所以，垃圾食物之所以受歡迎，不是沒有原因的。你可能像我一樣，一天二十四小時無時無刻地使用各種商業產品，連睡覺時也不例外，這些產品（比如我坐著的椅子）多半讓我感覺舒服，但不是每個都像椅子讓我的身體那麼健康。

「不良演化」的假說預測，只要我們接受或應付這些「演化」造成的問題或症狀（多虧還有其他較無害的「演化」），而且只要利大於弊，那我們就會買這些「演化」的帳，並傳給下一代，而這個循環在我們撒手人寰時還會繼續維持下去。

人類承受失調疾病帶來的沉重負擔，以及「不良演化」的回饋循環使失調疾病越來越普遍，也產生許多問題，像是：我們要怎麼知道它們就是失調疾病呢？現代環境中有哪些層面會導致這些疾病？文化演化如何使它們根深柢固？我們又該怎麼對付它們呢？心臟病、癌症和扁平足究竟是伴隨文明而生的必然副作用，還是我們可以有效防治這些疾病，不至於得放棄麵包、汽車和鞋子？

我們將在第十到十二章中探索不同失調疾病的生物本質，以及為什麼某些（非全部）疾病是進步背後無可避免的結果。我也將考慮到，演化觀點如何更有效地聚焦環境導因，協助我們預防失調疾病，但首先，我們必須更仔細地檢驗人體在舊石器時代結束後到底發生什麼事。農業革命與工業革命如何改變人體，而我們的身體又是如何以好壞參半的方式成長與運作？

第八章

文明的失樂園？農業帶來的禁果和農民的墮落

隨著農業的引進，人類進入長期卑賤、苦難與瘋狂，端靠現代機器的運作才將他們解放出來。

——伯特蘭．羅素Bertrand Russell，《幸福之路》*The Consequest of Happiness*

在《失樂園》（*Paradise Lost*）的第四章中，米爾頓想像人類墮落前一切完美的伊甸園在撒旦眼中，究竟是何種情景。伊甸園是一片經過造園設計、散發濃郁香氣的溫帶草木區，長滿甘美多汁的果實，以及成群的草食動物：「一派和樂融融的鄉村景緻……樹叢中，富麗的樹木滲著洋溢芳香的樹脂與香料，其他樹上的果實晶亮生光，口感竟是如此甘美……草坪在其間閃爍，枝柳低垂，放牧的羊群徜徉其間。」

對你而言，伊甸園可能很有吸引力；但撒旦出於嫉妒，卻咒罵起眼前這片田園天堂：「該死！我舉目所見，怎會有如此悲慘的景象？」我想像他是位世俗的都市人，被判決流亡到鄉間，遠離文明世界的舒適。除了必須看著裸裎的亞當與夏娃活蹦亂跳，他還可能一直在想，到哪兒才能弄到一杯體面的Espresso咖啡。這真是煉獄！但對亞當與夏娃來說就不是如此了。他們受引誘、偷吃了知識善惡樹上的禁果，遭逐出伊甸園，由於其罪孽，被判在殘酷的外在世界中成為農民，辛勤耕作。《聖經》中，上帝對他們的判決就是一項詛咒，包藏人類生活條件的悲慘本質：

地必為你的緣故受咒詛。你必終身勞苦，才能從地裡得吃的。地必給你長出荊棘和蒺藜來，你也要吃田間的菜蔬。你必汗流滿面才得糊口，直到你歸了土，因為你是從土而出的。你本是塵土，仍要歸於塵土。（《聖經．創世記》第三章第十七至十九節）

如果沒有瞭解亞當和夏娃被逐出伊甸園就是針對失調疾病的寓言故事（狩獵採集者生活方式的終點），就很難理解上帝的判決。在這項始於六百多個世代前的轉變發生之後，人族所受的懲罰就是成為農民辛勤、悲慘地耕作，耕種出日常三餐所需，而不能再撿拾俯拾皆是的甜美果實。創造論者和持演化論的生物學家一致同意人類從此走上下坡路，這是相當罕見的一致立場。依據演化生物學家賈德．戴蒙（Jared Diamond）的說法，農業是「人類史上所犯下最糟糕的錯誤」[1]。即使所擁有的食物與子女數變得比狩獵採集者還多，一般來說，農民必須更努力工作；飲食品質變差；由於作物三不五時受洪澇、乾旱與其他天災影響，他們必須更常面對饑荒；他們居住的人口密度提高，導致傳染病與社會壓力。農耕或許造就了文明或其他的「進步」，但也造成大規模的苦難與死亡。當前折磨我們的失調性疾病，大多數源自從狩獵、採集到農耕的轉換。如果農耕是如此重大的錯誤，我們為什麼還開始農耕？調整數百萬年來針對狩獵與採集演化的人體，使其只吃種植的作物與放牧的動物肉類，後果究竟是什麼？人體究竟在哪些方面從農耕獲益，這項轉變又導致了什麼樣的失調疾病？我們又做何反應？

最早的農民

農業常被視為老舊的生活方式。然而，從演化觀點來看，農業是一種新近、獨特、相對怪異的生活方式。尤有甚者，從亞洲到安地斯山脈等全球各地在冰河期末期，獨立產生了農業。在檢視農耕如何影響人體以前，必須提出的問題是：經歷數百萬年狩獵與採集後，農耕為什麼在如此短暫的時間內，在這麼多地方出現和發展開來呢？

這個問題沒有單一答案，但全球氣候變遷可能是一項因素。冰河期結束於距今一萬一千七百年前，地表進入全新世：全新世的氣候較冰河期溫暖，也更穩定，較少出現氣溫值與降雨量的極端波動[2]。在冰河期間，狩獵採集者有時藉由摸索，嘗試種植作物；但他們很可能死於極端、迅速的氣候變遷，這些實驗未能扎根。全新世的區域降雨與溫度型態每年、每十年的變化量較小，相對穩定，針對栽種作物的實驗成功機會較大。穩定、可預測的天氣型態對狩獵採集者或許很有幫助；但對農民而言，卻是必需的。

另一項刺激全球各地發明農業的更重要因素為人口壓力[3]。人類學研究顯示，在距今大約一萬八千年前，地球最後一次大規模冰川作用進入尾聲後，營地（人類的聚居地）數量越來越多，規模也越來越大[4]。極地冰川線後退、地表開始暖化，狩獵採集者經歷一波人口成長潮。兒孫滿堂或許是一種福氣，但對無法承受高人口密度的狩獵採集者社群而言，卻是沉重的壓力來源。即使氣候條件已相對溫暖，養活額外人口必然對攝食者施加了可觀的壓力，使他們種植可食植物，以補強傳統的採集行為。然而，一旦開始這種耕種行為，惡性循環也隨之開啟；必須養活越來越大的家庭時，就進一步強化了耕種的動機。不難想像：農耕在數十年、數世紀以來的發展，就像一項嗜好變成職業一樣。當初，藉由不經意的耕種獲取食物，僅是協助養活大家庭的一項補強措施；但家中食指浩繁，加上有利的環境條件，使種植作物之利益（相對於弊）大為增加。一代代下來，栽種植物終於演化成經過歸化作用的作物，偶然出現的花園演變成農莊。食物來源變得更容易預測。

無論是什麼因素增加了狩獵採集者轉變為全職農民的規模，農業的發明在任何時間、任何地點都帶動數項意義重大的變遷。狩獵採集者的生活傾向於遷徙頻繁，但定居於村莊內、照料並全年保衛自己的作物、耕地與牲口，則有利於剛出現的農民。從事農業的先驅者也選擇更大，更具營養價值，更易栽種、收成與加工的植物（無論蓄意或不自覺），再對特定植物物種加以歸化。數代以內，這種選擇改變了植物，使它們在繁殖上更依賴人類。例如，墨西哥類蜀黍（當今小麥的野生始祖）僅有少數寬鬆的種子，成熟時便極易從植物本體脫落。當人類選擇擁有更大、數量更多、較不易脫落種子的玉蜀黍棒時，這些玉米類作物就越來越依賴人類以手工移除，栽種種子[5]。農民也開始對羊、豬、牛、雞等特定動物進行馴化，主要方法是篩選出使這些動物變得更加溫馴的特質。較不具攻擊性的動物較容易餵養，近而創造出更溫馴的下一代。農民更篩選出成長迅速、生產乳汁更多、更抗旱等其他有用的特質。在大多數情況下，動物和人類變得彼此更加依賴。

這項過程在包括西南亞、中國、中美洲、安地斯山脈、美國東南部、撒哈拉沙漠以南非洲以及新幾內亞高地等眾多地區，以不同的方式，發生了至少七次。西南亞是受到最多研究關注的農業改良中心；當地近一世紀的密集研究已揭露狩獵採集者受到一系列氣候與生態壓力刺激，如何發明農耕的相關細節。

冰河期末期、舊石器時代晚期的攝食者在地中海東岸發展興旺，充分利用該地區存量豐富的野生穀類、豆類、堅果、水果與瞪羚、鹿、野生山羊與綿羊等動物，故事就此開始。這段期間保存最完整的遺址之一，是位於以色列加利利海邊的季節性營地歐哈洛II（OhaloII）；在當地至少有六個攝食者家庭（介於二十到四十個人）住在臨時小屋內[6]。該遺址包括許多這些攝食者採集的野生大麥與其他植物種籽，以及用來製造麵粉的研磨石、他們所造用來切割野生穀類的鐮刀，以及用於狩獵的箭頭。歐哈洛II遺址的生活，可能與人類學家針對近期在非洲、澳洲與新大陸所記錄的生活相差無幾。

然而，冰河期的結束對歐哈洛II居民的後裔帶來重大改變。一萬八千年前，地中海區的氣候開始變得更暖、更潮濕，人類學遺址數量更多、分佈範圍更廣，甚至滲入今日已成一片沙漠的地區。這段人口激增的極致是一段被命名為「納圖夫」（Natufian）的時期，距今一萬四千七百年至一萬一千六百年前之間[7]。納圖夫時期早期，某種程度上算是採集與狩獵的黃金時代。拜溫和的氣候與豐沛的自然資源所賜，根據大多數狩獵採集者的標準，納圖夫人真的很富裕。他們藉由收割在該區域自然生長、產量豐富的野生穀類維生，並進行狩獵（主要獵物為瞪羚）。顯然，納圖夫人食物來源豐沛、使他們能永久定居在大型村莊內（人數多達一百至一百五十人），以石基建造小房屋。他們也創造念珠項鍊、手鐲與小雕像等精美的藝術品，向遠道而來的群體交易罕見的異國貝殼，並將死者埋葬在精美的墓穴內。如果狩獵採集者曾經有過伊甸園，這一定就是他們的伊甸園了。

然而，危機在距今一萬兩千八百年前來襲。可能是由於北美洲一個巨型冰河湖突然間流入大西洋，暫時干擾了墨西哥灣暖流，打亂全球氣候型態；一夕間，全球氣候陷入大亂[8]。這段時期被稱為「新仙女木期」（Younger Dryas）[9]，在這數百年間全球倒退回到冰河期狀態。當時的納圖夫人永久定居在高人口密度的村莊內，卻仍倚賴狩獵與採集維生；想像一下，這項轉變對他們造成何等深遠的壓力。短短十年左右的時間內，整個區域變得極度乾冷，糧食來源驟減。一部分族群對此做出的回應是回歸到較原始的遊牧民族生活[10]。然而，其他納圖夫人顯然並未妥協，並加強了維持其定居生活型態的努力。在此情況下，需求可能成為發明之母；他們當中有些人種植作物的實驗取得了成功，在現今圍繞土耳其、敘利亞、以色列與約旦的某些地區創造了最初的農業經濟體。一千年內，人類馴化了無花果、大麥、小麥、雞豆、扁豆等作物，文化的變遷大到足以用一個全新的名稱來稱呼這個時代：前陶器時代（Pre-Pottery

Neolithic A, PPNA）。這些農耕先驅住在占地有時多達三萬平方公尺（約為七．四畝，大略為紐約市一個半街區的大小）的大型拓居地內，有著灰泥邊牆壁與地板的泥磚屋內。耶律哥古城（Jericho，以其牆壁聞名於世）最古老的樓層中，擁有大約五十座房屋，人口約為五百人。前陶器時代的農民也製造研磨、搗碎食物的地面石製工具，創造精細美觀的小雕像，並在死者頭上塗抹灰泥[11]。

改變不斷出現。首先，前陶器時代的農民以狩獵（主要獵物還是瞪羚）補充飲食；但在其後的一千年中，他們成功馴化了綿羊、山羊、豬隻與牛隻。隨後不久，他們又發明了陶器。隨著其他革新持續產生，他們的新石器生活方式逐漸興旺，急速擴張到整個中東，甚至進入歐亞非三大洲。可以幾乎完全確定的是：今日你所攝取的食品，一定含有這些人當初成功馴化的作物／動物；如果你的祖先來自歐洲或地中海，你體內很可能還有著他們的基因。

隨著冰河期結束，農耕也在全世界其他地區演進，然而各區的發展狀況有所不同[12]。在東亞的長江與黃河谷，稻米與小米最初於九千年前被馴化。然而，東亞地區的農耕在狩獵採集者開始生產陶器一萬多年後即開始，這是協助攝食者蒸煮、儲存食品的新發明[13]。在中美洲，南瓜屬作物首先在距今一萬年前受到馴化，玉米（玉蜀黍）則在約六千五百年前受到馴化。隨著農耕技術在墨西哥逐漸取得主導地位，農民開始對豆類與番茄等其他植物進行馴化。玉蜀黍農業緩慢但勢不可擋地傳遍了整個新大陸。新大陸其他農業革新的中心包括安地斯山脈，距今七千多年前，馬鈴薯就在當地受到馴化；美國東南部地區則在五千年前將種籽作物馴化。距今約六千五百年前，珍珠粟、非洲型稻與高粱等穀類在撒哈拉沙漠以南的非洲受到馴化。最後，山藥與芋頭（富含澱粉的根部作物）很可能於距今一萬年至六千五百年前，在新幾內亞高地受馴化。

人類栽種的作物取代採集的植物；在此同時，受人類馴化的牲畜也取代了狩獵的獵物[14]。西南亞是馴化作用的重點區域。距今約一萬零五百年前，綿羊與山羊先在中東受馴化，牛隻在距今約一萬零六百年前在印度河河谷受馴化，歐洲與亞洲則各自在距今一萬年與九千年之間，將野豬馴化為一般豬隻。地球上其他動物受到馴化的時間點則相對晚近，包括安地斯山脈的駱馬（距今五千年左右）與南亞的雞隻（距今約八千年前）。狗是人類最好的朋友，實際上更是最早被馴化的物種。距今一萬兩千多年前，我們就已開始飼養狼隻，將其馴化為狗；但關於這項馴化作用發生的確切時間、地點與過程，仍有許多爭論（議題甚至包括，狗是否也將人類馴化，以及人類被馴化的程度）。

農耕傳播的原因與方式

一開始，所有人類都是狩獵採集者；但才過了數千年，就只剩下少數隔離的攝食者群體。這項變化的絕大部分過程發生在農耕開始後；無論農耕是如何發源的，它就像傳染病一樣擴散開來。人口成長是農業迅速擴散的重大原因。請記得：先前數章探討過，現代人類狩獵採集者的母親通常在孩子三歲時對其斷奶，孩童與青少年死亡率高達百分之四十至五十。因此，一位健康的狩獵採集者母親一生平均生育六到七個子女，其中三個可能活到成年期。由於意外或疾病也會導致相當高的死亡率，在不受抑制的情況下，狩獵採集者人口成長極度緩慢（每年大約為百分之〇．〇〇一五）。[15]照此速率，人口需要五千年左右才能增加一倍，需要一萬年才能增加為四倍。[16]相反地，自給型農業的母親可在幼童一至二歲時將其斷奶（斷奶時間比狩獵採集者的子女早上一倍），原因在於她擁有足量能夠馬上餵養子女的食物，包括穀類、動物奶水與其他易於消化的食物。因此，假如農業社會的孩童死亡率和攝食者群體的孩童死亡率相等，早期農耕人口的成長率應為攝食者群體的兩倍。即使這項成長率相對平緩，但人口每兩千年就會增加一倍，並會在一萬年內變成三十二倍。事實上，農耕行為開始後的人口成長率幾經波動，有時甚至更高；但毫無疑問，它導致人類史上首次大規模人口激增。[17]

隨著早期農耕人口成長、擴張，他們不可避免地與狩獵及採集者產生接觸。兩者有時發生衝突，但更常共存、交易、通婚，進行基因與文化方面的交流。[18]今日全球各地語言與文化的湊合，很大程度上是農業勢力擴張和狩獵採集者產生互動所留下的作用。根據某些估計，新石器時代步入尾聲之際，世界上很可能存在超過一千種語言。[19]

假如農耕真是「人類史上最大的錯誤」，導致許多演化性失調疾病，它的擴散又怎會如此迅速、徹底？最主要的原因是農民生兒育女的速率，遠超過狩獵採集者。在今日的經濟體系下，較高的生育率常是支出暴增的不祥之兆：需要餵養更多人口，還有更多的學雜費。過多子女足以導致貧窮。但對農民而言，眾多兒孫反而能招致更多財富，因為子女正是好用、絕佳的勞動力。經過幾年的撫養，農民的子女就可在農場與家中工作，協助照料作物，餵養牲口，照顧較年幼的弟妹，以及處理食物。事實上，農業的成功有一大部分可歸功於農民以遠較狩獵採集者有效的方式哺育自己所需的勞動力，將能量重新注入系統中，提高了生育率[20]。因此，農耕導致人口呈指數成長，這是導致農耕擴張的主因。

另一項刺激農業擴張的原因在於：農民改變農場周圍環境生態系統的方式預防、甚至阻止了狩獵與採集行為。有時候，狩獵採集者能定居於固定或半永久性村莊內，但大多數狩獵採集者通常每年變更營地達六次之多，原因在於在特定時間點上拆除營地、帶著為數不多的家當遷徙幾十英里、在新位置上紮營是較不費事的選項，而非長期固定在同一位置、每天跋涉更常長距離以取得足夠的食物。相反地，農民的生活就以農場為重心，不能像狩獵採集者一般遷徙。農場、作物和存糧必須定期照料並保護。永久定居之後，農民藉由清除灌木叢、焚燒田野、放牧乳牛與山羊等牲口改變棲息地周圍環境的生態；牲口會攝食新鮮植物、破壞原本自然的棲息地，造成雜草（而非樹木或灌木叢）叢生。一旦人類開始從事農業，就難以重拾狩獵採集者的生活方式。史上不乏從農業返回狩獵採集者生活型態的例子，但這通常是極端狀況下的特例。當從事園藝的毛利人在距今八百年前抵達紐西蘭時，他們發現採集貝類、獵取巨大且不會飛的鳥類（如恐鳥，moas），遠較在太平洋其他地區種植作物來得輕鬆。然而，毛利人最後還是用盡了這些自然資源（恐鳥在他們的獵捕下終致絕種），不得不回歸農業[21]。

最後一項協助農業起飛的原因是：早期農業不像後期農業那樣費力、艱辛。最初的農民當然必須辛勤耕作，但我們從人類學遺址得知，他們還是獵捕動物、從事採集行為，他們最初進行的栽種行為規模也有限。農業先驅者的生活固然充滿挑戰，但眾人對農民無止境單調苦役、汙穢與悲慘處境的印象，可能更適用於後期封建制度的佃農，而非新石器時代早期的農民。一七八九年生於法國農民家庭的女孩，平均壽命只有二十八歲，可能常飽受飢餓之苦，更可能死於痲疹、天花、傷寒或斑疹傷寒[22]。這也難怪他們為什麼要鬧革命。新石器時代的農業先驅生活確實艱辛，但他們可還沒受天花或黑死病等惡疾肆虐，更沒受狠毒的莊園制度壓迫，田地為少數有權勢的貴族所擁有、榨取收成中極為可觀的百分比。這些苦難誠然還是會來到，但那畢竟是在狩獵與採集生活型態成為歷史陳跡以後的事。

換句話說，你那些放棄狩獵與採集生活的遠親其實並不瘋狂。假如你我面對同樣的處境，可能會做出相同的選擇。然而，過了幾個世代以後，農耕確實開始產生一系列失調疾病與其他問題，原因在於數百萬年舊石器時代生活的適應機制並未完全使人體準備適應農業生活。當今，我們仍面對許多這類問題；要探究這些問題，且讓我們探討農業飲食、工作量、人口大小與聚居地體系是如何（正面或負面）影響人體生物學的規律性。

農業飲食：憂喜參半的恩典

每年十一月，我們全家都慶祝感恩節，表面上是紀念清教徒的第一次豐收；這項成就，可還是拜當地萬帕諾亞格（Wampanoag）印地安人的協助所賜（隨後，清教徒就竊取了印地安人的土地）。一如其他美國人，我們大肆慶祝感恩節，烤火雞，準備大量蔓越莓醬、番薯與其他據信是在地生產的食品。然而，感恩節其實全無獨特之處；世界各地的農民都使用在地栽種的食物舉辦盛宴，慶祝豐收。這類盛宴有著許多功能，包括提醒我們：豐收的作物與食品是一項恩典，對此要心存感激，飲水思源。假如一位舊石器時代的採集與狩獵者來到一般超級市場，他或她會做何感想？你能想像嗎？

拜現代超級市場所賜，現代人的每一天都可以過得像感恩節一樣豐盛；但現代消費者所能享受的豐盛食品，可一點都不代表過去數千年來大多數農民的飲食方式。在屬於食品運輸、冰箱與超市的時代到來以前，幾乎所有農民的飲食都單調至極。新石器時代歐洲農民的一般飲食多半由小麥或黑麥、大麥等其他穀類製成的麵包組成。來自這些穀類的大卡由豌豆、扁豆、牛奶與乳酪等乳製品、有時還包括肉類與當季水果所補足[23]。這就是日復一日、年復一年、一世紀接一世紀的飲食型態。栽種固定類型作物的主要益處在於量產能力。一如第六章所討論，身為採集與狩獵者的成年女性一天可蒐集約兩千大卡，一般男性每天則能藉由狩獵或採集方式獲得三千至六千大卡的能量[24]。狩獵採集者群體的集體努力，只夠小家庭勉強餬口。相反地，歐洲新石器時代早期農民家庭在犁發明前，每天平均就能生產出一萬兩千八百大卡的熱量，並能維持一年，這些食物足夠六口之家溫飽[25]。換句話說，最初的農民能使家庭規模增加一倍。

更多食物當然是好事，但農業飲食足以誘發失調疾病。最大的問題之一在於失去飲食多樣性與品質。就因為狩獵採集者什麼能吃的都吃，他們才能生存下來。因而，出於必要性，狩獵採集者攝取的飲食非常廣泛，通常還包括任何季節的許多植物物種[26]。相反地，農民則以品質與多樣性換取產量，以大量耕地種植少數幾種產量穩定的作物。今天你所攝取的大卡，很可能有一半以上來自稻米、玉蜀黍、小麥或馬鈴薯。其他有時成為農民主食的作物包括小米、大麥、黑麥，以及芋頭及樹薯等高澱粉塊根作物。作為主食的作物易於迅速、大量耕種，富含大卡，還能在收割後長期保存。然而，它們的主要缺陷之一在於：它們常較缺乏維他命與礦物質，而狩獵採集者及其他靈長類攝取的大部分野生植物中，就富含維他命與礦物質[27]。過度依賴主食作物、缺乏肉類、水果與其他蔬菜（尤其是豆科植物）補充營養的農民，面臨著營養不良的風險。農民不像狩獵採集者，易於罹患壞血病（缺乏維他命C）、糙皮病（缺乏維他命B_3）、腳氣病（缺乏維他命B_1）、甲狀腺腫大（缺乏碘）與貧血（缺乏鐵質）等疾病[28]。

過度依賴少數作物（有時甚至只剩一項作物）還有其他嚴重的缺陷，最嚴重的當屬週期性糧食欠缺與饑荒的可能。就像其他動物一樣，人類能藉由燃燒脂肪、減少體重應付季節性糧食欠缺，一如漫長的荒年必須獲得豐年的平衡，才能將減輕的體重彌補回來。一般而言，從事自給型農業的農民身體質量在季節間會隨食物來源與工作量變化，產生多達數磅的波動。然而，這些季節性變異有時非常極端。例如，甘比亞農民在濕季必須密集耕作、在糧食短缺與疾病叢生之際栽種並汰換作物，因而體重平均減少了四到五公斤（九到十一磅）；如果一切順利，他們在乾季時就能收割作物並休息[29]，彌補先前減少的體重。然而，要是歉收，甘比亞和其他各地農民會飽受嚴重營養不良之苦、死亡率攀升（特別是孩童的死亡率）。狩獵採集者的體重增減也有其週期性，但當氣候變異干擾一般栽種的循環規律時，由於攝食者並不限定於主食作物，直接改採集替代食品，後果也就不那樣極端。換句話說，農民所帶來的大卡遠較狩獵或採集者為多，但他們也更易受旱災、洪澇、作物荒蕪、戰爭等定期侵襲、轉瞬間使所有作物付之一炬的災難。農民確實能在豐年時多儲存糧食、藉此度過荒年（就像約瑟在《聖經．創世記》中對法老王的建議）；但連年歉收將會導致災難性的大饑荒。自從農業發明後，這就是偶發但一再重複出現的死因。

想想愛爾蘭馬鈴薯歉收所導致的饑荒吧。馬鈴薯在十七世紀從南美洲傳入愛爾蘭，這項作物非常適合島嶼的生態系、在十八世紀就成為主食作物（這還要拜過小、無法藉由種植多元作物獲致足夠糧食的佃農莊園體系所賜）。馬鈴薯是愛爾蘭農民大卡的最主要來源（冬季尤甚），協助人口一路攀升。然而，枯萎病（blight，一種類似菌類的微生物）就在一八四五年席捲了馬鈴薯園，連續四年摧毀了四分之三以上的收成，導至超過一百萬人餓死[30]。不幸地，愛爾蘭大饑荒只不過是農業發源以來，數以千計殺死無數生命的大饑荒之一[31]。當你閱讀這些段落時，全世界某些地區還正在鬧饑荒。人類演化數百萬年的歷史中，即使某些狩獵採集者確實由於缺乏糧食而餓死，但可能性還是遠較農民為低。

另一組由農業化飲食所造成的失調疾病是營養不良。許多使稻米、小麥等穀類具備營養、健康等益處的分子正是位於外層穀皮與胚芽的油脂、維他命與礦物質，它們環繞著種子含有最多脂肪的核心部分。不幸的是，這些作物最具營養價值的部分也很容易腐壞。由於農民必須將主食作物儲存數月、甚至數年之久，他們最終學會將外層胚芽移除、進行穀類加工，將原先含有雜質的稻米或小麥精緻化。最初的農民還不熟習這些技術；然而，一旦加工成為常態，這項過程就移除了作物相當可觀的營養成分百分比。例如，一杯糙米和白米所含的大卡值幾乎相同，但糙米的維他命B含量卻高出三到六倍，還富含維他命E、鎂、鉀、磷等其他營養成分與礦物質。玉米等經過馴化的作物或加工的穀類纖維含量也較少（該作物無法消化的部分）。纖維加速食物與排泄物在腸道中的行進速率，對減緩消化與吸收速率更扮演關鍵角色（將於第十章詳述）。食物長期存放的另一項風險在於汙染。例如，黃麴毒素正是由孳生於穀類、硬果與含油種籽的菌類所產生的有害化合物，會造成肝臟病變、癌症與神經系統疾病[32]。由於狩獵採集者的食物儲存期多為一到兩天，他們絕少需要面對這些毒素。

由農業化飲食所導致另一項額外且至關重要的健康問題在於過量的澱粉。狩獵採集者攝取大量結構複雜的醣類，但農民所種植、加工的卻是穀類、塊根與其他富含簡單結構醣類（又稱為澱粉）的作物。澱粉非常可口，但過量澱粉足以導致大量失調疾病。這些惡疾之中，最常見者當屬牙齒健康的惡化。用餐後，澱粉與糖分附著在牙齒表面並招致細菌；細菌大量孳生，結合口腔內蛋白質生成牙菌斑（環繞在牙齒表面的白色薄膜）。細菌消化糖分時會分泌出酸類；牙菌斑會捕捉酸性物質，分解牙齒的琺瑯質，造成齲齒。狩獵採集者絕少罹患齲齒，但早期農業人口的齲齒發病率卻非常高[33]。在近東地區，個人罹患齲齒的百分比由農業發明前的百分之二增加到新石器時代早期的百分之十三，並在稍後的歷史時期中持續升高[34]。圖十七顯示了一些不堪入目的範例。我還必須補充一點：在抗生素發明與現代牙醫保健技術趨於完善以前，齲齒對健康的影響絕不容小覷。貫穿琺瑯質、直入象牙質的齲齒不止使人感到痛苦之至，還能導致從下頜開始擴散到頭部其他部位

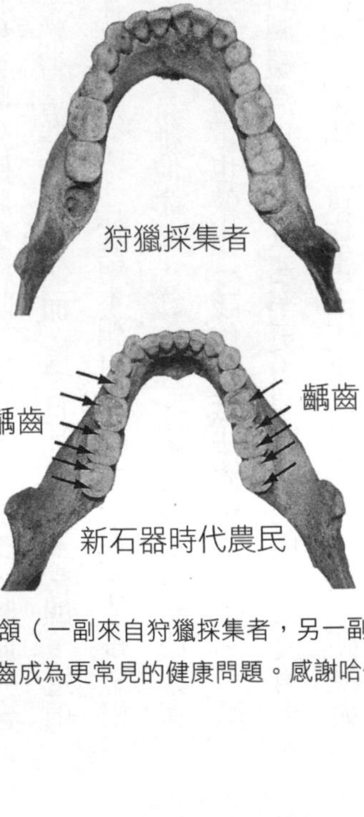

圖十七　正如圖中的兩副下頜（一副來自狩獵採集者，另一副來自新石器時代早期的農民）所示，農業發源後，齲齒成為更常見的健康問題。感謝哈佛大學皮博迪（Peabody）博物館提供圖片使用權。

而極可能致命的感染。

富含結構簡單醣類的飲食也會對人體代謝構成挑戰。富含澱粉的食物（尤其是經過加工、移除纖維素的食品）會急速轉變為糖分，導致血糖濃度飆升（這將是第十章的重點）。人體消化系統無法在短時間內處理過量糖分；長期下來，富含結構簡單澱粉的飲食會導致第二型糖尿病與其他問題。然而，早期農業飲食的精緻程度畢竟不若現代高度加工的工業化飲食，澱粉含量相對也較低，也還能藉由定期、劇烈的體能活動抗衡血糖濃度飆升的負面效應。因此，好發於成人的糖尿病直到近代才成為問題。無論如何，攝取大量結構簡單醣類所導致的血糖濃度飆升顯然影響了早期農民；證據顯示，某些農業人口在數千年來演化出數項增加胰島素產量、減少胰島素抗性的適應特徵[35]。稍後，我們將回來探討這些適應特徵，檢驗它們與糖尿病、心臟病等失調症狀之間的關係。

當然了，農民之間的飲食還是存在重大的差異性；中國、歐洲與中美洲的佃農種植並攝取全然不同的食物。然而，這些具備相異在地性的農耕發展都導致相似結果，亦即大卡熱量與營養品質之間的消長。即便是缺乏肥料、灌溉與犁田設備的新石器時代農業先驅，所能種植的食物量都多於狩獵採集者；但一般而論，農民的飲食較不健康，且更具風險。農民攝取的食品含有較多澱粉，較少纖維素、蛋白質、礦物質與維他命。農民也更可能食用已受汙染的食物，受定期、大規模饑荒侵襲的危險也遠較狩獵採集者為高。就飲食而論，人類為享受每年豐收盛宴，付出了極為可觀的代價。

農業勞動力

農業究竟如何改變我們的體能活動量，以及使用身體工作的方式？即使狩獵和採集都是費勁的粗活，布希曼人與哈札人等非農業人口一天通常只需工作五到六小時[36]。這可以作為與典型自給型農業人口的對比：不管針對哪一種作物，農民都必須先清理田野（手段可能包括燒盡植被、清理灌木叢、移除石礫），藉由挖掘、犁田或施肥使土地便於耕作，除去雜草，播種，保護種植作物免受鳥類與齧齒目動物侵害。如果一切順利、降雨量充足，接下來就是收割、打穀、淘選、曬乾、最後儲存種籽等過程。除此以外，農民還必須照料牲口、加工與烹煮大批食品（例如醃製肉類、製造乳酪），縫製衣物，建造、維修住家與穀倉，保衛耕地與存糧。正如法國女小說家喬治．桑（George Sand）所說，「無疑地，耗盡精力與時間，劈開大地善妒的胸臆，迫使我們從中絞擰出肥沃的寶藏；到了一天的盡頭，辛勤工作所獲得的唯一報酬竟只是一小片黝黑、粗糙的麵包，這真是令人心痛。」[37]

毫無疑問地，農民（尤其是飽受封建領主壓榨或只求在饑荒中存活的農民）必須極度辛勤地工作，但根據經驗法則的證據是：農耕並不總像喬治．桑誇張的修辭所描述的那樣悲慘。一個比較農民、狩獵採集者及生活在後工業化社會現代人工作量的最簡單方法，就是量測體能活動量（PAL）。將每日大卡消耗量（總能量消耗）除以人體機能運作所需最低大卡值（基礎代謝率，BMR），即可得出體能活動量。更實際地說，體能活動量就是一人一日所耗費能量，相對於一人在舒適的攝氏二十五度（華氏七十八度）環境下睡上一整天所需能量之間的比率。假如你是久坐辦公室的職員，你的PAL值大約有一．六；假如你終日臥病在床，PAL值可能下探到一．二；假如你正進行馬拉松長跑或環法自由車賽訓練，PAL值可能達到二．五以上。眾多研究發現，亞洲、非洲與南美洲從事自給型農業農民的PAL值，男性平均為二．一，女性則為一．九（變化範圍為一．六至二．四），略高於大多數狩獵採集者（男性平均一．九，女性平均一．八，變化範圍為一．六至二．二）[38]。這些平均值並未反映出日常、季節性與年度的可觀變異性，但它們至少強調：大多數自給型農業農民和狩獵採集者同等辛勤地工作（甚至可能更辛勤些），這兩種生活方式都需要被現代人視為合宜的勞動量。

假如我們考量到拖拉機等機械化器械發明以前農民所從事體能活動的類型，自給型農耕所需能量等同、甚至略高於狩獵與採集行為的證據，也就不足為奇。一如狩獵採集者，農民通常一天必須步行許多英里，但他們也從事挖掘、搬運與抬舉等許多需要上半身可觀精力的活動。和狩獵採集者相比，農民或許需要更多力量、較少耐久力，但他們所從事的活動變異性極大（此理也適用於狩獵採集者）。在任何情況下，這些經濟系統之間工作量最大的差異不在於成人勞動力，而在於孩童勞動力。根據人類學家凱倫．克拉瑪（Karen Kramer）的說法，大多數狩獵與採集社會的兒童每天只需工作一兩個小時，從事活動不外乎採集、狩獵、釣魚、收集柴薪，以及協助食品處理等居家性質工作[39]。相反地，定居型農業農民的子女一天平均工作四到六小時（變化範圍是二到九小時），從事園藝、照料牲口、扛水、收集柴薪、處理食品與其他居家性質工作。換言之，農業動用童工的歷史相當悠久；孩童對農業家庭的經濟成功與否（特別是在農場上的表現），扮演至關重要的角色。童工也使這些青少年更早習得成年後所需的技能。今日，我們用學校取代勞動力，只為達成許多相同的終極目標。

人口、病蟲害與疫疾

在農耕所有的優點之中，最關鍵、影響最深遠的莫過於更多大卡允許人類撫養更大的家庭，導致人口成長。但人口成長與其對人類聚居型態的影響，也孕育了新型傳染病。毫無疑問，農業革命所造成的演化型失調中，就屬這些疾病最具殺傷力。

構成疫病的先決條件之一是大量的人口；直到農業出現，人口才有顯著成長。以今日標準而言，最初的農業型村莊規模並不大；但正如馬爾薩斯（Malthus）在一七九八年所指出的，即使人口出生率的些微提高，都能使整體人口在短短幾代間就急速增加[40]。相同基數、幼兒死亡率的農村人口與狩獵採集者人口相比，農村人口在孩童十八個月大時就能斷奶（而非三歲大時）；單這一點就能使農業人口以指數倍率成長。現代人口普查制度健全以前，我們缺乏關於全球人口的準確數據；但圖十八總結、根據專業知識所做的臆測暗示，地球上活人的數量從一萬兩千年前的五到六百萬人增加到耶穌出生時的六億人，這意謂至少一百倍的成長。十九世紀初，全球人口應已達到十億人[41]。

構成疫病的另一要件是高人口密度的永久型聚落。農民主要居住在村莊內，使他們能共享灌溉渠道、磨坊等資源，進行貿易更方便，並從規模經濟獲益。一旦農業起飛，這些經濟、社會型獲益與人口成長整合，造成聚落的穩定擴張。幾千年來，中東地區的農村由納圖夫人十幾戶的小農舍演變為新石器時代擁有五十棟房屋的村莊，再到距今七千年前擁有千人以上的小鎮。距今五千年前，烏爾（Ur）與摩亨佐達羅（Mohenjo-Daro）等擁有數萬居民的幾個小鎮一躍成為早期都市。人口增加導致人口密度激增。對狩獵採集者而言，低人口密度（低於每平方公里一人）是必要的生存條件；農業人口的密度就遠高得多。初期耕地型經濟體人口密度介於每平方公里一到十人，一路增加到城鎮中的每平方公里五十人[42]。

居住在更大且人口更密集的社區內，更具社會動能與經濟收益，但這些社區更構成了足以威脅生命的健康問題。最大的危險就是傳染源。傳染病分為許多類型，但它們全是由靠著侵略寄主、掠奪寄主身體資源、繁殖、再傳遞到新寄主身上、不斷循環維生的微生物所造成。因此，一種疾病的存活力端視人口中允許傳染的寄主數多寡、疾病從舊寄主傳播到新寄主身上的能力，以及寄主被傳染後的存活率[43]。農村與城鎮聚居了許多潛在寄主，使彼此保持密切接觸，成為傳染病成長茁壯的良好位置，對人類寄主而言更是危險的場所。商業則是導致傳染病的另一項主因。農民常使用過剩作物定期交易貨品，在此同時也交換了病原體與細菌，使具傳染力的微生物能迅速擴散到各個社區內。不意外，農耕招致了一整個世代的疫病，包括結核病、痲瘋病、梅毒、鼠疫、天花與流行性感冒[44]。這並不意謂狩獵採集者就從不生病；然

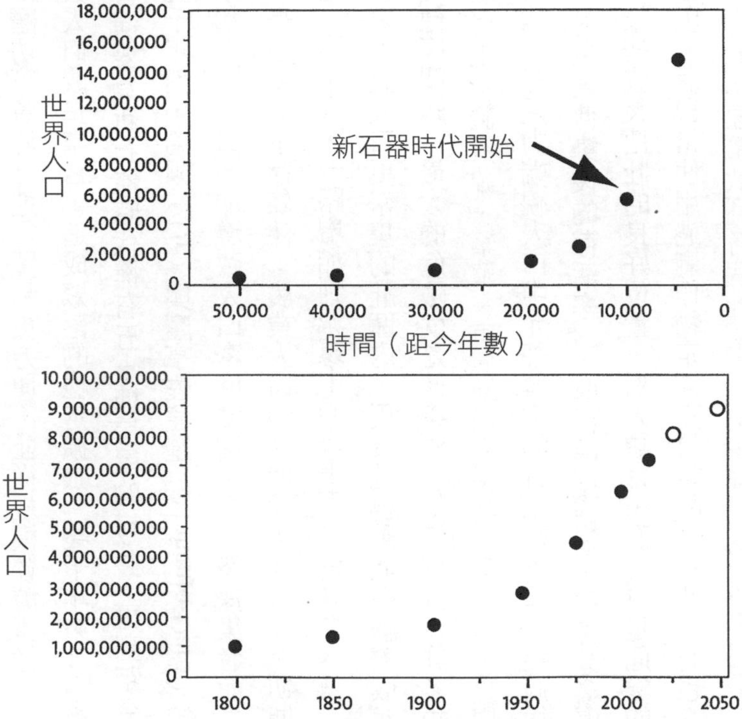

圖十八　世界人口成長

上圖為對舊石器時代結束時全球人口的粗略估計，以及新石器時代在距今約一萬年前開始後人口增加的速率。下圖將較晚近（工業革命開始後）的人口成長繪製成圖表。如需進一步資訊，請參閱 J. Hawks et al. (2007). Recent acceleration of human adaptive evolution. *Proceedings of the National Academy of Sciences USA* 104: 20753-58；C. Haub (2011). How Many People Have Ever Lived on Earth? Population Reference Bureau, http://www.prb.org/Articles/2002/HowManyPeopleHaveEverLivedonEarth.aspx。

而，在農耕出現以前，人類主要因受汙染食物上的蝨子、蟯蟲，以及單純皰疹等來自接觸其他哺乳類動物的病毒與細菌而致病[45]。狩獵採集者或許也罹患瘧疾與雅司病（yaws，梅毒的非性病先驅）等疾病，但機率遠較農民為低。事實上，由於狩獵採集者人口密度低於每平方公里一人，低於致命傳染病散播所需的門檻，因此這些疫病在新石器時代以前無法存在。例如，人類顯然在遠古時代即從猴子或齧齒目動物身上得到天花病毒（關於這種疾病的真正起源仍有爭議），但直到更大、人口更密集的聚落不斷成長，它才開始傳播[46]。

農耕另一項造成傳染性失調疾病、有害健康的附帶產品，就是衛生條件不良。居住在小型、暫時性營地的狩獵採集者只需遁入樹叢中即可排便，產生的排泄物量也尚稱輕微。一旦人們長期、甚而永久聚居下來，他們無可避免地累積大量廢棄物，弄髒自己的住處。人類排泄物會汙染飲用水與土壤，廢棄物堆積腐爛，住所更受鼠雀等汙染糧食，這些靠垃圾維生的小動物找到最理想的環境。人類為牠們提供了避開貓頭鷹或蛇類等天敵的安全庇護所。事實上，家鼠（*Mus Musculus*）最初就在農業發源之初的西南亞永久型農莊內演化，老鼠的演化竟是如此有效率，充分利用人類聚落，以致於大多數城市內的老鼠數量遠多於人類[47]。有時，這些害蟲還傳播疾病，回報我們的好客。齧齒目動物不僅傳播拉沙熱等致命病毒，更是帶原鼠疫與斑疹傷寒跳蚤的寄主。直到人類開始興建封閉式汙水下水道、廢棄物回收場與其他形式的公共衛生設備以前，轉移到農村生活就是導致眾多疾病的主因。

農耕的演進與農村、乃至都市生活的興起，也為許多傳遞致命疾病的昆蟲創造意想不到的生態環境。最使人震驚的是：當農民清除地表植被、引水灌溉作物時，他們就為將卵產在死水中的蚊子創造了最理想的棲息地。蚊子不喜歡高溫、過熱的環境，因而躲藏在陰涼的室內與近旁的灌木叢裡，使牠們得以接近人類，盡情吸吮人類甘美的血液。雖然瘧疾的疾病史相當久遠，但有利蚊蟲孳生的環境與大量人類寄主合併起來，使其在新石器時代的發病率即顯著增加。[48]其他在農業出現後，由蚊子帶原、成長茁壯的疾病還包括黃熱病、登革熱、絲蟲病與腦炎。此外，灌溉渠道中流動緩慢的死水還促進了本質是寄生蟲病的血吸蟲病傳播。血吸蟲完整的生命週期始於生長在淡水中的蝸牛體內；一旦伸進涉水而行者的腿部，就能延續生命週期。衣著則是有利於某些疾病的另一項福音，為蝨子與跳蚤創造有利的寄居環境。狩獵採集者（尤其是居住在溫帶氣候區者）當然也穿衣服，但農民的數量多得多、衣服的數量更是不可同日而語。亞當和夏娃被逐出伊甸園時，身上可能只以無花果樹葉遮蔽；但其後代髒汙的衣服卻為將來數百萬個世代微小、難纏的害蟲，提供了天賜的大禮。

最後，人類與動物、牲口近距離接觸與生活，就足以導致五十種以上的恐怖疾病[49]。這些疾病由最可怕、難纏，對人類健康構成嚴重威脅的病原體所造成，包括與牛隻接觸所導致的結核病、痲疹與白喉；由水牛所傳播的痲瘋病；由豬與鴨傳播的流行性感冒；以及由鼠類傳染的鼠疫、斑疹傷寒，甚至天花。例如，流行性感冒是一種來自水鳥、隨後跳躍到豬隻與馬匹等農莊動物身上，再進一步演化成不同類型（持續突變）的病毒。這些衍生型病毒中，某些對人體的傳染力特別強。一旦染病，病毒將對構成鼻、猴與肺部的細胞造成發炎反應，使你咳嗽、打噴嚏，藉此將幾百萬個病毒傳染給其他人[50]。大多數流行性感冒所造成的症狀尚稱輕微，但有一部分引發肺炎或其他呼吸道感染，變成致命疾病。第一次世界大戰末期（一九一八年）、橫掃全球的大流感奪走四千萬到五千萬條人命[51]，是死於戰爭軍民總數的三倍之多。這種疫病一項驚人的特徵在於：它對健康的年輕人殺傷力特別強，遠超過老弱者。這可能是由於年輕人稚嫩的免疫系統內針對流行性感冒的抗體數量較少，使他們更易罹患常是真正死因的肺炎。

總而言之，由農業出現所導致或加劇的失調性傳染病或許多達一百多種。不幸中的大幸是，現代醫學與公共衛生在過去幾個世代以來，已能成功治療、預防許多這類疾病。千年來，已開發國家的人民第一次不需為感染這些疫病或病原擔憂。這種自滿或許會使人誤入歧途；即便許多新科技協助我們預防、追蹤、治療傳染病，人類人口的規模之大、密度之高仍是史無前例，這使我們仍可能染上全新的流行病[52]。

農業究竟值不值得？

撇開所有饑荒、增加的工作量與農耕所導致的疾病，人類與其身體在從狩獵與採集到農業的重大轉變過程中，適應程度究竟如何？農業革命所造成的失調疾病，究竟值不值得？

一如往常，我們對事件的觀點常受用於衡量成敗的標準所影響。假如你也像大多數人一樣，認為農業是人類有史以來最大的進步，你的確有些理由為自己的老祖宗在幾萬個世代以前採用這種生活方式感到慶幸。最初的農民獲益於糧食量增加；增產的糧食很快就導致食指浩繁，增加人們對農業的依賴，徹底告別攝食者的時代。假如狩獵採集者出於人口壓力而改採農業，從演化學的觀點（子女數是成功與否最主要的衡量標準）來看，這一切的確利大於弊。農耕不只使人類家庭規模增加，更使他們在農村、小鎮與都市中定居，對人類聚居型態造成大規模、進行中的改變。農業更造就了多餘的糧食，使人類有餘力創造藝術、文學、科學及其他眾多成就。實際上，正是農耕使文明變為可能。然而，反面論點就在於農業帶來的豐饒造成社會階級化、壓榨、奴役、戰爭、饑荒與狩獵採集者無法想像的罪惡。農耕也造成從齲齒到霍亂等眾多失調疾病。這些惡疾、營養不良與飢餓奪走數億條人命；假如人類維持狩獵採集者的生活型態，這些死亡是能夠避免的。然而，即使這些因素殺人無數，今日地球仍多出六十億人口；假如農業革命從未開始，恐怕就是另一番光景了。

整體上，農耕對人類是項福音；但對人體健康而言，卻是憂喜參半。要評估農耕為人體健康帶來的成就，最實用的證據就是檢視身高的變化。通常，一個人的身高最大值受基因強烈影響，但實際身高則受環境高度限制。飽受營養不良、疾病或其他生理壓力所苦的人，無法長到基因所允許的身高最大值；原因在於成長發育中的兒童，精力還是有限。他們必須將精力用在維持身體機能、對抗傳染病、勞動或成長。假如兒童必須將其有限的精力用於對抗傳染病或密集勞動，用於成長發育的能量就減少了。因此，研究身高變化是瞭解人類飲食狀態、受疾病或其他類型壓力影響程度，有效的一般性評估標準。對人類身高的分析暗示：農業勃興之初，它在世界上許多地區（並非全部）對人體健康的影響，最初是有益的。不意外地，身為農業發源地的中東又成為我們探討的成功故事。深入研究顯示：隨著新石器時代於距今一萬一千六百年前開始、在最初數千年間演進，男人的身高最初增加約四公分（一・五英寸），女性的增加幅度則較小。然而，隨著疾病與營養壓力於距今約七千五百年前變得越發明顯、在人體骨骼上留下痕跡，身高開始降低[53]。

包括美洲在內的世界上其他區域，也都顯示身高在農業初期增加、隨後又降低的模式。例如，當玉蜀黍農業在距今五百到一千年前逐漸被導入田納西州東部的飲食時，男性平均身高增加了二・二公分（〇・八六英寸），女性則大約增加了六公分（二・四英寸）[54]。從身高來判斷，許多（並非全部）早期農業人口最初都受益於全新的生活方式。

然而，若退一步從較長遠的時間尺度考慮身高變化問題，農業生活方式的效益整體上並不特別有益健康[55]。隨著農業經濟加速發展，人類幾乎毫無例外地變矮。例如，隨著水稻農業數千年來的發展，新石器時代早期的中國與日本農民身高降低了八公分（三・一英寸）[56]。農業掌控中美洲後，當地男性平均身高降低五・五公分（二・二英寸），女性更降低了八公分（三・一英寸）[57]。換句話說，農業化腳步加劇最不幸的諷刺在於：即使農民整體上生產更多食物，每個子女能用於成長發育的能量卻減少，這可能是因為他們為對抗傳染病、應付偶發的糧食短缺與長時間在田野勞動，耗費相對較多的能量。

其他類型數據證實，農業變遷整體上改變人類的健康狀態。來自傳染病或饑荒的迫切壓力在牙齒上留下深刻、永久的溝痕；飲食缺乏鐵質所導致的貧血造成骨骼的病變；梅毒等傳染病則在骨骼上留下發炎的溝痕。將農業變遷前後病理學發生率製成表格的研究人員一再發現：即使人類在南北美洲、非洲、歐洲或其他地區長相或許不盡相同，但農業先驅者後裔所留下的遺骸都有著更多疾病、營養不良與口腔衛生問題的跡象[58]。簡單地說：隨著時間流逝，農耕生活通常變得更加棘手、殘酷、短暫、痛苦。

人類從事農耕後的失調與演化

即使最初的農民由轉換到農業經濟體的過程中獲得了某些好處，這種全新的生活方式卻也導致眾多失調疾病與其他問題。這些變化（尤其是失調性疾病）究竟誘發了何種演化發展？農耕究竟在何種程度上推動天擇與文化演化的方向，或只是造成失調疾病乃至更多苦難與死亡？

讓我們先探討農耕如何造成天擇。必須強調的是：最初的農民生活於距今五百到六百代以前，世界上絕大部分地區採行農業的時間則還不到三百個世代。從演化觀點來看，新物種演化等眾多演化學上的重大變化需要更多時間；但這段時間卻足使對生存與繁衍有強烈影響的基因改變其在群體中的出現率。事實上，農耕對人類飲食的改變是如此深遠，他們面對的病原體、從事的工作、所能生育的子女數與農業的出現或許加劇了對某些基因的天擇作用[59]。同時也請考慮到：天擇只能對現有、可遺傳的變異產生作用。在這一點上，由於人口激增（超過一千倍的成長），每一代人身上出現更多可供天擇作用的突變，農耕明顯地提升了演化率。量測多樣性激增的研究已鑑定出地球上過去數百個世代眾多人口所呈現的一百多萬個新型基因變異[60]。許多較新近的突變，使人不得不嚴肅面對：它們當中，許多是有害的。

大部分在過去近百代所產生的突變並未受到天擇（尤其是正面天擇）管制；事實上，超過百分之八十六的新突變很可能具有負面作用[61]。然而新型突變是如此眾多，假如研究發現近期天擇（由於農耕）偏好超過一百個基因，想必也不足為奇[62]。要細究所有基因，必須花上數年研究；但正如你可能會預測的，它們之中有顯著的百分比協助免疫系統對付農業出現以來使人類生病的最致命病原體：腺鼠疫、痲瘋病、傷寒、拉沙熱、瘧疾、麻疹與結核病。提供瘧疾免疫力的基因是受到最詳細研究的個案之一。瘧疾係由蚊子帶原寄生蟲所造成的疾病，歷史悠久。隨著農業傳播、人口密度增加與有助於蚊蟲孳生的農業習慣，瘧疾的發病率持續增加。由於瘧原蟲以血紅蛋白（在血液中運送氧氣的含鐵蛋白質）為食，飽受瘧疾所苦的人口遂選擇了數種足以影響血紅蛋白的突變[63]。其中一種突變導致鐮狀細胞性貧血（血液細胞會變成異常的半圓形），其他突變則減少血液細胞在感染後產生能量的能力，或妨礙血紅蛋白分子生成[64]。在這些病例中，僅攜帶一份突變基因能提供部分免疫力，而兩份突變基因就能導致嚴重、甚至致命的貧血。唯有在天擇針對更具災難性疾病提供免疫力的前提下，才能說明這些威脅生命的基因還能演化的事實。換言之，在受瘧疾影響區域為農民提供局部免疫力的益處，大於某些親屬死於貧血的慘重代價。

其他因為農業而在近期接受正面天擇的基因，對協助人類適應被馴化的食品，扮演重要角色。這樣的範例不勝枚舉，受到最縝密研究的當屬協助成人消化牛奶的基因。牛奶含有特殊糖分（乳糖），會被乳糖酶裂解。農業社會前的人類在斷奶後即不須再消化牛奶；隨著大部分人生理發育成熟，消化系統在他們五或六歲時就自然地停止產生乳糖酶。但在人類成功馴化山羊與乳牛等動物、使其供應乳汁後，幼兒期後消化乳糖的能力成為一項優勢，導致天擇偏好允許在成人體內產生乳糖酶的基因。事實上，數種類似突變獨立在東非人、北印度人、阿拉伯人、西南亞與歐洲住民身上演進[65]。其他適應機制的演化則協助農民應付攝取大量醣類後，血糖濃度飆升的狀況。例如，在用餐後促進胰島素分泌的TCF7L2基因有數種變體，大約於新石器時代在歐洲、東亞與西非等地各自演化[66]。一如第十一章將討論的，這些基因變體在現代正保護農民們的後代，使他們免於罹患第二型糖尿病。

天擇是一個從未間斷、現在必然仍在作用的過程，並由許多較晚近的新型基因變異從旁協助。然而，即使農業革命造就的天擇過程協助農民適應全新飲食方式、對抗傳染病，但若就此認定天擇是過去數千年來演化變異最重要的發動機，仍有欠公允。從任何尺度來看，在舊大陸與新大陸不同地區獨立演進、較晚近的基因適應特徵和同時期人類一手造就的文化革新相比，無論是在規模或程度上都小得多。許多這類文化革新（車輪、犁田機、拖拉機、文字）大幅提高經濟生產力，但許多其實是對農業生活方式導致失調疾病所做出的回應。更精確地說，許多這類革新發揮了「文化緩衝器」的作用，保護農民免受農業所帶來危險與不利條件的影響。否則，這些危險與不利條件還會造成比我們所觀察到更強烈的選擇作用。

就拿營養不良（一項更常困擾農民、而非狩獵採集者的問題）來說吧：它的成因就在於農民過於依賴少數幾種主食作物、飲食營養多樣性與品質降低。一個例子就是糙皮病（由缺乏維他命B_3，菸鹼酸造成的可怕疾病）；若未治療，它會導致腹瀉、痴呆、皮膚發疹，甚至死亡。主要食用玉蜀黍（玉米）的農民常罹患糙皮病，因為玉蜀黍中的維他命B_3聯結到其他蛋白質，使人體消化系統無法利用。從事農業的美洲原住民從未演化出能提供糙皮病抵抗力的基因；但長久以來，他們就學會在研磨前把玉蜀黍浸泡在鹼性溶液中，製造一種稱為馬薩粉（masa flour）的玉蜀黍麵粉。這項被稱為「石灰水鈣化處理」（Nixtamalization）的過程不止釋出維他命B_3、使其能為人體消化，還增加了玉蜀黍的含鈣量[67]。

馬薩粉的製造，只是文化演化對農業變遷做出的數千種回應之一。這些包括原始衛生條件、牙醫技術、製陶術、馴化貓與乳酪的文化革新，消除或減緩了許多在狩獵採集者生活型態停止後出現的失調疾病。類似製造馬薩粉與乳酪的一部分革新針對問題提供了明智的解決方法，也為人類提供了對天擇的緩衝。然而，其他革新充其量僅是治療失調症狀的權宜措施。治療症狀、忽略失調性疾病的病因，有時會誘發惡性循環（我傾向於將其稱為「不良演化」），允許疾病繼續存在、甚至變本加厲；因此，這種近乎姑息的反應將會造成其他問題。無論如何，在我們探討這項惡性循環以前，還需先檢視人體歷史上下一個重大章節：工業革命。

第九章

現代人來了：工業時代健康的兩難矛盾

人行道上木屐的噹啷撞擊聲；迅即的鈴聲；所有躁鬱、狂暴的象，為了一天的單調生活擦拭得晶亮生光，再度開始沉重地運作起來。

——查爾斯．狄更斯Charles Dickens，《艱難時世》*Hard Times*

最近數百萬年以來，人類的存在經歷了許多奧祕的變化，但還是以最近兩百五十年來的變化最迅速、最激烈。我祖父的生命歷程就可以見證這些轉折。他大約在一九〇〇年生於俄羅斯與羅馬尼亞邊界上的比薩拉比亞（Bessarabia）當地一處貧困鄉間。就像當時東歐許多地區一樣，農耕仍是比薩拉比亞的經濟主體，幾乎不受工業革命影響。在他出生的村落裡，沒人擁有電力、瓦斯或室內抽水馬桶。所有工作均由人力與農莊的牲畜完成。然而，由於納粹大屠殺之故，祖父在孩提時期即隨家人逃到美國。在美國，他得以在公立學校受教育；隨後，他參加了第一次世界大戰，根據退役軍人福利，他得以進入醫學院就讀，並在紐約成為醫師。我們當中許多人都曾在生命中見識過顯著、可觀的變革，但祖父年輕時，實際上卻在短短數年間穿越了工業革命的兩端，經歷二十世紀絕大部分的變遷。

而且，他由衷喜愛改變。他完全不是那種抗拒科技發展的盧德運動（Luddite）參與者[1]，他樂意擁抱由科學、工業化與資本主義所帶來的眾多好處。也許由於生長在鄉下的緣故，他特別享受華麗的浴室、寬敞的轎車、空調與中央控制的暖氣設備。他對自己所屬領域（小兒科）內獲致的進展，也非常引以為傲。他出生時，美國新生兒在出生後一年內夭折的機率是百分之十五到二十；但在他的職業生涯中，新生兒死亡率下降至不到百分之一[2]。降低夭折率的亮眼成績，主要歸功於抗生素與其他治療新生兒呼吸道疾病、傳染病與腹瀉的新藥物。由於衛生與營養條件改良且病人更容易獲得醫師診療等預防性健康措施，二十世紀的新生兒死亡率有著顯著且戲劇性的下降。許多內科醫師傾向只有在成人患者生病時，才為他們看診；相形之下，小兒科醫師則定期、頻繁地為健康的幼兒看診，防止他們生病。小兒科在二十世紀的戲劇性成就證實，預防性醫藥確然是最有效的醫藥。

我的祖父在一九八〇年代初期去世，但我十分確信，若他目睹今日美國為孩童所提供的預防性醫療措施，必定會感到絕望。大多數美國兒童仍然接受定期檢查、預防接種與牙醫照護，但百分之十由於貧窮與無法取得健康醫療協助而未能獲得這些服務。目前，出生時體重過輕的新生兒占總數百分之八．二，數十年來不但未下降，近年來反而逆勢成長；而出生時體重過輕，將實質增加兒童的短期與長期健康問題[3]。一九〇〇年，美國人的平均身高居全球之冠；現在，他們反而比多數歐洲人還矮[4]。最後，美國人與其他國家的人民對於預防兒童肥胖問題全然無能為力，這一點足以令人感到羞恥。自一九八〇年以來，美國肥胖兒童的百分比成長超過三倍，從百分之五．五爆增到約百分之十七，類似趨勢還在全球蔓延[5]。目前為止，醫師、家長、公衛專家、教育界學者與其他專業人士，各方共同努力扭轉這項蔓延中的問題，但結果大抵缺乏成效。越來越多兒童（與他們的家長）變得越來越肥，過重的兒童數量竟是如此眾多，以致於有些人將他們的肥胖視為常態。

如果你從整體角度檢視人體當前的狀態，像是美國等許多國家，正面臨一項前所未有的弔詭狀態。一方面，自工業革命以來更普及的富裕與更先進的醫療照護、衛生條件與教育顯著改善了數十億人的健康（其中以已開發國家為甚）。今日社會的新生兒染上農業革命時代所造成的傳染性失調疾病之危險已大幅降低，他們能活得較久、長得較高，整體而言，也比我祖父那一代的兒童健康。因此，世界人口在二十世紀增加了三倍之多。然而，另一方面，人體卻又面臨許多新問題；僅僅一個世代以前，完全沒有人能理解這些問題究竟從何而來。今日的人類更易罹患第二型糖尿病、心臟病、骨質疏鬆症與大腸癌等新型失調疾病；這些疾病在人類演化史大部分時間（包括農業時代大部分時間）內，幾乎不曾出現，或相當罕見。

要想瞭解這一切如何、又為何會發生，以及該怎麼妥善處理這些新問題，都必須先透過演化的觀點來探討工業化時代的意義。帶動資本主義、醫療科技與公共衛生進展的工業革命，是如何影響人體的成長與運作方式？過去數百年來重大的社會與科技變革，又是透過何種方式改善，甚至解決了許多由農耕發展所造成的失調疾病，卻又同時造成許多全新的失調疾病呢？

何謂工業革命？

從最原始、基本的意義而言，工業革命是一項經濟、科技的革命，使人類開始運用化石燃料產生推動機器所需的能量，進而能大量生產、運輸產品。工廠最先出現於十八世紀末葉的英格蘭，工業化生產方式迅速擴散到法國、德國與美國。一百年以內，工業革命擴散到東歐與包括日本在內的環太平洋國家。在你閱讀這本書的同時，工業化浪潮還在席捲印度、亞洲、南美洲與非洲部分地區。

有些歷史學家反對使用「工業革命」一詞。與可以發生在短短數天或數年的政治性革命相較，從農業到工業經濟體的變遷在數百年間發生；全球部分地區（如中國的鄉間）才剛要踏上工業化的腳步。但從演化生物學的角度來看，「革命」一詞完全適用；不到十二個世代以來，人類用比起過往任何文化變遷更迅速且更深刻的方式，改變了生存條件與地球環境。工業革命開始前，全球人口還不到十億人，主要由使用人力或家畜進行工作且居住在鄉村的農民組成。如今全球人口已達七十億，超過半數人口居住於城市，絕大部分的人都以機械進行工作。工業革命前，人們在農場上的工作需要各式各樣的技術與活動，包括栽種植物、照料動物與從事木工。現在，許多人在工廠或辦公室工作，勝任工作往往只需專精於幾項任務，例如算數的加法、為汽車加裝車門，或啟動電腦螢幕。工業革命前，科技發明對一般人的日常生活影響甚微，人們絕少旅遊，攝取的食物多為在地栽種、生產，極少經過加工。現在，我們的一舉一動都受到科技滲透和影響，搭乘飛機或駕車旅行千百英里也不是新鮮事，全世界有許多食物是在離消費地點甚遠的工廠內栽種、加工與烹煮。家庭與社區的結構也發生重大變化，如人民受政府管轄的方式，以及教育子女、娛樂、取得資訊，甚至是執行睡眠與排便等重大生理功能的方式，都與過往大不相同了。現在，連運動都工業化了：越來越多人樂於透過電視轉播收看職業運動員競技，而不是親自進行運動[6]。

在如此短時間內獲致如此重大又眾多的改變，確實令人讚嘆。對某些人（例如我的祖父）來說，工業革命所造就的改變為人類解脫許多束縛，進步使人振奮；毫無疑問，生活在西方經濟體系下的人們大致上遠較數百個世代以前更健康、更興旺。然而對一部分人而言，工業革命帶來的變化使人困惑不安，甚至是場災難。不管你認為工業革命是好是壞，總共有三項基本且深遠的變革為這場革命定調。首先，企業家充分利用新能源，主要用來生產、製造產品。工業革命前的人們偶爾也使用風力或水力產生能源，但他們最主要還是依賴肌肉（人力或獸力）產生力量。像詹姆斯·瓦特（James Watt，現代蒸汽機的發明者）等工業化先驅釐清了該如何從煤礦、油氣等石化燃料中將能源轉換為蒸汽、電力與其他形式的動力，藉此推動機器。最初的機器是設計來製造布料；然而，幾十年間就發明了其他用來製鐵、伐木、犁田、運輸貨品與能夠從事其他生產或銷售事項（包括啤酒）的機器[7]。

工業革命的第二項要素在於經濟體與社會機構的重新組織。隨著工業化腳步加速，允許個人競爭、生產貨品並從中獲利的資本主義成為主導全球的經濟體系，刺激進一步的工業化發展與社會變革。勞工的活動地點從農場變成工廠與辦公室，人們更需要專精於特定的工作任務，越來越多人必須一起工作。工廠需要更多的協調與管制。此外還必須創造新的私人公司與政府機構，以便運輸、銷售、促銷商品，為投資提供金源，並為搬遷到大城市周圍工廠旁的大批人口提供並管理住處。當婦女和兒童成為勞動力時（工業革命初期，童工其實相當常見），家庭、社區、工作時間、進食習慣與社會階級都受到重新分配。隨著中產階級擴張，政府服務與私人產業出現整合，以滿足他們的需求，為他們提供教育、娛樂、基本資源、道路與衛生等基本設備，並傳佈資訊。工業革命不僅創造了藍領階級，更造就了白領階級的工作。

最後，工業革命和科學的轉型不期而遇，科學從一項宜人卻不重要的哲學分支，劇變為生氣蓬勃、協助人們賺取金錢與利益的專業。工業革命初期的英雄中，有許多是化學家與工程師，他們常是像麥可·法拉第（Michael Faraday，電磁學先驅）或詹姆斯·瓦特這種缺乏正式證書或學術職務的業餘者。就像維多利亞時代許多受到改變風氣鼓舞的年輕人一樣，達爾文及其兄長伊拉斯謨斯（Erasmus Darwin）從小就夢想成為化學家[8]。包括生物學與醫學在內的其他科學領域也對工業革命做出了深遠的貢獻，主要反映在公共衛生的改善。巴斯德職業生涯初期是研究釀酒用酒石酸的化學家，但他卻在研究發酵的過程中發現了細菌，發明消毒食物的方法，近而創造了最初的疫苗。若沒有巴斯德和其他微生物學、公共衛生領域的先驅，工業革命的進程將不會如此迅速且深遠。

簡言之，工業革命其實是科技、經濟、科學與社會變革的整合，極端又迅速地改變了歷史的進程，在不到十個世代的時間內重塑了地球的面貌——根據演化時間的標準，這真的只是一眨眼的功夫。在同一段時間內，工業革命也改變了每個人的身體。它改變了我們攝取的食物類型、咀嚼方式、工作型態、行走、跑動與保持涼爽或溫暖的方式，甚至是生產、生病、生理成熟、生育繁衍、老化與社會化的方式。這些變化當中，許多是有益的，但有些對人體產生負面效應，而人體還沒演化出適應全新環境的方式。由於利用能量推動機器是工業革命的基石，要想瞭解這場革命如何造成許多失調症狀，就需先檢驗現代人工作量的多寡，以及工作類型。

工業化的體能活動

在一九三六年的電影《摩登時代》（*Modern Times*）中，卓別林身穿工作服抵達工廠，盡責地用一組螺絲鉗在裝配線上工作，將難以數計的螺帽栓緊。當輸送帶加速時，卓別林很有喜感地強調每個工廠裝配工都瞭然於心的事實：在裝配線上工作，緊湊又累人。即使工業革命在絕大多數情況下已用發動機代替肌肉，作為製造與搬運物品的力學來源，工廠工人的工作仍舊相當費力、累人。在典型的十九世紀工廠中，雇員被要求在工廠汽笛一響起時就準時上工，否則後果是賠上半天的工資。隨後，他們必須在工頭的監督下穩定又迅速地連續工作十二小時以上，而工頭的任務就只是確保生產正有效地持續。每週工作八十小時以上，微薄的工資與危險的工作環境是如此普遍，最終導致工會與政府制訂一系列改革，使工業化作業變得較安全、待遇較為人性化。一八〇二年的英國工廠法制訂後，十三歲以下童工每天不得工作超過八小時，十三到十八歲之間的青少年一天不得工作超過十二小時（英國直到一九〇一年才禁止童工）[9]。在那之後，部分國家的勞資協議持續改善工作環境：現在，美國的一般工廠工人每週工作四十小時，工時約為十九世紀時的一半[10]。然而，在中國等較低度開發的國家中，工廠工人的每週工時仍超過九十小時[11]。簡而言之，直到晚近以前，工廠作業需要的工時等同於、甚至超過農業工作的時數，而且是漫長不間斷且近乎懲罰的工時。

從人體的角度來看，工作的關鍵尺度在於勞動實際上需要多少體能活動。即使《摩登時代》與《大都會》（*Metropolis*）等電影對工廠費力的勞動有生動的描繪，工廠作業所需的能量變化幅度相當大。這些活動中，許多較接近在工廠與辦公室所執行的勞動，其他則較類似農耕，我將走動與跑動所需的能量包括在討論中，作為比較對象。一如你所預期，最費力的工作包括採礦或裝載；這類工作需要操作重機械，或使用自身的體力。這些工業化作業所需的能量，至少和農業工作一樣多。第二類工業化作業較為溫和，工人必須站立，藉由工具與機器執行任務。這些工作包括在裝配線或實驗室工作，消耗的能量相當於以舒適的速度步行。最後一種工業化作業隨著機器人與其他機械調節或替換人力，變得越來越普遍，大部分牽涉到坐在固定位置，以雙手進行操作。打字、編織或辦公桌前一般性作業消耗的體力，只比靜坐不動消耗的能量稍微多一些。一天工作八小時、坐在電腦前的接待員或銀行職員工作時，大約消耗七百七十五大卡的熱量，汽車工廠的工人大約消耗一千四百大卡，工作勤奮的煤礦場工人就耗力得多，可達三千四百大卡。如果用甜甜圈作為計算單位，接待員一天工作消耗的熱量相當於三個甜甜圈；而煤礦場工人就得在工作時吃上十五個甜甜圈，才能保持能量平衡。

換句話說，工業化時代初期的確耗費相當可觀的體力，但科技革新已使許多（但非全部）工人的工作不再需要同樣大量的體能活動。由於所耗體力的微小變化經由漫長的工作時數累積，這些差異相當關鍵。電動縫紉機作業員每小時通常消耗七十三大卡的熱量，大約等同於靜坐所耗的能量；然而，操作老式、以踏板為動力的縫紉機所耗能量多出百分之三十，每小時消耗九十八大卡[12]。一年下來，電動縫紉機作業員會少消耗約五萬兩千大卡的熱量，這可是跑上十八趟馬拉松所需的熱量[13]！另外，和坐著或站立執行工作工人所需能量的差異相較，這些差異還不算明顯。站立比坐在定位多消耗百分之七到八的熱量，假如到處移動，消耗的能量更多。假如一年包括兩百六十個工作天、每天工作八小時，一名在汽車裝配廠工作的藍領勞工會比辦公室白領職員多消耗十七萬五千大卡的熱量，這接近於六十二趟馬拉松長跑所需的能量。人類過去數百萬年歷史中，就屬坐在辦公桌前、使用電力推動機器工作的變革，最極端地改變人體能量學。

工業革命的荒謬之一在於：它在全球各地散佈蔓延，使更多人必須花更長時間久坐。弔詭的是：這是出自於更大程度的工業化最終會降低勞動性工作的百分比，增加服務業、資訊業或研究型工作的就業人口。在美國等已開發國家，只有百分之十一的勞工真正在工廠工作。幾項因素決定了勞動由生產貨品轉換為提供服務的趨勢：一項因素是量產創造更多財富，增加對銀行員、律師、祕書與會計等行業的需求。此外，更多財富也導致勞動力成本增加，使廠商有強烈動機將工作轉移到勞動力低廉的較低度開發國家。在美國與西歐等大多數已開發的經濟體中，服務業是最大、成長幅度最快的行業。越來越多人只靠著打字、閱讀電腦螢幕、電話交談、偶爾在同一棟建築內走動開會，就能維持生計。

影響所及，還不僅止於你的工作：工業革命不僅決定性地改變了工作時的體能活動程度，更改變了工作以外時間的體能活動量。工業革命開始後，人類發明且量產最高的產品中，有許多是省力設備。汽車、自行車、飛機、地鐵、電扶梯與電梯都減少了行動時所消耗的能量。請回想一下：過去一百萬年以來，狩獵採集者每日平均行走距離為九到十五公里（約略為五到九英里），但今天的美國人每日平均行走距離不到半公里（三分之一英里），每日汽車通勤的平均距離卻達到五十一公里（三十二英里）[14]。在美國大賣場中，只要電扶梯處於可用狀態，為了讓行動更加迅捷便利，只有不到百分之三的購物者會自願使用樓梯（不過若出現鼓勵走樓梯的標示，這項百分比會增加一倍）[15]。食品調理機、洗碗機、真空吸塵器與洗衣機都減輕了烹飪與打掃所需的體能活動[16]。空調與中控式暖器設備也減輕了人體保持恆定體溫所消耗的能量。包括電動開罐器、遙控器、電動刮鬍刀、輪動式行李箱等，難以數計的其他設備也一卡接一卡地減少我們生存所需消耗的能量。

簡言之，在短短幾代的時間裡，工業革命就戲劇性地降低了我們的體能活動量。如果你和我一樣，一天中大部分時間只需靜靜坐著，除了走個幾步、按下幾個按鈕以外，完全不須操勞。如

表格四　不同任務的能量消耗

任務類型	消耗能量（大卡／時）[19]
編織	70.7
操作電子縫紉機	73.1
坐在辦公桌前工作	92.4
操作腳踏式縫紉機	97.7
坐著打字	96.9
站著休息	107.0
站著從事輕度工作（清洗）	140.0
在汽車裝配線上工作	176.5
冶鍊金屬	187.9
在地面上行走（時速為 3-4 公里）	181.8
家務（一般）	196.5
實驗室工作（一般）	205.6
園藝	322.7
鋤草	347.3
挖礦	425.3
裝填貨車	435.9
（以持久速度）跑步	600-1500

數據取自W. P. T. James and E. C. Schofield (1990). *Human Energy Requirements: A Manual for Planners and Nutritionists*. Oxford: Oxford University Press。請注意上表數值實際上均為每小時的千卡數。

果你到健身房運動，或慢跑幾英里，那還是因為你想這樣做，而不是你必須這樣做。

所以，和工業革命前相較，人體體能活動究竟減少了多少？在第八章討論過，量測整體能量消耗的一項簡單辦法是PAL，這意謂著你每天消耗能量對照躺在床上、無所事事所消耗能量的比率。在已開發國家中擔任文職或行政職務、需長時間久坐的成年男性PAL值為一．五六，較低度開發國家的數值則為一．六一；相反地，已開發國家中從事製造業或農業的勞工PAL平均值為一．七八，較低度開發國家的數值則為一．八六[17]。狩獵採集者的PAL平均值為一．八五，大約等同於農民或從事其他勞動性工作者的數值[18]。因此，在過去一到兩個世代的時間裡，許多辦公室職員每日平均消耗的能量減少了大約百分之十五。減少的幅度，背後的意義是深遠的：如果一個中等身材、每天大約消耗三千大卡的農民或木匠突然退休，進入以靜坐不動為主的生活方式，他每天平均消耗的能量會驟減大約四百五十大卡。除非他少吃東西，或進行更劇烈運動，否則他必定會發福。

工業化飲食

根據《星際爭霸戰》（*Star Trek*）等科幻電影情節，未來的食物將由複製基因所生產。你只需要走到一台長得像微波爐的機器前，命令它根據你的需求產出食品，例如：「一杯伯爵茶」或「乳酪通心粉」；然後，製成這道菜所需的原子就會以正確的方式組裝起來。這項關於未來食品的幻想，實際上和許多現代人維生、覓食的方式相去不遠，甚至使舊石器時代與農業時代飲食之間的差異變得微不足道。就算農民不從事狩獵或採集，他們至少還耕種，並進行食品加工。那你呢？你今天所吃下的東西，有哪一樣是自己親手種的？事實上，你可曾需要加工處理過這些食物？美國或歐洲人的外食量占飲食總量的三分之一，真正下廚時還常只是打開食品包裝，攪拌在一起，再加熱不同的原料。我喜愛烹飪，但現在最常進行的繁重工作只剩切胡蘿蔔，將洋蔥切成小方塊，或把食品放在處理器中磨碎。

從生理學角度來看，工業革命對人類飲食的改變至少能和農業革命等量齊觀。正如第八章提到，藉由從狩獵與採集轉變到畜牧與栽種作物，農民增加了食物的產量，但是伴隨著一定的代價。農民必須辛勤地工作；此外，和狩獵採集者攝取的食物相較，他們生產的食物也較不具多樣性與營養價值，也更不可靠。當我們用生產汽車與紡織品的方式，使用機器進行食物生產、運輸與儲存時，工業革命就減弱了循環中一些平衡作用，同時放大另一部分平衡作用。這些變化在十九世紀開始成形，在第二次世界大戰後變得更加明顯；一九七〇年代，產業鉅子開始從小規模生產農民手上接管製造、生產食品的業務，這項趨勢開始達到高峰[19]。在已開發國家的大部分區域，我們所攝取的食物工業化程度已經和汽車、衣服無異。

食品工業革命造成的最大變化是：食品生產者（嚴格說，他們不應被稱為「農民」）找到了最廉價、有效率的方式，栽種並量產人類在數百萬年來一直渴望的原料：脂肪、澱粉、糖分和鹽分。他們的巧思導致市面上充斥一堆廉價、富含大卡的食物。就拿糖分來說。蜂蜜是狩獵採集者唯一真正能攝取的甜食；要想找到蜂巢，通常必須走上許多英里，爬到樹上，用煙霧把蜜蜂燻出，而後把富含蜂蜜的蜂房帶回家。甘蔗在中世紀成為作物，人類雇用奴工並在大農場上大量栽種，使甘蔗種植在十八世紀持續加速[20]。十九世紀末期，隨著奴隸制度廢止，人們使用工業化方式生產蔗糖，現代農民則使用特製化牽引機栽種大量受過馴化的甘蔗與甜菜，栽種的目的，就是使這些作物越甜越好。其他機器則用來灌溉作物、製造並散播肥料與殺蟲劑，增加收成量，減少作物在栽種過程中的損失。一旦長成，這些特別甜的作物收割後，再藉由更多機器加工、提煉出糖分，經過包裝後以船舶、火車與大貨車運送到世界各地。化學家在一九七〇年代發明了將玉米澱粉轉製成糖漿（即高果糖玉米糖漿，high fructose corn syrup）的方法，使糖類變得更加普及。現代美國人所攝取的糖分中，有一半來自玉米。根據通貨膨脹等因素調整後，現代一磅糖的價格僅有百年前的五分之一[21]。糖分變得如此普及、大量、廉價，使每位美國人每年平均攝取超過一百磅（四十五公斤）的糖分[22]！物極必反，現在已有一部分人願意多付一點錢，購買含糖量較低的食品。

除非你擁有自己的農莊，或親自前往農民銷貨的菜市場，你攝取的絕大部分食品（包括由放養母雞所產的蛋與有機萵苣）都是以工業化方式栽種養殖的，通常還獲得政府補助，以確保產量源源不絕，價格低廉。在一九八五年與二〇〇〇年之間，一美元的購買力降低了百分之五十九，蔬果價格成長一倍，魚類價格增加百分之三十，乳製品價格約略持平；相反地，糖分與甜食的價格大約降了百分之二十五，富含脂肪與油的食品價格降了百分之四十，蘇打汽水的價格更降了百分之六十六[23]。同時，每一份的食品分量還像膨脹的氣球般爆增。假如你在一九五五年走進一家美國速食店，點一份漢堡與薯條，你會攝取約四百一十二大卡的熱量；但在今天，你花費同樣的價格（根據通膨調整後的美元購買力），點相同的食物，卻會攝取雙倍以上的熱量（總計達九百二十大卡）[24]。一九七〇年以來，美國人的蘇打汽水攝取量增加一倍以上，每人每年平均攝取量超過一百五十公升（約為四十加侖）[25]。根據美國政府估計，分量加大，含有更多大卡的食品已使美國人在二〇〇〇年每日平均熱量攝取較一九七〇年增加了兩百五十大卡，也就是增加了百分之十四[26]。

工業化食品或許很便宜，但它們的生產對環境與勞工健康所造成的代價相當可觀。為了你攝取食物中的每一卡熱量，必須以大約十卡熱能的化石燃料栽種、施肥、收割、運輸與加工，而後食物才能進到你的盤子[27]。此外，除了有機食品以外，所有食品的栽種都使用大量殺蟲劑與無機肥料，汙染水源，有時甚至使勞工中毒。最極端、最惱人的工業化食品，非肉類莫屬。肉類恐怕是人類在數百萬年以來最渴望的食品（蜂蜜也許是唯一的例外），人類有夠強烈的動機製造便宜、大量的肉類，尤其是牛肉、豬肉、雞排與火雞肉。然而，直到近代以前，要滿足這份渴望仍是艱鉅的挑戰，肉類消費量還能獲得控制。早期農民也養殖馴化了家畜，他們的肉類攝取量一般而言仍較狩獵採集者為低，原因在於家畜存活時還能供應奶水，死時就只剩下肉類可供食用；另外，考量到冬季必須生產、貯存乾草以餵食家畜，照料這些農莊動物需要大量空間與勞動力。藉由套用全新的科技與經濟規模，食品工業化徹底改變了這項恆等式。美國與歐洲人所攝取的肉類，絕大部分由集中型動物飼養經營（concentrated animal feeding operations, CAFOs）所生產。它的概念是：將數以百千計的動物集體管理，在大型牧場上或糧倉裡以穀類（通常是玉米）餵食。動物的反應，就像我們吃下大量澱粉而不運動一樣：變肥。由於集體排泄、高度集中飼養的動物會招致傳染病，乳牛等物種的消化系統又較能適應青草（而非穀類），這些被集體飼養的動物染病率相當高。結果，這些動物必須持續接受抗生素與其他藥物注射，以控制其持續腹瀉，使其免於死亡（抗生素也會導致體重增加）。工業化生產如此大量、廉價劣質肉品所帶來的經濟利益，是否真比對人體健康與環境造成的代價重要？

食品工業革命後人類飲食的另一項重大轉折在於，食品受到大幅改造加工後，變得更加美味可食、便利，同時也能耐久存放。數百萬年來為取得足夠食物的奮鬥與艱辛，或能說明人類為什麼持續偏好低纖維且富含糖分、脂肪與鹽分的加工食品[28]。如此一來，製造商、家長、學校與其他供應或銷售食品的人更樂得投我們所好，甚至使食品工程師成為新興行業，設計更有吸引力、更廉價、保存期限更久的新型加工食品[29]。假如你家旁邊的超市和我家附近的類似，半數以上銷售的食品其實都是加工食品，它們比絕大部分「真正食品」更便於食用。身為家長，多年來我一直試圖阻止人們為我的女兒提供這些加工食品。他們不給她蘋果，而是水果糖。荒謬的是，這些產品被行銷為水果的替代品、大卡與維他命C含量完全一致，卻沒有纖維素或其他營養成分。

把食品攪拌成微小粒子，移除纖維素並增加澱粉與糖分含量，也改變了人體消化系統的運作。當你進食時，消化食物的過程中要分解食物的分子，將營養物從腸臟運送到人體各部位，這些通通都會消耗能量。（吃完一餐後，你體溫上升的程度就能使你感受到消化食物所需的能量多寡。）當你食用含有大量微小粒子的加工食品時，消化所耗的能量顯著減少（超過百分之十）[30]。如果你把一整塊牛排攪碎成漢堡肉，或將花生加工成花生醬，你的身體會從每公克的食物中萃取更多大卡，消化所耗的能量卻降低。酶是附著在食物粒子表面，協助裂解食物的蛋白質，腸臟消化食物時，正需要這種物質。小粒子每單位質量表面積較大，能較有效消化。另外，消化白麵粉與白米等纖維含量較低的加工食品所需的步驟較少、時間較短，導致血糖濃度更迅速上升。這些食品（可稱為升糖食物）更快、更易消化裂解，但我們的消化系統可就不那麼能適應它們導致的血糖濃度急速上升了。胰島線試圖以同等高速產生足量胰島素時，常會矯枉過正，造成胰島素濃度升高，再導致血糖濃度急降到標準值之下，使你感到飢餓。這些食物導致肥胖與第二型糖尿病（第十章將對此進行詳細說明）。

所以，工業化對個人攝取食物的改變，究竟到了何種程度？無論是過去或現在，都不應太過相信過度簡化的飲食；農民、狩獵採集者的飲食，以及現代西方的飲食習慣都並不單一。即便如此，表格五還是針對一般狩獵採集者飲食的合理概算近似值、現代一般美國人的飲食估計值與美國政府建議的每日攝取量（recommended daily allowances, RDAs）進行了比較。和採食者相較，攝取工業化飲食的人，飲食中醣類（尤其是糖分與精緻小麥澱粉）所占百分比相對較高；工業化飲食蛋白質含量相對較低卻富含飽和脂肪，纖維素則是嚴重不足。最後，即使食品製造商有能力造出充滿大卡的食物，工業化飲食嚴重缺乏絕大多數維他命與礦物質（鹽分是唯一顯著的例

表格五　標準狩獵採集者飲食、美式飲食與美國政府建議的每日攝取量（RDA）比較（數據為男性與女性之平均）

項目	狩獵採集者	美國人平均值	RDA
醣類（占每日能量百分比）	35-40%	52%	45-65%
結構簡單的糖類（占每日能量百分比）	2%	15-30%	＜10%
脂肪（占每日能量百分比）	20-35%	33%	20-35%
飽和脂肪（占每日能量百分比）	8-12%	12-16%	＜10%
不飽和脂肪（占每日能量百分比）	13-23%	16-22%	10-15%
蛋白質（占每日能量百分比）	15-30%	10-20%	10-35%
纖維（公克 / 日）	100 公克	10-20 公克	25-38 公克
膽固醇（毫克 / 日）	＞500 毫克	225-307 毫克	＜300 毫克
維他命 C（毫克 / 日）	500 毫克	30-100毫克	75-95 毫克
維他命 D（單位 / 日）	4000IU	200IU	1000IU
鈣質（毫克 / 日）	1000-1500 毫克	500-1000 毫克	1000 毫克
鈉（毫克 / 日）	＜1000 毫克	3375 毫克	1500 毫克
鉀（毫克 / 日）	7000 毫克	1328 毫克	580 毫克

現代美國人飲食數據取自於 http://www.cdc.gov/nchs/data/ad/ad334.pdf，對狩獵採集者飲食的估計係根據 M. Konner and S. B. Eaton (2010). Paleolithic nutrition: 25 years later. *Nutrition in Clinical Practice* 25: 594-602。

外）。

簡言之，農業發明導致人類食物供應量大增，卻使品質惡化，食品工業化則加乘了這項效應。近百年內，人類發明了許多製造大量營養價值極低、卻富含大卡食物的科技。自工業革命在大約十二個世代前開始後，這些變革使我們有能力養活越來越多人口，而每個人獲得的食物量也有所增加。即使全球現今仍有約八億人飽受糧食短缺所苦，卻有十六億人過重甚至肥胖。

工業化的醫藥與衛生

直到工業革命以前，醫學進步（如果我們還能使用這個措詞的話）主要在於以庸醫式的醫術取代無知。確切說來，人類使用了民間療法（有些療法或許可以追溯到舊石器時代），但對隨著農業革命開始出現而狩獵採集者鮮少需要面對的文明病如鼠疫、貧血、維他命不足、痛風等該如何治療，卻缺乏實用知識。在歐美，相當風行卻成效不彰的疾病療法包括大量放血、將身體浸入爛泥中，甚至吞嚥少量水銀等有毒金屬。當時還沒有麻醉技術，拔牙或接生前先洗手等衛生習慣幾乎無人顧及，有時甚至被嗤之以鼻。不意外的是：明智的人都避免看醫師，因為他們相信人體內四大體液（黃膽汁、黑膽汁、黏液與血液）發生失衡才會生病[31]。

如此欠缺的醫學知識所反映的，正是當時極其惡劣的衛生條件；它們常使人染病，甚而死亡。狩獵採集者從不會大量、長期定居在同一塊營地，因而不至於累積大量汙穢，身體大抵上也相當乾淨。人類開始在村莊定居以後，生活變得越來越骯髒；人口激增、進入都市與城鎮並聚集，生活環境迅速變得相當不衛生且難聞。都市與城鎮像豬舍一般，散發濃濁的惡臭味。歐洲城市變遍佈著汙水坑與巨大的地下孔穴，人們將排泄物與其他廢棄物堆積在其中。下水道的一個大問題是：它們會洩出液態廢棄物渣滓（或可美其名稱為「黑水」），汙染當地溪流與河川，影響飲用水質。陰溝的存在相當罕見，甚而成效不彰。廁所是屬於富人的奢侈品，汙水排除措施通常不存在。肥皂也是極其奢華的享受，擁有標準淋浴與沐浴設備的人更屈指可數，衣服與被褥也鮮少洗滌。最重要的是：當時尚未發明消毒與冷藏技術。農業出現後的數千年間，生活充滿惡臭味，腹瀉是家常便飯，霍亂等傳染病不過是例行公事。

都市的確是滿佈死亡、骯髒的陷阱，但隨著農業經濟體發展，它仍成為足以吸引人口遷入的磁鐵。和貧困的鄉村相較，都會區通常擁有更大量財富、更多工作與經濟機會，許多人因而蜂湧遷入城市裡。直到二十世紀以前，倫敦等英國大都市的死亡率其實高於鄉村地區，需要鄉村人口的穩定移入，才能穩住都會區的人口規模[32]。然而，隨著工業革命的進展，歸功於現代醫學、衛生與政府效能，都會區生活條件開始顯著改善。事實上，工業革命的經濟變遷和當代醫藥、衛生、公衛的革新環環相扣。這些不同的革命都以啟蒙運動為根基，如果沒有醫療、衛生的改善來激發更多新服務與貨品，很難想像工業革命能夠成功。工廠需要工人生產並購買他們的貨品。此外，工業化供應建造汙水下水道、量產肥皂與生產廉價藥物的科技能力與金融資本。這些救人性命的進展使人口呈現爆炸性增長，增加對經濟產出的需求。

對人體健康產生最關鍵變革的醫學進展，無非是發現細菌與微生物群，以及我們如何對抗牠們。安東尼·范·列文虎克（Antonie van Leeuwenhoek）從實質上改善了顯微鏡性能；他在一六七〇年代率先發表對細菌與其他微生物群特徵的描述。他將牠們稱為「極微動物」（animalcules），但他和當代的人們卻並未意識到：牠們可能就是病原體。然而，人們長久以來就認知或懷疑肉眼不可見的病源存在，接觸到染病的人是會導致危險的。例如，《聖經·利未記》就記載關於診斷痲瘋病的方式與燃燒痲瘋病患衣服、清理他們住家並隔離病人的規定：「身上有長大痲瘋災病的，他的衣服要撕裂，也要蓬頭散髮，蒙著上唇，喊叫說：不潔淨了！不潔淨了！」[33]有些文化意識到：天花病人的膿汁會使其他人染病，但有時卻能產生接種的功能（中國人將其製成藥用鼻烟）。一七九六年，愛德華·詹納（Edward Jenner）使用一位受牛痘感染農民女兒的膿汁，刮開一位八歲小男孩的手臂，從而發明並測試了接種程序，名聲大噪。數週後，他硬著頭皮再度用人體的天花膿汁劃開男孩的手臂，這次就未出現任何感染。

即使有了這項知識，細菌足以致病的事實直到化學家巴斯德在一八五六年受法國釀酒業之託，協助他們防止名貴的酒品變質成醋，才獲得證實。巴斯德不只發現空氣中的細菌會汙染酒品；他更發現，將酒類加熱到攝氏六十度（相當於華氏一百四十度），就足以殺死惱人的細菌。將酒類、牛奶與其他物質加熱的檢疫程序被命名為巴式消毒法，即刻增進了釀酒廠的獲利，更實質避免了數十億個傳染病例，以及數百萬人的死亡。巴斯德很快就意識到，自己的發現牽連的範圍廣泛，遂將注意力轉移到其他微生物病原體上，發現鏈球菌與葡萄球菌，研發出能對抗狂犬病、炭疽病與家禽霍亂病的疫苗。巴斯德還找到使蠶發病死亡的病原體，進一步拯救了法國的絲綢產業[34]。

巴斯德的發現激勵了科學界，開創微生物學的新領域；剛結束學業的微生物學家狂熱地跟隨這風潮，辨識出導致炭疽病、霍亂、淋病、痲瘋病、傷寒、白喉與鼠疫等其他疾病的細菌，在接下來數十年間造就一連串大發現。一八八〇年，科學家發現導致瘧疾的微小瘧原蟲，病毒則在一九一五年被發現。同等重要的發現是：蚊子、蝨子、跳蚤、老鼠與其他害蟲會帶原許多傳染病。隨後，解藥就一一問世了。即使巴斯德和其他微生物學先驅觀察到特定細菌或真菌能夠抑制炭疽病菌等致命細菌的生長，能夠有效殺死細菌的藥物卻直到一八八〇年才由德國的保羅．埃爾利希（Paul Ehrlich）研發出來。一九三〇年代合成出最初硫化的抗生素；科學家在一九二八年意外發現盤尼西林，但大眾卻並未立刻意識到其重要性，直到第二次世界大戰期間，這種神蹟般的藥物才首次真正獲得量產。盤尼西林拯救的人命多不勝數，至少有數億人之多。

改善人體健康的希望、手段與健康醫療新產業的龐大利潤結合起來，導致工業革命後一百多年來許多其他醫療技術的發展。關鍵且附帶龐大商機的進展包括發現維他命、X光等診療工具、麻醉技術的研發，以及橡膠製保險套。麻醉技術的發明充分描繪出工業化時代中，利潤與科技發展之間的相互作用[35]。一八四六年九月，牙醫威廉．莫頓（William Morton）在波士頓綜合醫院使用乙醚作為麻醉劑，執行了第一次成功的手術，隨即為麻醉劑申請專利。從今日的角度看來，為醫學發現申請專利再尋常不過了；但莫頓的行為在當時的醫學界招致眾怒，他們反對他控制這項能減輕人類受苦的物質並從中牟利。莫頓的後半生都在法律纏訟中度過，不過他的發現很快就被更便宜、安全、有效的三氯甲烷（chloroform）蓋過。當然，想要牟利的欲望也造就許多糟糕的醫學概念，現狀仍是如此。已患病或擔心患病的人花許多錢嘗試各種庸醫式的偏方，願意擱置對自己所選治療方式的疑慮。例如，十九世紀間，一般的灌腸劑常被行銷為促進良好健康的神奇小藥丸。約翰・哈維・凱洛格（John Harvey Kellogg）等企業家斥資興建豪華的「療養院」，富翁慷慨地支付費用，在這裡每天讓自己的結腸接受灌洗，享受充分運動和全麥高纖飲食，以及其他治療[36]。

工業時代對抗疾病之戰，另一項重大的成就在於藉由改良的衛生條件，防止傳染病發生。這些革新從微生物的發現中獲得許多動力，建築與量產的新方式也貢獻良多。需求更是發明之母，由於迅速擴張的都市應付不了人類過量的排泄物，更良善的衛生條件便成為當務之急。羅馬等早期城市已有效果不錯的下水道系統，許多下水道沿溪流而建，將廢棄物帶走。但許多都市依賴巨大、發臭、易漏的化糞池。一八一五年，倫敦數以千計滿溢而出的化糞池已到了令人無法忍受的地步，市府竟愚蠢地允許它們傾入泰晤士河，將更多排泄物倒入倫敦最重要的飲用水源內[37]。無論如何，倫敦人還是承受了這些惡劣條件；頻繁的霍亂疫情隨之而來。一八五八年倫敦的夏天異常炎熱（這就是名留史冊的「大惡臭」〔Great Stink〕），市容醜陋不堪，國會（國會大樓就在泰晤士河旁邊）終於修法，興建一條全新下水道系統。維多利亞女王很驕傲下水道的完工，她甚至還蓋了一條穿越泰晤士河其中一段下水道的地下鐵路，來紀念下水道的落成。下水道是工程學的重大功績，全球各地都市皆廣為興建下水道，使市民生活更加便利，這建設儼然成為市民的驕傲。巴黎甚至還有一座充滿喜感卻惡臭不堪的博物館（巴黎下水道博物館），使你能觀賞巴黎下水道，一聞其臭，瞭解它輝煌的歷史。

室內沖水馬桶與個人衛生的發展，使汙水下水道的興建更加完備。你或許會把沖水馬桶視為理所當然；但直到十九世紀末葉以前，清潔的排便場所稱得上是奢侈品，使人類排泄物遠離飲用水源的技術既原始又成效不彰。湯馬斯・克拉普（Thomas Crapper）並非廁所的發明人，卻是促使其量產化的先驅，使人人都能安心地將自己的排泄物排入新建好的汙水下水道內。二十世紀上半葉，藉由人類排泄物傳播的鉤蟲病肆虐美國南部，企業鉅子洛克斐勒（John D. Rockefeller）便出資協助當地興建戶外廁所[38]。如廁完畢後，你或許還會用肥皂將手洗乾淨；但有效、輕鬆洗淨且無須昂貴費用的方法直到十九世紀，才因為室內水管線配置與肥皂量產技術的進步獲得實質提升。在洗衣用肥皂與易於清洗的棉質衣料於工業革命期間成為家家戶戶必備品以前，衣物和被褥是難以清洗的。事實上，人類直到十九世紀才體認出清潔對健康的助益。一八四〇年代，匈牙利婦產科醫師塞麥爾維斯（Ignaz Semmelweis）和美國的老奧利佛・溫德爾・霍姆斯（Oliver Wendell Holmes Sr.）各自提出護士藉由洗手可大幅降低產褥熱發病率的說法，卻被斥為無稽之談。幸運的是，巴斯德發現細菌，搭配基本個人衛生能挽救生命的證據，最終說服他們的質疑者。此外，約瑟夫・李斯特（Joseph Lister）在一八六四年發現使用石碳酸能殺死細菌，導致抗菌劑的研發，隨後造就防腐技術，堪稱對抗細菌努力的另一項重大進展。一八七一年，李斯特甚至獲得單獨為維多利亞女王進行腋窩手術的榮譽[39]。

最後，企業家還徹底轉變了食品安全。狩獵採集者儲存食物的時間不超過數天；農夫固然無法將食物儲存數年，但要是無法將收成儲存幾個月，就很難生存。工業時代前，食鹽是最常見且有效的防腐劑。拿破崙堅信，食品才是大軍前進的動力；他命令法國陸軍找出對策，最後在一八一〇年發明了罐頭食品。罐裝技術的早期先驅很快發現，罐裝食品必須加熱，以防止腐壞；但巴斯德發明巴氏消毒法以後，食品製造商便迅速發明以瓶罐及其他密封包裝方法，安全又有效地保存牛奶、果醬與油品等一系列食品。冷凍與冷藏則是另一項重大發展。長久以來，人類懂得把食品放在地下室保持低溫，富人有時能在夏天取得冰塊；但許多食物一發霉或開始變酸時，就必須被吃掉。冷藏技術首先在一八三〇年代的美國有效發展，最初先運用新科技量產冰塊；數十年間，附有冷藏間的列車就能長距離運輸各類食品到銷售點。

醫學、衛生與食品儲存技術的進步顯示：工業與科學革命的發生並非獨立事件，兩者相互影響，獎勵並刺激能賺取金錢且拯救無數生命的發明與發現。然而，工業化時代帶來的許多改變並未使人體的成長與運作獲益。我們已討論過工業化對我們攝取的食品與從事的工作造成的一部分負面效應。由於睡眠占了生命的三分之一，如果沒有考慮到我們小睡的方式如何改變，就是相當明顯的疏忽了。

工業化的睡眠

你昨晚睡飽了嗎？美國人平均每晚在床上躺了七．五小時，但實際平均睡眠時間僅有六．一小時，比一九七〇年的全國平均時數少了一小時，比一九〇〇年少了兩到三個小時[40]。此外，只有三分之一的美國人有午睡習慣。大部分人獨自或與單一伴侶睡在溫暖、柔軟、高於地板的床上，我們還常強迫嬰兒和幼童採取成人的睡眠方式：獨自睡在隔離或近乎隔離的房裡，房裡不能有任何感官刺激元，無聲、無味、光線黯淡，更沒有社交活動。

你或許偏好這種睡眠習慣，但它是現代相對怪異的睡眠方式。針對狩獵採集者、牧羊人、從事自給型農業的農民睡眠習慣報告指出，直到近代以前，人類絕少獨自睡眠，和子女、其他家人同睡一張床，在古代其實是常態。古人保持每天午睡的習慣，獲得的睡眠也往往比我們充足[41]。一名典型的哈札狩獵採集者每天早上黎明時分醒來（在赤道介於上午六點半到七點），中午時分享受一到兩小時的午睡，大約在晚上九點就寢[42]。當時的人們通常也不會一次睡飽，他們半夜醒來，隨後再進行「第二波睡眠」[43]。在傳統文化中，床鋪常是硬的，為了將跳蚤、臭蟲和其他寄生蟲的危險降至最低，可以忽略被褥。古人也常在感官條件更複雜的環境下入睡，例如在營火旁、聆聽外界聲音下入睡，也更能容忍其他人的雜音、動作以及偶爾出現的性行為。

許多因素說明我們睡眠的方式為何異於過往。其一是：工業革命改變了時間觀念，為我們提供日光燈、收音機、電視節目與其他有趣的娛樂，使我們即使在演化機制下正常的就寢時間，都還能有事做[44]。數百萬年以來，全世界大部分地區的人類第一次能熬夜，這剝奪了人類睡眠。首當其衝的是，許多現代人承受若干夾雜生理與心理因素的壓力（包括酗酒、飲食不良、缺乏運動、焦慮、憂鬱症與壓力），飽受失眠之苦[45]。反常、全無刺激元存在且備受喜愛的睡眠環境，可能進一步惡化失眠的問題[46]。入睡是一項漸進的程序，身體經歷數個階段的淺眠，大腦逐漸對外界刺激元失去感知，才進入對外界渾然不覺的深層睡眠。人類演化的大部分時間裡，這緩慢的程序可能是避免在危險環境下（例如獅子在周遭覓食）熟睡的適應機制。將整夜的睡眠分為兩階段，可能也是適應機制。在隔離的寢室中，我們聽不到使大腦潛意識感到安穩的爐火爆裂、旁人打鼾與遠處土狼嚎叫等演化機制下的正常聲音，有時可能導致失眠。

不管是什麼原因，我們睡得越來越少、睡眠品質每況愈下，已開發國家中，至少百分之十的人口經常受嚴重失眠所苦[47]。缺少睡眠極少致人於死，但長期缺乏睡眠使大腦無法正常運作，更使健康惡化。長期睡眠不足時，人體荷爾蒙系統會做出數種反應，類似於短期壓力下的適應機制。正常情況下，當你睡眠時，身體分泌生長激素，刺激身體成長、細胞修復、維持免疫系統功能正常；但睡眠不足削減了這項增長，導致身體轉而生產另一種荷爾蒙：可體松（cortisol）[48]。高濃度可體松將人體代謝從投資與成長狀態轉變為驚嚇、逃脫的狀態，提高警覺性，將糖分導入血液循環中。這項轉變對你早上起床或協助你逃脫獅子時相當受用，但長期的高濃度可體松會抑制免疫力、干擾成長、增加罹患第二型糖尿病的風險。長期睡眠不足還會導致肥胖。正常睡眠中，人體處於放鬆狀態，使一種名為瘦素（leptin）的荷爾蒙濃度提高，同時降低飢餓激素濃度。瘦素抑制食欲，飢餓激素則促進食欲，這項循環協助你免於在熟睡中感到飢餓。然而，一旦你持續睡眠不足，體內瘦素濃度降低，飢餓激素濃度升高，無論你實際上是否吃飽，都有效地向大腦發出飢餓訊號[49]。因此，睡眠不足的人特別喜歡攝取高糖分食品。

工業化時代最殘酷、最諷刺的無非是，優質睡眠竟是富人才能獨享的特權。較高收入者睡眠更有效率（輾轉反側的時間較少）[50]，獲得的睡眠因而較多。可能的解釋是：富人所感到的壓力較小，因而能更輕易入睡。對為求三餐溫飽的人來說，日常生活的壓力和睡眠不足導致惡性循環；壓力抑制睡眠，睡眠不足又導致壓力升級。

好消息：更高、更長壽、更健康的人體

最近一百五十年來，我們進食、工作、旅遊、對抗疾病、保持清潔乃至睡眠的方式都產生根本性的變革。人族彷彿經歷一場徹底的化妝：離我們只有數代之遙的祖先再也無法理解我們現代的日常生活，但我們在基因、解剖學與生理學方面，實際上仍與他們相同。改變是如此迅即，所經歷的時間之短，甚至連一小部分的天擇都還來不及發生[51]。這值得嗎？從人體觀點而言，答案是「的確值得，但最初並不那麼值得」。當工廠在歐洲與美國建立之初，勞工在危險的環境、殘酷不人道的長工時下辛勤工作，蜂湧進入滿佈汙染源的大城市裡。在都市工廠裡工作，或許比待在鄉下挨餓要好些；但對許多人而言，早期科技進步的代價仍是無盡的苦難。但隨著財富急速積

累，醫療技術加速進步，美國、英國、日本等工業化國家，一般人民的健康狀態的確開始有所改善。汙水下水道、肥皂與疫苗抑制了農業革命數千年來造成的傳染病爆發。食物生產、儲存與運輸的新方法提高了大部分人所能獲得的食品質量。當然，戰爭、貧窮與其他病痛仍造成大量苦難與死亡，但終極而論，工業革命使更多人和數百年前相比，獲得更好的境遇。你出生時染病、早夭的風險降低，你可能長得更高大、健康。

如果有一個變因能充分詮釋工業化與醫學導致的種種變革，那就是能量了。正如我在第五章所討論過的，人類就像其他有機體一樣，使用能量是為了以下目的：成長，維持身體機能，繁衍後代。進入農業時代以前，狩獵採集者獲取的總能量僅略多於成長、維持身體機能與足以用維持族群繁衍的速率生殖。日常體能活動強度與能量報酬率相當穩定，兒童死亡率高，人口成長率緩慢。農業使可用的能量大量增加，改變了這項恆等式，使繁殖率增加了近乎一倍。千年來，農民必須保持高度體能活動，同時飽受許多失調疾病之苦。然而，工業化發明由石化燃料中忽然生成看似取之不盡、用之不竭的能量，引擎與機械織布機等科技將能量轉換成功率，以指數倍率產生包括食物在內的更多財富。同時，現代衛生與醫學不止實質降低死亡率，還減少人類用於對抗疾病所耗費的能量。假如你花較少的能量就能保持健康，你就能將更多能量用於成長與繁衍。因此，工業革命所造成最顯而易見的三個結果是：更龐大的身軀、更多子女數與壽命延長。

讓我們先考慮身材與體型。在你成長期間，身高受到基因與環境因素影響。良好的健康能使你完全長到基因所允許的身高（但也僅止於此）；健康與營養不良則阻礙你的發育。根據能量均衡模型的預測，人類體型的確在工業革命後增大。但你若仔細檢視最近五百年來的身材，絕大部分的改變，發生年代都相當晚近。例如，圖十九顯示法國男性身高自一八〇〇年以來的改變[52]。工業革命初期，身高的增長是有限的（在荷蘭等較窮困的國家，實際上甚至還下降）。身高的成長幅度在一八六〇年代稍微加速，在最後五十年間則全面衝刺。諷刺的是，假如我們從較長的時間尺度考量身高的變化（如圖十九所示，最近四萬年以來），很明顯地，近年來的身高增長使歐洲人回到舊石器時代開始時的身高，甚至還微幅超越[53]。歐洲人的身高在冰河期末期有所下降，可能部分導因於歐洲人適應較溫暖的氣候，導致基因變化；但在新石器時代早期那

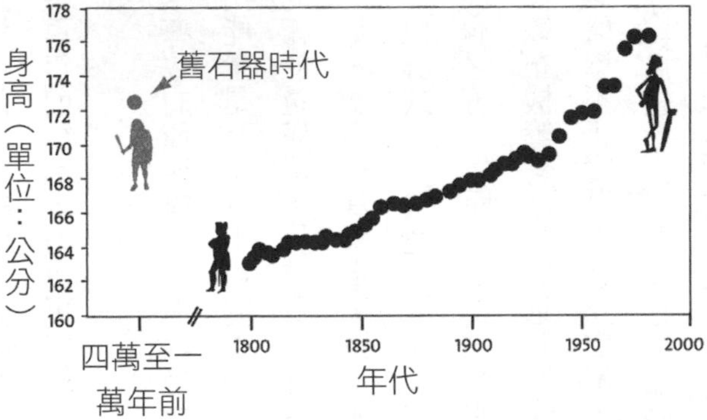

圖十九　法國男性身高自 1800 年起的變化（與舊石器時代歐洲人身高的比較）

R. Floud et al. (2011). *The Changing Body: Health, Nutrition, and Human Development in the Western World Since 1700*. Cambridge: Cambridge University Press；T. J. Hatton and B. E. Bray (2010). Long-run trends in the heights of European men, 19th-20th centuries. *Economics and Human Biology.* 8: 405-13；V. Formicola and M. Giannecchini (1999). Evolutionary trends of stature in upper Paleolithic and Mesolithic Europe. *Journal of Human Evolution.* 36: 319-33。

充滿挑戰與艱難的千年間，他們變得越來越矮。最近一千年來，農業發展開始扭轉這項趨勢，直到二十世紀，歐洲人才又回到當初穴居人的身高。事實上，身高數據顯示：現在，歐洲人比地球上任何人都要高。一八五〇年，荷蘭男性平均身高比美國男性矮了四．八公分（兩英寸）。從那之後，荷蘭男性的平均身高增加了近二十公分（八英寸），美國男性只增加十公分（四英寸），使荷蘭人身高居於全球之冠[54]。

那體重呢？我們會在第十章進一步探討我們增加的腰圍與肥胖，但來自眾多國家的長期數據暗示，許多人擁有過多的能量，毫無意外地增加體重對身高的比例。這項關係常以身體質量指數（BMI）測量，即一個人的體重（公斤）除以身高（公尺）平方。圖二十比較過去百年來，由羅德里克．法羅德（Roderick Floud）與同事所做的里程碑性研究中[55]，介於四十與五十九歲之間美國男性的BMI指數值。圖表顯示：一九〇〇年，美國成年男性的平均BMI指數仍是健康的二十三；但從那之後，即使第二次世界大戰後一度短暫下探，BMI指數仍持續增加。現在，一般美國男性已符合過重的標準（BMI指數超過二十五）。

令人難過的是，近一百多年來成人體重與身高的增長，並未能降低出生時體型過小嬰兒的百分比。新生兒出生時的體型是一項重大的健康顧慮，出生時體重過低（臨床定義為低於二．五公斤或五．五磅）的嬰兒，在孩提時期與成年時的死亡或健康不良風險均顯著較高。法羅德和同事的數據顯示：美國黑人新生兒出生時中等體重的百分比明顯低於白人新生兒，但兩個群體的體重過低新生兒比率從一九〇〇年起幾乎維持不變（黑人約為百分之十一，白人為百分之五．五）。

由於出生時體重是母親生育時所能投注能量的直接反應[56]，這種不均主要是社經差異所造成的結果。荷蘭等提供全民優質醫療照護的國家，體重過低新生兒的百分比也較低（約為百分之四）。

另一項能從能量模型得出的明顯預測，在於來自高能量食品的更多大卡、體能活動的減少與疾病發病率的降低，將改變人口的特徵。除了長得更高、更胖以外，擁有正面能量均衡值的人活得更久、生育子女數更多、子女存活率也較高。事實上，新生兒的低死亡率可謂放諸四海皆準的進步特徵。從這一環來看，工業革命可謂非常成功。從一八五〇年到二〇〇〇年，美國白人的新生兒死亡率減少了三十六倍，從百分之二十一．七降低到百分之〇．六[57]。新生兒低死亡率與其他發展結

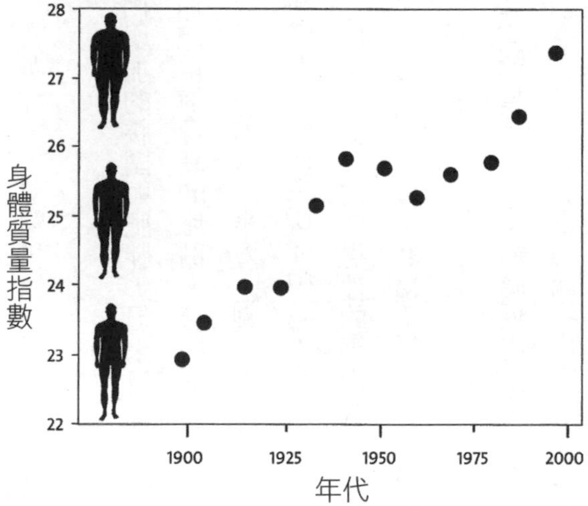

圖二十　美國四十至五十九歲男性自 1900 年起的身體質量指數（BMI）變化

The Changing Body: Health, Nutrition, and Human Development in the Western World Since 1700. Cambridge: Cambridge University Press.

合起來，使平均壽命增加一倍。如果你生於一八五〇年，你可能活到四十歲，死因最可能是傳染性疾病。生於二〇〇〇年的美國嬰兒預計可活到七十七歲，最可能的死因是心血管疾病或癌症。然而，這些令人振奮的統計數據中，仍隱含著提醒，給我們一記當頭棒喝：過去數百年來的變革，並未均等地使每個人受益。一八五〇年以來，非裔美國人的新生兒死亡率減少了超過二十倍，但仍是白人新生兒的三倍。非裔美國人的平均壽命比白人低了幾乎六歲。二〇一〇年出生在辛巴威的女孩估計可活到五十五．一歲，但在日本出生的女孩則可活到八十五．九歲[58]。這些持續存在的差異都反映長期的社經資源分配不均，限制獲得醫療照護、營養與衛生條件的機會。

工業革命對生育率的影響則更為複雜。食物增加、勞動與疾病的減少導致更高的生育力（生育子女的能力），但一系列文化因素則影響女性的實際生育率（子女數）。人類演化史的大部分時間裡，女性傾向擁有較高的生育率，原因是新生兒死亡率高、有限的避孕措施，更由於子女是能夠協助子女照護、家事與農莊工作的寶貴經濟資產（請見第八章）。工業時代，這項等式發生改變，過多子女反而逐漸成為經濟負擔。藉由新的避孕措施，家庭開始限制生育率。一九二九年，美國人口學家華倫．湯普森（Warren Thompson）提出：經歷工業革命的人口也經歷了「人口結構轉變」（圖二十一）。湯普森的基本觀察：隨著工業革命，由於生活條件改善，死亡率下降，而家庭也對此做出反應、開始降低生育率。結果，工業化早期的人口成長率相當高，但隨後即趨緩，甚至降低。湯普森的人口轉變模型並不適用所有國家，因而引起爭議。例如，法國的出生率實際上在死亡率下降前即已降低，在中東、南亞、拉丁美洲與非洲等地，即使死亡率已有實質下降，出生率還是居高不下[59]。這些國家的人口成長率非常高。因此，說經濟發展足以影響但不足以決定家庭大小，並不為過。簡言之，新生兒死亡率降低、平均壽命延長與增加的生育率等原因整合起來，造成全球人口暴增（如圖十八所示）。人口成長本質上呈指數增加；因此，微幅的生育率增加或死亡率降低都會使人口急速成長。假如本來有一百萬人的人口每年成長率為百分之三．五，每一代就能成長大約一倍，在二十年內達到兩百萬人，在四十年內達到四百萬人，進而在一百年內達到三千兩百萬人。事實上，全球人口成長率在一九六三年達到頂峰（每年百分之二．二），但在此後逐漸降低到每年百分之一．一[60]，這意謂著人口每六十四年就成長一倍。在一九六〇年到二〇〇〇年的五十年間，全球人口激增一倍以上，從三十億暴增到六十九億人。依據這個

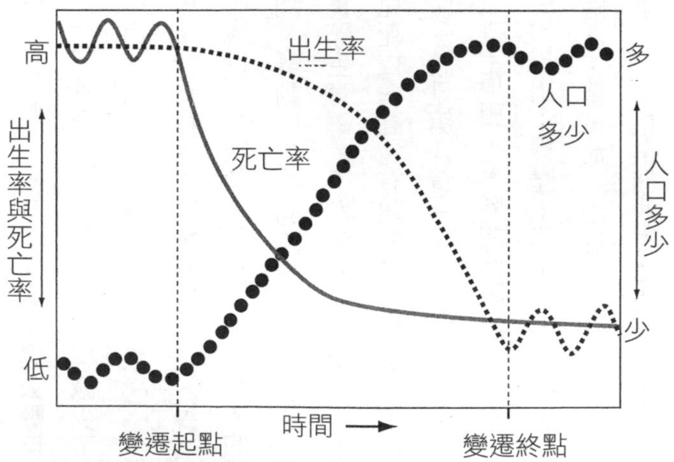

圖二十一　人口變遷模型

經濟發展後，死亡率傾向於先下降，出生率才會降低，造成最初的人口激增，而後才趨緩。然而，這項模型仍具有爭議性，且只適用於部分國家。

成長率，在本世紀末，我們可以合理預期全球人口將達一百四十億。

人口成長與往城市集中的財富所造成的重大副產品，在於加快都市化的腳步。一八〇〇年，全球僅有兩千五百萬人（占總人口百分之三）住在城市內；到了二〇一〇年，全球過半人口（三十三億人）成為都市居民。

壞消息：更多失調導致更多慢性疾病

從許多觀點而言，工業時代對人體健康帶來許多進展。確切地說，工業革命初期的處境相當艱困，但在幾個世代內，科技革新、醫學、政府效能、公共衛生為許多農業革命造成的失調疾病提供有效的解決辦法，對減輕高人口密度、人畜共通型傳染病與骯髒生活條件造成的傳染病，績效尤其卓著。然而，不幸生活在貧窮（尤其是開發中國家）的人們並無法享受到所有先進技術所帶來的果實。此外，近一百五十年來的進步也已對人類健康造成實質的損害。最主要的一項流行病學轉變已然產生。越來越少人在年輕時死於營養不良與傳染病，但越來越多人在年齡漸長時，罹患其他慢性病。這項轉變還在持續中；在一九七〇年與二〇一〇年之間的這四十年，全球由傳染病與營養不良導致的死亡率降低百分之十七，慢性病死亡率卻增加百分之三十。[61]隨著許多人越活越久，當中越來越多人飽受身體機能障礙之苦。若用術語表示，死亡率降低其實意謂著更高、更普及的病態（病態的定義為由任何疾病所導致的不健康狀態）。

要正視這項流行病學的轉變，請先將現代美國銀髮族與其祖父和曾祖父年長時的生活狀態進行比較。當羅斯福總統（Franklin D. Roosevelt）在一九三五年簽署社會保險法時，對「老年」的定義為六十五歲；估計當時美國男性的平均年齡為六十一歲，女性則為六十四歲[62]。然而，現代社會的銀髮族能夠多活上十八到二十年。缺點在於：他或她被預期會更緩慢地死去。一九三五年，美國最常見的兩項死因為呼吸道疾病（肺炎與流行性感冒）與傳染病所導致的腹瀉，兩者均能迅速致死。相反地，二〇〇七年美國最常見的兩大死因為心臟病與癌症（兩者各占死亡總數的百分之二十五）。有些心臟病患會在數分鐘或數小時內死亡，但大多數罹患心臟疾病的長者尚能存活數年，還要應付高血壓、鬱血性心臟衰竭、一般性身體虛弱與周邊動脈阻塞疾病等併發症。拜化學治療、放射線、手術與其他療法之賜，許多癌症病患在診斷後還能多活上數年。此外，現代許多重大死因均為慢性病，包括氣喘、阿茲海默症、第二型糖尿病與腎臟病；非致命慢性病的發病率也激增，包括骨質疏鬆症、痛風、痴呆、喪失聽覺等[63]。總而言之，中老年人慢性病的普及率正導致醫療與保健的危機；二戰後嬰兒潮所出生的孩童現已進入老年，他們之中有史無前例的高百分比飽受漫長、癱瘓身體機能、所費不貲的疾病所苦。流行病學家使用「病態延長」一詞，為此一現象下了註腳[64]。

有一種稱為「失能調整生命年」（disability-adjusted life years, DALY）的公制，將目前發生中的病態延長現象加以量化，藉由計算失去健康狀態（含死亡）的生命年數，測量疾病造成的負擔[65]。根據一項最近針對一九九〇年到二〇一〇年間醫療數據的分析，與營養相關傳染病造成的失能負擔降低了超過百分之四十，而非傳染性疾病所造成的失能負擔則增加（在已開發國家中尤甚）。例如，第二型糖尿病的DALY值增加百分之三十，神經失調（如阿茲海默症）與慢性腎臟病增加百分之十七，肌肉與骨骼失調（如關節炎或背痛）增加百分之十二，乳癌增加百分之五，肝癌也增加百分之十二[66]。即使將人口成長納入考量，仍有越來越多人飽受非傳染性疾病所導致的慢性機能失調所苦。針對剛才所提到的疾病，一個人可能罹患癌症的年數增加百分之三十六，心血管疾病增加百分之十八，神經疾病增加百分之十二，糖尿病增加百分之十三，肌肉與骨骼失調增加百分之十一[67]。對許多人而言，老年就等同各式各樣的殘疾（以及居高不下的醫療費）。

流行病的轉變，是否就是進步的代價？

越來越多人能活到老年，卻更常飽受慢性病痛所苦，治療的代價則所費不貲——現代人類健康趨勢中所存在的矛盾，究竟是不是進步所需付出的代價呢？不管怎樣，人總免不了一死。由於傳染病對青少年與孩童的殺傷力已然減弱，預期如癌症與第二型糖尿病等慢性病會侵襲老年人，應是相當合理。隨著人體老化，器官與細胞運作越來越遲緩，關節磨損，突變累積，人體也接觸到更多毒素與有害物質。根據這項邏輯，假如你在年輕時死於營養不良、流行性感冒或霍亂的風險降低，在老年時死於心臟病或骨質疏鬆症，可能已經是比較幸運的結局了。根據同樣的邏輯，你可能也必須將大腸激躁症、近視與齟齒等非致命卻惱人的常見疾病，視為文明間接卻必然產生的後果。

工業時代是否造成了低死亡率與「病態延長」之間的互補作用？在某種程度上，答案無庸置疑是肯定的。由於糧食增加、衛生條件與工作條件改善，越來越少人（尤其是孩童）罹患傳染性疾病或飽受糧食不足所苦，因而能越活越久。隨著年齡增長，導致癌症的突變機率也不可避免地增加，還有動脈硬化、骨質流失、身體其他機能退化。許多健康問題和年齡有著強烈且明顯的關係，使人口增加與中老年人所占百分比提高的影響更加顯著。根據某些估計，全球由人口增加所導致的失調機能生命年增加百分之二十八，老年人口則導致近百分之十五的增加[68]。然而，人類自一九九〇年起所增加的每一年生命中，僅有十個月是健康的[69]。到了二〇一五年，六十五歲以上的老年人總數將超過五歲以下的小孩，但年齡在五十歲以上者當中，近半數飽受需要醫療照護的病痛、殘疾或傷殘所苦。

然而，從演化學的觀點檢視，流行病學的轉變不能單純地解釋為死亡率與病態率之間的互補作用。幾乎每一項針對健康趨勢變化的研究，都僅使用過去一百多年來（工業或自主型農業經濟體的人口）的數據，考量人類死亡率與病態率之間的變化。然而，若未將狩獵採集者健康的數據納入考量，這些對全球人口健康的評估就彷彿試圖用最後幾分鐘的進球數，決定一場足球賽的勝利者。此外，即使醫師與公衛官員有充分理由將疾病歸類為傳染病、營養不良或腫瘤等因素，演化觀點卻暗示：我們也應檢視環境條件（包括飲食、體能活動、睡眠與其他因素）從過去人類開始演化至今的改變，如何造成演化失調疾病。

如果我們從演化觀點重新檢驗當前的流行病學轉變（由傳染病導致的早逝與非傳染病造成的病態延長之間的互補作用），就會得到相當不同的結論。從這個角度檢驗，很明顯人口成長、人類壽命延長，以及越來越多人罹患過去罕見甚至不存在的失調性疾病，不盡然是科技進步所帶來且無法避免的副產品。

支持這項論點的一系列證據，來自我們對極少數在現代仍能提供研究的狩獵採集者人口健康觀察所取得的瞭解。請記住：由於母親不常生育子女、子女在孩童期間早夭的機率又較高，狩獵採集者的人口聚落相當小。即便如此，狩獵採集者的生命並不必然像我們常假設的那樣棘手、殘酷且短暫。能夠撐過孩童期的狩獵採集者，通常就能活到老年；他們最常見的死亡年齡介於六十八到七十二歲之間，大多數人成為祖父母，甚至曾祖父母[70]。他們最可能死於腸胃或呼吸道感染、瘧疾或結核病等疾病，甚或暴力事件或意外[71]。健康調查也顯示：在已開發國家中導致老年人死亡或殘疾的非傳染性疾病，絕大多數在中老年的狩獵採集者身上極為罕見，甚至不存在[72]。這些研究發現：狩獵採集者極少罹患第二型糖尿病、冠狀動脈心臟病、高血壓、骨質疏鬆症、乳癌、氣喘與肝病。他們看來也不常罹患痛風、近視、齟齒、聽覺喪失、扁平足與其他常見病痛。可以確定的是：狩獵採集者的健康狀態並不總是完美的（在菸草與酒精傳入以後更是如此），但證據暗示：即使他們從未獲得任何醫療協助，和現代許多美國老年人相較，他們可是健康得多。

簡言之，如果你將當代全球人類健康狀態的數據與狩獵採集者的相對應數據進行比較，你就不會認為心臟病或第二型糖尿病等常見失調疾病蔓延，是經濟成長與壽命延長直接且不可避免的副產品了。此外，假如你仔細檢視，有些用來支持傳染病所造成早逝與老年死於心臟病或特定癌症之間互補必然性的流行病學數據其實不堪檢驗。我們舉近年來乳癌趨勢為例。在一九七四年到二〇〇四年之間，英國五十歲到五十四歲之間女性乳癌的罹病率增加了近一倍；但五十歲初期的女性人口卻未隨之增加一倍（相反地，同一段期間的平均壽命只增加五年）[73]。此外，諸如第二型糖尿病與動脈硬化等代謝疾病病例暴增，不僅是因為壽命延長；事實上，隨著年輕人的肥胖比率增加，年輕人罹患這些疾病的可能性也越來越高[74]。確切地說，前列腺癌等疾病在現代已較易診療，也越發頻繁；但已開發國家的醫師卻必須治療許多在工業時代前世界上極為罕見的疾病。其中一個例子是克隆氏症：人體免疫系統攻擊內臟，造成包括腹部絞痛、疹子、嘔吐甚至關節炎等恐怖的症狀。全球克隆氏症的罹病率正在增加，特別是青少年與二十歲到三十歲的年輕人[75]。

另一系列證據證明，流行病學的變遷並不完全是科技進步的代價，這點可從檢驗死亡率與病態率趨勢變遷來看。由於無法準確析離出造成最多慢性非傳染性疾病的原因，以及其程度，這是相當棘手的難題。即便如此，數項研究仍一致將下列因素列為已開發國家人口致病的特別重要原因（粗略排序如下）：高血壓、吸菸、飲酒過量、汙染、缺少水果的飲食習慣、過高的ＢＭＩ值、血液中葡萄糖濃度過高、缺乏體能活動、過量的碳酸氫鈉、缺乏堅果與種籽攝取的飲食，以及過量膽固醇[76]。請注意這些因素中，有許多並非獨立事件。吸菸、飲食不良與缺乏體能活動都是造成高血壓、肥胖、高血糖與不良膽 固醇類型的已知因素。然而，這些危險 因素在農業與工業革命前均不常見。

最後一點同等重要：有證據質疑（或至少弱化）病態延長必然伴隨長壽的說法。這假說的試驗由詹姆士・法萊斯（James Fries）與同事所進行，針對一千七百四十一名曾於一九三九與一九四〇年間在賓州大學就學的受測者進行分析，與其後長達五十年以上的調查追蹤[77]。研究針對三項危險因素（BMI值，吸菸習慣與運動量和曾罹患過的慢性病與殘疾程度，並根據受測者執行八項日常基本活動的優劣程度（著裝、起床、進食、步行、打扮、伸手取物、掌握物品、執行差事等）執行量化，進行數據收集。被列為高度危險的群體有著體重過重、吸菸、缺乏運動等特徵，死亡率較低危險群體高出百分之五十。此外，正如圖二十二所描述，

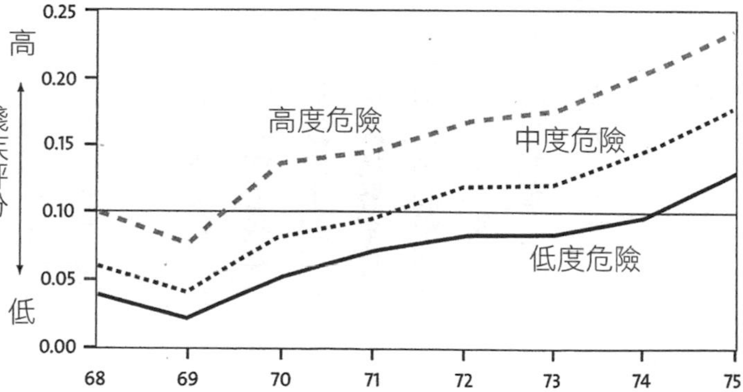

圖二十二　賓州大學畢業生的疾病壓縮圖

依據 BMI 指數、吸菸與運動習慣將受測者區分為不同的風險類型。帶有較高危險因素的個人，年紀較輕時就已受到較多殘疾與病痛所苦。改編自 A. J. Vita, et, al. (1998). Aging, health risks, and cumulative disability. *New England Journal of Medicine*. 338: 1035-41。

這些被列為高度危險個人的殘疾評分，較低危險的個人高出百分之百，達到最低殘疾門檻的時間，更提前大約七年之多。換言之，當這些畢業生的人生進入七十歲大關時，單單這些危險因素（還未觸及飲食）就足以導致死亡率提高百分之五十，殘疾率提高百分之百。此外，這對男性與女性受測者產生相同的結果，而實驗設計已將教育與種族設定為固定變因。

總之，工業時代的確解決許多由農業革命所誘發的失調性疾病。然而，在此同時，我們創造或加劇了一系列全新的非傳染性失調疾病；我們仍未能制伏這些疾病，即便我們多方努力試圖壓制住它們，它們仍在全球各地肆虐。伴隨流行病學變遷產生的疾病與病態延長，絕非長壽與傳染病減少其單純、不可避免的副產品。壽命延長與更高病態率背後的關聯，並不存在無法避免的等式關係。證據反而證實了一項常識：要想健康地活到高齡而免受慢性非傳染病折磨，完全是可能的。然而不幸的是，能以如此圓滿方式老化的人並不夠多。要想瞭解這些趨勢，讓我們現在就用演化觀點，更深入檢視自農業與工業革命以降所產生的失調疾病其病因。同等重要的議題是：我們未能根治這些疾病的病因，有時反而使疾病持續普及，加強演化的惡性回饋循環。

在我們所面對的眾多失調性疾病之中，最使人心焦的，無非是由過去過於罕見的刺激物所導致的疾病。這些疾病中，最廣泛且典型者都和肥胖（由過多能量所導致）息息相關。

[第三部]

現在與未來

第十章

富足的惡性循環：為什麼過多的能量導致我們生病？

我的離去，就是太多入口所導致的結果。

——理查．蒙克頓．米涅斯（Richard Monckton Milnes）

成長歷程中，我一直對脂肪懷有恐懼感：害怕吃下脂肪，更怕身材變得肥胖。媽媽相信飲食會決定人生，因而認為乳酪、奶油與其他任何含有大量脂肪的食物，都是必須盡可能避免的毒藥。雞蛋就是含有劇毒的藥丸。她對哪些食物會導致肥胖的理解並不完全正確，但對肥胖的擔心則極為合乎情理。在人類今日所面對的諸多健康問題中，無論是在實質或象徵的意義上，肥胖已成為最嚴重的問題。肥胖本身並非疾病，然而，它導因於能量過剩；從前，能量只能算是一種罕見的興奮劑。逐漸地，包括過量體脂肪（尤其是累積在腹部的體脂肪）在內的過剩能量，將導致許多失調疾病。由於我們所創造的環境，以及我們無法有效抑制的病因，這些失調性疾病正迅速普及。

肥胖是一項如此普遍、顯著的問題，又是諸多討論所圍繞的話題，以致許多人一讀到、談到或想到這個問題，簡直聞之色變、厭煩不已。在像美國這樣的國家，三分之二的成人過重或過胖，他們的子女中，三分之一也有過重的問題，自一九七〇年代起，肥胖人口的百分比增加了一倍——這些事實，你需要被提醒幾次？我們還能消化多少關於特大尺碼衣物與節食新計畫的廣告？有一項與肥胖有關而眾所皆知的事實，就是要減掉幾磅的贅肉極為困難，有時甚至是不可能的。此外，如果要追根究柢，肥胖有錯嗎？維納斯的形象是沒有臉的女人，卻有著龐大的乳房、豐滿的大腿、腫脹的腹部。如果她的小雕像顯示某種跡象，這意味著：遠在石器時代[1]，我們曾經崇拜過大量的體脂肪。

我並不願意用糖衣包裝一項如此重要的主題。然而，關於肥胖流行病的爭辯、憤怒、憂慮與普遍困惑都見證著，我們急迫地需要更加瞭解肥胖在什麼時候會成為問題，以及這為什麼是一項問題。人類為什麼會如此輕易地變胖？如果人體也慣於儲存脂肪，為什麼肥胖還會使人類易於感染某些疾病？為什麼和肥胖有關的疾病其病例與強度持續增加？為什麼有些過重者會生病，其他人則不會？要想瞭解這些問題與其他「為什麼」，就必須透過演化的角度檢視。演化學的觀點證實，人體極易增重，儲存相對大量的體脂肪其實相當正常。演化學的觀點強調，多餘的脂肪儲存於腹部，而非臀部、腿部、下巴的原因。演化學的觀點能夠聚焦於問題最原始的成因。最主要的癥結在於：這不僅與我們吃了多少食物有關，更與我們吃的食物有關。人體無法處理源源不絕、過剩的能量，導致許多我們現今所面對最嚴重的失調性疾病，例如第二型糖尿病、動脈硬化以及特定類型癌症。最後，演化學觀點也揭露，我們對這些富貴病的治療方式有時反而造成「回饋循環」，使問題更加惡化。

人體如何儲存、使用並轉換能量

肥胖與其相關的富貴病，例如第二型糖尿病與心臟疾病，均屬於人類食物類型、能量消耗及使用能量方式改變所導致的失調。直覺上，過量的冰淇淋顯然不利於你的健康；可是，能量本身是有益的，過多的能量怎麼會有害呢？理解問題的第一步在於瞭解人體如何將不同種類的食物轉換成能量，以及能量如何燃燒、儲存。我會盡可能用最簡單的方式，解釋這項複雜的過程。

無論你做什麼事，包括成長、走路、消化、睡覺，甚至只是讀著這幾個字，都在消耗能量。幾乎所有你身體用來支援這些活動的能量，都儲存在一種微小、無所不在、名叫三磷酸腺苷（ATP）的分子裡。三磷酸腺苷就像人體細胞中流動的微小電池，在需要時釋出能量，人體則藉由燃燒燃料（主要是醣類與脂肪）合成，重新裝填三磷酸腺苷。吃飯的目的不僅僅在於補充能量，更在於建立能量庫，使人體能夠隨時取得三磷酸腺苷。因此，三磷酸腺苷在你體內的功能就像你所能取得、使用、儲存的貨幣。你的銀行存款餘額反映你的收支差異；同理，你的能量餘額將反映一段特定時間內，體內收入與消耗的能量差異。短期來看，人體絕少處於能量平衡狀態；當你吃東西或消化時，體內的能量收支為正值。一天當中的其他時間（包括晚上），你體內的能量收支則略呈負值。然而，若以每天、每週與每月等較長時間尺度來看，假如你的體重不增不減，幾乎就可以確定你體內的能量收支保持平衡。概括而論，體重的增減乃是由於人體長期處於能量正平衡或負平衡所造成的。人體若有數週、甚至數月處於能量負平衡，將有害於生殖機能；因此，絕大多數（包括人類在內）的生物體都會避免處於這種狀態。

避免處於能量負平衡的方法之一，在於管制消耗的總能量。人體在眾多功能上消耗能量，一如你在諸如食物、房租、娛樂等貨品或服務上的花費，你偶爾也會揮霍自己的薪水。人體能量預算中的一大部分（包括靜態代謝）用於供給腦能量、血液流通、呼吸、組織修復、維持免疫系統功能等能量需求。一般來說，成人的靜態代謝每天約需一千三百到一千六百大卡；然而，這項能量支出受制於無脂肪的身體質量（體型與所消耗的能量成正比）[2]，因而變動相當劇烈。人體能量預算的剩餘部分主要用於進行動態活動，但也需用於消化作用與保持穩定體溫。如果你在床上躺了一整天，你只需攝取略多於靜態代謝所需的能量，就能保持能量平衡。然而，假如你打算參加馬拉松賽跑，你將需要額外的兩千至三千大卡。

另一種規範能量平衡的方式為進食，食物以化學鍵結的方式保存能量。我的大腦充分享受了我剛吃下的美食，消化系統正把食物當成燃料般處理，把食物裂解成最基本的成分：蛋白質、醣類與脂肪。蛋白質為由氨基酸（amino acids）成捲的環圈所構成，醣類就是由糖分子所構成的長鏈，脂肪則是由三個被稱為脂肪酸（fatty acids）的長分子所組成，這些長分子又由一個無色無味、被稱為甘油（glycerol）的分子連結在一起（因此，脂肪的化學名稱為三酸甘油脂〔*triglycerides*〕）。蛋白質主要用來構築與維護組織，較少被裂解或作為燃料使用。相反地，醣類與脂肪被儲存起來，透過不同的形式作為能量燃燒。必須記住的差異在於，醣類的燃燒較脂肪更迅速、更輕易，但它對能量的儲存則較不緊密。一公克的糖含有四大卡的能量，但一公克脂肪卻含有九大卡的能量。就像你使用較大面額來更有效儲存貨幣的道理一樣，你的身體明智地選擇將最大量的能量儲存為脂肪，只有極少量能量以糖原（*glycogen*，一種大型且潮濕的分子）與醣類的形式儲存。植物則以澱粉的形式，更緊密地儲存過量的醣類。

脂肪與醣類性質上的差異也反映在人體將其作為燃料儲存、使用的方式。想像你剛狼吞虎嚥下一大塊巧克力蛋糕，蛋糕的主要成分是麵粉、奶油、雞蛋和糖。一旦蛋糕進入你的體內，消化系統開始分解它的組成脂肪與醣類，這些成分由狹小的腸道進入血液循環，在此開始接受迥然不同的命運。脂肪的命運主要由肝臟掌控。一部分脂肪儲存在肝臟中，一部分則馬上被燃燒，一部分被儲存在肌肉組織內，剩餘部分則由血液傳輸到全身各處特定的脂肪細胞。正常人體內有著數百億的脂肪細胞，每個細胞都含有一滴脂肪液。當越來越多的脂肪被加入細胞內時，它會像氣球一樣膨脹。當你的身體仍在發育時，假如脂肪細胞變得過於龐大，它們就會分裂。然而，成年後大多數人體內的脂肪細胞都會維持在固定數量[3]。許多脂肪細胞就位於你的皮膚下，因而被稱為皮下脂肪；一部分細胞位於肌肉與其他器官內，有些則圍繞在你腹腔內各器官旁，因而被稱為腹部／內臟脂肪。皮下脂肪與內臟脂肪的區別至關重要：正如我們在下文即將討論到的，內臟脂肪細胞的行為和其他脂肪細胞極為不同，這也是為何比起單純由於過重而導致的眾多肥胖相關疾病，腹部脂肪是更嚴重的風險因素。

蛋糕的其他主要成分為醣類。你唾液中的酵素開始將蛋糕中眾多種類的醣類裂解成糖分子，更多的酵素則在腸臟更深處持續進行這項工作。糖類又分為許多種，但其中最主要、常見的兩種為葡萄糖與果糖[4]。不幸的是，你所購買食品的營養成分標籤並未區分這些糖類，但你的身體會區分它們。因此，讓我們來瞧瞧你的身體如何以不同的方式，處理這些糖類。

葡萄糖嚐起來並不太甜，卻是構成澱粉的最主要糖類。因此，你吃下蛋糕裡所含的澱粉都會被迅速分解為葡萄糖。此外，蔗糖與乳糖成分中，也包含百分之五十的葡萄糖。因此，你吃下的蛋糕中含有大量葡萄糖。由於你的身體需要穩定、不受干擾的葡萄糖供輸，你的腸臟會盡快將大量葡萄糖送至血液循環中。然而，有件事必須特別注意：你的血液中必須保有足量的葡萄糖，才能防止細胞死亡（特別是腦細胞），但過量的葡萄糖對你全身的組織非常有害。因此，你的大腦與胰島腺藉由控制胰島素，持續監控並穩定血糖值。胰島素係由胰島腺所產生，通常會在消化完食物後、血糖值上升時進入血液循環中。胰島素還有其他幾項任務，但最重要的功能在於防止血液中葡萄糖含量過高；它在不同器官中，以不同方式達成這項任務。肝臟就是胰島素產生作用的主要器官之一，你吃下的蛋糕所含的葡萄糖中，有百分之二十在此處被消化完畢。通常，肝臟想將這些葡萄糖轉換為糖原，但它又無法迅速儲存大量糖原；因此，所有過量的葡萄糖全被轉換為脂肪，在肝臟中累積或被投入血液中。蛋糕中剩餘百分之八十的葡萄糖就在你體內循環，被位於各種器官（包括大腦、肌肉與腎臟）內的細胞吸收，作為燃料燃燒。胰島素導致剩餘的葡萄糖被脂肪細胞所吸收，並轉換為脂肪[5]。需要記住的關鍵在於：當血糖值在餐後上升時，人體的立即目標就是盡速降低血糖值，將大部分你無法立即使用且過量的葡萄糖儲存為脂肪。

蛋糕所含的另一種糖類叫做果糖，嚐起來有甜味。果糖與葡萄糖常成對出現，與蔗糖（其中含量百分之五十為果糖）以天然的形式存在於水果與蜂蜜中。想像一下：如果你的麵包師使用了大量的糖，你的蛋糕應該含有一定量的果糖。葡萄糖可以經由全身各處細胞代謝（實質上是燃燒），但果糖幾乎只能在肝臟進行代謝。然而，肝臟一次所能燃燒的果糖也是有限的，因此，它會將一切過量的果糖轉換為脂肪，這些脂肪會儲存在肝臟內或重新被投入血液循環中。正如我們所見，這兩種處理方式都將造成問題。

現在，我們已經檢視了人體如何將脂肪與醣類儲存為能量的基本過程。當你在幾小時後需要攝取能量，上健身房燃燒蛋糕帶來的熱量時，又會發生什麼事呢？當你的肌肉與組織消耗能量時，你體內的血糖值會降低，造成數種負責釋出儲存能量的荷爾蒙分泌。其中一種荷爾蒙叫做胰高血糖激素（Glucagon），也由胰島腺所產生，卻能對肝臟產生與胰島素相反的效果，使肝臟能將糖原與脂肪轉化為糖。另一種關鍵的荷爾蒙是可體松，由位於腎臟上方的腎上腺所產生。可體松的功能繁多，包括防阻胰島素作用、刺激肌肉細胞燃燒糖原，並促使脂肪與肌肉細胞將三酸甘油酯投入血液循環中。如果你現在必須跑上幾英里，你體內的糖原與可體松數值將飆升，使身體釋出大量儲存的能量[6]。

現在，讓我們離開細節討論。基本原則是，你的身體功能就像一座燃料庫，在進食後儲存能量，並在需要時取出能量來使用。這項由荷爾蒙調整的交換過程即由往來於肝臟、脂肪細胞、肌肉與其他器官之間，無止境流動的脂肪與醣類所構成。人類就如其他動物一樣，即使長時間處於能量負平衡的狀態下，仍然習慣保持動態。你可以空腹進行狩獵與採集。然而請記得：人體只儲存少量的糖原，在你即刻、迅速需要能量時燃燒。因此，絕大部分多餘的能量均以脂肪的形式儲存，緩慢地燃燒，進而取得大量而持久的能量。如此一來，當你無法取得足量的食物以保持固定體重（亦即保持能量平衡）時，你仍能藉由緩慢燃燒脂肪存量、降低活動程度存活數週或數月之久。事實上，當肝臟中的糖原含量下降過多時，人體會自動調整到燃燒大部分脂肪（以及必要時燃燒部分蛋白質）的模式，藉以持續對沒有任何能量儲存的大腦提供能量。

直到現代以前，大部分人長時間均處於能量負平衡的狀態，飢餓其實是常態。現在，即使全世界每八人當中仍有一人處於食物短缺的狀態，數十億人卻已再也不須為糧食煩惱，這堪稱是演化學上前所未見的新情勢。長期以來，攝取過量大卡將使你的身體累積過量脂肪，這項富貴病可能造成問題。然而，這項問題還要複雜得多；許多食物（包括你吃下的那塊蛋糕）經過高度加工，含有大量糖類與脂肪，並已移除纖維。即使加工過程使食品更加美味，它卻對你的身體帶來雙重的致命打擊。你不僅獲得高於所需的大卡，由於缺乏纖維，你還必須以超過肝臟與胰腺所能負荷的速率吸收大卡。我們的消化系統從未如此快速地燃燒那麼大量的糖類，它們只有一個反應：將過量的糖轉為內臟脂肪。擁有少量內臟脂肪固然很好，但過量的內臟脂肪將造成總稱為代謝症候群的一系列症狀。這些症狀包括高血壓、血液中過量三酸甘油脂與葡萄糖、過少的高密度脂蛋白（HDL，常被視為良性膽固醇）與過多的低密度脂蛋白（LDL，惡性膽固醇）。只要患有上述症狀三種以上，染患許多疾病的可能性就會顯著提升，最主要包括心血管疾病、第二型糖尿病、生殖性組織癌症、消化組織癌症，以及腎臟、膽囊與肝臟病變[7]。由於肥胖是導致代謝併發症的重大因素，BMI（身高與體重的比值）指數過高將大為提高染患這些疾病致死的風險[8]。如果你的BMI指數超過三十五，與健康的BMI指數（二十二）相較，染患第二型糖尿病的風險將提高四千倍，染上心臟病的機率將提高七十倍[9]。然而，這些機率都受到體能活動與包括基因與內臟／皮下脂肪比率在內等其他因素的影響。

瞭解這項資訊後，我們將要探討為什麼當今的人類在能量過剩時極易增加體重、為什麼減重是如此困難，以及為什麼不同的飲食習慣對增重或減重的能力有決定性的影響。

人體為什麼極易增重

從靈長類的角度來看，所有的人類——包括骨瘦如柴者——都相對較胖。其他種類的靈長類成年時，體脂肪只占身體質量的百分之六，牠們初生的幼獸體脂肪則只占身體質量百分之三。然而，作為採集狩獵者的人類出生時體脂肪即占身體質量的百分之十五，孩童時期提升到百分之二十五，成年男性的體脂肪比例則下降到百分之十，女性則為百分之二十[10]。從演化學的觀點來看，擁有大量體脂肪符合第五章所討論的理由。簡言之，人類的腦容量龐大，需要源源不絕的能量供應（約為靜態代謝的百分之二十）。因此，人類的嬰兒充分受益於體脂肪，確保大腦能獲得持續能量補給。正是因為這項需求，人類的母親必須在相對早期的階段，就得對自己的嬰兒斷奶，不只要養活自己擁有大型腦容量的軀體，還得養活有著龐大腦容量的小嬰孩，以及成長中且同樣有著龐大腦容量的小孩。哺乳使母親一天必須多耗費百分之二十到二十五的大卡，即使她缺少足夠食物來源，仍得確保母乳供應無虞[11]。因此，母親的體脂肪存量是孩子能否成長茁壯最重要、關鍵的因素。最後，採集與狩獵行為每天均需要長期跋涉，跋涉過程中常使人感到飢餓。因此，作為狩獵採集者的人類自充分的體脂肪含量中獲益良多，在無法獲得足量食物來源、保持體重平衡時，仍能餵養自己的孩子。多出的數磅體脂肪可能就是生死存亡、足以左右族群能否順利繁衍的關鍵。

人類的演化史中，天擇使人體獲得較其他靈長類更多的體脂肪。由於脂肪對族群的繁衍至關重要，天擇特地使女性的生殖系統盡量符合其能量狀態，特別針對能量平衡的變化進行調整[12]。當女性懷孕時，她必須攝取足量大卡供養自己與其胎兒。生產後，她還必須分泌大量的母乳，從能量學的角度來看，代價相當昂貴。在自給經濟體系中，食物來源有限，人類的生理活動相當頻繁；假如女性體重減輕，懷孕的可能性將會降低。假如一位正常體重的女性在一個月內體重掉了一磅，她在接下來數個月內懷孕的能力將會大幅降低。由於體內存有較多脂肪的女性生兒育女的能力較強，天擇過程遂使女性的體脂肪較男性多出百分之五到十[13]。

脂肪對所有物種都很重要，但對人類特別重要，這是不變的基本道理。人體脂肪在演化學上的重要性，已針對人類為何如此容易變胖並染患糖尿病等代謝失調疾病，以及為何有些人較其他人更易受這些疾病影響，提供許多理論。第一種理論就是由詹姆士·尼爾（James Neel）於一九六二年提出的節約基因型假說（thrifty genotype hypothesis）[14]；時至今日，這項假說仍受各方引用。這篇富有時代里程碑意義的論文表示：石器時代的天擇過程偏好能夠給予主人大量儲存脂肪傾向的節約基因型。由於農夫擁有的食物較狩獵採集者為多，失去這些基因可能對族群有益，尼爾的預測是：越晚近開始從事農耕的族群，越可能保有節約基因型。因此，這些個人受現代環境裡能量充沛食物影響、產生失調性症狀的可能性越大。節約基因型假說常被用來說明，為什麼像南亞人、太平洋島民與美洲原住民等新近開始接觸西化飲食的族群特別容易罹患肥胖與糖尿病。科學家曾對居住於美國與墨西哥邊境的皮瑪族（Pima）印第安原住民進行過深入研究：住在墨西哥境內的成年皮瑪族印第安人有百分之十二罹患第二型糖尿病，住在美國境內的皮瑪族印第安人則有百分之六十罹患這種疾病[15]。

關於人類大致擁有節約基因型而能允許我們簡便地儲存脂肪的論點，尼爾是正確的；然而，數十年來的密集研究並未支持節約基因型假說所做出的預測。問題之一在於：科學界已確認出數種節約型基因，但這些基因似乎只對皮瑪族印第安人這種族群有影響；而這些基因所產生的效果，也並不強烈[16]。基因確實有影響力，但飲食與動態活動則是預測肥胖與相關疾病更強有力的指標。節約基因型假說的第二個問題在於，關於石器時代定期饑荒的證據不足。狩獵採集者並未貯藏大量糧食，但他們也很少面臨糧食短缺的問題，他們的體重也僅有季節性的微幅變化[17]。正如第八章所述，農耕生活開始後，饑荒才開始頻繁出現，規模也越加劇烈。因此，我們會預期節約型基因在較早開始農耕生活的族群中較為常見，而非較晚開始農耕的族群。然而，這項證據也無法支持這項預測。即使像太平洋島民等高度罹患肥胖與代謝症候群的族群近期才開始農耕定居生活，包括南亞人在內的其他族群並不符合此定義。相反地，高危險族群所共有的特徵為：經濟狀況貧困，常吃便宜、富含澱粉的食物。他們相當晚近才轉換到這些飲食習慣，缺乏能防止人體對胰島素無感的基因[18]。

針對這些數據，一項重要的替代性詮釋即為尼克・海爾（Nick Hales）與大衛・巴克（David Barker）在一九九二年所提出的節約表現型假說（thrifty phenotype hypothesis）[19]。這項理念的基礎在於下列觀察：出生時體重較輕的嬰兒，在長大時更容易肥胖，並罹患代謝症候群。介於一九四四年十一月與一九四五年五月間，發生於荷蘭的饑荒就是顯著的事例。饑荒期間還在母體內的胎兒，長大後罹患心臟病、第二型糖尿病與腎疾的機率也顯著提高[20]。實驗證實，在子宮中能量被剝奪的齧齒目動物也呈現類似結果。從演化與發展學的觀點來看，這些結果都相當合理。如果懷孕的母親體內缺乏能量，她體內尚未出生的胎兒會縮小體型，減少肌肉質量與產生胰島素的胰臟細胞數量，並縮小包括腎臟在內的器官大小。隨後，這些在子宮內即必須習慣缺乏能量環境、體型較小的個體在出生後還經過調整，適應缺乏能量的環境。然而，由於這些個體已發育出節約基因的特性（包括儲存腹部脂肪的傾向），因此在成年時，難以良好地適應能量豐富的環境[21]。此外，由於他們器官較小，也較難應付大量充滿能量食物的代謝需求[22]。因此，當出生時體重過輕的嬰兒長成又矮又瘦的成人時，他們較能保持健康；但當他們長成高壯的成人時，便更有可能面臨代謝失調症狀的威脅[23]。因此，節約表現型假說能夠說明，為何針對缺乏能量環境所做的調整，會使人在能量豐富的環境下，更易罹患代謝失調性疾病。

由於節約表現型假說考量到基因與環境在塑造身體過程中的互動關係，並解釋了出生時體重過輕胎兒與體型較小群體中的代謝失調症狀，可稱得上是重要的概念。然而，節約表現型假說無法說明，為何健康或體重過重母親所生的孩子也會罹患富貴病。在已開發國家中，許多罹患代謝失調症狀者出生時體型並不嬌小。這些個人出生時反而相當重（由演化學上的正常觀點來看，他們出生時確實過重）；然而，他們非但沒有發育出節約表現型基因，反而發育出揮霍表現型基因。我的意思是：出生時體重過重的嬰兒之所以體重過重，主要是因為他們擁有大量體脂肪，常是一般嬰兒體脂肪的兩倍。長期研究顯示：假如這些嬰兒能保持正常體重，通常都能維持健康，然而一旦於成人階段體重失衡，便極易罹患代謝失調症候群[24]。

若將這些證據拼湊起來，我們可以得到一個關鍵答案：孩提時期相對於身高比例的體重過重，意謂將來罹患與代謝失調相關疾病的風險大幅提升。過重孩童容易長成超重或肥胖成人的要因在於，他們較平均體重的孩童保有並吸收更多脂肪細胞，這會伴隨他們的一生。更重要的是，這些脂肪細胞常位於腹部，在肝臟、腎臟與腸臟等器官之間堆積。在兩個面向上，這些內臟／腹部脂肪的行為方式與人體內其他部分的脂肪細胞相異[25]。首先，與其他脂肪細胞相較，它們對荷爾蒙更為敏感，在代謝上更為活躍；這表示它們儲存與釋出脂肪的速度遠較人體其他部分的脂肪細胞為快。其次，當內臟細胞釋出脂肪酸（脂肪細胞一直都在放出脂肪酸）時，它們幾乎直接將分子倒入肝臟中，脂肪就在肝臟中累積，最終影響到肝臟管制葡萄糖進入血液循環的能力。因此，和過高的ＢＭＩ指數相較，腹部累積的脂肪（啤酒肚）造成代謝失調疾病的風險更大[26]。

即使我們還未理解為什麼有些人身體儲存脂肪的速度較其他人為快，無庸置疑的一點是，所有人的身體均善於以脂肪的形式儲存多餘能量，也都用能量成長與繁衍並為此付出代價，卻無法適應過多能量的情況。然而，假如你查看任何一份關於過去數十年間肥胖率的圖表，趨勢非常明顯：過重人口的百分比維持恆定，但肥胖人口的百分比卻在一九七〇與八〇年代急速攀升。究竟產生了什麼變化？

我們如何又為何變得更胖？

其中一項針對為何越來越多人過胖的解釋為：越來越多人越吃越多，而活動量越來越少。這項解釋最廣為流傳，也有部分論點屬實，但卻過於簡化。正如第九章所述，許多證據顯示，過去數十年的食品工業化已增加了每份食品的分量大小，使食品的大卡密度更高。其他與工業化相關的「先進發展」，包括汽車與省力裝置的量產化，以及更長時間的久坐，均使人類的活動程度下降。如果你算入人們多攝取的大卡量，以及減少的大卡消耗量，就會得出過多的能量，被轉換為過量的脂肪。

以「大卡進出量」觀點詮釋廣泛的肥胖現象並不完全錯誤，但由於我們的飲食內容也產生變化，情況更為複雜。請記得，能量守恆的機制受制於各種荷爾蒙（特別是胰島素）。胰島素的首要功能在於將能量從消化完畢的食物中，導入人體細胞內。在此必須重複：胰島素濃度隨著血糖濃度上升而上升，使肌肉與脂肪細胞吸收一部分的糖，將其儲存為脂肪。胰島素也使血液中的脂肪（三酸甘油酯）進入脂肪細胞，同時阻止脂肪細胞將三酸甘油酯釋放回血液中[27]。因此，無論脂肪來自醣類或脂肪，胰島素會讓你越來越胖。根據某些評估，美國二十一世紀的青少年體內所藏的胰島素，遠較他們父母在青少年時期（一九七五年）體內的胰島素多[28]。因此，他們之中越來越多人有肥胖傾向實在不足為奇。由於胰島素濃度只會在你吃下含有葡萄糖的食物後上升，所以導致更高濃度胰島素與更多脂肪的元凶之一，顯然就是食用更多的含糖食品（如可樂與蛋糕）了。然而，還有許多其他因素造成肥胖，其中包括兩項與糖有關的附加因素。其中一項為人體將食物分解為葡萄糖的速率，這將決定人體產生胰島素的速率；另一項較為間接的因素在於你吃下了多少果糖，以及這些果糖到達肝臟的速率。

為了進一步探究這些與糖有關且導致肥胖的因素，讓我們比較你的身體吃下一顆重一百克（三・五盎司）的生蘋果與一包重五十六克（兩盎司）的水果糖後所產生的反應（水果糖的原料是蘋果，但已經過加工且添加糖分以確保甜度，蘋果原有的營養成分與纖維均被移除，以延長產品的保存期限）。單就糖分而論，這兩項食品的重大差異在於：生蘋果所含的糖分僅有十三克（不到半盎司），而水果糖卻含有二十一克的糖分（四分之三盎司），所含大卡亦幾乎為生蘋果的兩倍。第二項差異在於所含糖類的百分比。蘋果所含糖分的百分之三十為葡萄糖，水果糖則約為百分之五十。若食用水果糖，將產生同量的果糖與雙倍以上的葡萄糖；最後，生蘋果帶有表皮，蘋果所含帶的糖分位於細胞中，而皮質與細胞均富含纖維素。纖維又稱粗料（roughage），是蘋果中你所無法消化的成分，但它在你消化蘋果糖分的過程中扮演不可或缺的角色。蘋果所含的糖分藏於細胞內，纖維素構成細胞壁，減緩人體將醣類分解為糖分的速率。纖維素也能包覆食物與腸臟內壁，成為一道護欄，減緩腸道將所有大卡（特別是糖分）從內臟轉移到血液循環與器官中的速率。最後，纖維使食物加速通過內臟，使你感到飽足。因此，當我們比較這兩種與蘋果有關的產品時，真蘋果不只含糖量較少，還使你感到更飽足，讓你能更漸進、順暢地消化所吃下的糖分。相對地，水果糖被稱為「高血糖食品」，原因在於它會突然、顯著地提高血糖濃度（這種現象稱為血糖過高）[29]。

當然，吃下太多蘋果還是可能會變胖；但現在，你有更充分資訊證明，為何水果糖更容易導致肥胖。最明顯的是水果糖含有更多大卡。第二項問題在於人體吸收大卡的速率：當你吃下蘋果時，由於蘋果中所含的纖維素減緩你體內葡萄糖的抽取速率，你體內的胰島素濃度緩慢且漸進地升高。如此一來，人體將有充分時間瞭解究竟需要多少胰島素，使血液中的葡萄糖濃度保持均衡。相反地，水果糖中雙倍量的葡萄糖直接進入你的血液中，使血糖濃度急速飆升，造成胰島腺瘋狂地產生大量（甚至過量）的胰島素。過量的胰島素不可避免地造成血糖濃度急降，你會再度感到極度飢餓，只想食用水果糖或其他富含大卡的食物，急速讓血糖濃度調回正常值。簡而言之，富含快速消化葡萄糖的食品提供大量大卡，使你更快感到飢餓。若食用由蛋白質與脂肪組成主要大卡來源的食物，將能在較長時間內維持飽足感，整體上的進食量將少於常食用高糖、高澱粉食物者[30]。未加工食品富含較多纖維素，使食物在胃裡停留時間較久，釋放出能夠抑制食欲的荷爾蒙，使你能在較長時間內維持飽足感[31]。

然而，葡萄糖並非唯一的影響因素。另一項甜美且被忽略的糖類為果糖。現今，大眾常將果糖妖魔化（有時其實不無道理），主因在於高果糖漿使糖分變得無比大量且廉價。不過，還是請你記住一項事實：生蘋果與水果糖含有的果糖量相同。事實上，黑猩猩幾乎只吃水果，牠們因而必須消化大量果糖。然而，牠們和其他愛吃水果的生物並未發胖。為什麼新鮮水果所含的糖分不容易導致肥胖，而加工水果或其他如蘇打汽水、果汁等高含糖量食品所含的果糖卻更容易使人發胖？

答案再次牽涉到果糖在肝臟中消化的分量與速率。提到分量，馴化作用扮演關鍵因素。大部分我們今日所吃的水果已受到相當程度的馴化，變得比生長在野外的老祖宗更甜美。直到近代以前，絕大多數蘋果都是野生的酸蘋果，所含的果糖量顯著較少。事實上，幾乎所有我們老祖宗所吃的水果甜度都和胡蘿蔔差不多，稱不上是足以導致肥胖的物質。即便如此，和水果糖及果汁等加工食品相比，經過馴化的水果所含的果糖量仍不算多，而它們更富含纖維素；正如我們先前提到的，許多加工食品早已不含任何纖維素。正因為纖維素，生蘋果所含的果糖能在人體內漸進地消化，以更緩慢的速率抵達肝臟。如此一來，肝臟就有充分時間代謝蘋果內的果糖，更從容地將其燃燒。然而，當加工食品迅速以過量果糖將肝臟淹沒時，肝臟不勝負荷，將絕大部分的果糖轉為脂肪（三酸甘油酯）。其中一部分脂肪塞滿了肝臟，造成發炎，進而阻塞胰島素在肝臟中的作用。這就造成了一連串有害的連鎖反應：肝臟將自己所儲存的葡萄糖釋放到血液循環中，使胰島腺釋出更多胰島素，進而將多餘的葡萄糖與脂肪輸入細胞內[32]。肝臟由高濃度果糖所製造的剩餘脂肪釋入血液中，最終也進入脂肪細胞、動脈血管與其他容易產生不良後果的部位。

果糖聽來相當危險，但也只會在快速、高濃度下導致發胖的危險；人類演化史上絕大部分的時間裡，我們老祖先唯一所能取得的重要、能急速消化的果糖來源就是蜂蜜。如第九章所述，由於高果糖漿的發明，人類在一九七〇年代才開始能品嚐便宜、高濃度的果糖。在第一次世界大戰之前，每個美國人每天平均攝取十五克（半盎司）的果糖，主要食用蔬果等緩慢釋出果糖的食品；現代，每個美國人每天平均攝取五十五克（近兩盎司）的果糖，絕大部分來自蘇打汽水與其他由食糖製成的加工食品[33]。從各方面來說，越來越多人發胖（尤其在腹部）的最主要原因在於加工食品提供了過量的大卡，其中許多又來自糖類（果糖與葡萄糖），濃度過高，釋出速度過快，以致我們所遺傳到的消化系統無法適應。即使我們經過演化、食用大量醣類並將其有效儲存，我們仍無法如此大量吸收存在於蘇打汽水與果汁等含糖飲料（沒錯，水果汁就是垃圾食物）、蛋糕、水果糖、糖果與其他各式各樣工業化食品中以原始型態存在的醣類。工業化飲食所造成的問題證明，全球各地不同農耕文化所獨立發展的眾多傳統飲食方式，看來均能有效防止人體體重增加。例如，典型的亞洲與地中海飲食除了包含大量澱粉（稻米、麵包或麵糰）以外，似乎沒有什麼共同點；但兩者充分整合大量富含纖維素的新鮮蔬菜，並擁有足量蛋白質與健康脂肪，例如魚油與橄欖油（我們稍後將探討脂肪的部分）。這類飲食也傾向於富含其他有助保持健康的營養物質（這將是另一項重要主題）。簡而言之，假如你依據富含未加工蔬果的傳統、符合常理的飲食方式攝取醣類，就能防止增胖，避免體重過重[34]。

飲食習慣可以詮釋為何全球各地越來越多人口變得越來越胖，但還有包括基因、睡眠、壓力、肝臟內細菌與運動等其他數項重要因素。

首先就是基因。如果我們發現導致肥胖的基因，不是很好嗎？這樣一來，我們就能發明使肥胖基因失去作用的藥物，問題便迎刃而解。不幸的是，特定基因並不存在；但由於人體的每一項環節均源自於基因與環境之間的互動，因此數十種基因被確認能夠增加人體增重的威脅，並不令人意外。這些基因最主要藉由影響人類大腦產生作用[35]。目前為止所發現作用最強的基因名叫FTO（fat mass and obesity-associated gene），影響大腦管制食欲的方式。如果你體內存在一組這種基因，你的平均體重可能較沒有這種基因者多出一．二公斤（等於二．六磅）；假如你運氣不好、體內存在兩組這種基因，你可能會比別人重三公斤（六．六磅）[36]。體內擁有FTO基因者更難以控制食欲，但在藉由運動或飲食減重等方面則與其他人相同[37]。此外，FTO基因與其他和體重過重有關的基因，在近代越來越多人開始肥胖以前即已存在。過去數十年間，導致體重增加的基因並未席捲人類。數千個世代以來，幾乎所有體內含有這種基因的人體重都維持在正常值，這顯示產生重大變化的是環境，而非基因。要想控制人口肥胖的趨勢，我們就得著重在環境因素，而非基因。

環境的變化遠較飲食更多元、更複雜。就像第九章討論到的，改變中重大的一環在於我們感到的壓力越來越強烈、睡眠越來越少。這兩項因素互相聯結，導致惡性體重增加。「壓力」這個詞本身帶有負面意涵，但壓力是與生俱來的適應作用，使你免於陷入危險狀態，並在需要時啟用體內所儲存的能量。如果附近傳來一聲獅吼，一輛車從旁駛過而幾乎將你輾翻，或你準備逃命時，你的大腦會向腎上腺（位於腎臟上方）發出信號，釋出少量可體松。可體松並不會使你感到壓力；在你感到壓力時，體內才會釋出可體松。可體松有許多功能，其中包括給予你即刻和必要的能量；它使你的肝臟與脂肪細胞（特別是位於內臟的脂肪細胞）將葡萄糖注入血液循環中，增加心跳率與血壓，提高你的警戒心，並防止睡眠。可體松也能讓你特別想吃富含能量的食品，使你準備從壓力狀態恢復。簡而言之，可體松是生命中不可或缺的荷爾蒙。

然而，源源不絕的壓力也有其陰暗面，並會導致人體發胖。長期壓力產生的問題之一為過長時間內高居不下的可體松濃度；從各種原因來看，數小時、數星期甚至數月過量的可體松都對人體有害，它會產生惡性循環，導致肥胖：首先，可體松不只導致人體釋出葡萄糖，更使你想吃富含大卡的食物（這就是壓力使你渴望撫慰食物的原因）[38]。正如你現在所知，這兩種反應都會提高胰島素濃度，造成脂肪累積（特別是內臟脂肪），而內臟脂肪對可體松的敏感程度約為皮下脂肪的四倍[39]。更糟的是，持續高濃度的胰島素會抑制大腦對瘦素的反應；瘦素是另一種重要的荷爾蒙，脂肪細胞在感到飽足時會將其釋出。如此一來，處於壓力狀態的大腦認為你還相當飢餓，啟動使你感到飢餓的反射作用，同時還啟動使你減少活動的其他反射作用[40]。最後，只要環境中的壓力因素持續存在（工作、貧窮、通勤等等），你就會持續釋出過量可體松，導致過量胰島素，增加食欲，減少活動量。另一個惡性循環是睡眠不足；有時，升高的壓力指數與過高的可體松濃度都會導致睡眠不足，而睡眠不足會使可體松濃度提高。睡眠不足同時也會升高另一種激素：飢餓激素（**ghrelin**）的濃度。這種「主掌飢餓感的荷爾蒙」由你的胃部與胰島腺產生，刺激食欲。眾多研究發現，睡得少的人體內的飢餓激素含量較高，更容易過重[41]。顯然，演化史未能使我們的身體能夠妥善因應持續、無止境的壓力與睡眠不足。

我們的身體也並不適應靜止不動的狀態，然而很可悲地，運動與肥胖之間的關係有時被誤解了。假如你現在一躍而起，馬上去慢跑個三英里，你可以燃燒大約三百大卡的熱量（實際燃燒量根據你的體重決定）。你可能會覺得這些燃燒的大卡會協助你減重，然而眾多研究已顯示，規律且強度介於中等與劇烈之間的運動其減重效果有限（通常介於二到四磅之間）[42]。針對此現象的一個解釋為，每星期幾次多燃燒三百大卡的熱量，其實在人體總代謝預算裡的卡路里中不算什麼（特別是在你已經過重的前提下）。此外，運動會刺激暫時抑制食欲的荷爾蒙，但也會刺激其他使你感到飢餓的荷爾蒙（例如可體松）[43]。假如你每星期跑步十六公里

（十英里），除非你能夠克制多攝取一千大卡（約為兩到三個鬆餅的熱量）的自然欲望，保持熱量均恆[44]，否則你將難以減重。此外，某些形式的運動以肌肉代替脂肪，導致無法減重的事實（雖然運動本身仍然符合健康原則）。體能活動或許無法使你能輕易減重，但確實能防止你的體重增加。體能活動最重要的機制之一在於，增加肌肉（而非脂肪細胞）對胰島素的敏銳度，使脂肪能被你的肌肉（而非腹部）攝取[45]。體能活動也增加燃燒脂肪與醣類的線粒體數量。上述因素與其他代謝方面的變化足以說明，為什麼活動力強的人可以吃很多食物，而外觀與體重看來卻又不受食量影響。

最後一項尚未受到廣泛探索的環境因素是，我們吃下的食物並不僅僅供養我們本身而已。你的腸臟裡有數十億個微生物（菌群）、消化蛋白質、脂肪與醣類，提供能協助你吸收大卡與特定營養物質的酵素，甚至合成維他命。他們就像你每天在環境中觀察到的動植物一樣，是自然、不可或缺的一部分。有充分證據顯示，飲食習慣的變化與廣譜性抗生素的使用，可能藉由異常改變人體的菌群，導致人體肥胖[46]。事實上，對工業化飼養動物施打抗生素的原因，正是要使牠們的體重增加。

無論你如何看待這個事實，人體本能上就是會儲存大量脂肪（絕大部分是皮下脂肪）。人類代謝的演化觀點亦能協助解釋，為何過重者難以減重。考慮到這一點，若體重過重、甚至肥胖者的體重沒有增加，他們就無法保持能量正平衡。就像一個皮包骨的人一樣，他們只是處於能量正平衡而已；如果他們開始節食，或從事更大量的運動，這意味著他們攝取的大卡將少於所消耗的大卡。他們將會又餓又累，因此啟動最原始、本能的食欲，吃得更多，動得也更少。飢餓與昏睡是古老的調適機制。在我們的演化史上，我們根本無暇忽略或駕馭飢餓感。但這也不代表我們生來就註定會發胖。我們將在下文看到，有些體重過重者仍能保持健康狀態，但肥胖（尤其是過量的腹部脂肪）都聯結到第二型糖尿病、心血管疾病、生殖性癌症等代謝失調疾病。為什麼呢？我們因應這些疾病症狀的方式，為什麼有時又會造成不良演化的現象呢？

可預防的駭人病症：第二型糖尿病

我的外祖母數十年來飽受第二型糖尿病之苦。在她眼中，糖分就是一種毒藥，和足以致人於死的有毒茄屬植物一樣危險。為了警告我們兄弟倆糖分有多麼危險，她在餐桌上擺著一整碗的糖，作為誘餌。只要我們膽敢把糖加入茶或早餐麥片裡，她就大聲訓斥我們。考量到血液中過量的糖分（糖尿病診斷的指標）對人體全身組織都會產生毒性，祖母的態度在一定程度上確實很有道理。然而，當時年幼懵懂的我沒有留意外祖母的警告。我所認識的人（包括我的祖父母）都攝取大量糖分，卻沒人患糖尿病。

其實，糖尿病是一系列疾病的總稱，這些疾病特徵在於無法產生足量胰島素。好發於孩童身上的第一型糖尿病，發生於免疫系統摧毀胰島腺中產生胰島素的細胞之際。懷孕期間，母親體內胰島腺產生過少的胰島素時，偶爾會造成妊娠糖尿病，對母體與胎兒產生危險、過長的血糖上升期。我外祖母所罹患的是第三種糖尿病，也就是最常見的第二型糖尿病（又稱為成年型糖尿病）。在過去，這種與代謝併發症相關的失調性疾病相當罕見；但現在，它卻成為全球擴散速度最快的疾病之一，因此有必要在此進行討論。在一九七五年與二〇〇五年之間，第二型糖尿病在全球的病例成長了七倍以上，成長速度還在持續加快，影響遍及已開發及開發中國家[47]。外祖母關於過量糖分造成第二型糖尿病的看法有部分屬實，但缺乏運動與過量腹部脂肪的影響也不容小覷。

從基本面來看，第二型糖尿病肇因於脂肪、肌肉與肝臟細胞對胰島素的作用失去敏感度。這種被稱為「胰島素抗性」的現象會引發危險的循環效應。正常情況下，你血液中的葡萄糖濃度升高，使胰島腺產生胰島素，指揮肝臟、脂肪與肌肉細胞將葡萄糖帶離血液循環。然而，一旦這些細胞無法充分對胰島素做出反應，血糖濃度將會高居不下（假如你繼續進食，甚至會持續升高），促使胰島腺產生更多的胰島素，試圖抵銷過高的血糖濃度。因此，第二型糖尿病患者將飽受過高血糖濃度之苦，造成頻尿、過度口渴、視覺模糊、心悸與其他問題。在糖尿病早期，飲食與運動能夠扭轉或遏阻發病過程，但只要循環效應持續下去，人體各部位的胰島腺抗性越來越強，合成胰島素的胰島腺細胞工作過量，陷入衰竭狀態。最後這些細胞停止運作，第二型糖尿病的末期病患必須定期接受胰島素注射，如此才能控制血糖濃度，並避免心臟疾病、腎衰竭、失明、四肢失去知覺、癡呆與其他恐怖的併發症。在許多國家，糖尿病是導致死亡與殘疾的主因，所造成的醫療代價相當龐大。

第二型糖尿病造成許多病痛，是相當惱人的疾病；這種疾病在過去相當罕見，絕對可以避免，現在卻被視為富裕社會中幾近不可避免的後遺症（亦即第九章所所述流行病學演變的副產品），這更使人感到挫折不已。事實上，我們已經瞭解該如何避免大部分病例，以及早期的治療之道。在搜尋解藥的過程中，許多醫學家專注於協助糖尿病患處理疾病的方法，以及弄清楚為什麼有些人會得到這種疾病而其他人卻不會。這些都是關鍵問題，卻沒有那麼多人慎重考慮到：從一開始就預防這種疾病，才是解決之道。針對這項議題，演化的觀點又能帶給我們什麼啟示？

為了評估這些問題，讓我們檢視基因與環境因素之間的互動。這項互動導致胰島素抗性，後者則是第二型糖尿病最主要的病因。如我們一直重複討論的，當你消化食物時，血糖濃度將升高，為你的體細胞提供可燃燒的油料。為了讓葡萄糖從血液裡進入每一個細胞，必須由被稱為「葡萄糖輸送者」的特殊蛋白質將葡萄糖從細胞外層薄膜導入細胞內。幾乎人體各處體細胞都含有葡萄糖輸送者。肝臟與胰島腺細胞上的葡萄糖輸送者相當被動，讓葡萄糖自由進入，就像微小粒子通過濾網一樣。然而，除非胰島素聯結到附近的接受器，否則位於脂肪與肌肉細胞上的葡萄糖輸送者將不會讓任何葡萄糖分子進入細胞內。正如圖二十三所示，當胰島素分子聯結到其中一個接受器時，細胞內產生一系列反應，使葡萄糖輸送者能讓血糖進入細胞內。一旦進入細胞，葡萄糖分子可能會迅速燃燒，或（在胰島素的指引下）轉換為糖原或脂肪。總而言之，只要胰島素存在（特別是在用餐後），脂肪、肝臟與肌肉細胞會在正常情況下吸收糖分。

包括位於肌肉、脂肪、肝臟甚至腦部的人體各部位細胞都可能產生胰島素抗性。即使胰島素抗性的確實原因尚未被完全瞭解，肌肉、脂肪與肝臟細胞的胰島素抗性與來自過量腹部脂肪的過高濃度三酸甘油酯有密切的關係。最值得注意的是，體內含有大量腹部脂肪（特別是脂肪肝）以及飲食導致血液中高濃度三酸甘油酯的人，體內產生胰島素抗性的風險也顯著提高[48]。若使用更實際的分類法，蘋果型身材的人體內有著大量的腹部脂肪，罹患糖尿病的風險遠較西洋梨型身材的人（體脂肪主要儲存於臀部或大腿）來得高。事實上，有些體內出現胰島素抗性的人並未過度肥胖（BMI指數正常），但卻有著脂肪肝，且被形容為TOFI（外瘦內肥，thin outside, fat inside）[49]。正如我們所見，脂肪肝與其他形式的腹部脂肪，最主要還是由含有大量可快速消化葡萄糖與果糖的食物（例如高果糖漿或蔗糖等）所造成。考

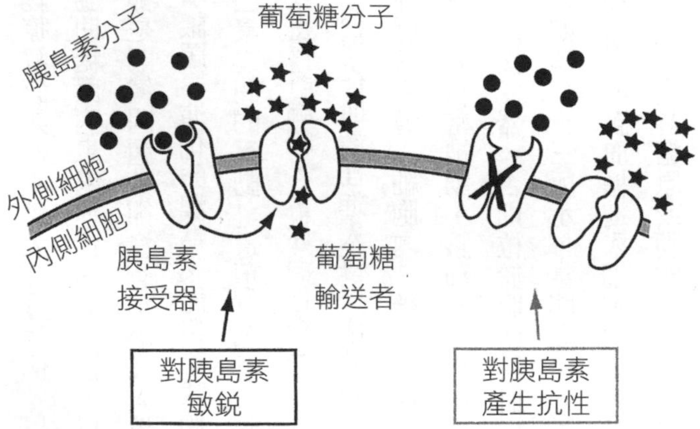

圖二十三　胰島素如何影響葡萄糖在細胞內的攝取方式

肌肉、脂肪與其他類型細胞都有胰島素接受器，位置接近細胞表面的葡萄糖輸送者。正常情況下，血液中的胰島素和胰島素接受器相連、而後發信號給葡萄糖輸送者，示意接收葡萄糖。若為胰島素抗性（如右所示），胰島素接受器將失去感應能力，阻止葡萄糖輸送者接收葡萄糖，導致血液中含糖量過高。

量到這一點，蘇打汽水、果汁與其他高糖分（含大量果糖）、卻無纖維的食物特別危險，它們使肝臟迅即將大部分果糖轉換為三酸甘油酯，在肝臟堆積，而後直接倒入血液循環中[50]。缺乏體能活動與缺乏不飽和脂肪的飲食習慣也會導致腹部脂肪以及胰島素抗性（下文將講述更多因素）。

只要認知到過量腹部脂肪會誘發胰島素抗性，而這也是構成第二型糖尿病的最原始病因，就足以說明為什麼這種代謝失調性疾病幾乎完全可以避免，以及為什麼幾個互相聯結的因素導致某些人罹患這種疾病，而某些人則能避免。這些因素中，你無法控制自己的基因與產前環境；但你絕對能在某種程度上掌握飲食與活動量，這兩項是決定你體內能量平衡與否的更重要因素。事實上，幾項研究顯示，減重與劇烈運動有時其實能夠在罹病初期扭轉病況。其中一項極端的實驗將十一位糖尿病患在八週當中，置於苛刻的超低大卡節食狀態，每天最多只能攝取六百大卡熱量。對大部分人而言，每天六百大卡的極端飲食是令人望而生畏的挑戰（相當於每天兩個鮪魚三明治所提供的熱量）。然而，兩個月後，這些嚴重缺乏食物的糖尿病患每人體重平均降低十三公斤（二十七磅），大部分為腹部脂肪，他們體內的胰島素產量增加為兩倍，對胰島素的敏銳度也幾乎回到正常值[51]。劇烈運動促使人體產生荷爾蒙（胰高血糖激素、可體松與其他荷爾蒙），使肝臟、肌肉與脂肪細胞釋出能量，具有強大的扭轉效果。這些荷爾蒙在你運動時暫時阻擋胰島素的運作，隨後在每次運動後長達十六小時的時間內，增加細胞對胰島素的敏銳度[52]。一旦肥胖、體內具有高度胰島腺抗性的成人受鼓勵從事適量運動（每天三十分鐘，每週四次，持續十二週），他們的胰島腺抗性就能降低到接近正常值[53]。簡而言之，增加體能活動強度、降低腹部脂肪量，就能在早期抑制、遏阻第二型糖尿病。有一項研究曾找來十位中年、體重過重且罹患第二型糖尿病的澳洲原住民，他們必須重新以原始的狩獵與採集型態來生活。七週後，他們藉由整合飲食習慣與運動，幾乎完全扭轉並遏阻了糖尿病的惡化，這個研究相當引人注目[54]。

針對飲食與運動對抑制第二型糖尿病的長期效果，仍須更多研究確認；然而，上述研究與其他實驗卻提出一個問題：「為什麼我們無法更確實遵循劇烈運動和完善飲食的處方，杜絕這種疾病，或防止其繼續惡化？」當然，最大的問題還是我們所創造的環境。由於工業化的緣故，最大量、便宜的食物不含纖維，卻富含結構簡單的醣類與糖（高果糖漿尤甚）。這一切都會導致肥胖（特別是腹部肥胖），以及胰島素抗性。羅伯特・路斯提（Robert Lustig）與他的同事發現，修正肥胖、體能活動和酒精使用等因素後，只要每天多攝取一百五十克從糖產生出的卡路里，第二型糖尿病的普及率就會提高百分之一・一[55]。汽車、電梯與其他機械都降低了體能活動的總量，使問題更加惡化。一旦陷入過重或肥胖狀態，即使還沒罹患第二型糖尿病，要調整其飲食與運動習慣就已是困難、昂貴且耗時的任務。

一個較次要的問題，在於我們治療疾病的方式。許多醫師直到病人罹病，才見到病人；此時，除了使用下列被廣泛視為明智卻又相互矛盾的治療方式，他們已經沒有其他選項。首先，他們鼓勵病患增加體能活動量、減少攝取大卡，特別避免過量糖分、澱粉與脂肪。同時，大多數內科醫師也會開藥方，使病患能夠應付疾病所帶來的症狀。有些受歡迎的抗糖尿病藥物增進脂肪與肝臟細胞對胰島素的敏銳度，有些藥物增進胰島腺細胞合成胰島素的能力，其他藥物則防止內臟吸收葡萄糖。即使這些藥物能在數年間抑制第二型糖尿病的症狀，許多藥物還是會產生棘手的副作用；再者，它們的藥效亦有局限性。一項比較三千名受測者生活方式與最受歡迎的二甲雙胍（**metformin**）藥物效果的研究顯示，改變飲食習慣與運動的效果是藥物治療的兩倍，效果也更為持久[56]。

從這個觀點來看，第二型糖尿病就是某種形式的不良演化；只因我們沒能預防其病因，下一代就從上一代身上傳承了這種疾病，發病率甚至更高。最重要的是，這完全是代謝失調疾病，長期能量過剩經年累月造成肥胖（特別是腹部肥胖）與胰島素抗性，這種疾病也越來越常見。即使良善的舊式飲食習慣與體能活動迄今仍是預防與治療第二型糖尿病的最佳選擇，許多人還是等到開始遭受到病痛的折磨才展開行動。有些糖尿病患劇烈改變自己的飲食與運動習慣，希望獲得療效；有些人意志不堅，不敢劇烈運動或大幅度改變飲食習慣；大部分糖尿病患整合用藥習慣與飲食、運動習慣的微調，數十年來尚能控制病情。在一定程度上，這高度實用的方法由最現實、直接的需要構成，並考量到無法劇烈改變飲食、運動習慣者的能力，對許多人相當受用。此外，許多醫師多年來試圖協助病患減重、多運動，卻都徒勞無功；他們變得悲觀（或者更實際），意識到較極端的治療方式通常會失敗、無法持久，轉而建議較溫和的減重與運動目標。不幸的是，安於控制越來越多人身上的疾病症狀，使這項原已不幸的循環持續發展。更糟的是，許多已與糖尿病奮戰的人還同時受其他相關疾病之苦，其中最常見的就是心臟病。

沉默的發炎殺手：心血管疾病

在絕大部分時間裡，即使我們在運動，也都不太關心自己的心臟。心臟只是跳動，使血液在肺臟間出入，流經每一條動脈與靜脈。然而，三分之一的人將死於體循環系統沉默、經年累月的惡化。某些形式的心臟疾病（如鬱血性心臟衰竭）會緩慢置你於死地，但心血管疾病最常見的死因在於心臟病猝發。通常，這項危機由胸悶、肩膀與手臂痠痛、暈眩與作嘔、呼吸急促等症狀開始。若不及時治療，這些症狀會激化為劇痛，患者隨後失去意識，終致死亡。另一個殺手則叫做中風。你無法感受到腦血管破裂，但你會突然感到頭痛，身體一部分感到衰弱、無力、麻痺，你會陷入天旋地轉，無法言語，無法進行思考，也無法正常行動。

大致上，心臟病猝發與中風看似導因於體循環系統設計上的顯著瑕疵。一如其他組織，心臟與大腦所需的氧氣、糖分、荷爾蒙與其他必需分子均由極度細密的血管負責輸送。在我們年紀漸長之際，血管壁變硬變薄；一旦其中一條為心臟肌肉供輸的纖細冠狀動脈內出現阻塞，那塊區域就會死亡，心臟停止跳動。同理，數以千計的微血管為大腦提供養分；一旦其中一條受阻，它會爆裂開來，殺死難以數計的腦細胞。為什麼這些至關重要的血管如此微小、脆弱，極易堵塞？為什麼中風與心臟病猝發對人類的威脅如此嚴重？心血管疾病究竟算不算不良演化的實例，是否也是一種演化失調疾病，長久以來我們一直無法根治病因，並使其在人類間蔓延開來？要回答這些問題與其他的相關問題，就必須先考慮造成心血管疾病的基本機制，以及這些由能量過剩所造成的疾病為什麼是代謝失調現象。

中風或心臟病猝發看起來是突發現象，但在絕大部分病例中，這些危機至少部分是動脈硬化的結果，這過程冗長且漸進，又稱為動脈硬化症（atherosclerosis）。動脈硬化症其實是動脈血管壁的長期發炎，導因於你體內膽固醇與三酸甘油酯（脂肪）穿梭運行的方式。膽固醇是極度惡性分子，是微小、蠟狀，類似脂肪的物質。膽固醇能為你體內所有細胞提供許多至關重要的功能，假如你攝取的膽固醇不夠，你的肝臟和腸臟會自動從脂肪中合成膽固醇。由於膽固醇與三酸甘油酯均不溶於水，因此在血液循環中，它們必須藉由被稱為脂蛋白的特殊蛋白質輸送。這道輸送系統極為複雜，但有幾點事實必須瞭解：首先，低密度脂蛋白（LDL，常被稱為「惡性膽固醇」）將膽固醇與三酸甘油酯從肝臟帶到其他器官，但它們在大小與密度上的差異，則是致病的關鍵。主要輸送三酸甘油酯的低密度脂蛋白，結構較主要輸送膽固醇的低密度脂蛋白縝密，體積也較小。高密度脂蛋白（HDL，常被稱為「良性膽固醇」）主要將膽固醇運回肝臟[57]。圖二十四顯示，當低密度脂蛋白（尤其是較小、較細密的脂蛋白）黏附在動脈血管壁上、傳遞氧分子作為反應時，動脈硬化症就開始了。它們就像蘋果果肉由黃轉褐一樣，緩緩燃燒著。

假如你覺得動脈血管持續燃燒不是好現象，那麼你的假設完全正確。氧化正是導致人體各組織長期發炎、造成老化與各種疾病的一系列過程之一。在動脈的事例中，低密度脂蛋白的氧化導致構成動脈血管壁的細胞發炎，隨後促使白血球前來，將髒亂收拾乾淨。不幸的是，由於白血球的局部反應為創造捕捉更多微小低密度脂蛋白的泡沫，它們會造成正面連鎖反應。隨後，這些微小的低密度脂蛋白也會氧化。最後，這泡沫狀的混合物在動脈血管壁上凝固、堆積成硬化的汙垢，稱為斑塊。人體主要藉由高密度脂蛋白對抗斑塊，高密度脂蛋白將膽固醇從斑塊裡清除，並將其置回肝臟中。斑塊不止在低密度脂蛋白（再重複一次，大多數脂蛋白體積相當微小）濃度高時發展，更會在高密度脂蛋白濃度低時發展。假如斑塊擴張，動脈血管壁有時會蓋過斑塊增生，使動脈血管更為狹窄，產生永久性硬化。斑塊也增加血液循環阻塞的可能性，厚實的血斑塊很可能脫落而釋入血液循環中。脫落的斑塊非常危險，可能卡在位於心臟或腦部更微小、纖細的動脈內，導致中風或心臟病猝發。更糟的是：血管越來越狹窄時，需要更大的壓力運送等量的血流。一旦更硬，更狹窄的動脈血管增加血壓（亦即高血壓），惡性循環隨之而來，心臟必須更費勁地工作，增加血塊或血管爆裂的可能性。

無疑地，斑塊釀成心血管疾病的事實，充分顯示人體設計的不智。天擇怎麼會犯下這麼重大的錯誤，這又是為什麼？就像針對某種複雜疾病一樣，特定基因種類可能會微量增加罹病的風險，但這種疾病主要還是由其他因素所造成，包括人類不可避免的最大敵人：年齡。隨著年歲漸長，對動脈血管的損壞也無情地累積，使你全身血管硬化。對古老木乃伊心臟與血管進行的斷層掃描（一種三次元的X光掃描）影像確認，這種形式的老化也發生在包括北極圈的狩獵與採集人口身上[58]。即使動脈硬化在一定程度上無法避免，甚至不足為奇，仍有充分證據顯示，絕大部分心血管疾病或多或少都是代謝失調疾病。針對古木乃伊動脈硬化的診斷不能證明這些個體死於心臟病，目前為止，每一項針對狩獵採集者與其他古代人口進行的研究（包括驗屍）都證實，即使他們有著某種程度的動脈硬化，他們顯然並未受心臟病或高血壓等心臟病症狀所影響[59]。此外，心臟病主要由供輸心臟、微小冠狀動脈的硬化所造成，受斷層掃描的木乃伊冠狀動脈硬化的發生率，比西方人口的冠狀動脈硬化率低了百分之五十。最合理的假說是：直到近代以前，人類的動脈硬化都還不足以嚴重到導致心臟病。然而，心臟病在今日社會相當猖獗，這和缺乏運動、飲食

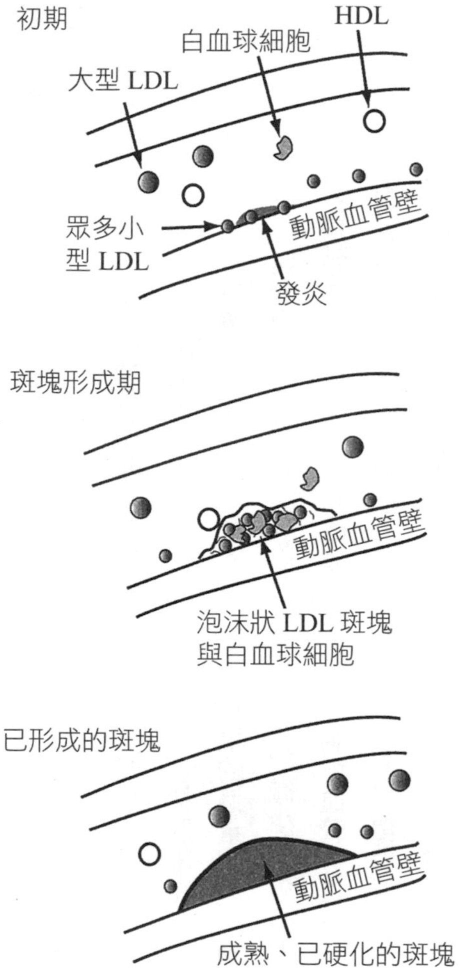

圖二十四　動脈中斑塊的形成

首先，眾多低密度脂蛋白（即小型 LDL，大多承載三酸甘油脂）的氧化會誘發動脈血管壁的發炎。發炎也會引來白血球細胞，同時泡沫狀的斑塊開始成形，動脈於是變窄、變硬。

不良、肥胖等導致第二型糖尿病的新環境條件密切相關。酗酒、吸菸與情緒壓力等新的危險因素，使情況更加惡化。

這些因素中，必須先考量體能活動；體能活動是使心血管系統正常成長、運作的先決條件。有氧運動不只強化心臟肌肉，還能規範脂肪在你體內（包括肝臟與肌肉）儲存、釋放、使用的方式。許多研究一致顯示，即使只是每週步行十五英里的適量體能活動，都能顯著提高良性膽固醇濃度、降低血液中三酸甘油酯的濃度，這兩者都能減少罹患心臟病的風險[60]。體能活動另一項重要的貢獻在於降低動脈血管的發炎程度，而動脈血管發炎正是動脈硬化的真正元凶[61]。大致上，對於緩解危險因素的影響而言，體能活動的持續性會比激烈度更加重要。不過，劇烈的體能活動也能藉由促進新血管成長而降低血壓，使心臟肌肉與動脈血管壁更加強健。規律運動的成人幾乎能將罹患心臟病或中風（在矯正其他危險因素後）的機率減半，而運動強度越高，危險減少的幅度也越大[62]。從演化學觀點來看，由於心血管系統預期並需要體能活動刺激其自然修復機制（詳情將於第十一章講述），這些數據相當合理。人的成長過程中，劇烈運動其實是常態；因此，缺乏體能活動導致人體孳生包括動脈硬化在內的各種病變實不足為奇。

飲食是另一項決定能量平衡的重大因素，對動脈硬化與心臟病的影響相當強烈。一種常見的看法是，高量來自飲食的脂肪會造成大量低密度脂蛋白（所謂的「惡性膽固醇」）與不足量的高密度脂蛋白（所謂的「良性膽固醇」），以及過量的三酸甘油酯。這三種症狀合稱為血脂異常，或「惡性脂肪」。最後，大眾就認為大量來自飲食的脂肪有害健康。實際上，由於若干原因，脂肪造成動脈硬化的程度其實相當複雜；至少，不是所有的脂肪都會導致相同的結果。請記得：脂肪含有被稱為脂肪酸的分子，擁有碳氫原子長鏈。這些長鏈結構的差異產生其他類型的脂肪酸，而性質上的差異非常關鍵。具有較少氫原子的脂肪酸是在室溫下呈液態的不飽和油脂；擁有一整套氫原子的脂肪酸是飽和脂肪，在室溫下呈固態。消化後，由於飽和脂肪酸刺激肝臟產生更多可能不健康的低密度脂蛋白、而不飽和脂肪酸導致肝臟產生更多健康的高密度脂蛋白[63]，這些表面上不甚重要的差異變得相當關鍵。這項差異強化了一般共識的正確性：富含飽和脂肪的飲食提高動脈硬化與罹患心臟病的風險[64]。這也說明食用富含不飽和脂肪（特別是由ω-3脂肪酸所組成）如魚油、亞麻仁、堅果等食品的益處。富含這些食品與其他含有大量不飽和脂肪酸的飲食，已被證明能夠提高高密度脂蛋白含量，降低低密度脂蛋白與三酸甘油酯的含量，減少心血管疾病的危險因素[65]。所有脂肪中，就屬以工業化高溫高壓方式轉換成飽和脂肪酸的不飽和脂肪酸最危險。這些不自然的反式脂肪不會腐爛（因此用於許多包裝食品中），更會在肝臟中造成浩劫：提高低密度脂蛋白，降低高密度脂蛋白含量，甚至干擾身體使用ω-3脂肪酸的方式[66]。本質上，反式脂肪就是作用力緩慢的毒藥。你可能邊閱讀邊懷疑（任何人都應該要懷疑），甚至想著：「那非洲和其他地方的狩獵採集者又是怎麼攝取橄欖油、沙丁魚和亞麻仁這些有益心臟健康的食物的，他們不是吃了一堆紅肉嗎？」針對這個問題，有兩個答案。首先，針對狩獵採集者食物的研究顯示，他們的飲食其實主要由富含ω-3脂肪酸的不飽和脂肪組成。種籽與堅果富含這些脂肪酸，同時由於吃野草灌木（而非穀物）的野生動物肌肉中儲藏更多不飽和脂肪酸，他們食用的肉類也就含有更多不飽和脂肪酸。草食動物的肉質更為精瘦，受穀物餵食的動物肉中所含的飽和脂肪則是草食動物的五到十倍[67]。此外，即使包括因紐特人在內的北極狩獵採集者食用大量肉類，他們同時還攝取許多健康的魚油，將膽固醇比例維持在健康範圍內[68]。

另一個其實具有爭議性的答案是，我們可能已將飽和脂肪過度妖魔化，飽和脂肪可能不若大眾想像中那樣有害。食用飽和脂肪會升高惡性膽固醇濃度，但長久以來被證實、認知的事實是：和高濃度惡性膽固醇相比，良性膽固醇濃度不足與心臟病的關係更為密切[69]。請記住：動脈硬化是由高濃度惡性膽固醇、良性膽固醇濃度過低與高濃度三酸甘油酯一起造成的。飲食中含有大量脂肪、少量醣類（例如低碳水化合物減肥法〔Atkins Diet〕）的人，和飲食中含有少量脂肪、大量醣類的人相比，他們體內的良性膽固醇濃度較高、三酸甘油酯濃度則較低[70]。結果，和食用低量脂肪、大量結構簡單醣類（例如，同時降低良性與惡性膽固醇濃度、卻提高三酸甘油酯濃度的飲食習慣）的人相比，飲食中醣類含量較低的人罹患動脈硬化症的風險更低。另一個非常重要的事實在於：和體型較大、結構較鬆散的惡性膽固醇相比較，體型較小、結構緊密的惡性膽固醇對動脈血管壁造成更多的破壞並造成發炎；而富含飽和脂肪的飲食傾向於使原已較大、對健康傷害較小的惡性膽固醇變得更大[71]。即使不飽和脂肪通常比飽和脂肪來得健康，飽和脂肪其實不若許多人想像中邪惡[72]。

最後請記得：你飲食中的醣類種類不盡相同，許多醣類會轉變成使你更容易罹患動脈硬化症的脂肪。正如我們先前所討論，迅速將大量葡萄糖送入血液循環或將大量果糖送入肝臟的食品特別致命，因為它們妨害肝臟正常功能，導致血液中三酸甘油酯濃度增加。這些垃圾食物導致過多的腹部脂肪堆積，而腹部脂肪會將三酸甘油酯釋入血液循環而造成發炎，甚至動脈硬化症，因此它才是健康的頭號天敵。根據這項理由，富含新鮮蔬果的飲食型態主要由結構複雜的醣類構成、幾乎不含結構簡單的醣類，無疑有益健康。這種食物不只能防止腹部脂肪堆積，更能提供協助減少發炎的抗氧化物質[73]。

撇開關於脂肪的爭議不論，現代生活方式的其他特徵也和我們老祖先的生活方式不同，這些差異導致動脈硬化與心臟病。其中之一就是過量攝取鹽分，這竟是大多數人唯一攝取的礦物質。大多數狩獵採集者從肉類攝取足量鹽分（每天一到兩克），除非他們接近海邊，否則生活中富含鹽分的物質並不多見[74]。今天我們的生活中到處是鹽分：我們用鹽分保存食物，它是如此美味、導致許多人每日攝取量超過三到五克。然而，過量鹽分會留在血液中，並從身體其他部位吸取水分。氣球中的空氣越多，壓力越大；同理，循環系統中的水分越多，你動脈的血壓就越高。長期高血壓會壓迫到心臟與動脈血管壁，如前段所形容，它造成損壞與發炎，導致斑塊生成[75]。長期情緒壓力使血壓升高，產生相同效果。過度加工食品中幾乎不含纖維，則是另一大問題；足量、經消化的纖維使食物加速通過下半段腸臟、吸收飽和脂肪，維持惡性膽固醇的低濃度[76]。最後不要忘記酒精與其他藥物。適量攝取酒精能降低血壓、改善膽固醇比例，但過量攝取將損壞肝臟、使其失去規範脂肪與葡萄糖濃度的正常功能。吸菸者也損害自己的肝臟功能，提高惡性膽固醇濃度，吸入的毒素導致動脈血管發炎，刺激血小板生成。

將所有證據放在一塊，針對狩獵採集者健康的調查顯示，由於他們體能活躍、飲食習慣自然且健康，老化時罹患心血管疾病的風險顯著較低，也就不足為奇。我們舊石器時代的祖先更沒有香菸可抽。即使狩獵採集者也食用大量肉類，他們體內測得的膽固醇指數還是遠較工業化社會西方人來得健康[77]。此外，如上所示，針對狩獵採集者健康狀況、在臨床情境與驗屍程序下進行的評估也幾乎完全沒呈現出心臟病的跡象（即使年長者亦如此）。這些資料相當有限，研究採樣也並非完全隨機化，但我們能做出下列結論：心臟病與中風本質上是演化過程中的代謝失調疾病，最主要由農業（特別是工業化）飲食與定居生活型態所共同造成。以農業維生的人在生活中也從事大量體能活動，罹患這種疾病的風險並不高，直到文明發展允許上層階級形成以前，罹患心血管疾病的傾向可能並未竄升。已知最古老的動脈硬化案例（由斷層掃描所顯示）之一，正是死於西元前一五五〇年的埃及阿摩斯．梅耶特．阿蒙公主（Princess Ahmose-Meryet-Amon）木乃伊[78]。這位富裕的公主（法老之女）很可能過著嬌生慣養、久坐少動的生活，攝取能量過剩的飲食。

又稱修女病的世紀絕症：生殖組織癌症

假如有一種疾病讓人人聞之喪膽，那就是癌症了。大約百分之四十的美國人會在生命中的某個時點被診斷出癌症，他們之中大約三分之一會死於此疾病，使癌症成為美國與其他西方國家僅次於心臟病的第二大死因[79]。其實，癌症的問題由來已久，且不僅限於人類；包括狗與猩猩等其他哺乳類動物都會罹患癌症（即使頻率較低）[80]，有些癌症困擾人類已有千年之久。事實上，最先命名、描述癌症症狀的，是古希臘內科醫師希波克拉底（Hippocrates，西元前四六〇年到前三七〇年）。即使癌症存在已久，無疑地，癌症的發病率在今日社會還是較過去更為普及。第一份癌症發病率分析係由維洛那醫院的內科主治醫師多曼尼克．瑞格尼－史騰（Domenico Rigoni-Stern）在十九世紀中葉發表[81]。瑞格尼－史騰記錄了維洛那在一七六〇年與一八三九年之間十五萬零六百七十三位市民的死因，其中只有低於百分之一（一千一百三十六人）死於癌症，當中百分之八十八是女性。即使我們假設瑞格尼－史騰和他的同事遺漏了許多癌症診斷，而且若維洛那市民平均壽命越長，癌症普及率可能越高，這些數據卻仍不到今日社會癌症發病率的十分之一。

癌症種類繁多、病因又各有不同，是很難理解與治療的疾病。然而，所有癌症都始於某個遊蕩細胞的偶發性突變。你體內恐怕已經有了數個致命的癌細胞。值得慶幸的是，其中大部分癌細胞會保持休眠狀態，什麼事都不做；然而有時其中一個癌細胞可能經過額外突變，使其無法正常運作，無限制地複製，形成腫瘤。更多的突變允許這些癌細胞在人體組織之間像野火般散佈，掠奪其他正常細胞本應獲得的資源，最後導致器官衰竭。正如梅爾·格雷夫斯（Mel Greaves）所指出，癌症其實是人體內失控、無限上綱的天擇過程；癌細胞本性自私，它們的突變使其具備其他正常細胞所沒有的繁殖優勢[82]。此外，一如環境壓力導致族群演化，毒素、荷爾蒙與其他壓迫人體的因素構成對癌細胞更有效繁殖的有利條件，排擠正常細胞，侵略本不屬於它們領域的組織與器官。然而，癌細胞繁殖和自然天擇的相似性比較到此為止，因為癌細胞的比較優勢相當短暫，並產生長期性不良後果。使有機體內突變細胞繁衍的因素，也會導致突變細胞的寄主死亡，絕少由上一代傳給下一代。除少數由病毒傳遞的癌症以外，癌症是一種在幾乎每一個發病的個體內獨立強化的疾病（雖然過程可能略有不同）。

導致癌症的原因很多。老化過程就是最大的主因，突變獲得更多時間充分發展，這也說明為何罹癌的風險隨著年齡提高。此外，一旦不幸遺傳到妨礙人體細胞修復突變或阻止突變細胞繁衍的基因，也會罹患特定癌症[83]。另一套常見、散佈廣泛的癌症病因為毒素、放射性物質與其他誘發潛在性致癌物病變的環境因子。還有幾種由病毒造成的癌症。然而，我們在此集中討論由長期能量正平衡與肥胖造成的癌症。這些象徵富裕病的癌症在與生育、繁殖有關的器官最為常見，尤其是女性的乳房、子宮與卵巢，以及男性前列腺。然而，包括結腸等器官的癌症有時也會由長期能量過剩造成。

能量平衡造成生殖性器官癌症的因果關係間接且複雜，難以揣摩。能量可能導致癌症的第一條線索，就是存在於嬰兒與乳癌之間那令人困惑的關聯性。瑞格尼－史騰等早期內科醫師注意到修女比已婚婦女更容易罹患乳癌（多年來，乳癌一直以「修女病」著稱），百思不得其解。稍後，大規模研究顯示女性罹患乳癌、卵巢癌、子宮頸癌機率隨其經歷的月經週期數呈顯著正比、而和所生育子女數成反比，進一步強化這些觀察[84]。今天，數十年研究顯示，長期、大量接觸高濃度生殖性荷爾蒙（尤其是雌性激素），就是強化這些關聯的主因。雌性激素在人體內各部位廣泛作用，在女性乳房、卵巢與子宮內更能夠刺激細胞分裂。在每一次月經週期，雌性激素濃度提升（包括黃體激素在內的其他相關荷爾蒙濃度也是一樣），導致子宮頸上的細胞繁殖、增大，準備移入受精卵。這樣的激增也刺激乳房細胞分裂。因此，當女性重複經歷高濃度雌性激素循環、導致生殖細胞不斷繁殖，每一次都提高癌病變發生的機率，增加任何突變細胞的數量。然而，當女性成為母親後，她便能藉由懷孕與哺乳等過程減少對生殖性荷爾蒙的接觸、降低罹患乳癌與其他生殖性組織癌病變的風險[85]。哺乳也能保持乳腺輸送管暢通，避免潛在癌細胞堆積[86]。

雌性激素與其他和雌性激素、生殖性癌症相關荷爾蒙的關聯性顯示，為什麼這些疾病是受長期能量正平衡影響的演化失調疾病。請記住：數百萬年的天擇偏好將一切多餘能量奉獻給繁衍的女性（其中一部分就以雌性激素等生殖性激素的形式表現）。然而，天擇可沒有為女性的身體提供能應付長期能量、雌性激素與其他相關荷爾蒙過剩的機制。結果，今日社會的女性和過去的母親大為不同，罹癌的機率顯著提高，關鍵在她們的身體仍依據演化的機制運作；盡可能生兒育女，活存下來的數量越多越好。結果，體內能量越多的女性更長期、大量接觸生殖性荷爾蒙，過量荷爾蒙就大幅提升罹癌機率[87]。

進一步看，有兩大途徑將能量與雌性激素聯結到已開發國家女性居高不下的生殖性癌症病發率。首先是女性經歷的月經週期數；美國、英國、日本等國家女性的初經年齡為十二或十三歲，一路持續到五十歲出頭。由於節育的觀念，她終其一生可能只懷孕一到兩次。此外，她在生育後的哺乳期可能不到一年。總而言之，她一生可能經歷三百五十到四百個月經週期。相反地，典型狩獵採集社會的女性十六歲時第一次行經，成年生活大部分時間不是懷孕就是哺乳，消耗相當可觀的能量。因此，她一生可能只經歷一百五十個經期。由於每個週期都使女性體內充滿強烈荷爾蒙，考量到節育與富裕等因素，生殖性癌症在近幾個世代的發病率倍增，也就不足為奇。

另一條將長期能量正平衡聯結到女性生殖性癌症的關鍵途徑是脂肪。稍早，我曾討論過人類雌性動物的身體結構更適合於脂肪細胞內儲存多餘能量；總體上，脂肪細胞是一種合成雌性激素的內分泌器官，並將其釋入血液循環。肥胖女性體內的雌性激素濃度較一般體型的女性高出百分之四十[88]。結果，女性生殖性組織癌症發病機率就和更年期後的肥胖構成強烈聯結。一項針對八萬五千名美國更年期女性的研究顯示，肥胖者罹患乳癌的機率，是體型正常者的二．五倍[89]。這些關聯性說明，為什麼許多生殖性癌症節節升高的發病率和肥胖人口比例的增加密切相關。

能量過剩與生殖性癌症的關聯性也適用於男性（雖然這項關聯性不比女性強烈）。睪丸素是男性生殖荷爾蒙，其眾多功能之一在於刺激前列腺產生協助保護精液的牛奶狀液體，而前列腺持續產生這種液體。數項研究顯示，已開發國家、經常處於能量正平衡的男性生命中長期接觸高濃度睪丸素，罹患前列腺癌的風險也大為增加[90]。

由於生殖性癌症本質上是透過生殖性荷爾蒙聯結到能量過剩的失調性疾病，體能活動能對某些癌症產生強烈影響。這一切非常合理：你消耗在體能活動上的能量越多，能用於輸出生殖性荷爾蒙的能量就越少。體能活躍的女性體內的雌性激素濃度，較不運動、久坐不動的女性低了百分之二十五[91]。這些差異或許能局部解釋：為何數項研究記載，一週數小時的溫和運動就能顯著降低許多癌症的發病率（包括乳癌、子宮頸癌與前列腺癌[92]）。其中數項研究發現：運動越劇烈，罹癌的風險越低。一項研究將一萬四千位女性區分為低度運動、適度運動與經常運動等三組；適度運動者的乳癌罹患率較低度運動者低了百分之三十五，經常運動、體能良好者的乳癌罹患率更低了百分之五十（這是在已控制年齡、體重、吸菸與否與其他變因後的研究結果）[93]。

簡而言之，演化的角度說明了為什麼今日社會許多人享受富裕與過剩的物質，提高了這些人生殖性荷爾蒙濃度。這項因素與節育措施共同提高癌症在其乳房、卵巢、子宮與前列腺內繁衍的可能性。許多生殖性癌症本質上就是代謝失調疾病，最關鍵的病因就是能量過剩。在經濟發展與加工食品席捲全球之際，更多人體內轉換成能量正平衡、甚至能量過剩，大幅提升男性與女性生殖性組織癌症的發病率[94]。然而，這些癌症真能視為不良演化的實例嗎？我們治療癌症的方式，究竟是消滅了癌細胞，還是使癌症更為普遍？

從絕大多數方面來看，答案都是否定的。即使有些人能藉由多運動、少進食降低罹患生殖性組織癌症的機率，我們對癌症的治療方式看來還是明智的。假如我有一天被診斷出癌症，我認為我會動用包括藥物、手術與放射線治療在內等一切可動用的武器，盡早殺死突變細胞，防止它們在我體內散佈。這些方式提高了包括乳癌在內等幾種癌症的存活率；但是，在兩個重要的面向上，我們對癌症的治療方式有時可能導致不良演化。首先，癌症其實比我們想像中容易預防。藉由體能活動與改變飲食，就能顯著降低生殖性癌症的發病機率；藉由控制汙染與戒菸，就能有效抑制其他由我們吸入致癌物質造成的癌症。此外，請記住：癌症基本上就是一種脫序的天擇，突變細胞在體內無所忌憚地繁衍。使用抗生素治療細菌有時會創造有利抗藥性菌種的演化；同理，使用有毒化學物質治療癌症有時可能反而助長了具抗藥性的新型癌細胞[95]。因此，從演化的觀點對癌症進行思考，可以協助我們制定對抗疾病更有效的策略。一個想法是，鼓勵良性細胞戰勝有害的癌細胞；另一個辦法是，先誘出對某種化學物質敏感的癌細胞，等到癌細胞變得脆弱時，再予以攻擊。由於癌症是人體內某種演化機制，演化邏輯可能更有助於我們找到對抗這種可怕疾病的辦法。

富足的危機

所謂的「富裕病」當然不僅止於第二型糖尿病、心臟病與生殖組織癌症。其他主要還有痛風與脂肪肝症候群（真是名符其實）。體重過重也導致其他疾病的遠因，例如睡眠呼吸中止症（呼吸暫停或窒息），腎臟與膽囊疾病，以及提高背部、臀部、膝蓋與足部受傷的機率。當今全球人類攝取更多大卡（尤其是糖類與結構簡單的醣類），運動量卻減少；上述疾病和其他富裕病在早先人類演化史上相當罕見，但隨著多吃少動的趨勢發展，近年來發病率大增，未來還會持續攀升[96]。

我們由於演化失調而罹病，無法根治病因，使病原持續存在甚而惡化；富裕病究竟能不能算是「不良演化」的實例呢？第七章以代謝失調疾病的三大特徵作結。首先，它們的屬性是長期、非傳染性疾病，病因多樣且互有關聯，較難治療或預防。其次，這些疾病對生育能力的影響不大。最後，這些疾病的病因還有其他文化價值，因此有評估其得失利弊的必要。

第二型糖尿病、心臟病與乳癌都具備這些特質。它們全由眾多、複雜的環境刺激因素造成（特別是新式飲食與缺乏體能活動），然而也與平均壽命延長、生理早熟、使用更多避孕措施及其他因素有關。另外，這些疾病通常在中年後才發病，導致人們忽略疾病對子女數量的影響（大多數接受乳癌診療的女性都在六十歲以上）[97]。最後，要評估農耕、工業化與其他對孕育富裕的文化性演變到底帶來什麼得失利弊，是極為困難的。例如，農耕與工業化使食物更加便宜、大量，多養活了幾十億人口；同時，許多廉價大卡來自糖分、澱粉與不健康的脂肪。難道我們無法負擔用有益健康的蔬果、甚至草食動物肉類養活整個地球嗎？經濟實力也是不可輕忽的因素。另一方面，市場系統在許多已開發國家中創造了更多比上一代活得更久、更健康的條件。然而，商人與製造商只會利用人類的口腹之欲與無知，資本主義對人體的影響並不全是有益的。例如，「無脂食品」的廣告誘使人們購買富含糖分、結構簡單醣類和大卡密度高的產品，這其實只會使消費者變得更胖。弔詭的是，現在必須投入更多心力與金錢，才能享用大卡含量較少的食品。我轉頭望向冰箱，對看似健康無害、重量為十五盎司的蔓越莓汁匆匆一瞥，看到它含有一百二十大卡；然而細讀後才發現，喝下一罐蔓越莓汁竟實際上攝取兩百四十大卡，相當於一罐重二十盎司的可口可樂。我們更樂於在周遭環境擺上汽車、椅子、電扶梯、遙控器與其他一卡接一卡減少體能活動量的設備。我們生活的環境充滿各種無謂的肥胖基因。同時，製藥產業研發出一系列藥效驚人的藥物（有些甚至極為有效），治療這些疾病的症狀。這些藥物與其他產品救人性命，減少病痛與殘疾，但也過分縱容。總而言之，我們創造出一個藉由能量過剩使人罹病的環境，使他們繼續苟延殘喘，無須減少能量攝取。

怎麼辦？最明顯、根本的解決方案是協助更多人攝取較健康的飲食、多運動，但這也是人類物種所面對最艱鉅的挑戰之一（這將是第十三章的主題）。另一關鍵解決方案是：更明智、理性地集中處理這些疾病的病因，而非症狀。過量脂肪（尤其是腹部脂肪）是導致許多疾病的危險因子，更是能量失衡的症狀，然而肥胖或過重本身並非疾病。大多數體重過重或肥胖者都受夠了那些集中討論體重（而非健康）、指責肥胖者肥胖的人，這也合乎常理。指責窮人沒錢的人，也是出於同樣卑劣的邏輯。事實上，貧窮和肥胖的關聯性被過分強化，才會將這類的責難聯結在一起[98]。

關於「肥胖流行病」的廣泛迷思產生不難明白的後座力。有些人納悶，危言聳聽者是否誇大了問題嚴重性[99]。根據這個看法，我們不止無謂地責難肥胖者，甚至還浪費數十億美金對抗一項子虛烏有的危機。一定程度上，這些反對危言聳聽者的論點有其道理。超過建議的體重值並不必然意謂不健康（這一點由許多長壽、健康狀況允稱良好的體重過重者身上，就可得到印證）。約三分之一的體重過重者體內可能有導致過重的基因，因而未出現代謝失調症狀[100]。但本章已重複強調，脂肪本身絕非對健康最重要的因素。身體儲存脂肪的部位、飲食內容、體能活躍程度，才是對健康與長壽更重要的預測指標[101]。一項在八年間追蹤近兩萬兩千名各種體重、體型、年齡男性而極具指標性的研究發現：不運動的瘦子死亡的風險，是肥胖但規律運動男性的兩倍（這是針對吸菸、酗酒與否及年紀等其他因素進行調整後的結果）[102]。保持健康，就能緩解肥胖的負面效應。因此，頗多健康狀況良好、但體重過重甚至輕微肥胖的人，早逝的風險並不特別顯著。

要想瞭解充分體能活動為何對健康如此重要，就必須考慮另一種涉及退化現象的失調狀態：由廢棄不用所導致的機能衰退疾病。引起這些疾病的主因在於不足而非過量。

第十一章

閒置即廢棄：為什麼一旦我們不使用它，它就消失了？

因為凡有的，還要加給他，叫他有餘；
沒有的，連他所有的，也要奪過來。
——〈馬太福音〉第二十五章第二十九節

開車時，你是否曾在橋上遭遇塞車，擔心橋面能否承受住所有車輛與乘客的重量？想像一下橋梁一旦崩陷，大家摔進河中，伴隨而來的是雨點般落下的金屬、磚石與鋼筋水泥，那將是何等混亂恐怖的情景。幸運的是，這種意外發生的機率非常低，大多數橋梁的設計與建造，都能承受遠超過實際載重量的車輛與人員。例如，約翰・羅布林（John Roebling）設計布魯克林大橋時，就刻意讓橋面能承受六倍於預計最大承載量的重量。套句工程學術語，布魯克林大橋的安全係數是六[1]。在瞭解工程師設計橋梁、電扶梯纜線、飛機機翼等各種重要結構時，必須套用同等規格的高安全係數以後，我們有理由感到放心。即使安全係數導致營建成本增加，但由於我們永遠無法得知適當的強度究竟應該是多少，因此遵循安全係數的要求仍是明智之舉。

那你的身體呢？曾經歷骨折或韌帶斷裂的人可以為證，天擇完全沒有為這些結構提供足以應付部分體能活動夠高的安全係數。顯然地，演化並未使人體骨骼與韌帶強大到足以承受高速汽車撞擊與自行車事故的力道，但為什麼許多人健行或跑步時，只是輕輕跌了一跤，腕部、腿脛與腳趾就會受傷呢？更重要的是骨質疏鬆症的普及度；患者的骨質漸漸消耗殆盡，變得脆弱易碎，容易破裂，而後瓦解。骨質疏鬆症導致三分之一的美國老年女性遭受骨折之苦，但直到近代以前，老年人罹患此疾病的機率相當低。正如第四章所述，人類祖母的演化目的絕不在於拄著拐杖蹣跚而行，或在老年時臥病在床；相反地，她應該主動協助打點子女與孫子們的三餐。

不幸地，和需求相對的能量貧乏和失調不只反應在骨骼上，更呈現在其他方面。為什麼有些人總是感冒，有些人的免疫系統卻夠好，足以擋住傳染病侵襲？為什麼有些人較無法適應極端溫度？為什麼有些人吸入氧氣速率夠快，足以奪下環法自由車賽冠軍，有些人卻爬了幾步階梯就上氣不接下氣？這些失調與其他類似失調是攸關生存與族群繁衍的大事，為什麼會如此普及？

就像所有失調症狀一樣，能力不足以滿足身體需求常是基因與環境因素交互作用下的結果；人體對近年來環境變遷的調整還不夠充分。隨著我們年齡漸長，我們所遺傳的基因會持續、密切地與環境互動，影響身體成長發育的方式。然而，和在第十章討論過，導因於大量在過往相當罕見刺激物（如糖分）的富裕病相反，這些疾病源自於某些過往常見刺激物的大量減少，甚至消失。如果你沒在年輕時在骨骼上多添些重量，它就永遠不會強壯；如果你沒在生理年齡增長時充分刺激大腦，你可能會更迅速喪失認知功能，進而罹患包括痴呆等疾病。[2] 一旦無法預防這些疾病的病因，我們就允許退化的惡性循環發生，再把同樣的環境傳給子女，使疾病成為家族的共通點，甚至更加普遍。已開發國家的殘疾之中，與機能廢棄不用有關的疾病占了相當可觀的比例。一旦發病率升高，這些疾病常難以治療；然而，只要我們留意身體演化、成長與運作的方式，絕大部分的疾病都是可預防的。

成長必須伴隨壓力

現在，我們進行一項思考性實驗：想像在遙遠的未來，你是設計機器人的工程師，能建造具備說話、行走、執行其他複雜任務的能力，在科技上令人嘆為觀止的先進機器人。你或許會針對特定目的製造一個機器人，根據預設的功能量身打造機器人的能力（扮演警察的機器人要有武器，擔任服務生的機器人要端托盤）。你也會針對特定環境狀況設計每一個機器人，例如極度炎熱、結凍或水下等特殊環境。現在想像一下：你被交付一項任務，必須在不知道預設功能或想定的環境前提下設計機器人。你要怎麼打造一個具備超強適應功能的機器人呢？

答案是：你的設計必須使機器人能夠動態發展，它才能根據各種條件調整，發展自己的能力與功能。如果機器人遭遇到水，它就會發展防水功能；假如它必須從火場中救人，它就必須培養防熱、防燃的能力。由於機器人係由大量綜合零件所構成，你還需要在機器人的成長過程中確保它的零件之間互動良好，使一切能夠融合無間，共同運作。比如說，防水性就不應該妨礙到機器人手臂與腿的運動能力。

也許未來的工程師真會具備這種能力，但動植物由於演化的緣故，早已具備這項能力了。藉由在基因與環境因素之間大量互動下發育，有機體能夠打造出極為複雜且高度整合的身體，運作良好，甚至能適應各種不同的形勢。當然，我們無法隨心所欲長出新器官，但許多器官的確會在發育過程中對壓力做出回應，根據需求調整它們的能力。例如，如果你小時候常跑步，你就為腿部骨骼添加了重量，使它們變得厚實。另一項比較不討喜的例子是出汗的能力；人體生來有著數以百萬計的汗腺，但當你感到熱，實際上分泌汗水的汗腺所占百分比，卻取決於你在生命中最初數年所遭遇的熱與壓力[3]。終其一生，其他調適機制也動態地回應環境壓力（成年後亦然）。如果你在接下來幾週定時舉重，你的手臂肌肉會感到疲勞、變得更大且更強壯。相反地，假如你經年累月臥病在床，你的肌肉和骨骼都會荒廢殆盡。

身體回應環境壓力、調整其可見特質（其表現型特徵）的能力，正式名稱為「表現型可塑性」（phenotypic plasticity）。所有有機體的成長與運作都需要表現型可塑性，生物學家已找到越來越多範例[4]。假如我將要生活在極度炎熱的環境，我的身體發育出更多汗腺再合理不過；如果我處於腿或手臂較易折斷的環境，我的骨質可能得要較厚；如果我的皮膚容易被太陽灼傷，它在夏天會呈現較深色澤。然而，當關鍵的環境信號消失、減弱或呈現異常時，過度依賴與環境的互動也有缺點，可能會引起失調症狀。時序由冬天進入春天時，我的皮膚通常會成為棕褐色，以防止太陽灼傷；但如果我在冬天搭上飛機、飛到赤道地區，除非我添加防曬衣物或擦防曬油，否則我蒼白的皮膚就會瞬間灼傷。人體的演化觀點暗示了，由於近幾個世代以來成長發育的環境形勢發生巨變，有時甚至超過天擇所能事先為我們準備的範圍（例如搭乘噴射客機旅行），這些失調症狀在當代越來越常見。這些失調可能在生命初期產生、卻在許多年後才開始導致問題，屆時要矯正這些問題為時已晚，產生相當惡性的影響。

讓我們再回到安全係數。為什麼大自然就不能用工程師建設橋梁的同樣方式打造人體，多添加安全係數，使我們能夠適應各種不同狀況？這個疑問的解答首推取捨法則。每一件事都牽涉到妥協：某一件事物做得越多，就意謂著另一件事做得越少。例如，較厚實的腿骨比較不容易折斷，但移動起來非常耗能量。黝黑的膚色防止你的皮膚灼傷，卻限制你體內的維他命D生成量[5]。藉由偏好能將表現型特徵根據特定環境進行調整的機制，天擇協助人體在眾多任務之間找到適當的平衡點，保持適當的功能程度：足量，但不過量[6]。部分特徵（例如膚色與肌肉大小）在生命過程中可隨時調整。例如，肌肉是相當昂貴的身體組織，消耗人體靜態代謝總能量的百分之四十。因此，在你不需要肌肉時任其萎縮、需要時再將其發展，是相當合理的。然而，包括腿長與腦部大小等大多數特徵無法持續對環境中的變化進行調整，原因在於它們長成後，就無法再重組。針對這些特徵，人體必須運用來自環境的暗示（壓力），在發育早期（通常在嬰兒仍在母體內，或生命中最初數年間）預測出組織在成年時的最佳結構。即使這些預測能協助你正確地適應屬於你的特定環境，生命早期未經歷正確刺激元素作用的組織可能極度不適合你稍後經歷的環境與形勢。

總而言之，我們的確陷入「用進廢退」的演化模式。人體並非經由工程化設計，而是生長、發育而成，在你發育成熟之際，為求成正常發育，你的身體預期某些刺激因素，它亟需這些刺激因素。這些互動對大腦極為有利；假如你剝奪一個孩子的語言或社交能力，她或他的大腦就永遠無法正常發育，而學習語言或小提琴的最佳時機就在孩提時期。類似的重要互動也構成其他與外界產生劇烈、密集互動系統的特徵，例如免疫系統、協助食物消化或保持正常體溫的器官等等。

從這個觀點來看，當成長中的人體未能經驗到天擇機制所設定的壓力總量時，即可預測許多失調疾病的發生。有些失調疾病在發育早期就相當明顯，但包括骨質疏鬆在內的其他疾病直到老年才開始造成大麻煩。可以確定的是：由於人類平均壽命延長，骨質疏鬆與其他和年齡相關的疾病越來越常見，但證據也暗示：這些疾病都是可預防的，絕非不可避免。六十歲人體內的易碎骨質就是一種演化失調。此外，我們一旦未能防範這些失調的病因，它們就極易形成退化。機能的閒置與廢棄會導致許多疾病，但本章只集中討論若干較明顯、具代表性的範例。我們就從骨骼裡的兩項範例開始：人類為什麼會罹患骨質疏鬆症，以及為什麼會出現阻生智齒。兩者都與骨骼針對壓力的成長方式有關。

骨骼需要足量（但非過量）的壓力

你的骨骼就像房屋的橫梁，需要支撐許多重量。但與房屋橫梁最大的差異是：你的骨骼也必須移動，儲存鈣質，放置骨髓，並為肌肉、韌帶與肌腱提供附著的位置。此外，終其一生，你的骨骼也必須成長並在不影響正常功能的前提下改變大小與形狀。一旦受損，它們還需自行修復。從沒有工程師能創造出與人體骨骼一樣功能多元的物質。

由於天擇機制，骨骼出色地達成了許多任務。數億年來，骨骼演化成具有像鋼筋混凝土一樣共同運作多重成分的單一組織，既僵硬又強壯，此外還能因應一系列基因或來自環境的暗示，持續動態成長。骨骼的最初形狀受基因的高度控制；但若想讓骨骼適當、良好地發育，它就需要合宜的養分與荷爾蒙，才能與人體其他部分合作，共同成長。此外，若要使成年骨骼獲致正確的形狀，它必須在成長時，接受特定機制化壓力的刺激。人體的重量與肌肉在每一次移動時都會對骨骼施力，造成非常微小的變形。這些變形是如此微小、以致你完全沒有察覺，但它們大到足以使你骨骼內的細胞持續做出回應，並測量變形的大小。事實上，若要使骨骼根據適當大小、形狀與強韌度發育，這些變形是必要的。成長中的骨骼若未接受足夠的負荷，將會保持柔弱、易碎的特質，就像坐輪椅小孩的腿骨一樣。相反地，如果在成長期間對骨骼施加大量負荷，它會長得更為厚實、強壯。網球選手的手臂充分描述了這項原則。自青少年時期就從事訓練的網球選手，他們揮拍慣用手臂內的骨骼厚度與強韌度較另一隻手臂高出百分之四十[7]。其他研究顯示：較常跑步或行走的孩童腿部骨骼發育更為厚實；咀嚼較多的孩童，下頷骨骼發育也較為厚實[8]。沒有承受過壓力，就不會成長。

包括基因與養分等因素也會對骨骼發育的方式產生重大影響，但你的骨架在發育期間對機械負荷（mechanical loads）是特別具適應力的。一旦缺乏這種可塑性，你的骨架就得像布魯克林大橋一樣，必須依據超過最大可能負載量的高規格建造以避免崩潰，使得體積更為龐大、移動更為不便。然而，骨架回應機械環境（mechanical environment）的方式伴卻伴隨一項相當不幸的限制：一旦骨架停止成長，骨骼就無法再變得厚實。假如你在成年後才猛打網球，你的手臂骨骼可能會厚實一些，但幅度遠遠不及青少年網球選手骨骼成長的幅度。事實上，你的骨架大小將在剛進入成年期時達到最大值，相當於女孩十八到二十歲之間、男孩則是二十到二十五歲之間[9]。過了這段期間，你基本上就無法再使骨骼變大；隨後不久，你的骨架就會開始流失骨質，直到生命結束為止。

你的骨骼可能再也無法變得更厚實，但它們也絕不會靜止不動；當你知道它們具備自動修復能力時，有充分理由感到放心。如上所述，你每移動一下，對每一根骨骼的施力都會造成非常微小的變形。這些變形是正常而健康的；但如果它們來得太多、太快、力道太強，就會造成有殺傷力的裂縫。一旦這些裂縫累積、成長，甚至和較大的裂縫合而為一，骨骼就會像被太多車輛的重量所壓垮、崩塌的橋梁一樣斷裂。然而在一般情況下，由於你的骨骼擁有自動修復能力，不至於發生這種災難。在修復過程中，老舊或已受損的骨骼被鑿穿、清理掉，代之以全新、健康的骨骼。事實上，這項修復過程常始於對骨骼施壓。當你跑動、跳躍或爬樹時，隨之而來的變形產生信號、在最需要修復的位置上刺激修復機制[10]。你越常使用你的骨架，它就越能將自己保持在良好狀態。不幸的是，相反的邏輯也成立：未能足夠使用骨骼，將導致骨質疏鬆。生活在近乎無重力太空環境下的太空人，其骨架幾乎未感覺到任何壓力，骨質因而急速流失，從漫長的值勤任務返回地球時，骨質疏鬆已達到危險的程度。回到地球時，他們常需接受搭載、防止腿骨在走動時斷裂。顯然地，天擇機制並未調整人類的生理、使其能在太空中生活，但只要在地球上未能根據演化為人體制定的標準使用骨骼，就會導致骨質疏鬆症與阻生智齒等常見的骨架失調性疾病。

骨質疏鬆

骨質疏鬆是一種衰弱性疾病，常常未經任何預警就侵襲老年人（女性尤甚）。最常見的情節是年長女性不小心跌倒、摔到臀部或腰部時。一般情況下，她的骨架應能承受跌跤帶來的力道，但她的骨骼已變得如此之薄、以致於缺乏承受摔倒的力道。另一種常見的斷裂為脊椎內的一段骨骼變得羸弱、支撐不了上半身重量，突然像薄煎餅一樣崩塌。這種壓縮式的斷裂造成長期痛苦、身高減損，以及駝背。整體上，至少三分之一、年紀達五十歲以上的女性（以及同年齡層百分之十的男性）受骨質疏鬆症所苦，在開發中國家的發病率居高不下[11]。這種越來越常見的疾病所帶來的社會與經濟後果相當嚴重，造成重大的苦難，以及幾十億美元的健康醫療支出。

表面上，骨質疏鬆症是老年疾病，隨著人類平均壽命延長，其普遍性本應不足為奇。然而，考古與人類學紀錄（即使在農業社會成形之後）卻鮮少提及與骨質疏鬆症有關的斷裂傷[12]。證據顯示：骨質疏鬆症主要是由你所遺傳到的基因與包括體能活動、年齡、性別、荷爾蒙與飲食在內等危險因子互動所造成的現代失調疾病。想像一位已邁入更年期的女性，不再像年輕時那樣常運動、沒攝取充分鈣質、維他命D攝取量不足，又久坐不動：這就是最壞的狀況。吸菸也會導致病情惡化。

若要瞭解年齡、性別、運動、荷爾蒙與飲食如何造成骨質疏鬆症，我們必須先探究這些危險因子對構成你骨骼兩種主要細胞所造成的影響：成骨細胞與噬骨細胞。成骨細胞是創造新骨骼的細胞，噬骨細胞則是將老舊骨骼分解、移除的細胞。就像你在擴建或重建一棟房屋、必須將舊牆打掉以建立新牆一樣，這兩種細胞都不可或缺，兩者必須合作無間，才能造出新骨骼，或執行修復功能。當一塊骨骼正常發育時，成骨細胞較噬骨細胞活躍（否則骨骼就無法變得厚實）。但當你年歲漸長、骨架的成長趨緩甚至完全停止時，成骨細胞的骨骼生成量降低，會轉而花更多時間，規範骨骼的修復工作（如圖二十五所示）。這項過程中，成骨細胞會先向噬骨細胞發信號，要求將特定位置的骨骼挖空，以便在孔洞裡填上全新、健康的骨骼[13]。正常情況下，成骨細胞所產生的骨骼數量與噬骨細胞清除的一樣多。然而，當噬骨細胞的活動速率超過成骨細胞時，就會產生骨質疏鬆現象。這種失衡使骨骼變得更薄、更多孔洞；這對海棉質骨是一項嚴重的問題，而海棉質骨是填滿脊椎與關節等處骨骼的主要物質（見圖二十五）。這種骨骼由大量微小、質輕的桿狀與盤狀物組成。成長中的骨架產生數百萬計這種重要的支撐物；然而，骨架在停止成長後就失去製造新支撐物的能力。此後，當過度狂熱的噬骨細胞移除或撕裂支撐物時，它再也無法重新長出，更無法修復。骨骼就隨著一塊又一塊支撐物的裂解遭到永久性的削弱，直到有一天安全係數過低、終於斷裂為止。

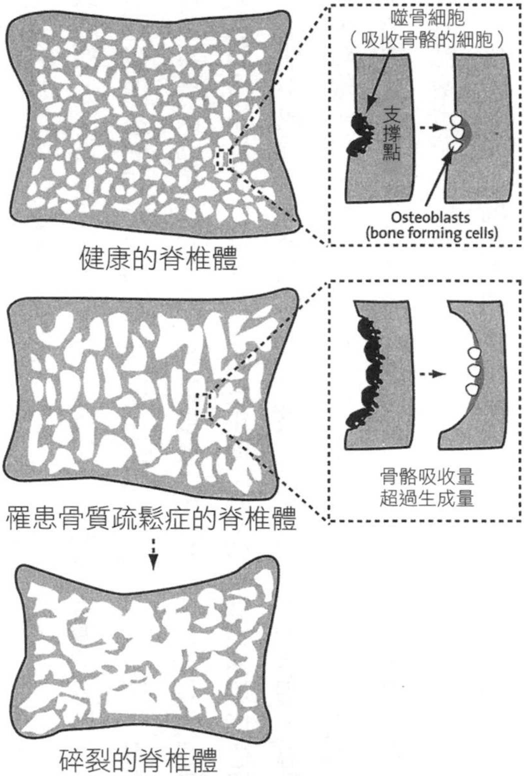

圖二十五　骨質疏鬆症

人體內正常脊椎體的中段概要圖（圖上），充滿海棉質骨。右邊的細部圖顯示噬骨細胞移除骨骼，以及成骨細胞生成骨骼的方式。當骨骼被吸收的速率超過替換速率，就會發生骨質疏鬆，導致骨質量與密度的流失（圖中）。最後，脊椎體實在太脆弱、無法承受身體的質量，終至碎裂（圖下）。

從這個角度來看，骨質疏鬆症基本上是成骨細胞骨骼生成量過少與噬骨細胞過量吸收骨骼共同導致的疾病。當你年歲漸長之際，這種失衡的影響導致骨骼越來越脆弱，然後破裂。在導致噬骨細胞運作速度超過成骨細胞而與年齡相關的因素當中，最重要的就是雌性激素濃度不足。雌性激素扮演的眾多角色之一為開啟成骨細胞、使其能夠大量產生新骨骼，並關閉噬骨細胞，避免它們移除骨骼。在女性經歷更年期、體內雌性激素濃度急降之後，這種雙重功能頓時成為不利條件；成骨細胞突然間慢了下來，噬骨細胞更加活躍，導致骨質急速流失。男性也不能免於這種風險，但由於男性能在骨骼內將睪丸素轉變為雌性激素，受影響的程度不如女性嚴重。老年男性並沒有更年期問題，但隨著睪丸素濃度滑落，體內所產生的雌性激素濃度降低，骨骼斷裂的風險也隨之提高。

使骨質疏鬆症成為現代失調疾病的原因眾多，最重要之一就是體能活動，其對骨骼健康的正面影響非常重大。首先，由於一個人的骨架絕大部分在二十歲前生成，年輕時大量的舉重訓練活動（尤其是青春期）可達成更大量的骨質最大值。正如圖二十六所示，年輕時習慣久坐不動的人在中年期開始時，骨質流失速度遠較年輕時體能活動頻繁者來得快。隨著年紀增長，體能活動也持續影響骨骼的健康。數十項研究證明：大量的舉重活動能夠顯著減緩、有時甚至能遏阻或適度扭轉老年人骨質流失的速率[14]。我們成長、老化方式的變化使這個問題更形惡化（女性尤甚）。狩獵採集社會的女孩通常較已開發國家的女孩晚三年進入青春期，使她們多出數年時間發育出強健、能夠抵擋歲月侵襲的骨架[15]。人活得越久，骨骼就越脆弱，越容易碎裂。

除了體能活動與雌性激素以外，飲食是另一項提高骨質疏鬆症風險的重大因素（尤其是鈣質的攝取）。人體需要豐富鈣質才能正常運作；骨骼的眾多任務之一就在於擔任這種重要礦物質的儲存庫。若因飲食中含鈣量不足、導致血液中鈣濃度急降，荷爾蒙會刺激噬骨細胞，使其吸收骨骼，恢復鈣濃度的平衡。然而，一旦組織無法獲得有效替換，這種回應無疑將削弱骨質。因此，只要飲食中常期甚或永久缺乏鈣質，動物與人類都會發育出輕薄的骨骼，隨著年紀漸長，骨質流失的速率也越快。此外，以穀類為主食的現代飲食缺鈣的現象更是嚴重——其含鈣量只有傳統狩獵採集式飲食的一半到五分之一，只有一小部分的美國成年男性攝取足夠的鈣質[16]。此外，維他命D的缺乏更常惡化這個問題；維他命D協助腸臟吸收鈣質。飲食中攝取的蛋白質（合成骨質的必要物質）含量過低，亦是幫凶之一[17]。如果你擔心骨質疏鬆症，

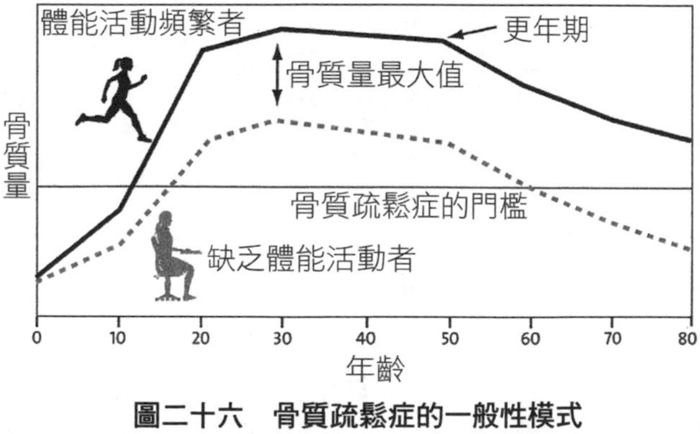

圖二十六　骨質疏鬆症的一般性模式

缺乏體能活動者在成長過程中骨骼質量發育較少；達到骨質量最大值後，每個人的骨骼都會開始流失（更年期女性尤甚）。缺乏體能活動者骨骼流失率更為迅速，由於他們的骨質量本已較少，也就更早達到骨質疏鬆症的門檻。

請牢記在心：單是攝取足量維他命D與鈣質，並不足以預防或扭轉發病過程。你還必須使骨架承受一定負荷，才能刺激成骨細胞利用所攝取的鈣質。

從各方面來說，即使攝取大量鈣質、維他命D與蛋白質，數百萬年的天擇過程仍無法使我們的骨架在缺乏大量體能活動的情況下發育完全。同時，直到近代以前，女性直到十六歲才開始青春期，使她們多出數年時間，發展出更大、更強建的骨架。基因差異的角色也相當關鍵，使某些人更易得到骨質疏鬆症。然而，就像其他許多失調性疾病一樣，如果環境變化幅度不大，體內帶有這種基因的個人罹病機率也不至於這麼高。這種疾病最大的問題之一在於，由於骨折而診斷出病徵時，早已來不及預防。到了這一步，最佳策略在於遏阻發病過程，預防更多骨折的發生。通常醫師在開處方時，會同時建議飲食補給品，還有適量、溫和的運動（如果骨質已相當脆弱，劇烈運動反而危險），以及藥物。為更年期女性注射含有雌性激素的補給品非常有效，但這些補給品又會增加心臟病與癌症的風險，迫使醫師與病患在骨質疏鬆症與其他病痛的風險之間保持平衡。目前已開發出數種降低噬骨細胞活動力的藥物，但它們都有我們所不樂見的副作用。

因此，骨質疏鬆症是一種失調疾病，更是人體提早進入青春期、人類平均壽命延長的副產品。然而，年輕時攝取足量鈣質、經常運動的人能夠建構出更強建、更能對抗骨質疏鬆症的骨架。此外，假如他們在年紀漸長時仍保持運動習慣（前提是持續攝取足量鈣質），他們骨質流失的速率也較慢。更年期女性罹病的風險總是較高，但從青年期到老年的演化正常壓力使她們的骨架發展出充足的安全係數。除非我們成功鼓勵大眾（尤其是青少女）多運動、攝取富含鈣質的食品，否則這種不必要、使人心力交瘁且所費不貲的疾病發病率將持續攀升。從這方面來看，骨質疏鬆是相當廣泛的不良演化實例。

一點都不智慧的智齒

大學四年級時，我的下頷痛了數月之久。我試圖忽略痛楚，並服用止痛藥；後來，在例行性潔牙過程中，我的牙醫要求我馬上找負責齒列矯正的外科醫師治療。X光掃描顯示：我的智齒（第三臼齒）正不智地試圖冒出，卻沒有足夠空間。它們在骨骼內輪轉，並塞進我其他正常牙齒的根部。因此，就像大部分美國人一樣，我必須請口腔醫師移除這些一點都不明智的牙齒。除了肉體痛楚之外，阻生智齒還將其他牙齒推擠出正常的位置，更能造成神經受損，有時還導致嚴重的口腔感染。在抗生素發明以前，這種感染是致命的。演化過程對我們頭部的設計怎會如此糟糕，沒有充足空間容納所有牙齒，使我們飽受痛楚，甚至死亡？在盤尼西林與現代牙醫學起步以前，人類究竟如何應付阻生智齒？

演化總還算是個不差的設計師。假如你觀察過近代與現代的頭骨，你會迅速領會到：阻生智齒是另一項演化失調的實例。我工作的博物館陳列來自世界各地數千具古老的頭骨。絕大部分近百年來的頭骨是牙醫師的夢魘：它們充滿各種蛀牙與感染，牙齒塞進下頷，其中大約四分之一還有阻生齒。工業化時代前的農人頭骨也含有各種蛀牙與貌似痛苦的膿瘡，但具有阻生智齒的比例不到百分之五[18]。相反地，大多數狩獵採集者的牙齒健康幾近完美。很顯然，石器時代根本就不需要齒列矯正師與牙醫師。幾百萬年以來，人類智齒的發牙都不是問題，但基因與咀嚼所帶來的機械負荷互動，使牙齒與下頜共同發育的古老系統，卻被食品製配技術的革新攪亂了。事實上，阻生智齒的普遍性與骨質疏鬆症有許多共通點。就像你沒有透過步行、跑步與其他體能活動對骨骼施加足夠壓力，你的脊椎和四肢就無法強健；如果你沒有透過咀嚼食物對臉部施加足夠壓力，你的下頜就無法發育完全，沒有容納牙齒的空間，齒位就會不健全。

以下就是背後的原理：每一次咀嚼中，肌肉用力將你的下排牙齒推向上排牙齒，以裂解食物。只要是曾經不小心把手指插進別人嘴裡的人都知道，人類牙齒咀嚼的力量是很可觀的[19]。這種力量不只能裂解食物，還能壓迫你的臉部。事實上，這種咀嚼對你下頜骨骼造成的變形幅度，等同於你走動或跑動時對腿部骨骼造成的變形[20]。咀嚼的先決條件在於重複施力。石器時代的典型餐點（特別是像軟骨肉排這種硬質食品）可能需要幾千次咀嚼。重複高度施力將使你的下頜變得更加厚實，和跑步、打網球使手臂與腿部骨骼更加厚實是同樣的道理。換句話說，孩提時期咀嚼堅硬的食物會使你的下頜變得更大、更強健。為了測試這項假說，我和同事用營養成分相同的軟質與硬質食品飼養蹄兔（小巧可愛的牠們是大象的遠親，咀嚼方式接近人類）。和咀嚼軟質食品的同類相比，咀嚼較硬飼料的蹄兔下頜顯著更長、更厚實，也更寬廣[21]。

由咀嚼食物所產生的機械力量，不只能協助你的下頜成長到正確的大小與形狀，還能協助你的牙齒在下頜裡就定位。你的頰齒附有尖端與凹陷處，就像微小的馬達與碾槌。每一次咀嚼中，你以驚人的精準度將下排牙齒帶向上排牙齒，下排牙齒的尖端就能和上排牙齒的凹陷處完美接合，反之亦然。因此，若要有效咀嚼，你的上下排牙齒形狀和所處的位置都必須正確無誤。牙齒形狀主要由基因所決定，但牙齒在下頜內位置正確與否，則壓倒性地由咀嚼力量所決定。咀嚼時，你施加在牙齒、膠質、下頜的力量會啟動藏在牙齒槽臼內的骨骼細胞，它們隨後會將牙齒搭載到正確的位置上。如果你的咀嚼量不夠，你的牙齒更容易排列不正。在地面上以從不需用力咀嚼的軟質飼料飼養、實驗用的豬隻與猴子不只下頜形狀異常，齒位更是不齊[22]。齒列矯正師正是利用同樣的機制（施力推擠並輪替牙齒），藉由牙齒矯正器拉直並矯正病患的牙齒。矯正器基本上就是持續對牙齒施力的金屬帶，把牙齒拉回正確的位置。

重點是，咀嚼力是使你的下頜與牙齒發育並合作無間的關鍵力量，但這些過程還牽涉到一定程度的咬動與細嚼，整個系統才能真正運作順暢。假如你在年輕時不夠用力咀嚼，你的齒位就會出現偏差，你的下頜就沒有足夠的空間容納智齒。因此，現代社會中有許多人需要讓齒列矯正師將牙齒拉直，讓口腔外科醫師移除阻生智齒，只因我們這方面的基因在最近數百年來變化不大、但我們的食物卻已被高度加工、軟化，以致我們不再需要用力、經常咀嚼。想一下你今天吃了什麼，恐怕都是高度加工的食物：濃湯、細粉、攪爛成泥、經過均勻攪拌，甚或被切成小片、被煮得柔軟、可以一口吞下的食品。拜攪拌機、研磨器與其他機械之賜，你可以整天吃到完美的食物（燕麥粥，濃湯，蛋白牛奶酥！）而完全不須咀嚼。正如第五章所檢視，烹飪與食品加工是人屬演化過程中使牙齒變得更細小的重要革新，但食品加工技術已無所不在，導致孩子的咀嚼量遠達不到下頜正常發育所需的咀嚼量。你可以在幾天內，嘗試史前時代穴居人的飲食：只吃烤過的獵物，幾乎沒切過的蔬菜，更沒有濃湯、細粉、煮沸或透過現代科技軟化的食品。不意外地，只要齒列矯正師朝病患嘴裡一望，現代化、過度軟弱無力的飲食所造成的影響再明顯不過了。例如，和成長過程中食用更多傳統食品的長輩相比[23]，在近代已改採西化飲食的年輕澳洲原住民下頜更小，牙齒在口腔內擁塞的問題也更嚴重。事實上，在根據體型比例進行修正後，過去數千年來，人類的臉孔縮小了百分之五到百分之十，這相當於食用煮熟、軟化飼料動物臉孔縮小的幅度[24]。

正如我所認為（齒位咬合和阻生智齒都是失調症狀，而我們未能防範其病因），要徹底避開齒列矯正師，強迫孩子只吃又硬又難咀嚼的食物，是很荒謬的。我只是想到：假如家長嘗試省下齒列矯正師檢查的醫療帳單，他們會面臨多麼不滿的孩子和其他問題。然而，我納悶著：我們是否能鼓勵孩子們多咀嚼口香糖，減少齒列問題的發生率？許多成人認為口香糖既煩人又毫無美感，但長期以來牙醫師都知道：無糖口香糖能減少蛀牙的機率[25]。此外，幾項實驗也顯示，咀嚼較硬樹脂製口香糖的兒童下頜發育較大、較完整，牙齒也長得較齊直[26]。目前還需要更多研究，但我預測：只要多嚼口香糖，下一代絕對更能用健全的牙齒（含智齒在內）咀嚼蛋糕。

一點灰塵無傷大雅

對許多人而言，微生物就是病菌；肉眼看不到的細菌會讓人生病，讓東西腐爛。這種東西越少越好！因此，我們汲汲營營將居家環境、衣服、食物甚至身體以各種殺菌劑（包括肥皂、漂白劑、蒸氣、抗生素）進行消毒。許多家長也努力阻止孩子把各種髒東西放進嘴裡——他們好像天生無法控制，一定要把各種東西放進嘴裡（我女兒還在蹣跚學步時，就對砂礫有特殊的癖好）。很少人能夠反駁這樣的論斷：越乾淨就越健康，家長、廣告商和其他人孜孜不倦地提醒我們：世界上到處都是危險的病菌。這樣的說法不無根據；加熱殺菌、衛生設備與抗生素所拯救的生命數，比其他任何醫學進展還要多。

然而，從演化學觀點來看，近年來試圖將身體與所接觸到一切物品消毒的作法不只反常，有時甚至可能帶來有害的後果。一個原因是：你不僅僅只是「你」而已。你的身體就是微生物的寄主：這包括自然而然居住在你腸臟、呼吸道、皮膚與其他器官內，數以兆計的有機體。根據某些評估，寄生在你體內的陌生微生物數量是你體內細胞數的十倍，這些微生物總重可達數磅之多[27]。數百萬年來，我們就和這些微生物與其他許多種類的蟲共同演化，這就說明了為什麼你體內的微生物大多無害，甚至發揮重要功能，例如協助消化食物、清潔你的皮膚與頭皮[28]。你和這些生物之間處於互利共生的關係，一旦你打算清除牠們，受害的就是你。幸運的是，抗生素與抗寄生蟲藥物不會將你體內的微生物菌種殺光，但過量使用這些強烈藥劑確實會清除某些有益的微生物與蟲類。牠們的消失將導致新疾病。一項不對所有物品消毒、不濫用抗生素和其他類似藥物，且與本章相關的原因在於：特定微生物與蟲類在協助適當地對免疫系統施加壓力方面，似乎扮演關鍵角色。你的骨骼需要壓力才能成長；同理，你的免疫系統需要微生物才能發育成熟。一如人體內其他系統，發育中的免疫系統必須與環境互動，其能力才能與需求搭配合宜。免疫系統對外來有害入侵者反應力道微弱，可能就意謂著死亡；但過度反應也很危險，這種危險呈現在過敏反應或自我免疫疾病上。當免疫系統錯誤地攻擊人體細胞時，就形成自我免疫疾病。此外，一如其他系統，生命中最初數年對訓練免疫系統的效果至關重要。當你脫離相對受到較佳保護的母體環境、進入外在的殘酷世界時，你會遭到新式病原體的侵襲。就像其他嬰兒一樣，你可能經歷過無數次小感冒與腸胃道疾病的困擾。這些感冒導致苦難，但它們其實協助你的免疫系統發育、適應，免疫系統中的白血球細胞先學會辨認包括有害細菌與病毒在內的多種外來病原體，再將其殺死[29]。如果你接受母親哺乳，母親的奶水中富含抗體與其他具保護性物質，提供免疫學上的防護傘[30]，使你保持健康。狩獵採集社會的嬰兒哺乳期約為三年，當他們在遍佈病菌與蟲類的世界上成長時，這段期間能對未成熟嬰兒的免疫系統帶來許多助力。進入農耕時代後，嬰兒的斷奶期提早；農耕社會其實創造了富含更有害病原體的環境，提早斷奶反而弱化了孩子的免疫防衛機制。

需要定量的穢物、才能發育出健康且正常免疫系統的想法，稱為衛生假說（Hygiene Hypothesis）。這項假說最初由大衛・史特拉翰（David Strachan）正式提出[31]，對我們關於許多疾病（包括腸胃發炎性疾病、自我免疫失調、特定癌症，甚至自閉症）的想法產生了革命性影響[32]。最初，這項假說是針對免疫系統有時導致過敏的原因提出猜想。過敏和本章先前提到的幾個範例不同，並非由缺乏對需求的反應能力所造成；反之，過敏是發生於免疫系統對花生、花粉與羊毛等正常、無害物質過度反應的有害發炎性反應。許多過敏反應尚稱溫和，但眾所皆知，有些反應非常嚴重，甚至足以威脅生命。當包圍肺部氣道的肌肉收縮、氣道的內襯腫脹而導致呼吸困難、甚至無法呼吸，就形成氣喘，這可是最可怕的過敏反應之一。其他過敏反應導致皮膚發疹、眼睛發癢、流鼻水、嘔吐與其他症狀。退化觀點也暗示了另一項特別棘手的趨勢，即已開發國家的過敏與氣喘發病率節節攀升。自從一九六〇年代起，高所得國家的免疫性失調與氣喘發病率攀升超過三倍，而傳染性疾病的發病率反而下降[33]。例如，過去二十年來，花生過敏在美國與其他富裕國家的病例數增加了一倍[34]。基因變化與更優質的診療方式都無法說明這些迅速出現的現代趨勢，它們的病因至少部分和環境有關。較少接觸到與我們共同演化的某些病菌與蟲類，是否就是主因呢？

要探索為什麼過度清潔可能導致牛奶、花粉等原本無害的物質誘發極可能致命的過度反應，我們可以先快速檢驗免疫系統保護你的方式。只要陌生物質進入你的體內，特定細胞會消化入侵者，在表面上顯示出碎片（即抗原〔antigen〕），就像聖誕樹上的裝飾品。你體內各處其他免疫細胞（包括輔助型T細胞）會被吸引而來，和抗原產生接觸。通常，輔助型T細胞相當能容忍抗原，不會有所作為；然而，輔助型T細胞有時會做出決定，認為抗原有害。發生這種情況時，輔助型T細胞有兩種選擇；第一種選擇是補充大型白血球細胞，讓它們吞食並消化所有含有該種抗原的物質。這種細胞性反應最適用於移除人體內受到病毒或細菌感染的整個細胞。另一種選擇適用於對抗在血液或其他體液中游離的入侵者：讓輔助型T細胞啟動細胞，使其產生針對特定外來抗原的抗體。抗體有許多種，但所有過敏反應幾乎都涉及IgE（過敏）抗體，又稱IgE免疫血球素。當這些抗體連結到抗原時，就吸引其他免疫細胞，竭盡全力攻擊所有顯示出抗原的物質。它們使用的武器包括造成發炎（發疹、流鼻水或肺部內氣道阻塞）的組織胺等化學物質。它們也導致肌肉抽搐，產生氣喘、腹瀉、咳嗽、嘔吐與其他使人感到不舒服的症狀，協助你驅逐入侵者。

抗體保護你免受病原體侵襲，但它們一旦盯上了正常、無害的物質，就會導致過敏。第一次發生這種情況時，反應通常很輕微或溫和。然而，你的免疫系統是擁有記憶功能的；當你第二次遭遇到相同抗原時，針對該抗原而能產生抗體的細胞就靜靜地等後，準備猛然衝出。受啟動的細胞急速進行複製，針對該抗原產生大量抗體。啟動裝置一開，你的攻擊細胞就像一大群暴怒的殺人蜂一般做出反應，產生大量發炎反應，足以置你於死地。從這個角度來看，過敏反應就是由受誤導的輔助型T細胞導致的不當免疫系統反應。輔助型T細胞怎會做出如此錯誤的決定，把無害物質當成是致命的天敵？這項反應與蟲類和病菌的缺乏，又有什麼關係？

造成過敏的原因非常多，不過人體發育早期異常的無菌環境在幾個方面能協助解釋，為何過敏越來越普遍。第一個假說與輔助型T細胞有關。大部分細菌和病毒會啟動輔助一型T細胞，補充能夠像大魚吞食小魚一般徹底摧毀受感染細胞的白血球細胞。相反地，輔助二型T細胞刺激抗體的產生，如上所述啟動發炎性反應。當A型肝炎病毒等特定感染源刺激輔助一型T細胞時，它們會壓制輔助二型T細胞的數量[35]。衛生假說的要義在於：由於人類在歷史上大部分時間裡持續對抗較溫和的感染源，免疫系統始終忙於應付細菌與病毒，因而限制了輔助二型T細胞的數量。但在漂白水、消毒、抗生素肥皂使我們身處的環境更加無菌後，兒童的免疫系統中就有更多輔助二型T細胞，無所事事地到處游離，它們當中任一細胞犯下大錯、將無害物質視為天敵的可能性也大增。這種情況一旦發生，就會引發過敏。

最初的衛生假說論點受到許多關注，但無法充分解釋為什麼這麼多種過敏變得如此常見。首先，即使輔助一型T細胞有時會限制輔助二型T細胞，這兩種細胞通常還是一起運作[36]。此外，我們在近數十年來也已根絕了包括麻疹、腮腺炎、德國麻疹與水痘等啟動輔助一型T細胞的病毒性感染。但染上這些疾病並不能針對過敏提供保護作用[37]。另一種想法被稱為「老朋友假說」（old friend hypothesis）：由於我們體內的微生物群極端異常，許多過敏與免疫系統的其他不當反應越來越常發生[38]。數百萬年以來，我們與無數微生物、蟲類與環境中其他無所不在的微小生物共存。這些微小的有機體並不總是全然無害，但較明智的作法可能還是容忍牠們、將其抑制，而非以全面性免疫系統反應作為對抗手段。想像一下：假如你總是生病，對體內微生物群裡的每一條小蟲發動大型戰爭，生命會變得多麼短促，多麼悲慘！我們的免疫系統和與我們共同演化的病原體有足夠理由處在某種冷戰式的均衡狀態，保持彼此之間的平衡。

從這項脈絡著眼，過敏等諸多免疫系統的不當反應在已開發國家更加普遍，原因在於我們攪亂了免疫系統與許多「老朋友」共同演化、存在已久的平衡關係。拜抗生素、漂白水、漱口水、淨水廠與其他衛生型式之賜，我們不再能接觸到許多微小的蟲類與細菌。一旦免於處理這些病原蟲與細菌，免疫系統就像缺乏積極、正面管道宣洩被抑制能量的遊手好閒青少年，過度反應起來。老朋友假說說明了與一系列來自動物、灰塵、汙水與其他汙物各式病菌的接觸，與過敏的較低發病率有著密切關係[39]。此外，針對接觸特定寄生蟲有時能協助治療多重硬化、腸胃道發炎等自我免疫疾病的積累性證據，這項假說或許亦能提供說明[40]。在不遠的將來，你的醫師可能會將蟲類或排泄物、殘渣開給你作為處方籤[41]。

簡而言之，我們有良好理由相信：氣喘與其他過敏都是由於過少接觸微小有機體而導致失衡所產生的失調疾病，它們弔詭地使人體對本來無害的外來物質產生激烈反應。然而，免疫系統的機制遠較上面的描述要複雜得多；毫無疑問地，許多關於基因的其他因素也扮演關鍵角色。例如，雙胞胎感染同一種過敏的風險較高[42]。雖然導致過敏的基因數與出現頻率並不見得急速提高，其他干擾免疫系統的環境因素（例如汙染與其他存在於食品、水與空氣中的有毒化學物質）卻更為常見。

衛生假說與老朋友假說都暗示了，我們診斷某些免疫失調症狀的方式有時就是一種退化。聚焦於過敏反應所導致的症狀確實重要，有時甚至能救人性命；但我們仍必須更強調病因，才能達到事先預防的效果。假如我們確定孩子們體內存在正確的微生物群，也許他們就能避免染上致命的過敏與其他特定自我免疫性疾病。孩子需要正確的食物與運動種類；同理，他們的腸臟與呼吸道似乎也需要正確類型的微小有機體。此外，當他們生病、需要抗生素時（抗生素的救命效果還是不容小覷），在開出抗生素處方後，應該開出益生素，補充體內「老朋友」的劑量，使他們的免疫系統不至於無所事事。

沒有壓力就沒有成長

由於機能廢棄不用而導致的疾病中，由過少的壓力導致不足或不當的功能，在現代社會越來越常見。我確定，你絕對能料想到屬於同一類型的其他失調性疾病：維他命與其他營養物質的缺乏、睡眠不足、背部肌肉衰弱、日照不足以及其他問題。也許「沒有壓力，就沒有成長」大原則最明顯的實例就是：必須保持體能活躍，才能確保身體健康。包括跑步、健行、游泳等劇烈運動都有賴你的肌肉使用更多氧氣，你呼吸得越劇烈，心跳加快，血壓升高，肌肉感到疲勞，如此循環下去。這些壓力在你的心血管、呼吸道與肌肉骨骼系統中誘發眾多適應性反應，增加它們的容量。心肌受強化並擴大，動脈血管成長、變得更有彈性，肌肉中添加纖維，骨骼更加厚實。然而，這種具備高度適應性系統的對立面就是長期靜止不動所造成的問題。天擇過程從未使身體適應在缺乏體能活動的病理學異常狀態下成長。此外，減少不必要容量（記住，保持肌肉的成本是相當高的）、進而節省能量的作法都會導致體能下降；整天坐在沙發上看電視的懶蟲將面對肌肉萎縮、動脈血管硬化與其他更多後果。許多研究顯示：體能活動較頻繁者，不只平均壽命較久坐不動者來得長，老化過程中受到的病痛也較少[43]。

我們沒能強調、重視許多機能廢棄失調性疾病的病因，使它們更為普遍，甚而變本加厲；因此，它們也稱得上是與退化有關的疾病。在此討論的例子（骨質疏鬆、阻生智齒與過敏）都符合退化失調性疾病的特徵：首先，我們處理這些疾病絕大部分症狀均已得心應手，但有時卻出於無知，對病因的防制無所作為。其次，上述失調性疾病當中，沒有一項會在正常情況下影響人體的生殖機能（完全未送醫處理的過敏反應除外）。即使罹患骨質疏鬆症、齒位鬆動與特定過敏症狀，人類仍能活上一段時日。第三，上述所有疾病中，造成失調的環境因素與其生理反應之間的關係是漸進、模糊、延遲、邊緣性甚或間接的，其中許多在某種程度上，還是由我們重視的文化因素（例如食用加工精緻美食、減少勞動、保持清潔）所引起的。事實上，許多問題就是由避免壓力與混亂等原始、共通的欲望所產生的。小孩喜歡到處玩耍、跑動（通常全身會弄得髒兮兮）；但年齡漸長之後，他們通常就停止享受這種樂趣了。成人或許更慣於放輕鬆、盡可能隨時保持清潔。然而，直到近年來才有幸運的極少數人能將這些嗜好發揮到極致，創造出穴居人永難想像的輕鬆、舒適與清潔環境。不過，我們雖能過著極度清潔、無菌的生活，卻並不意謂這對我們有好處（對孩子尤其如此）。為求健全發育，幾乎身體的每一部分都必須與外界互動、接受適當的壓力。一旦不要求孩子批判性思考、講理，他或她的智力發展就會受阻礙；一旦沒對孩子的骨骼、肌肉與免疫系統施壓，這些器官的機能就無法達到要求。

機能廢棄或閒置所導致疾病的解決方案，絕非倒退回石器時代；畢竟，許多近代與現代的發明使生活變得更好、更方便、更宜人，也更舒適。如果沒有抗生素或現代化公共衛生，本書的許多讀者恐怕早已不在人世。徹底拋棄這些進步是不合常理的；然而，只要我們重新思考運用這些先進醫療衛生科技的幅度，以及使用、允許、開立的時機，我們會獲益更多。關於最常見機能廢棄型疾病的好消息是：處理、治療它們的方式，是做或不做的問題，至於要做到什麼程度，則沒有那麼重要。這一點對體能活動尤其適用。大多數父母鼓勵子女運動，大多數學校也要求設置適當（不過其實不足量）的體育課程。我們還沒搞懂的是究竟要運動多少才夠，以及如何更有效使人體活動（老化時尤需如此）。但是，究竟要多髒才不算太髒啊？公家機關宣佈，鼓勵家長放任子女不仔細洗手就吃飯——你能想像這種情景嗎？然而，我倒是能想像下列情景：抗生素治療使得人們必須向腸胃病醫師回診，他們則會開出蟲類、細菌或特殊加工過的排洩物質作為藥方，只為了恢復病患腸臟內的生態系。

總而言之，人體的設計絕不像布魯克林大橋，而是在與環境的互動中持續演化。這些互動造就了數百萬代的天擇過程，使人體需要適當、充分的壓力，機能才能發展完善。「沒有壓力，就沒有成長」的古諺，深為正確。坐視孩子們忽略這句古諺會產生惡性循環效應，使骨質疏鬆症等問題變得更加普遍（考量到人類平均壽命延長）。也許有一天，我們會發明治療這些疾病的神奇解藥；然而，我對此高度懷疑。無論如何，我們已經瞭解如何藉由飲食與運動預防或減輕這些疾病的發病風險，同時帶來其他許多好處與樂趣。我們如何使別人改變習慣以便讓他們的身體健康，將是第十三章的主題；但在探討這一環之前，我想先探討最後一種造成許多麻煩的失調狀況（與我們的反應方式有部分關聯性）：嘗試新奇物質所導致的疾病。

第十二章

革新和舒適潛藏的危險：日常生活的新發明，為何會傷害我們？

只要觀察一個人生命中的時時刻刻，
你會發現：人人總是追求增進舒適。
——亞歷西斯．德．托克維爾 Alexis De Tocqueville，
《民主在美國》*Democracy in America*

危機無所不在。但是，為什麼這麼多人要故意陷自己於有害且完全可以避免的生活方式或行為呢？菸草就是一個最主要的例子。今天，超過十億人吸菸成癮；即使他們都知道吸菸有害健康，他們還是樂於這樣做。數以百萬計的人則出於其他眾多理由，從事明顯不自然且可能有害健康的活動，例如躺在日曬床上把皮膚曬得黝黑、濫用麻醉藥或高空彈跳運動。對環境中許多有害的化學物質，我們也樂於將疑慮擱置在一旁。我會購買以可疑物質製成的油漆與防臭劑，我甚至懷疑它們之中，有些有毒、甚至是致癌物；我當然不信政府已經按照我的意願進行嚴格的把關，不過我還是不願深入追究。其中一個例子是硝酸鈉，一種用於保存食物（能預防肉毒桿菌中毒）、使肉類保持鮮紅色澤、卻可能致癌的化學物質。美國政府在一九三〇年代明文規定必須降低硝酸鈉使用量以後，胃癌的發病率顯著降低；然而，為什麼我們還容許它存在於食物中呢[1]？我們為什麼也允許建商使

用含有甲醛（屬已知致癌物）的碎木板建造房屋呢？為什麼我們還容許企業使用會導致疾病與死亡的化學物質汙染空氣、水與食物呢？

這些謎團無法簡單地回答，但一項重要並經詳細研究的因素，是我們評估成本與效益的方式。我們在考量成本與效益比例時，總是更傾向於短視，不著重較長遠的將來（經濟學家將這種行為稱為雙曲貼現〔hyperbolic discounting〕）。這使我們執著於較不理性且更直接的物欲、行為與享受，今朝有酒今朝醉，卻忽略較理性的長遠目標。結果，我們容忍、甚至樂於使用可能有害健康的物質，只因它們當下能讓我們的生活更為舒適、使我們疏於評估其最終成本或風險。在判斷的關鍵時刻，劑量常扮演關鍵角色。美國政府根據長期健康風險評估、而非廉價肉類與木材帶來的短期經濟利益，只允許食品中含有少量硝酸鈉，以及碎木板中微量的甲醛。我們無時不刻容忍其他較不幽微的交易。顯然地，擁有汽車的好處無法估計，就算有一定百分比的人死於交通事故或汽車排出的汙染物質，我們還是樂於負起這種代價。即使賭博會使人成癮、造成貪汙等社會成本，全美各州仍贊助博弈事業發展，主要就是著眼於豐厚的營業收入。

我認為，人類有時嘗試看似新奇、實則可能有害的事物，背後應該有其他更深入的演化詮釋與說法。其中的主要原因是：其實，我們在心理上總傾向於認為周遭的世界是正常、甚至無害的，因而並未將許多看似新奇的行為舉止視為有害。在成長過程中，我常在想：上學、坐車和坐飛機、吃罐頭食品和看電視真是天經地義的事，一點都不奇怪。成長過程中，我心裡也想著：有時發生車禍是稀鬆平常的，有人死於流行性感冒或飢餓則是反常的。形成習慣，本身就是一種習慣；如果你每做一件事就提出一個問題，你可能會非常不快樂。結果，我就無法像一個理智的人一樣，對環境或自己的行為提出質疑。粉刷房屋與牆壁本就是例行公事，我們將油漆中可能有害健康的化學物質視為居家生活無法避免的副作用。歷史也教過我們：平凡人能夠適應恐怖、在正常情況下所無法想像的行為，哲學家漢娜・鄂蘭（Hannah Arendt）稱之為「邪惡的平庸性」（the banality of evil）。演化邏輯已經暗示我們，當環境中看似新奇、實則有害的行為與觀點變得司空見慣，人類就會習慣這些微小的罪惡。

視周遭世界為正常（日常的平凡性）的遺傳性傾向可能產生相當惡性的影響，以令人訝異的方式造成失調與退化。瞧瞧你自己：閱讀本書時，你可能正坐著，使用人工採光，以看清楚書上逐字逐句。也許你還穿著鞋子，室內空氣非冷即熱。你可能還啜飲著可樂呢。你的祖母也許覺得這一切相當正常；然而，所有這些形勢（包括你坐著閱讀的事實），對人類而言其實都不是正常的。它們甚至可能非常有害健康。為什麼呢？我們的身體其實並不適應閱讀、久坐不動、喝可樂等較為新奇的動作。其實，這也完全不是新聞了：大家都知道菸草有害健康，更知道大量飲酒很傷肝臟，大量糖分導致蛀牙，缺乏體能活動會讓身體狀況惡化。然而，我認為大多數人一知道其他許多日常瑣事對人體可能有害的原因時，會大吃一驚：我們的身體並不適應這些瑣事。

這就帶出了人類為什麼常做看似新奇、實則有害事物的第二種演化學說法：我們常誤以為，舒適就是幸福。誰不喜歡生理上的閒適呢？避免長時間勞動、不坐在硬質的地面上、免受冷與熱的折磨，聽來真是愜意。現在，我正坐在椅子上寫字，因為坐著比站著舒服，我家室內的暖氣定在舒適、宜人的華氏六十八度（即攝氏二十度）。現在還是早上；稍後我就要穿上鞋子，套上大衣去工作，可以搭電梯來到辦公室所在的樓層，省了爬樓梯的辛勞與不便。一天之中剩下的時間裡，我可以消遙又舒適地坐在另一個有空調的房間裡。我要吃的食物都不難買到，我淋浴間的水溫適中，晚上睡覺時躺的床既柔軟又溫暖。假如我頭痛，只要服藥止痛就行了。就像其他絕大多數人一樣，我認定舒適的東西就一定是好東西。這句話有一定程度的道理；會傷腳的鞋子就像太緊的衣服一樣，都不太好。但是，更舒適就一定更好嗎？當然不。許多人開始懷疑，過軟的床墊會導致背部問題，大家也都知道：好逸惡勞是有害健康的。然而，讓好逸惡勞的本能凌駕於理性判斷之上（「我就坐這一次電梯，一次就好！」）卻也是人類的天性；我們常無法體認到，日常生活中某些看似正常的舒適感一旦發展到極限，其實是有害的。此外，強調舒適與安逸感更是有利可圖；我們整天聽見、看見的產品廣告，就是針對我們希望過得更舒適但顯然無法滿足的渴望。

日常生活中有許多異常且舒適的事物；它們其實都是新事物，卻會損害健康。本章只集中討論上述三種你現在可能正在進行的行為：穿鞋子，閱讀與靜坐。由於這些動作有時會導致演化失調症狀（足部異常、近視與背痛）、甚至刺激治療或解藥的發明（關節矯正術、眼鏡與背部手術）以治療其症狀，這些都足以造成人體退化的惡性循環。然而，我們完全沒能在第一線就預防問題發生。結果，這些疾病已變得如此普遍、導致大多數人相信它們是正常且不可避免的。但它們絕對是可以避免的，我們更完全不需拋棄這些新發明；反之，我們只需採用演化學角度瞭解何謂正常狀況，才能設計出更好的鞋類、書籍和椅子。

鞋子的理性與感性

我有時會赤腳跑步。多年來，早已習慣接受以下的驚呼：「這樣不痛嗎？」「小心狗大便！」「別踩到玻璃！」其中，我特別享受來自遛狗者的反應。出於某些特殊理由，他們認為讓小狗赤腳漫步或跑步是可以接受的，但人類做了同樣的事，就不正常了。這種反應與其他反應再三顯示我們和自己的身體已經嚴重脫節，對新奇與常規的觀點遭到扭曲。畢竟人類數百萬年來始終赤腳行走、奔跑；現在，其實還有許多人這樣做。此外，當人類在大約四萬五千年前真正開始穿鞋子時[2]，以現代標準而言，當時的鞋類非常原始而簡單：沒有既厚又有緩衝墊的鞋跟、足弓支撐鞋墊或其他一般常見的特徵。已知最早的涼鞋（距今約一萬年前）鞋底非常薄，只用麻繩綁住腳踝。現存最早的鞋子（距今五千五百年前），其實就是軟幫鞋（**moccasins**）[3]。

在當今的已開發國家，鞋子已無所不在，赤腳而行常被視為古怪、粗俗或不衛生。許多餐廳和公司不願為赤腳的客人提供服務，大眾更相信：舒適、有支撐力的鞋類都是有益健康的。[4]在針對赤腳跑步的爭議上，特別能看出現代人認為穿鞋比赤腳更正常、更好的心態。對這項主題的興趣源自於二〇〇九年的暢銷書《天生就會跑》（*Born to Run*）。這本書講述墨西哥北部偏遠地區進行的一場超級馬拉松賽，但也認為慢跑鞋會造成腳傷。[5]一年後，我和同事公佈一項研究，說明赤腳者如何藉由無衝擊的方式著地，自在又舒適地在堅硬的地面上跑動，無需鞋墊支撐（接下來會描述更多細節）。[6]從此之後，就有著許多熱烈的公眾討論；就像其他辯論一樣，最偏激、極端的看法常常最受關注。其中一端是赤腳跑步的狂熱支持者，指責鞋子有害健康、毫無必要；另一端則激烈反對赤腳跑步，認為大部分跑者都應該穿上支撐力強的鞋子，避免受傷。有些批評家嘲笑，赤腳跑步運動只不過是「慢跑社群裡又一陣膚淺、短命的風尚。[7]」

身為演化生物學家，我發現這兩種極端說法都難以置信，同時卻又透露了部分實情。從一方面來說，即使人類赤腳而行有數百萬年的歷史，結論仍是：穿鞋子確實是相當近代的風尚。從另一方面來說，人類在幾千年來一直使用鞋子（雖然使用程度各有不同），使用時也沒造成明顯的傷害。就事論事，鞋子的好處不容忽視、卻也有其代價；由於我們已把穿鞋子當成和穿內衣一樣天經地義，我們常無法考慮到穿鞋子造成的代價。此外，許多鞋類（特別是運動鞋）非常舒適，而且大部分人認為舒適的鞋子一定有益健康。這樣的論斷是正確的嗎？

撇開時尚與美感的觀點不論，鞋類最重要的功能是保護腳底。沒穿鞋子的人和其他動物透過由角質形成的硬繭達成這項功能。角質是構成犀牛角與馬蹄的髮狀、富彈性蛋白質。當你赤腳而行時，你的皮膚自然會產生硬繭。每年春天，天氣暖和到足以在更長時間內赤腳而行時，我的腳底就會長出硬繭；冬天我重新穿上鞋子後，硬繭就消退了。不穿鞋子就產生下列的依賴性循環：腳底沒繭時赤腳走路會痛，這使你穿上鞋子，進而限制硬繭的生成。毫無疑問地，鞋底的保護力比腳底的硬繭好，但厚底鞋的缺點在於妨礙了腳底的感知能力。你的腳底具有大量、分佈廣泛的神經，對你的大腦提供關於地面的重要資訊，啟動關鍵反射作用，協助你在腳底感覺到尖銳物質、表面不平或過熱時避免傷害。任何鞋類都干擾了這項反應機制，鞋底越厚、你所能獲得的訊息就越少。事實上，連襪子都會降低穩定性；這就說明了為什麼武術家、許多舞蹈家和瑜伽練習者選擇赤腳練習，藉此強化腳底的感知能力。

一隻鞋子的所有部位都為你的腳提供緩衝墊，鞋跟扮演的腳色尤其重要。當你走動（甚至跑動）時，跟部是你全身（或鞋子）首先接觸到地面的部位。撞擊在地面上產生急速穿刺力（見圖二十七），即最大撞擊力（impact peak）。走動時，最大撞擊力可等同於你體重的施力；跑動時，最大撞擊力量可達你體重的三倍之多[8]。由於每一股施力都有大小相等、方向相反的反作用力，最大撞擊力會傳送一股施力波，由腳底穿越脊髓抵達頭部（跑動時，施力波由腳底抵達頭部只需百分之一秒）。腳跟重重著地，感覺就像被大鐵鎚打到。幸運的是，腳跟的肉墊尚能充分吸收這些力量、使赤腳行走毫無痛苦，但長時間在混凝土或柏油路等較硬平面上赤腳奔跑（由其腳跟著地時），還是會很痛苦。因此，大部分跑步用鞋有著彈性材質、夠厚且附有護墊的鞋跟，減緩每一股最大撞擊力，使腳跟以較舒適的方式觸地、減輕受傷害的風險

（如圖二十七所示）。

習慣赤腳行動的人則深知，在硬地上走動、跑動時，其實不需要附有襯墊的鞋底減少不適感。赤腳走動時，通常腳跟著地時的力道會更輕，減少最大撞擊力；跑步時，如果你在腳跟觸地前選擇以腳前掌著地（這個動作稱為前腳觸地）[9]，你其實完全可以避免最大撞擊力。只要你赤腳跳幾下（對，現在就試試看），就能親自證明這一點。我打賭：在腳跟

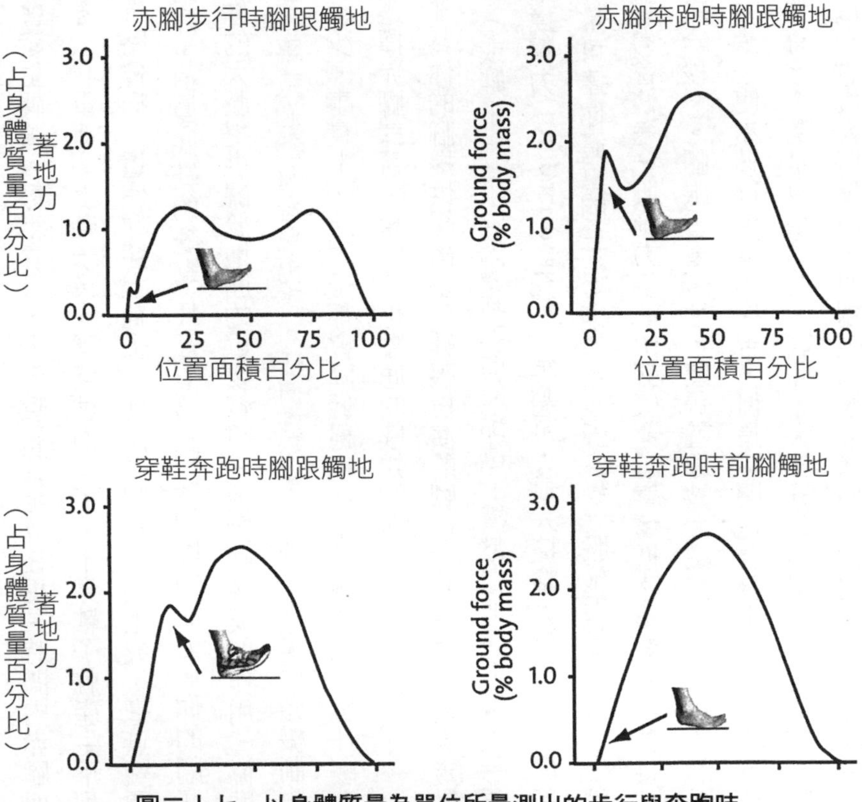

圖二十七　以身體質量為單位所量測出的步行與奔跑時（赤腳與穿鞋）著地力

步行時通常由腳跟先觸地，產生的最大撞擊力較小。赤腳奔跑時，腳跟著地產生更高、更快速的最大撞擊力。附鞋墊的鞋子能顯著降低最大撞擊力的速率。前腳觸地（無論穿鞋與否）則完全不會產生最大撞擊力。

著地前，你會相當自然地以腳前掌觸地，使著地過程柔軟、平順、安靜。然而，如果你強迫自己先以腳跟觸地，撞擊將會非常大聲，使人難受且痛苦（如果要親自嘗試，請保重）。跑動時也是同樣的道理，畢竟跑步不過就是從一腳跳越到另一腳的過程。只要輕柔地透過腳前掌，或有時以足中段著地，你就不會產生任何顯著的最大撞擊力，就可以無需任何襯墊，迅速在堅硬的路面上跑動；這種著地方式對你的腳部是不會產生撞擊的。疼痛就是避免有害行為的調適方式。許多經驗豐富的赤腳跑者，或是慣穿最簡單鞋類的跑者，習慣在堅硬不平的路面上長距離跑動時以腳前掌或足中段著地，而許多慣於穿鞋跑步、以腳跟著地的跑者被要求在硬地赤腳奔跑時改以腳前掌著地，也就不足為奇了[10]。當然，還是有赤腳跑者用腳跟著地，不過如果這種著地法會導致疼痛，他們當然可以再調整[11]。許多全世界最好、速度最快的跑者即使穿鞋跑步，還是選擇以腳前掌著地。

老實說，我並沒有做出「以腳跟觸地是錯誤或不自然」的論斷。相反地，有好幾項理由說明為什麼赤腳與穿鞋者有時都偏好以腳跟觸地（尤其是在柔軟的地面上）。以腳跟著地使你能更輕鬆地大步行走，對你的小腿肌肉也較省力（當你前腳觸地時，小腿肌必須劇烈收縮並伸長、使你的腳後跟能夠輕輕著地）。腳跟著地也使阿基里斯腱更為輕鬆。許多鞋子厚重的鞋跟也使人難以腳跟著地。我的論點在於：當你身穿有襯墊的鞋子、且以腳後跟著地時，你的身體就無法再收到所預期、能協助調整步態並改變撞擊力的感官訊息。結果，假如你穿著有襯墊、狀態不良的鞋子跑步，很容易造成強力撞擊，使每一步都重擊地面[12]。拜附有襯墊的鞋跟之賜，這些最大撞擊力並不造成傷害。但你若用這種方式每週跑上四十公里（二十五英里），每一隻腳每年就會承受約一百萬次強而有力的撞擊。這些累積性撞擊會造成損害。由艾琳．戴維斯（Irene Davis）與其他人所進行的調查顯示：產生更高度、更急速撞擊力的跑者，更可能在腳部、脛部、膝蓋與下背部累積重複性壓力傷[13]。我和學生發現：哈佛越野賽校隊的選手中，習慣先以腳跟觸地的選手受傷頻率，和習慣前腳觸地的選手相比，竟高出兩倍以上[14]。話說回來，無論你是前腳觸地還是腳跟觸地，你在觸地時都必須避免用力過度，但赤腳時你的選擇就少得多。

鞋類的設計也有增加舒適感的特色，對人體也有影響。包括跑步鞋在內的許多鞋類都有撐起足弓的弧狀支撐設計。正常的足弓看起來像個半圓形蓋，在走動時會自然地略微變得平坦，伸展以幫助腳部變硬、將體重轉移到腳拇趾的跖球上。跑動時，這個弓形更常塌陷，就像一個巨大、儲存並持續釋出能量的噴泉，將你推上天際（見第四章）。你的腳含有一打左右的韌帶與四層肌肉，協同支撐足弓的骨骼。就像頸支具使頸部肌肉免於支撐頭部重量，鞋裡的拱形支撐物減輕腳部韌帶與肌肉的負擔、使它們免於繼續支撐足弓。由於拱形支撐物能減輕腳部肌肉的工作負荷，許多鞋類都採取這種設計。另一種省力設計是僵硬的鞋底，使足部肌肉出較少的力量，就能將身體往前、往上推（這就是在沙灘上散步會讓腳部特別疲累的原因）。大多數鞋子的鞋底前端也都有向上彎曲的設計。這種彎曲稱為「鞋頭襯」（toe spring），當腳趾在末端位置蹬出時，即可減少肌肉的施力。

弓形支撐設計和僵硬、具有曲線的鞋底確實相當舒適，但也會導致幾項問題。最常見的問題之一就是扁平足；當足弓發育不完全、甚至完全崩塌時，就會造成扁平足。大約百分之二十五的美國人有扁平足[15]，陷落的足弓會改變腳部的運作方式，造成踝關節、膝蓋甚至臀部的不當運動，使患者更常感到不適，甚至更常受傷。某些人的基因使他們更容易罹患扁平足，但問題的主因還是積弱不振的腳部肌肉；正常情況下，腳部肌肉的任務就是協助創造並維持足弓的形狀。針對慣於赤腳而行者與穿鞋者進行比較的研究發現，赤腳者幾乎沒有扁平足問題，他們的足弓形狀相當穩固，位置適中、不高不低[16]。我曾檢驗過許多腳，幾乎從未在赤腳者身上發現扁平足，再次驗證了我的想法：扁平足確實是一種演化失調。

另一項由穿鞋所導致的相關問題是足底筋膜炎。當你一早起來或跑完步時，曾經感到腳底一陣尖銳、撕裂的痛楚嗎？痛楚就來自筋膜（fascia，腳底類似腱的組織薄膜）發炎，它與你的肌肉協同運作，使足弓硬挺。造成足底筋膜炎的原因很多，但發病的主因之一在於：足弓肌肉過於衰弱，筋膜必須為這些無法支撐足弓的肌肉額外施力。筋膜的設計無法承受這麼多的壓力，進而感到疼痛並發炎[17]。

腳痛時，全身都會感受到痛楚；許多感到腳底疼痛的人近乎絕望地尋求解藥。不幸的是：針對這些鬱悶不樂的心靈，我們常只是減輕其症狀、而非根治這項疾病的病因。健康的腳是強健且富有彈性的；然而，許多足科醫師卻使用關節矯正術，並建議病患穿著具有弓形支撐物與僵硬鞋底的舒適鞋，而不讓病患的腳變得更加強健。這些治療確實能有效減輕扁平足與足底筋膜炎的症狀，但卻治標不治本，最終還使腳部肌肉變得更加羸弱；因此，若未能及時戒斷這些治療方式，只會產生惡性循環效應。最後，使用關節矯正術的病患對此過度依賴。從這一點來看，我們應該對腳部採取和身體其他部位相同的治療方式。假如你扭到、傷到頸部或肩膀，你可能會使用矯正器暫時減輕痛苦；但醫師可不會建議你一直使用矯正器。反之，你應該盡快停止使用矯正器，並常接受物理治療，以重新恢復力量。

由於造成重複性傷害的力量都源自於人體的移動方式，還有另一項不太常用的預防與診療方式，就是觀察人們跑步與行走時的移動方式，以及他們肌肉控制運動的能力。即使某些醫師會檢查長期受重複性壓力傷害者的步態，太多醫師仍只是使用藥物、矯正術或建議病患穿上有保護墊的鞋子，減輕問題所造成的症狀。幾項研究發現：使用運動控制鞋、限制腳步往內（旋前）與往外（旋後）轉的幅度，對減輕跑者的受傷率毫無效果[18]。另一項研究則發現：跑者穿著較昂貴、附有護墊的鞋類時，其實更容易受傷[19]。令人難過的是，百分之二十到七十的跑者每年受重複性壓力傷害，即使製鞋技術在過去三十年來突飛猛進、更趨精細，仍無證據顯示受傷率因此下降[20]。

鞋類的其他面向也會導致失調。你常穿好看、穿來卻不舒服的鞋子嗎？數百萬、甚至數十億人穿著尖頭或高跟鞋。這些鞋子看來時尚又炫目，但對健康非常有害。尖頭鞋不自然地碾壓著腳前端，造成大趾內側腫脹、腳趾排列不全與錘狀趾等常見問題[21]。高跟鞋或許能拉直小腿，卻擾亂其正常姿態，使小腿肌肉產生永久性縮短，使腳前掌、足弓甚至膝蓋受到不正常施力，造成傷害[22]。整天將雙腳包裹在皮鞋或膠靴裡常被視為衛生的表現，實際上卻產生多汗、溫暖且缺氧的環境，是許多黴菌、細菌孳生的天堂，造成足癬等惱人的感染[23]。

簡而言之，我們的雙腳在演化時就是赤裸的；這就是許多人染上足部疾病的原因。結構最簡單原始的鞋類存在已有數千年歷史，但設計上一味追求美觀與舒適感的某些現代鞋類會大幅干擾腳部最原始的功能。我認為，我們無須完全拋棄鞋類；同時，越來越多慣於穿鞋的消費者也對這些失調症狀做出回應，改穿無跟、無僵硬鞋底、弓形支撐物與尖頭的最簡單鞋類。觀察他們是否能收致成效，將是相當有趣的議題；我們更亟需瞭解，如何藉由穿著結構簡單的鞋類，使腳部肌肉羸弱的患者能承受更大的肌肉需求。我更認為：鼓勵嬰幼兒赤腳而行、確保孩童穿著結構簡單的鞋類，將能使他們的雙腳健康發育，變得更為強健。然而，令人難過的是，今天許多腳部不適的人卻使用關節矯正術、穿來更舒適的鞋類、手術、藥物，以及你家附近藥房足部保健部門所能買到的一系列產品，治療腳痛的症狀。只要我們繼續將雙腳包裹在舒適、正常的鞋子裡，足科醫師和其他業者將繼續忙於為追求時尚、痛苦不已的雙腳看診。

眼鏡是否為必要之惡

閱讀對心靈的重要性，正如運動之於生理，是不可或缺的。它是如此平凡而重要，以致我們常忽略了：閱讀文字還是一項生理上的考驗與課題。就算你用賽謬爾・戈德溫（Samuel

Goldwyn）的方式閱讀（局部透視，貫穿全文）[24]，你還是得長時間盯著一大串黑白字母看，它們離你的雙眼只有一臂之隔。你的雙眼在字裡行間飄移時，它們還是專注在這一頁上。有時，我閱讀一本精彩好書、全神貫注之際，我的身體竟失去知覺、和外界與周遭的聯繫可中斷達數小時之久。但是，盯著如此靠近臉部的文字或其他事物看幾個小時，是不自然的。人類在距今約六千年前發明了寫作，直到十五世紀才發明印刷術；直到十九世紀，一般人長時間閱讀才成為常態。今天，已開發國家中的許多人花上許多個小時，聚精會神地盯著電腦螢幕瞧。

如此的專注當然帶來許多益處，但視力變差就成為代價。如果你有近視眼，你還能聚焦於書本或電腦螢幕等較接近的物體；但距離達兩公尺（六英尺）以上的物體就顯得模糊不清了。在歐洲與美國，七歲到十七歲的孩童當中，有三分之一患有近視，必須戴上眼鏡才看得清楚；亞洲國家人口近視的比例則更高[25]。近視是如此普遍，戴眼鏡不止稀鬆平常，甚至還稱得上是種時尚。然而證據顯示：在過去，近視其實是相當罕見的。來自全球各地的研究顯示，狩獵採集人口、以及採行自給式農業的人口中，近視的比例低於百分之三[26]。此外，歐洲區人口除了受過教育的高等階級以外，近視並不常見。一八一三年，詹姆士・瓦爾（James Ware）發現：「女王衛隊中，許多人患有近視眼；一萬名近衛步兵當中，近視眼的卻不到半打。」[27]十九世紀末期的丹麥，低技術勞工、海員、農民等行業的近視率不到百分之三，但工匠的近視率達到百分之十二，大學生更高達百分之三十二[28]。狩獵採集人口轉變為西化生活方式的過程中，近視普及度也歷經了類似的變化。一項一九六〇年代的研究對阿拉斯加巴羅島（Barrow

Island）上因紐特人的視力進行調查[29]。整體人口中的年長者，患有輕度近視者僅占百分之二；然而，大多數青少年與學童患有近視，有些人近視程度相當嚴重。直到近代以前，近視是一項相當嚴重的劣勢；因此，近視是現代疾病的證據是合理的。在古老的年代，視力不良的人較無法有效地狩獵或採集食物，他們也不能較準確地辨識出掠食者、蛇類與其他危險的位置。體內帶有導致近視基因者可能較早死，生育子女數也較少，限制這項生理特質的出現率。

近視是一項大量基因與多重環境因素之間眾多互動所造成的複雜特質[30]。然而，由於人類的基因在過去幾世紀內並無顯著變化，全球近視的普遍性必然以環境變遷為主因。在所有已辨識出的因素當中，最常被提出的元凶就是近距離工作、長時間聚精會神注視近旁的影像，例如縫紉、書頁或螢幕上的單字[31]。一項針對超過一千名新加坡孩童進行的調查顯示，每星期閱讀兩本書以上的孩童，重度近視的風險是其他人的三倍以上（在控制性別、種族、學校與家長近視程度等變因之後）[32]。然而，有些研究則顯示，花較少時間在室外玩耍的孩童更容易得到近視（無論他們閱讀量的多寡）。因此，一項相關卻更重要的原因，在於孩童與青少年期缺乏足夠密集而廣泛的視覺刺激因素[33]。其他因果關係驗證不夠強烈、但卻有助於進一步研究的額外因素，包括富含澱粉的飲食，以及青春期早期的加速成長[34]。

要想調查近視的病因，重新評估我們治療這項疾病的方式，就得先考慮到正常情況下肉眼聚焦於光線的方式。聚焦的過程涉及兩大步驟，總結於圖二十八。第一步發生在角膜中（眼睛前方的外側透明膜）。由於角膜像放大鏡一樣自然彎曲，它會使光線曲折，重新導向，使它們穿越瞳孔，來到眼球水晶體上方。下一步（細部聚焦）發生在水晶體內。水晶體外型像是一塊襯衫鈕釦大小的透明圓盤。就像角膜一樣，水晶體是一面凸透鏡，能聚焦於來自角膜與視網膜（位於眼球後方）上方的光線。在那裡，特定神經將光線轉變為一束信號，傳到你的大腦，再轉換為可辨識的影像。然而，和角膜不同的是：水晶體可以改變形狀，調整焦距。存在於瞳孔後方、數以百計用於懸吊水晶體的微小纖維體完成這些形狀上的變化[35]。正常的水晶體具有凸透鏡性質，但纖維體就像持續拉扯水晶體的彈簧，像彈簧墊一樣使其平順。在這平順的狀態，水晶體聚焦於遠方物體，將其投影到視網膜上。然而，水晶體的凸透幅度必須加大，才能從近旁相對較大的物體上聚焦光束，投影到視網膜上。當附著於纖維體的微小睫毛肌肉收縮、紓解水晶體上的張力、使其回復到正常凸透鏡狀態時，就會產生調節現象。換句話說，你在閱讀這段文字時，兩個眼球裡都有數以百計的微小肌肉在緘緊著、使纖維體放鬆、保持水晶體弧度，進而能從附近的頁面或螢幕上聚集光線，將其投影到視網膜上。如果你抬頭朝遠處望去，這些肌肉將會鬆弛，纖維體將會緊繃，使水晶體平順，你就能聚焦於遠處的物體。

數億年來的天擇過程已使眼球的發育達到完美境界。聚焦效果是如此良好，我們對清晰的視覺都認為是理所當然的。然而，就像所有精細複雜的系統一樣，細微的變化會影響系統運作，近視也不例外。正如圖二十八所示，大多數近視病例發生於眼球變得過長時[36]。發生這種情況時，水晶體仍能藉由使睫毛肌肉收縮，對近旁物體聚焦，加大水晶體的凸面程度。然而，當眼球過長者試著藉由放鬆睫毛肌肉聚焦於遠端物體上時，已平順的水晶體焦點卻達不到

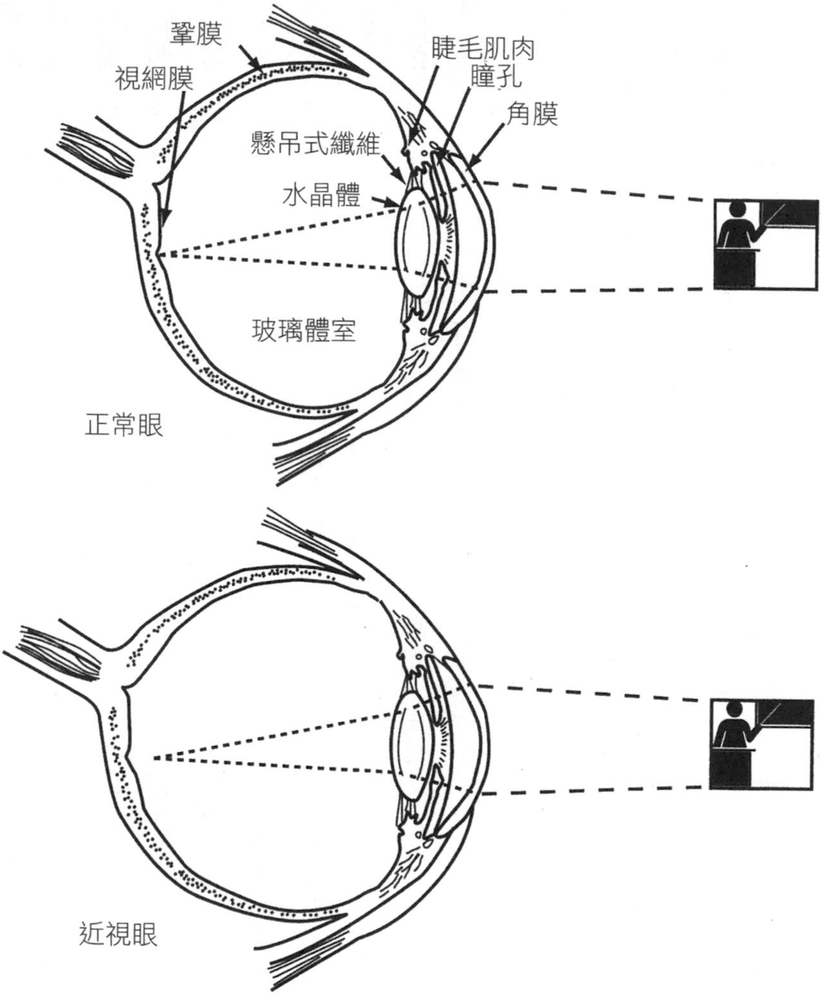

圖二十八　人體肉眼聚焦於遠方物體的方式

在正常眼，光線先受角膜、再受水晶體曲折（晶體受到睫毛肌肉收縮而放鬆），最後聚焦於視網膜後方。近視眼（圖下）則長度過長，導致遠方物體的焦點無法到達視網膜。

視網膜上。結果，一切的遠端物體（通常距離在二公尺以上）都失去了焦點，有時失焦程度甚至大得駭人。不幸的是，近視者罹患其他眼疾（包括青光眼、白內障、視網膜剝離與視網膜病變）的風險也顯著較高[37]。

我們可能會假設：人類對近視這種重要、普遍的問題，瞭解可能更多；但過長近距離工作或缺乏室外視覺刺激造成眼球過長的機制，至今仍不明朗。有一項提出已久的假說，認為數小時聚焦在近旁物體上，會增加眼內壓力，並拉長眼球。假說如下：當你盯著近旁物體（例如本頁的文字）時，睫毛肌肉必須持續收縮，其餘肌肉則朝內轉動眼球（此動作即會聚〔converge〕），以保持雙眼視覺。由於睫毛肌肉與轉動眼睛的肌肉都固定在眼睛的外壁（鞏膜〔sclera〕），它們必然會擠壓眼球，升高玻璃體室內的壓力，進而使眼球伸長[38]。在獼猴眼球玻璃體內植入感應器的實驗發現：當獼猴被迫將眼神聚焦在近旁物體時，眼球內的壓力會升高[39]。雖然尚未在人類眼球內進行直接的壓力測量，但當人類肉眼聚焦在近旁物體時，眼球伸長的幅度其實相當輕微[40]。因此，又有另一項假說浮上檯面：成長中、眼球壁尚未發育完成的小孩，若是持續盯著近旁物體看，眼球壁將伸長。即使伸長的幅度很小，卻足以造成永久性的伸長並導致近視。極端、持續不斷地觀察近旁物體，也會在成人身上造成同樣的發病過程。工作中必須長時間將眼睛在顯微鏡前擠壓的人，更常飽受近視惡化之苦[41]。

這項關於近距離用眼的假說仍有爭議，且從未於人類身上進行測試。其他動物身上的實驗結果顯示異常視覺輸入足以導致近視（無須近距離用眼），這項假說亦未能說明其他動物的實驗結果。一群研究大腦如何接收視覺訊息的研究人員注意到：眼瞼曾用針線縫合過的猴子，眼球伸長的幅度超出正常範圍（長度超過正常眼球的百分之二十一[42]），因而意外發現這種現象。感到困惑的研究人員做了後續研究與追蹤，結果顯示：猴子的近視眼係由缺乏正常視覺輸入所造成，而非過度近距離用眼（假如猴子在實驗室裡所見影像可以被視為正常影像）[43]。最近一些研究用實驗性手段，使小貓和小雞的視線模糊不清，最後證實：失去焦點的影像會干擾眼球的正常成長，進而導致近視[44]。此外，花更多時間待在室內的孩童也更容易罹患近視[45]。造成異常成長、發育的機制目前仍未明朗，但眾多證據導出如下假說：正常的眼球伸長需要一系列複雜的視覺刺激因素，例如多變化的光線強度、不同的色澤，而非室內典型單調暗沉的褐色或一本書的書頁。

不管造成近視的環境因素為何，這個問題已存在了數千年（雖然現在遠比過去嚴重）。事實上，《新約聖經》曾使用隱喻來形容無法見到遠方物體的缺陷：「缺少這些事物的他，是目盲的；他無法看到遠方，忘記了自己過去的罪孽已被洗淨。」[46]西元二世紀的醫師蓋倫（Galen）也診斷過這種症狀，他也使用了「近視」的名稱。但直到眼鏡於文藝復興時代發明之前，近視的患者無法得到具體有效的協助，治療其生理缺陷。此後，眼鏡經過多次改良，變得更精細，包括班傑明．富蘭克林（Benjamin Franklin）在一七八四年所發明的複焦眼鏡。今天，眼球過長的人藉現代科技之賜，仍能看清遠處物體；至於近視是否對人體生殖機能產生負面影響，也還不無疑慮。從這個面向來看，眼鏡減少了天擇過程對近視者所造成的衝擊。眼鏡變得更輕薄、功能更多元、且更能隱而不現（隱形眼鏡），它們本身就是許多文化演化關注的焦點。眼鏡的樣式一直推陳出新，誘使近視者每隔幾年就買新眼鏡，讓自己看來更時尚。

近代眼鏡所象徵的文化演化與聚焦重要性合而為一，就產生了這項有趣的假說：眼鏡造成了共同演化現象。在此我想提醒讀者，當文化發展實際上刺激對基因的天擇作用時（一如成人消化牛奶的基因，請見第八章），就會產生這種演化。眼鏡造成共同演化現象的假說難以驗證，但由於眼鏡在過去數百年來平價、普遍化，可推測眼鏡對造成近視眼有害基因的天擇作用產生了緩解。若是如此，我們則可假定近視已日益普遍，且已獨立於原本也能造成這項問題的環境因素。考量到近視發病率的急速增加，這項假說不太合乎實情。另一項更極端、其實也更惱人的想法是，眼鏡的發明造福了許多人，並已間接致使促成近視的智力基因透過天擇出現。一九五八年一項廣受討論的研究發現，在美國患有近視眼的兒童，其智商顯著比正常視力的兒童高出許多，在新加坡、丹麥與以色列等地的研究結果也證實了這項關聯性[47]。關聯性並非因果關係，但提出眾多假說，正是為了說明、詮釋這項關聯性。有一個可能性在於，因為眼球大小和腦部大小有強烈的關聯性，眼鏡允許有利於較大頭腦的天擇作用，甚至是更大的眼球，進一步強化罹患近視眼的可能性[48]。若是如此，近視的普遍程度可能就是有利於較大腦部天擇作用的副產品。出於許多理由，這項假說的錯誤率頗高；自冰河時期以來，人類大腦的尺寸實際上是縮減的（請見第五章），要說冰河時期腦部較大的人類較容易罹患近視，實在過於牽強。其他假說包括：有些影響智力的基因也能影響眼球的成長；導致智力發展的基因位於染色體上，接近造成近視的基因位置[49]。

若是如此，眼鏡的發明不止移除了所有不利於近視的天擇行為，甚至還允許了有利於智力發展的基因，造成更高比例的聰明近視者。我對這項假說持懷疑態度；較常閱讀的孩童本來就較容易近視，也有可能由於近視的孩童無法有效聚焦於遠端物體，以致於他們更常閱讀、花更多時間待在室內。不管是哪一種情況，近視的孩童到最後都會比視力正常的孩童更常閱讀，智商測驗成績較佳，這又對較常閱讀的孩童有利。

關於近視，我們仍有許多必須探索的疑點，但兩件事實非常清楚：首先，近視是一項在過去相當罕見的演化性失調症狀，卻因現代環境而漸趨惡化。其次，就算我們並未完全理解造成孩童眼球伸長的原因，我們仍能藉由眼鏡，有效治療近視症狀。眼鏡就是在光線抵達眼球以前使光波產生曲折的透鏡，使焦點回到視網膜上。眼鏡使大約十億近視者能清楚看見周遭物體，隨著越來越多國家經濟成長，這個數字絕對還會增加。眼鏡就像鞋子一樣無所不在，它們已從早先的不討喜（男人絕少追求戴眼鏡的女孩），變得不受注意，或轉而成為時尚配件。

近視的高度普遍性，加上我們使用眼鏡治療這種問題造成的症狀、而非根本的病因，引出數種關於我們如何使這種疾病成為退化症狀的假說。有一項根據近距離用眼導致近視理論的爭議想法指出，眼鏡其實使問題更加惡化。如果眼部肌肉的收縮是造成近視的第一線原因，給予使所有遠處物體現形、宛若位於近處的矯正型鏡片，就能建立正面循環效應，使所有物體看來彷彿位於近處[50]。如上所註，並非所有證據都符合這項理論，但它由幾項研究獲得支持：給予孩童閱讀用眼鏡，顯然減少了孩童近視的惡化程度[51]。一種替代性想法是：根據視覺剝奪假說，眼鏡既未預防近視也未使其惡化；但它們使孩童花費過多時間閱讀或從事更多室內活動、使他們罹患近視的風險大增，或間接促進其他造成近視的因素。很明顯的解決方式之一在於鼓勵孩童多在戶外活動。另一個解決方式是：把無趣的印刷書頁（比如這本書）替換為色彩與亮度劇烈變化、更富視覺刺激性的電子書，充分挑戰並刺激孩子年輕的雙眼。把童書用動畫、明亮的方式投影在遠端牆上，不是很有趣嗎？讓室內環境更明亮、具備更強烈的色彩，可能也有所幫助。

近視仍包含許多我們未知的領域，但人類近視的原因與方式、以及協助或治療的方式彰顯出退化的數項典型特徵。首先，一如許多演化失調，許多家長不知不覺地以非達爾文的方式，將近視傳播給自己的子女。即使某些基因使某些孩童更容易罹患近視，造成近視的首要原因，以及家長將近視傳遞給子女的原因，都和環境有關；有時，眼鏡甚至還使這項問題更加惡化。其次，我們或許具備防止近視發生的足夠知識，但其預防至今卻收效甚微。我猜想，假如眼鏡不那樣有效、不那麼吸引人，預防近視的措施可能會更有效且更有力。

舒適的椅子

一九二〇年代末期，兩位頗富企業家創新精神的密西根年輕人舉行一場競賽，為他們所發明的活動靠背坐墊型座椅命名。在許多申請件中，他們挑選了 La-Z-Boy（其他獲得考慮的選項包括 Sit-N-Snooze 與 Slack-Back）；至今這家公司仍在生產同樣名稱的豪華座椅。現代的產品型號有十八種「舒適等級」，附有獨立活動式靠背與擱腳處，以及「在所有位置提供全面腰椎輔助」。多付一點錢，你就可以加上有按摩功能的震動馬達、協助你上下椅子的傾斜座位，以及杯架與其他更多功能。然而，只要花費和一些 La-Z-Boy 座椅同樣的價錢，你就可以買到喀拉哈里沙漠或世界上其他偏遠地方的來回機票；你在那裡會連一張椅子都找不到，更別說有坐墊、活動式靠背或靠腳處的豪華座椅了。不過，這也不代表那裡沒人坐著。狩獵採集者與從事自給式農業的農夫為了每一口吃進嘴裡的大卡，必須竭盡全力工作，絕少能量過剩。勤勞工作、食物有限的人們只要一有機會，就會或躺或坐，消耗的能量都比站著要少得多。然而，他們更常蹲坐，甚或直接在地上盤腿而坐，或將雙腿伸直。小凳子就是最常見的椅子，唯一的靠背物就是樹、石頭或牆壁。

對正在閱讀本書的我們而言，坐在舒服的椅子上是再正常、再舒適不過的活動；但演化觀點也教育了我們，這種坐姿其實是反常的。可是，椅子真的對健康如此有害嗎？我是否該丟棄寫作時所坐的辦公室座椅，站著寫字，或乾脆使用跑步機辦公桌？你該不該蹲坐著閱讀這段文字呢？我們該不該把床墊全都丟掉，像老祖宗一樣席地而睡呢？

不用慌！我不會讓你因為坐在椅子上就感到良心不安，而且我自己也無意把家中的椅子全都丟掉。然而，我們還是有充分理由顧慮坐在椅子上的總時數（假如你一天內其他時間也處於沒有活動的狀態，那就更要擔心了）。其中一項顧慮和能量平衡有關（請見第十章）。坐在辦公桌前一小時所消耗的能量比站著要少二十大卡；你站著時還能訓練腿部、背部與肩膀的肌肉，使它們支撐或轉移身體的重量，坐著時則否[52]。一天站著八小時最多能消耗一百六十大卡的能量，相當於半小時的散步。經年累月下來，久坐不動和站立之間的能量差異是非常驚人的。

長時間坐在舒適座椅上造成的另一個不同問題是肌肉萎縮，特別是背部的核心肌肉與穩固全身軀幹的腹肌。就肌肉活動的觀點而論，坐在椅子上其實和躺在床上沒有兩樣。長期臥病在床對人體產生負面影響，包括心臟衰弱、肌肉退化、骨質流失、組織發炎的風險增加，這都是不爭且公認的事實[53]。由於你坐定時並未使用任何腿部肌肉支撐身體重量，長時間久坐產生的效果幾乎和臥病在床一模一樣；假如這椅子還有靠背、頭部支撐物甚至扶手，你上半身的肌肉使用量也會顯著降低。這就是 La-Z-Boy 座椅如此舒適的原因。在椅子上往前倒或向後躺，所需的肌力都遠較站直來得少[54]。然而，舒適感不是沒有代價的：長時間缺乏活動，肌肉就會逐漸失去肌纖維（尤其是提供耐力的慢抽搐纖維）[55]，導致退化。經年累月，以不良坐姿久坐在舒適的座椅上，加上其他靜止不動的習慣，都會導致軀幹與腹部肌肉弱化，加速疲勞。相反地，蹲坐在地上、甚至坐在板凳上，都需要背部、腹部大量肌肉提供支撐力，使這些肌肉能維持肌力[56]。

另一種由長時間久坐所造成的萎縮現象為肌肉縮短（muscle shortening）。當你的關節長時間處於靜止不動的狀態，不再伸展的肌肉會縮短；這就解釋了為什麼長時間穿高跟鞋會導致小腿肌肉縮短。椅子也不例外。當你坐在標準座椅上時，你的臀部與膝蓋固定於直角，這種姿勢會縮短交叉於你前臀的髖屈肌。結果，長時間久坐會永久縮短髖屈肌的長度。隨後，當你站立時，你那縮短的髖屈肌會緊繃，它們將骨盆斜推向前，造成誇張的腰椎彎曲。你大腿內側的腿筋肌肉不得不收縮、以應付這道彎曲，再將骨盆向後斜推，造成平背姿勢，使你的肩膀向前方隆起。幸運的是，有效伸展能夠增加肌肉長度與彈性；對長時間坐在椅子上的人而言，起身伸展筋骨不失為一個好主意[57]。

有人提出假說，認為由長時間久坐造成的肌肉發育不均衡，是導致全球最常見的健康問題之一的原因，亦即下背痛。罹患下背痛的機率因居住地點與從事行業而有所不同，不過通常介於百分之六十到九十之間[58]。部分下背痛病例係由椎間盤衰退等結構性衰竭或損壞脊椎的意外事故所造成，但是絕大部分下背痛病例被診斷為「非特定」，這是醫學上針對問題病因瞭解不足的較委婉說法。即使經過數十年的密集研究，我們對下背痛的診斷、預防與治療能力，仍嚴重不足。許多專家因而做出結論：下背痛是人類腰椎在演化學上因不智設計而幾乎不可避免的後遺症，自人類在六百萬年前站立以後，就成為人類無法擺脫的詛咒。

然而，這項結論真是正確的嗎？下背痛是今日最常見的病痛，每年耗費數十億美元。目前，我們有止痛藥、加熱板和其他效果極差的方式減輕下背痛；但請設想一下，嚴重背傷對舊石器時代的狩獵採集者會造成多大的影響。即使我們的老祖宗只是受背痛所苦，背部問題一定會影響他們找尋食物、打獵、躲避猛獸、餵養下一代，以及進行其他攸關族群繁衍成功與否任務的能力。天擇很可能會偏好較不易受背痛影響的個體。正如第二章所述，回應懷孕生物力學需求的天擇過程可能說明了女性後腰曲線分佈於更多脊椎骨上，以及關節較男性更為強固的原因。強化脊椎的天擇可能也說明了，為什麼今日的人類傾向於擁有五根腰椎（比早期直立人少一根）。也許，腰椎的適應能力遠較我們想像中好得多。若是如此，今日下背痛的普遍性是否就是演化性失調（人體與使用方式之間產生失調）的實例？我們是否天生就不適合久坐或其他形式的靜止不動呢？

不幸的是：下背痛是如此複雜、多重原因的問題，尋求關於病因與預防措施的簡單答案的種種努力，始終缺乏確切結論而令人挫折（過去如此，將來亦會如此）。已開發國家試圖將下背痛與特定致病因素連結的研究大都未能找到確鑿的證據，例如基因、身高、體重、保持坐姿時間、坐姿不良、接觸震動、參與運動，甚或時常舉重等[59]。然而，針對下背痛在全球各地病例的廣泛分析都不斷顯示，已開發國家的發病率高出開發中國家兩倍，而在低收入國家中，都會區的發病率是鄉村地區的兩倍[60]。例如，下背痛影響西藏鄉村地區百分之四十的農民，而印度竟有百分之六十八的縫紉機操作員飽受下背痛之苦，許多人形容，這種痛楚「持久而難以忍受」[61]。這兩個族群都沒有躺在舒適的 La-Z-Boys 座椅裡，但大致上的趨勢為：常扛重物、從事其他「傷及背部」工作的人，背痛的機率反而低於坐在椅子上、在機器前彎腰工作數小時的勞工。

如果考量到下背痛的跨文化模式，以及背部如何演化出運作的方式，就有線索指出下背痛在一定程度上屬於演化失調（雖然還有許多其他病因）。要考慮的重點在於，直到目前為止，所有受測人口中，沒有一個以正常方式使用背部。目前沒人成功地量化狩獵採集者的下背痛病例，但他們顯然不會坐在椅子上，也不會睡在柔軟的床墊上[62]，反而常背負著適當的負荷而行，還進行挖掘、攀爬、準備食物與奔跑等各種活動。他們也不常參與搬運重物或鋤草等重複對背部構成負荷的粗重勞務。換句話說，狩獵採集者只適度地使用背部——就介於過度辛勞的自給式農業農夫與久坐不動的辦公室職員之間。麥可．亞當斯（Michael Adams）和同事們提出關於下背痛發病風險的重要模型圖[63]（圖二十九），狩獵採集者大約就座落在圖表中央處。根據這項模型，唯有在背部使用量與背部功能性之間取得適當平衡，才能保持背部的健康。健康、正常

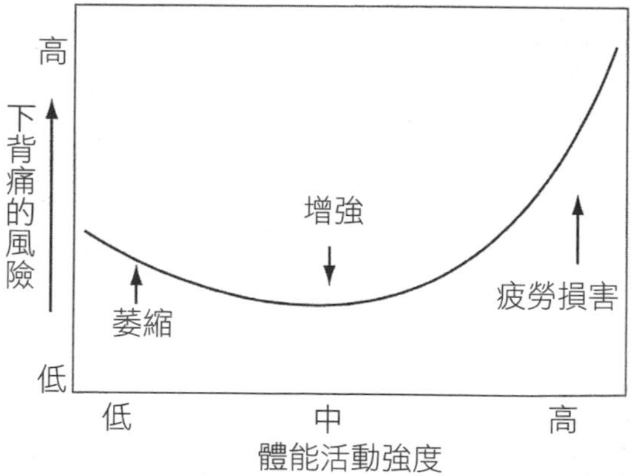

圖二十九　體能活動強度與下背痛之間關聯模式圖

活動量過低或過高的個人受傷的機率也較高，但原因並不相同。本圖改編自 M. A. Adams et al. (2002). *The Biomechanics of Back Pain*. Edindurgh: Churchill-Livingstone。

的背部必須具備高度彈性、力量與耐久力，以及一定程度的平衡感與協調能力。由於久坐者的背部常衰弱且缺乏彈性，當他們將背部用於異常、充滿壓力的動作時，就更可能飽受肌肉緊繃、韌帶撕裂、關節壓力、椎間盤突出或其他病痛所苦。一如預測，已開發國家飽受背痛影響的人傾向於擁有較低百分比的慢抽搐纖維；這意謂著他們的背部更快感到疲勞，他們的核心肌力也較低，臀部與脊椎的彈性亦較差，運動模式也更為異常[64]。光譜的另一端，就是生活中需要搬運大量重物、從事其他勞動性工作，以及重複對背部肌肉、骨骼、韌帶、椎間盤與神經施力，較易傷及上述部位的人。根據這項原因，連續數週鋤田、收割作物的西藏自給式農業農民與扛運大量重物的家具工人都會罹患腰椎痛，但他們的病因與整天彎腰坐在電腦或縫紉機前的人有所不同。

簡言之，你使用背部的方式與背部健康與否之間，存在著某種平衡點。正常的背部不能被椅子寵壞，它整天必須受到不同程度的勞動與使用（睡眠中亦然）。對人類的背部來說，進入農業社會恐怕是個壞消息。現在，就像購物車、推拉式行李箱、電梯與其他數以千計的省力裝置一樣：拜極度舒適的座椅所賜，我們面臨位於另一個極端的問題。我們免於背部過度操勞，現在卻飽受衰弱、缺乏彈性的背部之苦。隨之而來的劇情再常見不過了：經年累月以來，你可能免受病痛，但你的背部非常衰弱，極易受傷。有一天，你只是彎腰撿拾一個袋子，睡姿稍微怪異了些，或在街上跌倒，隨後「轟隆！」一聲，背部就受傷了。和醫師約診通常只得到「非特定」背痛的診斷，以及少量減輕你疼痛感的藥物。問題在於：一旦下背痛出現了，隨之而來的就是惡性循環。受背傷之後的自然反應就是多休息，避免對背部產生壓力的活動；然而，過度休息只會使肌肉弱化，讓你更容易受到傷害。幸運的是，包括低撞擊性有氧運動在內的增強背部力量的診療方式，看來是對改善背部健康相當有效的方式[65]。

舒適之外

美國國內班機座位前方的袋內都放著一本《機上購物》（*SkyMall*）雜誌，提供各式各樣奇怪的產品；這些產品的設計就是要增進你的舒適感，例如附有吸震功能鞋底的鞋類、可膨脹氣墊，以及能在寒冷夜晚游泳池邊使你保持暖和的戶外加熱器。有時，在機上漫長的旅程即將結束之際，女兒和我會比賽誰能找到最荒謬的產品，贏家通常是眾多為寵物提供舒適感的產品。我最喜歡的是升降式餵食碗，這樣你家可憐的小狗就不用彎下頸子，在地上吃喝了。無數這類的其他產品都證明了：人類不僅僅想增進自己的舒適感，看來甚至還想增進寵物的舒適感。大眾一般認為：能讓人感覺更舒服的就是好產品，這種產品受到廣泛的行銷，人們花大錢購買這些產品，避免過冷或過熱、走樓梯、扛重物、扭轉身體、站立及其他動作。過去幾代以來，人類對舒適及生理逸樂的渴望激發了許多全新、令人感到不可思議的產品，使一些企業家致富。但在此同時，有些產品卻造成殘疾（特別是針對我們當中無法駕馭對舒適感的渴望者）。

提到人類自舊石器時代以來所發明、為人體創造新奇刺激感的一系列不可思議發明，增強舒適感的機器當然只是冰山一角。設想一下把穴居人運到一座現代城市裡，試圖為他說明電話、淋浴設備、摩托車、槍枝與其他我們視為理所當然的科技設備。就像天擇過程汰除有害突變、促進適應力強的物種，文化演化過程最終會偏好效果較佳的發明，汰換掉效果較差或有害的產品。手斧、星盤與黑白電視的時代已經過去，更不用說鯨骨馬甲與顱骨塑形器了。但是，文化選擇與自然天擇的運作規則不盡相同；自然天擇只偏好強化有機體生存、繁殖能力的新奇突變，而文化選擇卻可能因為流行、有利可圖或其他有利因素，促進某些新穎的行為舉止。穿鞋、閱讀、坐在椅子上顯然都能帶來許多好處與逸樂，因而被選擇；然而，它們所造成的演化性失調也非常符合退化的特徵。特別需要注意的是：我們擅於治療腳部傷害、視覺不良與背痛所帶來的症狀，但對預防其病因，幾乎無所作為。此外，這些問題並不影響人類長壽、快樂與否，更與生育的子女數無關。此外，這些失調症狀帶來許多好處，因此持續普遍，甚至有惡化的趨勢。

意識到許多發明（包括設計上追求舒適與便利的產品）並不總是有益於人體健康，並不意謂著必須將這些產品與科技全盤廢棄。然而，從演化觀點看待身體卻可以學到一個教訓：一些看似新奇的行為或事物會導致演化失調。數百萬年來的演化並未使我們的身體能夠妥善處理許多大量、極端的現代科技。想想本章所著重的三個例子：穿鞋、閱讀與坐在椅子上。就事論事，這些直到近代以來才廣為人知的日常行為不止無害，且常是有益的；然而，一旦過量，它們會造成許多我們通常不會認為是有害的問題，原因就在於任何它們所導致的損害要在很長一段時間後才會出現，使因果關係變得模糊而不明顯。它們也是舒適、便利、正常且充滿逸樂的。

你可以試試看，將你在日常生活中用於食衣住行、過量使用卻可能導致失調疾病或傷害的全新發明通通給數出來。這個練習很有趣，下面就是幾個例子。你的床墊又軟又舒服；但它要是太軟、太舒服，就會使你的背部變得衰弱無力。電燈泡允許你花更多時間待在室內，卻也會使你缺乏足夠日曬，影響你的視覺和心情。抗菌式肥皂能殺死浴室中的細菌與微生物，卻也會促進新菌種的演化，使你病得更厲害。如果你不降低耳機音量，會導致聽覺喪失。許多事物表面上讓你的生活更加輕鬆，實際上卻使你的身體更加衰弱，潛伏的危險性更大：電扶梯、電梯、裝置滾輪的行李箱、購物車、自動開罐器等等。對已經有殘疾的人體，這些設備提供非常多的便利，但對原本健康的身體卻相當有害。長年不必要地依賴這些省力設備可能導致未老先衰。

針對新奇與舒適性疾病的解決之道，不在於完全擺脫現代科技造就的便利，而在於強調並預防病因、而不僅是治療問題表面的症狀，才能停止退化性循環。回到本章稍早所提到的論點：不需要拋棄所有鞋類，但我們只需鼓勵別人（尤其是孩童）更常赤腳而行、或穿結構最簡單的鞋類，就能避免特定足部健康問題（雖然這項假說還未經過正式測試）。同理，閱讀顯然是現代美好的發明之一，我們無法、更不應禁止閱讀；但我們可以要求孩童以不同方式閱讀

（同時增加戶外活動量），預防或減輕近視的發生率。更不需要將家裡或辦公室內的所有椅子全扔掉、完全站著或蹲坐著；但對久坐不動的辦公室職員來說，立桌可能需要變得更普及。

當然，這些變化並不容易達到，理由也不少。首當其衝的是，誰不喜歡舒適、便利的生活？創造使生活更輕鬆、更有樂趣的產品，並說服消費者前仆後繼地購買，就能賺進幾十億美元。我們沒有必要拋棄一切新發明，但探討何謂正常、舒適的演化學觀點能啟發我們，使我們在有事實根據的前提下抱持懷疑論，協助我們創造出更好的鞋類與椅子，以及床墊、書籍、眼鏡、燈泡、房屋、小鎮與城市。下一章（最後一章）將探討：演化邏輯如何能協助我們達成這項轉變。

第十三章

較適者生存：演化邏輯能為人體打造更好的未來？

在我們反思這場（生存）鬥爭時，我們可以用如下的充分信念來安慰自己：自然界的戰鬥不是無間斷的，恐懼是感覺不到的，死亡一般而言更是倏忽即逝的，而強壯、健康與幸運的則可以生存並繁衍下去。

——達爾文Charles Darwin，

《物種起源》*On the Origin of Species*

有一則關於一群八旬老翁討論自己健康問題的笑話相當著名。「我的眼睛真糟，再也看不清楚了。」「我頸部的關節好痛，都沒辦法轉頭了。」「心臟用藥，讓我覺得頭好暈。」「是啊，這就是我們為了長壽付出的代價，不過至少我們還能開車嘛！」

從各方面來說，這則笑話絕對是近代後才出現的笑話。過去數千年來的文化演化已經實質性地改變了人體的狀態；這些改變一開始看來是負面的，但絕大部分最終還是正面的。由於農耕、工業化、衛生條件改善、新科技、社會機構更加健全，還有其他文化發展，我們現在擁有更多糧食、儲存更多能量、勞動量減少，生活也大幅改善並更加充實。當代，數十億人將長壽與健康視為理所當然。事實上，如果你有幸生在富裕、治理完善的國家，你可以預期活到七、八十歲，鮮少受到傳染病威脅，從不需大量付出勞力，總能飽嚐一堆美食，再生下同樣健康、甚至被寵壞了的子女。對沒這麼幸運的人而言，這種預測聽來就像終生度假的廣告。

老實說，對人類健康與福祉最顯著的改善，產生於最近數百年來科學的一日千里，這項進程目前還在持續中。許多這類的科技進步解決了農業革命所造成的有害後遺症。正如我們所見，即使農民可以比狩獵採集者儲存更多食物、生育更多子女，他們卻必須進行更密集的勞動，也更易受到饑荒、營養不良與傳染病的侵襲。過去數代以來，我們已經弄懂如何根絕許多在農業社會定型後所產生的傳染病。天花、痲疹、黑死病，甚至瘧疾等疾病均已根絕，或以適當方式治療或預防。同樣的道理，由於政府效能不彰、社會不平等與民智未開，在人類形成永久性城市與聚落後，趁勢而來的營養不良疾病與衛生條件不佳，仍存在於世界上部分地區。隨著民主、資訊科技與經濟發展橫掃全球，人類長得更高、活得更久，繁衍也更加昌盛。不過人總免不了一死，這些正面效應都伴隨著負面作用。早年未死於腹瀉、肺炎或瘧疾，意謂著老年時死於癌症或心臟病的可能性大增。同理，人體經年累月累積各種磨損與傷害，即便汽車與其他新科技使我們還能活動，老化仍不可避免地帶來生理機能的老朽。

人體的演化之旅還沒有結束。進入農耕社會時，天擇過程並未因此而停止，反而繼續使族群適應不斷變遷的飲食、病菌與環境。然而，文化演化的速率與力量早已凌駕於天擇之上，而我們所遺傳到的身體很大程度上仍習慣於過去數百萬年來伴隨我們演化的廣泛環境條件。演化的最終產品是：我們成為擁有超級大腦、適度肥胖的雙足行走動物，繁殖相對快速，卻需要較長時間發育。我們也受調整成為體能活躍、具備耐力的運動員，定期進行長距離競走或奔跑，並經常攀爬、挖掘或搬運重物。經過演化，我們多元的飲食中包含水果、塊莖、野生動物、種籽、堅果與其他低糖、低鹽、低量結構簡單醣類，但富含蛋白質、結構複雜醣類、纖維與維他命的其他食物。人類也是製造和使用工具的高手，能夠有效溝通、密切合作、進行改良，並運用文化處理各種不同的挑戰。這些非凡的文化能力使人類在地球上迅速繁衍，隨後並弔詭地脫離狩獵採集者的行列。

我們所創造的新式環境與遺傳得來的身體之間最主要的交換關係，就是失調疾病。適應是相當棘手的觀念，人體並未特別適應某種單一環境，但人體生物學始終無法完美地適應長期在高人口密度、滿佈人為髒汙的永久性棲地生活。我們其實也不能完全適應生理上過度閒散、營養過剩、太過舒適，以及太過清潔。即使醫療與衛生條件從近代以來突飛猛進，我們當中太多人還是會染上早先罕見、甚至未知的疾病。這些疾病絕大部分為長期、非傳染性疾病，且常是由過度的進步所造成。數百萬年以來，人類一直努力保持在能量平衡狀態，但數十億人由於攝取了過量大卡（特別是過量糖類）、缺少足夠體能活動而肥胖。當體能狀況急轉直下、我們腹部又堆積了過多脂肪時，以心臟病、第二型糖尿病、骨質疏鬆症、乳癌與結腸癌為主的富裕病也就越來越猖獗。在美國，第二型糖尿病在青少年之中的發病率正在攀升，近百分之二十五的青少年被歸類為潛藏前驅糖尿病、糖尿病或其他心血管疾病危險因素的患者[1]。經濟發展也已帶來更多汙染與其他可能有害的環境變遷（過多、過少或太新的變化），造成特定癌症、過敏、氣喘、痛風、乳糜血、憂鬱症等失調性疾病發病率攀升。下一代美國人恐怕將成為第一代平均壽命較父母輩為短的人[2]。

這項進行中、使死亡率降低但使發病率提高的流行病學變遷，並不僅是富裕國家的問題。全世界其他地區的發展方向完全一致[3]。例如，印度人口的平均壽命獲得長足的提升，但第二型糖尿病卻如海嘯一般，朝該國的中產階級襲來；第二型糖尿病的病例預計將從二〇一〇年的五千萬件，提高到二〇三〇年的一億件以上[4]。已開發國家為應付青年與中年人口慢性病逐年提升的經濟開銷，已付出相當沉重的代價（例如，糖尿病使國民人均健保支出增加了一倍[5]）。像印度這種不那麼富裕的國家，又該怎麼應付呢？

當前，我們所面對的現況相當詭譎：人體在許多方面的表現越來越好，在其他某些方面卻越來越差。為了瞭解這項悖論以及因應的對策，必須從演化學的角度考慮兩個相互關聯的過程。第一個過程已在上文做過總結：變遷中的環境使我們易於罹患源自於演化失調的疾病。瞭解失調發生的原因對找出防範或治療之道十分重要，這就強調了第二個過程的重要性：不良演化的惡性回饋循環。即使許多（並非全部）失調疾病是可預防的，我們仍太常疏於強調它們的環境型病因；當我們藉由文化將引發疾病的相同環境條件傳承給子女時，形同坐視這些疾病繼續氾濫，甚而變本加厲。這種循環效應最明顯且重要的例外就是傳染性疾病，自從微生物學與現代衛生發展一日千里後，我們預防傳染病的技巧即已漸趨成熟。當政府效能良好時，由營養不良所造成的疾病現已不常見。但根據第十章到第十二章所概述的眾多理由，我們似乎無法將同樣的預防性邏輯用於眾多由過度能量攝取、生理壓力不足與其他環境中較新穎因素所導致的疾病。這些失調疾病不巧又最可能導致殘疾、死亡，或花上大把醫療費。例如，美國一年在健康醫療領域花上超過二十兆美元，幾乎占全國國內生產毛額的五分之一；據估計，我們治療的疾病中，大約百分之七十是可預防的。[6]

總而言之：人體在過去六百萬年內已走了好一段長路，但這段旅程還沒有結束。未來的前景又如何呢？我們會不會一路錯下去呢？我們是否能發明治癒癌症、解決成為流行病的肥胖現象的新科技，使人類活得更健康、更快樂？我們是否會走向電影《瓦力》（*WALL-E*）所描述的未來，膨脹成肥胖的慢性病患，只能靠用藥、機器與大公司苟延殘喘？演化觀點如何能為人體規畫出更好的未來？要將這道戈爾迪之結（Gordian knot，即棘手的問題）快刀斬亂麻，顯然是不可能的。且讓我們用演化的透鏡，檢視每一個選項。

方法一：讓天擇解決問題

西元一二〇九年，天主教軍隊在法國的貝濟耶市（Béziers）屠殺了一萬至兩萬人，試圖鎮壓異端邪說。由於根本無法分辨出有信仰者和異端者，劊子手們被反覆告誡：「將他們殺光，再讓上帝決定。」幸運的是，這種無情的態度在日常生活中相當罕見。但我卻常被問到：天擇是否能以類似的殘暴方式，解決我們目前所面臨的健康問題。天擇會不會剷除掉身體無法適應現代化環境的人們，使我們的人種更能適應垃圾食物與體能活動的缺乏？

先前各章的內容，經得起我們再三重複：直到今天，天擇仍持續運作。基本上，天擇是兩種不可避免且持續存在現象的結果：遺傳變異與繁殖成功率差異。就像欠缺某些傳染病抵抗力的人必然受到天擇作用，想必也有人在基因上較難適應今日極度缺乏體能活動的環境。如果這些人所生子女的存活數量減少，他們的基因是否會從基因庫中移除？同樣的道理，更能免於因缺乏體能活動、現代飲食與各種汙染源而生病的人，是否更有可能將良性基因傳遞給下一代？

我們不能武斷認為這些看法全無道理。根據一項二〇〇九年的研究，較矮胖的美國女性生育力略高於其他女性，暗示著：如果這些淘選機制持續一段相當長的時間（這仍有待驗證），未來的新世代可能也會變得較矮、較胖[7]。此外，傳染病也還是相當重要的淘選力量。如果下一種致死的流行病爆發開來，被免疫系統賦予較佳抵抗力的人，在體能上將占重大優勢。也許，天擇作用也會偏好擁有能協助抵抗常見毒素、皮膚癌或其他環境型病因基因的個體。託基因掃描科技之福，未來的家長也能以人工方式為後代選擇某些有利的特徵，這一點至少在假說上是可行的。

人類演化尚未結束；然而，除非形勢發生戲劇性變化，天擇以重大、戲劇性方式針對常見非傳染性失調疾病調整人種特性的機率微乎其微。原因之一在於，許多這類型的疾病對生殖能力影響甚微，甚至全無影響。例如，第二型糖尿病通常在生育年齡過後才開始發病；發病後，患者通常還能維持許多年的生命[8]。另一項考量是，天擇只能對影響生育成功率的變異產生作用，這也會以基因形式由父母傳遞給子女。某些與肥胖相關的疾病會妨礙生育機能，但這些問題和環境因素息息相關[9]。最後，即使文化有時會刺激淘選作用，它卻也能產生強烈的緩衝作用。新產品與療法每年不斷問世，使罹患常見失調性疾病的病患能更有效調適自己的症狀。總之，天擇運作的速度可能過於緩慢，效果無法在我們有生之年測得。

方法二：多投資生物醫學研究與治療方式

早在一七九五年，孔多塞侯爵（the marquis de Condorcet）就已預測醫藥最終將能無限制地延長人類的壽命，而聰明人至今仍在對日新月異的科技發展做出魯莽、過度樂觀的預測，認為它們能減緩老化、戰勝癌症、治癒其他疾病[10]。例如，我的一位朋友就提議：有一天，我們會使用能夠抑制脂肪細胞的化合物進行食品基因改造。他想像著未來的鬆餅，是以生物科技製造，能當早餐吃，甚至預防肥胖。即使真能研發出這種鬆餅，即使它真的沒有危險的副作用（但這不太可能發生），我仍認為它必定會弊大於利。吃下這種鬆餅的人將失去進行體能活動與明智飲食的動機。如此一來，他們就無法享受健康飲食與運動所帶來的身心益處。

針對複雜疾病的迅速治療方式可能是某種危險的科幻小說情節，但幾十年來的現代醫療科技（沿途上也是錯誤不斷）已造就無數針對失調疾病的有益治療方式，拯救人命，減輕痛苦。我們當然必須持續投資基礎生物醫學研究，以促進發展。但除了緩慢、漸進式的進度以外，我們實在不應懷抱太多期望。最新推出的藥物效果有限，還有棘手的副作用；非傳染病的治療方式幾乎都無法提供真正的解藥，而只能緩解症狀或減輕該疾病致死的風險。例如，沒有藥學或手術程序能夠治癒第二型糖尿病、骨質疏鬆症或心臟病。許多協助成人對抗第二型糖尿病的藥物，對同樣罹病的青少年藥效較差[11]。即使投資相當顯著，一九五〇年代以來的許多類型癌症死亡率僅僅稍微下修（這是根據人口年齡與大小修正後得到的結果）[12]。自閉症、克隆氏症、過敏與其他一系列病症仍舊難以治療。我們還有很長、很長的路要走。

另一個不應在近期內對慢性失調疾病（特別是與病原體無關的疾病）的重大生物醫學突破寄予厚望的原因在於，有效針對病因進行根治實在過於困難。公共衛生、疫苗注射和抗生素可以戰勝有害的病菌與寄生蟲，但由不良飲食、缺乏體能活動與老化造成的疾病來源相當複雜，牽涉到許多使簡易療法失效的因果關係。令人驚異的是，被鑑識出導致許多慢性病的基因數量眾多、種類廣泛，它們之中絕少對任何特定疾病產生明顯作用[13]。事實上，這意謂著任何使你鄰居更易罹患糖尿病、心臟病或癌症的基因突變都是罕見的；影響你或子女的，很可能又是其他的突變。此外，即使我們真能設計出針對這些罕見基因的藥物，它們的藥效常常也很有限。如此一來，我們無法寄望科學發明出治療非傳染性疾病的高度有效藥物。遇到這些疾病，請巴斯德出馬也救不了。

儘管許多這類疾病在某種程度上（甚至相當顯著），能藉由可能成真的環境變遷與難以堅持的行為變遷加以預防，但這當中還是存在困境。良好的舊式飲食與運動不是萬靈丹，不過多數研究清楚地證明它們能夠實質、顯著降低最常見失調疾病的發生率。讓我們從眾多範例中挑出一個：一項針對五十二個國家中三萬名老年人的研究發現，調整到整體上健康的生活方式（攝取富含蔬果的飲食、不抽菸、適量運動、不酗酒），大致上能將心臟病機率減半[14]。減少接觸菸草與硝酸鈉等致癌物，已被證明能夠減少肺癌與胃癌的發生率；減少接觸苯、甲醛等其他已知致癌物，也很可能（還需要更多證據證明）減少其他癌症的發病率。預防確實遠勝於治療；然而，作為一個物種，我們始終缺乏出於自身最大利益，採取預防行動的政治或心理意志。

治療常見失調疾病的努力，會剝奪本應用於預防的注意力與資源，導致退化；這種現象究竟嚴重到何種程度，值得討論。在個人層面上，一旦我知道不健康飲食與缺乏運動所造成的病症是有藥可治的，我是否反而會放縱自己？從較廣泛的社會觀點來看，我們所分配用來治療這些疾病的金錢，不就是本應用來預防疾病的金錢嗎？

我不知道這些問題的答案，但客觀地衡量，我們對問題的關注不足，投入疾病預防的資源更是稀少。為了領會這項論點的規模，請看看一項龐大、變因經過嚴密控制、長期介入的研究。這項研究顯示，身體狀況不佳的的美國成年人在改進體能狀態後，能將罹患心血管疾病的機率減半。[15]每治療一個美國人的心臟病，每年就要多支出一萬八千美元；我們可以估計，只要多說服百分之二十五的人口改進體能狀態，僅僅針對心臟病，每年就能省下超過五百八十億美元[16]。將這個數字納入考量：五百八十億美元約略就是美國國家衛生研究院（NIH）整年研究預算的兩倍。國家衛生研究院的年度預算中，僅有百分之五用於研究疾病預防[17]。沒人確切知道多讓百分之二十五美國人改善體魄（或教導其方法）需要支出多少費用；但一項二〇〇八年的研究估計，每人每年花十美元參與社區舉辦的增加體能活動、預防吸菸、改善營養的計畫，就能在五年內，每年為美國的醫療保健支出多省下一百六十億美元[18]。精確數字仍有待商榷，但我的論點在於：不管你如何看待這項議題，預防才是促進健康與長壽最根本、最適合，也較能節省成本的作法。

大多數人同意我們對預防的投入不足，但他們也揣測，要使健康的年輕人避免增加未來罹病風險的行為，可能有困難。就拿抽菸來說，它比其他任何病症造成更多可預防的死亡（其他類似重大死因包括缺乏體能活動、不良的飲食與酗酒）。在漫長的法律爭議後，公共衛生鼓勵戒菸的措施使得一九五〇年代以來，吸菸的美國人口百分比減半[19]。但仍有百分之二十的美國人吸菸，在二〇一一年造成四十四萬三千人早逝，每年導致的直接支出達九百六十億。同樣的道理，大多數美國人都知道應該保持體能活動、攝取健康飲食，但只有百分之二十的美國人達到政府建議的體能活動水準，低於百分之二十的人口達到政府公佈的飲食方針[20]。

許多原因導致我們難以說服、激勵甚至鼓勵人們按照演化的目的（稍後會詳細說明這一點）使用自己的身體，但一項可能的因素在於：我們還依循著孔多塞侯爵的足跡，等待下一個帶來希望的突破。怕死、對科學充滿希望的我們，花上幾十億美元試圖找到使染病器官重新生長的方式、搜尋新藥物，並設計人工器官來代替受損的人體器官。我並沒有建議我們應停止投資這些領域。恰好相反，我們應該投資更多！但是，我們不應該只治療失調疾病，卻疏於預防，釀成惡性循環。實際上，這代表健康保險計畫應該增加對疾病預防的支出（這些支出最終將減低花於治療的金額）。此外，公共衛生預算不應犧牲對預防性醫藥的研究贊助，卻贊助針對疾病治療的研究。不幸的是，國家衛生研究院撥給預防性醫藥資金的微小百分比卻偷偷告訴我們，美國正在這樣做。

金錢是另一個重要因素。在美國與其他許多國家，醫療保健在某些程度上是營利事業[21]。這導致投資或推銷解酸劑與矯正術等減輕疾病症狀療法的動機相當強烈，病人必須頻繁且長年購買這些藥物或療法。另一種賺大錢的方法是偏好手術等昂貴的程序，而非物理治療等較便宜的預防性療法。預防性藥物也徹底被利益所扭曲。例如，控制飲食在美國與其他國家是具有數十億美元商機的產業，主要原因就在於大部分飲食效果不彰，體重過重者願意花大錢嘗試新的飲食控制方案；實際上，許多飲食控制方案的效果都被誇大了。

總之，由於許多人已經罹病，促進預防措施的成效又不彰，我們別無選擇，必須持續集中投資對失調疾病的治療，進而剝奪了預防措施所應得到的時間、金錢與努力。這項評估使人感到陰鬱，迫使我們不得不提問：要改變人類的行為，是否還有進步的空間呢？

方法三：教育與賦予能力

知識就是力量。因此，人們應該要得到關於人體如何運作的實用、可靠資訊，他們需要能達成目標的正確工具。所以，公共衛生措施的基石就在於規畫更有效的教育方式，使人們更能善用、照顧自己的身體，做出更理智的決定。

研究與許多反覆試誤使得公共衛生的運作策略在過去數十年來發生重大演變。一九九〇年代以前，在良好、正確資訊能使人們做出理智決定的假定下，絕大部分措施著重於提供基礎衛生教育。當我就讀高中時，老師讓我們閱覽關於吸菸、藥物濫用、不安全性行為的駭人數據，以及吸菸者肺部的可怕影像。毫無意外，針對這些教學方案成效的研究顯示，提供這些資訊固然必要，但通常不足以產生持久的行為變化[22]。今日的公共衛生宣導方案則倡導「全場盯人」的態度，不只提供資訊，還包括使人們在其社會環境內做出改變的必要技巧[23]。有效的公共衛生介入措施也需要能在多層級上運作的教育方案：在醫師與病患等個人之間，在學校與教會等社區內，以及透過政府以大眾媒體宣導、法規與稅制等的方式進行[24]。然而，其他競爭因素卻限制這些措施的效果。例如，全美的廣告商每年用數十億美元對兒童行銷美味、可口卻不健康的食品。二〇〇四年，美國每位兩歲到七歲的兒童在電視上看到四千四百多則兒童食品的廣告，同年卻只出現一百六十四則針對健康與營養的公共服務廣告——差距達到二十七倍[25]！

許多教育措施也成效有限，令人憂心。美國一所大型大學的研究要求近兩千名學生參加一項為時十五週的健康課程，包括體能活動與正確飲食益處的相關資訊。其中一半學生參加現場講習課程，另一半則收看網路教學。授課後的行為評估顯示：學生們每日的適度運動量增加了百分之八，但劇烈運動量減少。他們的蔬果攝取量增加百分之四，全麥類攝取量則增加百分之八到十一[26]。收看網路教學的學生，他們改變生活習慣的幅度則小於參與現場講習的學生。其他研究顯示類似的結果[27]；教育是必須的，但所能做的也有限。

即使我們改善健康教育的品質與範圍，我們不需百萬美元的研究就能知道：實在不應對行為方面的改變抱有不切實際的期望。假如我肚子餓了，必須在一塊巧克力蛋糕與芹菜之間做出選擇，我毫無疑問會選擇巧克力蛋糕。考量到今日社會的物質過剩[28]，人體並不會自然展現引導人類選擇健康食品的智慧。相反地，研究一再顯示：成人與兒童會本能偏好人類在演化過程中渴望的食物（甜食、高澱粉、高鹽分、油膩的食品），廣告、選擇範圍、同儕壓力與花費會強烈影響現代人的覓食決定[29]。體能活動的道理相同；當我必須在電扶梯與樓梯之間做選擇時，我幾乎總是偏好電扶梯。大多數人的作法其實和我相同。此外，購物中心設計用來鼓勵消費者走樓梯且拒絕電梯的標語與海報，只使樓梯的行走量增加百分之六，和試圖促進體能活動的大眾傳媒宣導效果大略相同[30]。

我們對健康做出非理性決定與行為的原因，正逐漸成為創新研究的主題。眾多實驗已經證明，人類的行為在許多方面遠超過自主意識控制的範圍。我們憑本能行事。這些即席判斷傾向於偏好常見、重複、瞬間性的決定，例如要吃巧克力蛋糕或芹菜、該走樓梯或搭電扶梯的選擇[31]。即使較緩慢、更慎重的思考可能抑制這些本能，這種行為學上的超越仍有相當難度。例如，延遲的期間越久，相較於當下所獲報酬的價值（例如再來一塊餅乾），我們更常貶損長遠未來所能獲得的獎勵（如老年時的健康）。這些不健康的本能行為應是能在物質缺乏時代增進存活率、生育更多後代的古老適應；直到近代環境物質開始過剩，它們才變成負面的適應。換句話說，持續做出不理智的決定，其實並不是我們自己的錯。這些自然傾向使我們難以抵抗食品製造廠商與商人提出的訴求，使他們輕易利用大量進食、攝取錯誤食品與懶於運動的原始欲望。這些有害健康的行為是根深柢固的本能，因而非常難以克服。

因此，知識就是力量，但光是知識還不夠。我們之中大多數人需要資訊與技巧，但也需要強化戰勝原始欲望的動機，才能在充斥著過量食物與省力裝置的環境中，做出有益健康的決定。

方法四：改變環境

假如你關切肥胖症狀、全球慢性非傳染病的遽增、攀升的健保費支出和你家人的健康狀況，請捫心自問，你是否同意下列三項陳述：

㈠在可預見的將來，人們仍會繼續罹患失調性疾病。

㈡醫藥科技的未來發展，將持續改善我們診斷與治療失調疾病症狀的能力，但無法真正提供充分的解藥。

㈢灌輸人們正確飲食、營養與其他改善健康方法的措施，對人們在當前環境下行為所產生的影響相當有限。

假如你完全同意，我們最後僅存的選項只在於改變人類生存的環境來促進健康。但是，該怎麼做呢？

現在，讓我們進行一項思考實驗。想像一位著迷於保健信仰的古怪老暴君，控制了你的國家，對人們的日常生活施加極端的改革：禁賣蘇打汽水、果汁、糖果和其他高糖分食品，還有洋芋片、白米、白麵包與其他富含簡單碳水化合物的食品。速食店老闆、癮君子、酒鬼、以及其他使用已知致癌物質或毒物汙染食品、空氣與水的人全被送進監獄。栽種玉米的農民得不到政府補助，只准使用青草或乾草餵食乳牛。所有人被強制規定，每天伏地挺身、每週劇烈運動一百五十分鐘、每晚必須睡足八小時，且用牙線潔牙。

這一切看來很有益健康，不過值得慶幸的是，這種法西斯式的全國性健康集中營不可能存在（因為遲早會導致暴動或政變）。這在道德上也有瑕疵，因為每個人都有權決定該怎麼對待自己的身體。但幾乎可以確定的是：許多常見的失調疾病與某些癌症的發病率，其實是可以減少和降低的。自由比健康更可貴，但我們是否能以尊重人權的方式，有效地改變我們的環境？

我認為，在兩項原則上，演化觀點提供了相當實用的架構。首先，由於所有疾病都產生於基因與環境之間的互動，而我們又無法重新設計基因，預防失調疾病最有效的辦法就是重新設計我們的環境。第二項原則是，人體是在被達爾文稱為「生存競爭」且與今日環境相去甚遠的條件下，經過數百萬個世代不斷的調整適應所成形的。近代以前，人類的選擇不多，只能根據天擇規定的方式行事。通常，你的老祖先受制於自然條件，必須攝取天然、健康的飲食，獲得充分體能活動與睡眠，避免椅子，更不需待在擁擠、汙穢、導致傳染病的永久性住所裡。因此，人類在演化中並不總是選擇促進健康的行為模式，而是受大自然所迫，不得不如此。換言之，演化觀點暗示了，我們有時需要外在力量的協助，才能自助。

人類需要被鼓勵依據自身最佳利益行事，有時甚至是義務，這套邏輯用在兒童身上不無爭議。原因在於，你不能期望兒童做出理智的決定，他們也不該因為他們無法掌控的條件（包括不好的父母）而受處罰。政府於是根據這項理由，禁止向未成年人銷售酒精與菸草，要求家長帶子女接受接種，並將體育課納入學校義務教育內容（雖然程度不一）。現在，許多學校也禁賣蘇打汽水或其他有害健康的食品。政府同時也禁止強迫兒童在工廠裡長時間工作[32]。根據道德、社會與實效的原因，這些法律被廣泛視為適當；然而，從演化觀點來看，它們也相當合理。在舊石器時代無法想像的某些強迫措施，使得兒童免受環境中某些看似新奇、實則危險的事物影響，因為兒童面對這樣的環境，無力保護自己。

那成人呢？我並不是哲學家，更不是律師或政客，但請容許我分享我的意見：它本質上就是受演化觀點影響的「開明專制」[33]。就像許多人一樣，我認為成人在不傷害其他人的前提下，可以為所欲為。只要你不需吸我噴出的煙霧，或負擔我治療肺癌的醫療費用，我有權利吸菸。在我能容忍與負擔的範圍內，我也有權決定自己要吃多少甜甜圈，喝多少蘇打汽水。在此同時，人類（包括我自己在內）因為缺少足夠資訊，有時的行為模式並不符合最佳利益；我們無法控制環境，受到其他人不公的操控，更重要的是：我們難以控制對過去相對稀少的舒適感與大卡的渴望。因此，政府應扮演明智、有利大眾的角色，協助大眾對自身利益進行理智判斷，而後做出選擇。換句話說，政府有權利、甚至義務激勵並督促我們理智行事，同時保留我們選擇不理智行事的權利。政府也有義務確保我們擁有做出理智決定的資訊，並使我們免受不公正的操控。這項原則毫無爭議的範例是，不應允許食品製造商向消費者隱瞞食物中含有害的化學物質。此外，政府也不應禁止我吸菸，但應該告知我吸菸的危害，給我不吸菸的動機，並針對我吸菸對他人造成的負擔課以重稅。（正如格言所說：只要不需由我負擔，你可以為所欲為。）

如果你同意社會應該藉由開明專制，運用影響力改造我們生活的環境（儘管從演化觀點看來這環境已經不太自然），並且促進健康，那麼問題就不在於是否該採取行動，而是如何行動，以及要進行到何種程度。

如上所述，兒童常無法做出符合其最佳利益的理性決定，規範他們的環境較無爭議，我們就先從兒童談起。此外，孩提時期體能狀況不佳、肥胖與接觸有害化學物質，會對往後健康發展產生強烈的負面作用。因此，一項明顯的出發點在於要求學校實施更多體育課，藉由運動強調體能的重要。美國衛生局局長建議兒童與青少年每天從事一小時的體能活動，不過美國只有一小部分學生達到這項標準[34]。例如，一項針對超過五百所美國高中的調查發現：只有半數學生參與過體育課，極少人達到衛生局局長所建議運動量的一半[35]。那大學的情況呢？過去，體育課在絕大部分大學與學院是必修課，但現在很少再有大專院校把體育課列為必修。我任教的哈佛大學在一九七〇年就撤銷了體育必修課程，針對哈佛學生的調查顯示，只有少數學生每週進行三次以上的劇烈運動。

另一環與兒童有關的規範是垃圾食物，這就更有爭議，也更需加以考量了。由於葡萄酒、啤酒和烈酒都能使人成癮，並在飲用過量時毀人健康，大眾幾乎一致同意，必須禁賣酒精類飲料給未成年人。那麼，過量的糖分不也是如此嗎？從演化觀點來看，蘇打汽水、含糖飲料與其他富含糖分的食品也足以使人成癮，並在過量食用時損害健康[36]；限制販賣這些食品給兒童，又有什麼不同之處？這些工業化設計製造的食品在少量且不頻繁攝取時構成的危險並不大，但在過量攝取時會緩慢地損害健康，我們甚至沉迷於這些食品，終至成癮[37]。如此一來，限制甚至禁止學童食用薯條、飲用蘇打汽水和強制要求兒童繫好安全帶，又有什麼不同？就此而論，在校外限制這些食品的銷售和限制兒童所能觀賞的電影類型，又有什麼差別？

即使規範兒童的行為其實是不受歡迎的作法（尤其對食品業者和其為數眾多的說客而言），總還可以接受。但成人的情況就不同了：他們有權利生病。此外，無論消費者健康與否，我們通常給予公司販賣他們產品的權利，包括香菸與椅子等。然而，事實上，這些權利的例外還是不勝枚舉；在美國，販賣迷幻藥、海洛因、未加熱殺菌的牛奶與進口的肉餡羊肚（蘇格蘭的國寶），都是違法的。根據開明專制的精神，更好、更明智的作法是實施管制，協助人們做出能在理性判斷下確認符合自身利益的選擇。由於對商品課稅的強制性較直接禁賣為低，也許可將對蓄意做出有害健康且影響他人選擇的個人課稅視為第一步。在這一點上，對蘇打汽水或速食課稅與對菸酒課稅，有什麼差別嗎？我確定，你可以想到許多能協助現代環境促進預防疾病的鼓勵措施（或強硬措施）。一個辦法是管制垃圾食物的廣告量，而菸酒類產品已受到這項管制。（每一大罐蘇打汽水都貼著一張標籤，上面寫著：「衛生局局長的警告：攝取過量糖分會導致肥胖、糖尿病與心臟病。」）另一個辦法是規定包裝食品明確、誠實地標示內容物與分量，並禁止再將富含糖分、極易導致肥胖的食品當作「無脂肪食品」銷售。也許我們可以規定建築物多設置樓梯，而非電梯。然而，更直接、有效的激勵，莫過於停止獎勵或激勵足以致病的個人與公司的行為，使他們失去行為動機。這個邏輯更進一步代表著，政府停止補助栽種過量玉米的農民，進而減少高果玉米糖漿、受玉米餵食的牛肉與其他有害健康的食品。

簡言之，假如文化演化有能力讓我們落到這步田地，為什麼就無法使我們脫離困境？數百萬年來，我們的祖先憑著創新與合作獲取食物，協助照顧彼此的子女，在沙漠、苔原與叢林等充滿敵意的環境中生存。現在我們則必須以新方式進行創新，避免攝取過多食物（尤其是過量糖分與加工食品），並在都會、郊區與其他不自然的環境下生存。因此，我們需要與我們站在同一陣線的政府與其他社會機構，原因就在於演化從未使我們能夠選擇健康的生活方式。大多數人生病，並不是出於自身的錯誤；然而，由於他們生長在鼓勵、激勵、有時甚至強迫他們生病的環境裡，他們隨著老化，罹患慢性病。我們只能治療許多這類疾病的症狀。如果我們不想淪為更依賴藥物與昂貴科技治療可預防疾病的物種，我們就必須改變環境。事實上，我們能否繼續負擔平均壽命延長、人口成長與更多長期、慢性病組合曲線所造成的支出，已經不無疑問。

我認為，合理的結論是：今日的文化演化過程正逐漸以某種形式的強迫取代另一種強迫。數百萬年來，我們的老祖先必須攝取自然而健康的飲食，保持體能活動。文化演化（特別是人類進入農耕社會之後）則改變了人體與環境的互動方式。現代，仍有許多人生活在貧窮中，罹患由舊石器時代較罕見的汙穢、傳染源與營養不良所造成的疾病。我們之中有幸生活在已開發國家者，確實能避開這些苦難，現在更能選擇盡可能減少活動量、想吃什麼就吃什麼。事實上，對某些人來說，這些習慣幾乎就是生活的預設模式。然而，這些選擇或欲望常以其他形式導致我們生病，迫使我們治療自己的症狀。當前，多虧了平均壽命延長與整體上良好的健康，我們大致滿意自己所創造的體系。當我們創造並傳遞給子女的失調環境透過退化的惡性循環不斷增強時，我們將面臨罹患毫無必要且可預防疾病的風險。

結語：回到未來

有些人錯誤地想著：天擇就是「最適者生存」的同義詞。連達爾文都沒用過這個措辭（它在一八六四年由赫伯特・斯賓塞所創造），我們也沒用過，因為針對天擇的較佳形容是「較適者生存」。天擇並未創造完美：它只是淘汰掉不幸沒能比其他個體健康的個體。在今日的世界上，我們當中許多人相信，演化已是不足道的過去；「較適者生存」是否還有任何實用意義？

針對這個問題的一個常見答案是，演化仍有其重要性：它說明了人體構造的成因，包括人類為什麼會生病。請記住：「如果不採用演化觀點，生物學的一切知識都將毫無意義。」因此，我們的演化史說明了我們的骨架、心臟、內臟與大腦為何且如何以今日所見的方式運作。演化也說明了我們為何且如何在短短的六百萬年間，從非洲叢林中的人猿變成直立、大步向前行走的雙足行走動物，還使用望遠鏡望向遠處銀河，尋找其他生命形式。這六百萬年真是一趟奇異的旅程，但人類物種的演化就發生於幾項重大的轉折上。這些演進都不是極端而劇烈的；它們全是依附在過去變化上的偶發事件，也常肇因於氣候變遷。

從宏觀架構來看，人類演化過程中最重要的單一適應行為，想必就是藉由文化進行演化的能力，而非僅接受天擇的安排。現在，文化演化的速率已超過天擇，甚至比天擇更為精明。針對協助我們老祖先生產更多食物、運用更大量能源、繁衍更多後代的目的，人類採用了許多近代發明。然而，這些文化創新卻帶來意想不到的副作用，也就是更大、更密集人口所導致的更多傳染病、衛生條件不良，以及營養食品減少。文明也帶來極端的饑荒、獨裁、戰爭、奴役與其他現代社會中的不幸。近年來，糾正這些人為問題的努力已獲得長足的進步，已開發國家中的人們遠較狩獵採集者富裕。

演化，或較適者生存，將我們帶到今天所處的位置，這也解釋了身為二十一世紀人類的優劣。但我們的未來呢？我們追求無止境創新的心靈是否會以新科技繼續獲致進步？還是，我們會走向崩潰邊緣？思考演化過程，是否能幫助我們改善人類的現況？

人類物種豐富、繁雜的演化史所帶給我們最為實用的教訓，在於文化並未使我們能夠凌駕、超越生理。人類演化從來就不是大腦戰勝肉體的過程。對於未來狀況將會大幅改觀的科幻小說式情結，我們應該抱持懷疑態度。即使人類非常聰明，仍只能以最膚淺的方式改變遺傳下來的這個身體；認定我們能以比大自然更好的方式設計雙腳、肝臟細胞、大腦或其他人體部位，這想法不只危險，而且是妄自尊大。無論喜歡與否，我們終歸是微胖、無毛皮的雙足靈長類，渴望攝取糖類、鹽分、脂肪與澱粉；但我們的身體還是被調整為適合攝取由富纖維蔬果、堅果、種籽、塊莖與瘦肉所組成的多元飲食。我們很享受休息與閒適，但人體還是像深富耐力的運動員一般，經由演化獲得一天走動許多英里、跑動、挖掘、攀爬與搬運的能力。我們喜歡舒適感，卻未能充分適應整天坐在室內椅子上、穿著有支撐護墊的鞋子、一連幾小時盯著書本或螢幕看。結果，幾十億人飽受過去罕見或未知的富裕病，和由新奇事物與機能廢棄不用所導致的疾病之苦。接著，由於治療這些疾病的症狀更簡單、更迫切、也更有商業利潤，我們就這樣做了，而非根治病因，甚至連其中許多疾病的病因都不明瞭。這種作法使文化與生物學之間的惡性循環（不良演化）成為永久、既定的事實。

也許，這項循環其實並不那麼糟糕。我們也許能達到某種穩定的狀態，使治療富裕病以及由於新奇事物與機能廢棄不用所導致疾病的科技趨於完美。我認為，與其愚蠢地坐等未來科學家征服癌症、骨質疏鬆症或糖尿病，不如在當下更加注意人體如何且為何變成今日現狀。我們還不明瞭大多數致死或致殘重大疾病的治療方式，但我們確實知道降低發病機率的作法，藉由根據演化目的使用遺傳而來的身體，有時甚至能達到預防的效果。文化演化已導致許多失調疾病，而其他文化創新則能協助我們預防這些疾病。必須整合科學、教育與理性的集體行動，方能達成這項目標。

這個世界其實是不盡完美的；你的身體其實也是不完美的。但這是你今生所獲得的唯一身體，它值得享受、滋養與保護。人體的過去受到「較適者生存」原則所鑄造，但你身體的未來端視你的使用方式。《憨第德》（*Candide*）一書是伏爾泰（Voltaire）對人類自負與樂觀所提出的批評；書中主角在結尾處找到了和平，宣稱：「我們必須陶冶我們的心田。」我願在此附上一句：「我們必須陶冶我們的身體。」

第一章　人類演化是為了適應什麼？

1 Haub, C., and O. P. Sharma (2006). India's population reality: Reconciling change and tradition. *Population Bulletin* 61: 1-20; http://data.worldbank.org/indicator/SP.DYN.LE00.IN.

2 我會在第九章回顧這些主題。關於流行病轉變的統整論證總結，收錄於*The Lancet*, December 2012。

3 Hayflick, N. (1998). How and why we age. *Experimental Gerontology* 33: 639-53.

4 Khaw, K.-T., et al. (2008). Combined impact of health behaviours and mortality in men and women: The EPIC Norfolk Prospective Population Study. *PLoS Medicine* 5: e12.

5 OECD (2011). *Health at a Glance 2011*. Paris: Organization of Economic Cooperation and Development Publishing; http://dx.doi.org/10.1787/health_glance-2011-en.

6 華萊士（Alfred Russel Wallace）也提出過相同根據的理論，一八五八年達爾文和華萊士曾共同於倫敦林奈學會發表。華萊士應該得到更多的讚譽，但達爾文的理論（即隔年的《物種起源》）更完整且記載較詳細。

7 有時天擇又稱「適者生存」，這是達爾文從未使用過的詞，原先應該稱為「較適者生存」。

8 The ENCODE Project Consortium (2012). An integrated encyclopedia of DNA elements in the human genome. *Nature* 489: 57-74.

9 由於古爾德（Stephen J. Gould）和路翁亭（Richard Lewontin）兩人的知名論文，裡面論述許多特徵並非演化適應，而是新出現的發展特質或結構的特徵，生物學家常稱這些特徵為「拱肩」（spandrel）。拱肩是古爾德和路翁亭兩人所用的比喻，也就是教堂或裝飾中常用的並列拱形中間的空間。古爾德和路庸翁亭認為，拱肩是建蓋拱門的附帶產品，而非刻意的設計，許多生命體的特徵原先也並非適應。欲閱讀該文，請見Lewontin, R. C., and S. J. Gould (1979). The spandrels of San Marcos and the Panglossian paradigm: A critique of the adaptationist programme. *Proceedings of the Royal Society of London B* 205: 581-8。

10 這個議題引發了許多優質的討論，其中有部至今仍值得一讀的經典作品：Williams, G. C. (1966). *Adaptation and Natural Selection*. Princeton, NJ: Princeton University Press。

11 雖然達爾文最早提到加拉巴哥群島的燕雀，但今天我們瞭解關於這些燕雀身上發生的天擇，大多有賴Grant, P. R. (1991). Natural selection and Darwin's finches. *Scientific American* 265: 81-87; Weiner, J. (1994). *The Beak of the Finch: A Story of Evolution in Our Time*. New York: Knopf。

12 Jablonski, N. G. (2006). *Skin: A Natural History*. Berkeley: University of California Press.

13 要完整重新檢視這些事件，我推薦Shubin, N. (2008). *Your Inner Fish: A Journey into the 3.5-Billion-Year History of the Human Body*. New York: Vintage Books。

14 關於科學家如何用故事介紹人類演化歷史，以及分析這些故事的結構如何能讓我們得到科學知識，請見Landau, M. (1991). *Narratives of Human Evolution*. New Haven, CT: Yale University Press。

15 Dobzhansky, T. (1973). Nothing in biology makes sense except in the light of evolution. *The American Biology Teacher* 35: 125-29.

16 動物園內的靈長類動物，如果吃太多加工過度的食品且運動量又不足，第二型糖尿病的發病機制和人類其實差不多。請見Rosenblum,

I. Y., T. A. Barbolt, and C. F. Howard Jr. (1981). Diabetes mellitus in the chimpanzee (Pan troglodytes). *Journal of Medical Primatology* 10: 93-101。

17 請見Williams, G. M. Nesse (1996). *Why We Get Sick: The New Science of Medicine*. New York: Vintage Books; Stearns, S. C., and J. C. Koella (2008). *Evolution in Health and Disease*, 2nd ed. Oxford: Oxford University Press; Gluckman, P., and M. Hanson (2006). *Mismatch: The Lifestyle Diseases Timebomb*. Oxford: Oxford University Press; Trevathan, W. R., E. O. Smith, and J. J. McKenna (2008). *Evolutionary Medicine and Health*. Oxford: Oxford University Press; Gluckman, P., A. Beedle, and M. Hanson (2009). *Principles of Evolutionary Medicine*. Oxford: Oxford University Press; Trevathan, W. R. (2010). *Ancient Bodies, Modern Lives: How Evolution Has Shaped Women's Health*. Oxford: Oxford University Press。

第二章　直立的猿猴

1 由於諸多不同因素如動機與抑制條件，要測量黑猩猩力量並不容易。這類研究最早出現於一九二六年，指出黑猩猩的力量是人類的五倍，但更近代的研究則指出黑猩猩的力量可能僅為最強壯人類的兩倍，見Finch (1943); Edwards (1965); Scholz et al. (2006)。儘管如此，差異還是很驚人。請參考Bauman, J. E. (1926). Observations on the strength of the chimpanzee and its implications. *Journal of Mammalogy* 7: 1-9; Finch, G. (1943). The bodily strength of chimpanzees. *Journal of Mammalogy* 24: 224-28; Edwards, W. E. (1965). *Study of monkey, ape and human morphology and physiology relating to strength and endurance. Phase IX: The strength testing of five chimpanzee and seven human subjects*. Holloman Air Force Base, NM, 6571st Aeromedical Research Laboratory, Holloman, New Mexico; Scholz, M. N., et al. (2006). Vertical jumping performance of bonobo (Pan paniscus) suggests superior muscle properties. *Proceedings of the Royal Society B: Biological Sciences* 273: 2177-84。

2 Darwin, C. (1871). *The Descent of Man*. London: John Murray, 140-42.

3 至今出土過上百件、十多種生存於兩千萬至一千萬年前的已絕種猿猴化石。然而，這些猿種的關係，還有和黑猩猩、大猩猩和最後的同宗的關係至今仍不清楚，眾說紛紜。關於這些化石的研究，請見Fleagle, J. (2013). *Primate Adaptation and Evolution*, 3rd ed. New York: Academic Press。

4 「人族」這詞原先應作Hominid，但根據複雜的林奈分類規則，人類和黑猩猩的關係比大猩猩更為接近，且我們屬於人亞科（Homininae），故需hominin（人族）一詞。

5 Shea, B. T. (1983). Paedomorphosis and neoteny in the pygmy chimpanzee. *Science* 222: 521-22; Berge, C., and X. Penin (2004). Ontogenetic allometry, heterochrony, and interspecifi c differences in the skull of African apes, using tridimensional Procrustes analysis. *American Journal of Physical Anthropology* 124: 124-38; Guy, F., et al. (2005). Morphological affinities of the Sahelanthropus tchadensis (Late Miocene hominid from Chad) cranium. *Proceedings of the National Academy of Sciences* 102: 18836-41.

6 Lieberman, D. E., et al. (2007). A geometric morphometric analysis of heterochrony in the cranium of chimpanzees and bonobos. *Journal of Human Evolution* 52: 647-62; Wobber, V., R. Wrangham, and B. Hare (2010). Bonobos exhibit delayed development of social behavior and cognition relative to chimpanzees. *Current Biology* 20: 226-30.

7 此一理念的主要倡導者，是英國的偉大解剖學家基斯爵士（Sir Arthur Keith），請見他的經典著作：Keith, A. (1927). *Concerning Man's Origin*. London: Watts。

8 White, et al. (2009). Ardipithecus ramidus and the paleobiology of early hominids. *Science* 326: 75-86.

9 關於顱骨資料的原始描述，請見Brunet, M., et al. (2002). A new hominid from the upper Miocene of Chad, central Africa. *Nature* 418: 145-51; Brunet, M., et al. (2005). New material of the earliest hominid from the Upper Miocene of Chad. *Nature* 434: 752-55。但顱後骨骼卻沒有說明。關於這些遺骸的解釋，以及發現的方式，最知名的說法請見Reader, J. (2011). *Missing Links: In Search of Human Origins*. Oxford: Oxford University Press; Gibbons, A. (2006). *The First Human*. New York: Doubleday。

10 有一種定年方式是將該遺址出土的化石與同期的東非化石進行比較，另一種則是使用鈹同位素。請見Vignaud, P., et al. (2002). Geology and palaeontology of the Upper Miocene Toros-Menalla hominid locality, Chad. *Nature* 418: 152-55; Lebatard, A. E., et al. (2008). Cosmogenic nuclide dating of Sahelanthropus tchadensis and Australopithecus bahrelghazali Mio-Pliocene early hominids from Chad. *Proceedings of the National Academy of Sciences USA* 105: 3226-31。

11 Pickford, M., and B. Senut (2001). "Millennium ancestor," a 6-million-year-old bipedal hominid from Kenya. *Comptes rendus de l'Académie des Sciences de Paris, série 2a*, 332: 134-44.

12 Haile-Selassie, Y., G. Suwa, and T. D. White (2004). Late Miocene teeth from Middle Awash, Ethiopia, and early hominid dental evolution. *Science* 303: 1503-5; Haile-Selassie, Y., G. Suwa, and T. D. White (2009). Hominidae. In *Ardipithecus kadabba: Late Miocene Evidence from the Middle Awash, Ethiopia*, ed. Y. Haile-Selassie and G. Wolde-Gabriel. Berkeley: University of California Press, 159-236.

13 White, T. D., G. Suwa, and B. Asfaw (1994). Australopithecus ramidus, a new species of early hominid from Aramis, Ethiopia. *Nature* 371: 306-12; White, T. D., et al. (2009). Ardipithecus ramidus and the paleobiology of early hominids. *Science* 326: 75-86; Semaw, S., et al. (2005). Early Pliocene hominids from Gona, Ethiopia. *Nature* 433: 301-5.

14 詳情請見Guy, F., et al. (2005). Morphological affinities of the Sahelanthropus tchadensis (Late Miocene hominid from Chad) cranium. *Proceedings of the National Academy of Sciences USA* 102: 18836-41; Suwa, G., et al. (2009). The Ardipithecus ramidus skull and its implications for hominid origins. *Science* 326: 68e1-7; Suwa, G., et al. (2009). Paleobiological implications of the Ardipithecus ramidus dentition. *Science* 326: 94-99; Lovejoy, C. O. (2009). Reexamining human origins in the light of Ardipithecus ramidus. *Science* 326: 74e1-8。

15 Wood, B., and T. Harrison (2012). The evolutionary context of the first hominins. *Nature* 470: 347-52.

16 關於動物何時開始行走，最適切指標是頭腦發展的速率（從受精起算），在這方面人類和老鼠或大象等動物是一致的。請見Garwicz, M., M. Christensson, and E. Psouni (2009). A unifying model for timing of walking onset in humans and other mammals. *Proceedings of the National Academy of Sciences USA* 106: 21889-93。

17 Lovejoy, C. O., et al. (2009). The pelvis and femur of Ardipithecus ramidus: The emergence of upright walking. *Science* 326: 71e1-6.

18 Richmond, B. G., and W. L. Jungers (2008). Orrorin tugenensis femoral morphology and the evolution of hominin bipedalism. *Science* 319: 1662-65.

19 Lovejoy, C. O., et al. (2009). The pelvis and femur of Ardipithecus ramidus: The emergence of upright walking. *Science* 326: 71e1-6.

20 Zollikofer, C. P., et al. (2005). Virtual cranial reconstruction of Sahelanthropus tchadensis. *Nature* 434: 755-59.

21 Lovejoy, C. O., et al. (2009). Combining prehension and propulsion: The foot of Ardipithecus ramidus. *Science* 326: 72e1-8; Haile-Selassie, Y., et al. (2012). A new hominin foot from Ethiopia shows multiple Pliocene bipedal adaptations. *Nature* 483: 565-69.

22 DeSilva, J. M., et al. (2013). The lower limb and mechanics of walking in Australopithecus sediba. *Science* 340: 1232999.

23 Lovejoy, C. O. (2009). Careful climbing in the Miocene: The forelimbs of Ardipithecus ramidus and humans are primitive. *Science* 326: 70e1-8.

24 Brunet, M., et al. (2005). New material of the earliest hominid from the Upper Miocene of Chad. *Nature* 434: 752-55; Haile-Selassie, Suwa, and T. D. White (2009). Hominidae. In *Ardipithecus Miocene Evidence from the Middle Awash, Ethiopia*, ed. Selassie and G. Wolde Gabriel. Berkeley: University of California 159-236; Suwa, G., et al. (2009). Paleobiological implications Ardipithecus ramidus dentition. *Science* 326: 94-99.

25 Guy, F., et al. (2005). Morphological affi nities the Sahelanthropus tchadensis (Late Miocene hominid from cranium. *Proceedings of the National Academy of Sciences USA* 102: 18836-41; Suwa, G., et al. (2009). The Ardipithecus ramidus skull and its implications for hominid origins. *Science* 326: 68e1-7.

26 Haile-Selassie, Y., G. Suwa, and T. D. White (2004). Late Miocene teeth from Middle Awash, Ethiopia, and early hominid dental evolution. *Science* 303: 1503-5.

27 某些學者認為較小的犬齒象徵了社會體制中男性間出現的打鬥較少，甚至擁有固定配偶。但是，在其他靈長類動物雄性和雌性間的犬齒大小差異，並無法有效預測雄性彼此的競爭程度，而且根據後期人種體型估計，早期人族男性比女性體型大了約百分之五十；這是男性之間激烈打鬥的象徵。另一個假說是犬齒長度限制了嘴巴大小，也限制了咬力。如果犬齒很大，嘴巴必須更寬，閉合下顎的肌肉收縮範圍也得擴大，這些肌肉產生嚼力的效率將會降低。基於此因，較小犬齒和較小的嘴巴相關，能使咀嚼更有力。關於這些假說的更多資料，請見Lovejoy, C. O. (2009). Reexamining human origins in the light of Ardipithecus ramidus. *Science* 326: 74e1-8; Plavcan, J. M. (2000). Inferring social behavior from sexual dimorphism in the fossil record. *Journal of Human Evolution* 39: 327-44; Hylander, W. L. (2013). Functional links between canine height and jaw gape in catarrhines with special reference to early hominins. *American Journal of Physical Anthropology* 150: 247-59。

28 這些資料來源眾多，但最佳證例是小型海洋動物貝殼有孔蟲（foraminifera），其外殼由碳酸鈣（$CaCO_3$）構成。有孔蟲死後會沉入海床，當海洋變暖以後，進入殼中的氧原子擁有高百分比的較重氧同位素（O_{18}/O_{16}）。因此，開挖並分析底層海床中O_{18}/O_{16}的比例，可以測量海洋溫度的經年變化。圖四正是來自一份氧同位素的詳盡研究：Zachos, J., et al. (2001). Trends, rhythms, and aberrations in global climate 65 Ma to present. *Science* 292: 686-93。

29 Kingston, J. D. (2007). Shifting adaptive landscapes: Progress and challenges in reconstructing early hominid environments. *Yearbook of Physical Anthropology* 50: 20-58.

30 Laden, G., and R. W. Wrangham (2005). The rise of the hominids as an adaptive shift in fallback foods: Plant underground storage organs (USOs) and the origin of the Australopiths. *Journal of Human Evolution* 49: 482-98.

31 關於猩猩如何應付的描述，請見Knott, C. D. (2005). Energetic responses to food availability in the great apes: Implications for Hominin evolution. In *Primate Seasonality: Implications for Human Evolution*, ed. D. K. Brockman and C. P. van Schaik. Cambridge: Cambridge

University Press, 351-78。

32 Thorpe, S. K. S., R. L. Holder, and R. H. Crompton (2007). Origin of human bipedalism as an adaptation for locomotion on flexible branches. *Science* 316: 1328-31.

33 Hunt, K. D. (1992). Positional behavior of Pan troglodytes in the Mahale Mountains and Gombe Stream National Parks, Tanzania. *American Journal of Physical Anthropology* 87: 83-105.

34 Carvalho, S., et al. (2012). Chimpanzee carrying behaviour and the origins of human bipedality. *Current Biology* 22: R180-81.

35 Sockol, M. D., D. Raichlen, and H. D. Pontzer (2007). Chimpanzee locomotor energetics and the origin of human bipedalism. *Proceedings of the National Academy of Sciences USA* 104: 12265-69.

36 Pontzer, H. D., and R. W. Wrangham (2006). The ontogeny of ranging in wild chimpanzees. *International Journal of Primatology* 27: 295-309.

37 Lovejoy, C. O. (1981). The origin of man. *Science* 211: 341-50; Lovejoy, C. O. (2009). Reexamining human origins in the light of Ardipithecus ramidus. *Science* 326: 74e1-8.

38 老實說，沒有足夠的化石可供我們從任一早期人族男女兩性體型中找出差異。男女兩性體型差異最佳證例是較晚的南猿，男性比女性大百分之五十。請見Plavcan, J. M., et al. (2005). Sexual dimorphism in Australopithecus afarensis revisited: How strong is the case for a human-like pattern of dimorphism? *Journal of Human Evolution* 48: 313-20。

39 Mitani, J. C., J. Gros-Louis, and A. Richards (1996). Sexual dimorphism, the operational sex ratio, and the intensity of male competition among polygynous primates. *American Naturalist* 147: 966-80.

40 Pilbeam, D. (2004). The anthropoid postcranial axial skeleton: Comments on development, variation, and evolution. *Journal of Experimental Zoology Part B* 302: 241-67.

41 Whitcome, K. K., L. J. Shapiro, and D. E. Lieberman (2007). Fetal load and the evolution of lumbar lordosis in bipedal hominins. *Nature* 450: 1075-78.

第三章 一切取決於晚餐

1 生機飲食者認為，食物煮到體溫以上的溫度是有害的。這個觀念的邏輯如下：人類經演化後原本是適應生食的，而且他們相信加熱會摧毀自然的維他命和酵酶。雖然我們的祖先的確只吃生食，而且經過過度處理的食物可能有害健康，但生機飲者其他的主張大多仍是錯誤的。烹煮其實能增加大部分食物中可攝取的營養，何況人類烹煮食物的歷史已經相當悠久，烹煮早已成為人類的普遍現象，並因而具備生物上的必要性。要徹底實行生機飲食主義，只有在一種情況下最有道理，就是今天精緻食物的纖維比以前古人類可取得的野生植物少得多、熱量含量也高得多。儘管如此，生機飲食者常常有體重下降、生育力降低的毛病，同時也增加因未加熱殺菌而透過細菌和病原體染病的風險。更多資料請見Wrangham, R. W. (2009). *Catching Fire: How Cooking Made Us Human*. New York: Basic Books。關於餵食時間的比較性資料，請見Organ, C., et al. (2011). Phylogenetic rate shifts in feeding time during the evolution of Homo. *Proceedings of the National Academy of Sciences USA* 108: 14555-59。

2 Wrangham, R. W. (1977). Feeding behaviour of chimpanzees in Gombe National Park, Tanzania. In *Primate Ecology*, ed. T. H. Clutton-Brock.

London: Academic Press, 503-38.

3 McHenry, H. M., and K. Coffing (2000). Australopithecus to Homo: Transitions in body and mind. *Annual Review of Anthropology* 29: 145-56.

4 Haile-Selassie, Y., et al. (2010). An early Australopithecus afarensis postcranium from Woranso-Mille, Ethiopia. *Proceedings of the National Academy of Sciences USA* 107: 12121-26.

5 Dean, M. C. (2006). Tooth microstructure tracks the pace of human life history evolution. *Proceedings of the Royal Society B* 273: 2799-808.

6 其實，粗壯的南猿沒有留下其他部位的完整骨骼。所以，雖然我們已知道其頭顱很醒目，我們還是不太確定身體其他部位的模樣。

7 DeSilva, J. M., et al. (2013). The lower limb and walking mechanics of Australopithecus sediba. *Science* 340: 1232999.

8 Cerling, T. E., et al. (2011). Woody cover and hominin environments in the past 6 million years. *Nature* 476: 51-56; de Menocal, P. B. (2011). Anthropology. Climate and human evolution. *Science* 331(6017): 540-42; Passey, B. H., et al. (2010). High-temperature environments of human evolution in East Africa based on bond ordering in paleosol carbonates. *Proceedings of the National Academy of Sciences USA* 107: 11245-49.

9 如我們在第一章討論過的，攝取次等食物的天擇紀錄最完整的例證就是加拉巴哥燕雀，由達爾文最先開始研究，晚近還有格蘭特夫婦。在長期乾旱下，由於偏好的食物如仙人掌果實銳減，使得許多燕雀餓死。然而，粗嘴的燕雀由於較擅長啃食堅硬的食物如種子，也就比較有辦法生存下來。這種情況下，粗嘴燕雀就有更多生存優勢，而既然嘴型可以遺傳，粗嘴的後代在比例上也就增加了。這項研究的更多精彩細節，請見Weiner, J. (1994). *The Beak of the Finch: A Story of Evolution in Our Time*. New York: Knopf。

10 Grine, F. E., et al. (2012). Dental microwear and stable isotopes inform the paleoecology of extinct hominins. *American Journal of Physical Anthropology* 148: 285-317; Ungar, P. S. (2011). Dental evidence for the diets of Plio-Pleistocene hominins. *Yearbook of Physical Anthropology* 54: 47-62; Ungar, P., and M. Sponheimer (2011). The diets of early hominins. *Science* 334: 190-93.

11 Wrangham, R. W. (2005). The delta hypothesis. In *Interpreting the Past: Essays on Human, Primate, and Mammal Evolution*, eds. D. E. Lieberman, R. J. Smith, and J. Kelley. Leiden: Brill Academic, 231-43.

12 Wrangham, R. W., et al. (1999). The raw and the stolen: Cooking and the ecology of human origins. *Current Anthropology* 99: 567-94.

13 Wrangham, R. W., et al. (1991). The significance of fi brous foods for Kibale Forest chimpanzees. *Philosophical Transactions of the Royal Society, Part B Biological Science* 334: 171-78.

14 Laden, G., and R. Wrangham (2005). The rise of the hominids as an adaptive shift in fallback foods: Plant underground storage organs (USOs) and australopith origins. *Journal of Human Evolution* 49: 482-98.

15 Wood, B. A., S. A. Abbott, and H. Uytterschaut (1988). Analysis of the dental morphology of Plio-Pleistocene hominids IV. Mandibular postcanine root morphology. *Journal of Anatomy* 156: 107-39.

16 .Lucas, P. W. (2004). *How Teeth Work*. Cambridge: Cambridge University Press.

17 有效率地產生力氣，靠的不過就是簡單的牛頓運動定律。咀嚼肌就像所有其他肌肉，會產生輪轉力（也稱做力矩）來移動下顎。假設施加同樣力氣猛拉扳手，越長的扳手能產生越多力矩，咀嚼肌的止端遠離彼此將會增加更多力矩和咀嚼力，同時也增加這些肌肉可以產生的力量。這個原則能解釋南猿頭顱的配置。請參考圖六，南猿的顴骨長得驚人，並且往前凸出、向兩旁擴張。寬且往前的顴骨使南猿的咀嚼肌在咀嚼時產生更大的垂直和側邊力量。將每個咀嚼肌可以產生的力量加總以後，我們可以推論出鮑式南猿的咬力會比人類多上二・五倍，所以千萬可別把手指放進南猿嘴裡。更多詳情請見Eng, C. M., et al. (2013). Bite force and occlusal stress production in hominin evolution. *American Journal of Physical Anthropology* online. 10.1002/ajpa.22296 http://www.ncbi.nlm.nih.gov/pubmed/23754526。

18 Currey, J. D. (2002). *Bones: Structure and Mechanics*. Princeton: Princeton. University Press.

19 Rak, Y. (1983). *The Australopithecine Face*. New York: Academic Press; Hylander, W. L. (1988). Implications of in vivo experiments for interpreting the functional significance of "robust" australopithecine jaws. In *Evolutionary History of the "Robust" Australopithecines*, ed. F. Grine. New York: Aldine De Gruyter, 55-83; Lieberman, D. E. (2011). *The Evolution of the Human Head*. Cambridge, MA: Harvard University Press.

20 因此，氣候變遷能說明南猿具備粗大牙齒、大臉和巨大下顎是一個普遍潮流，這個潮流在粗壯人種當中達到高峰，如鮑氏南猿和羅百式南猿，他們都在兩百五十萬年前演化而生。

21 Pontzer, H., and R. W. Wrangham. The ontogeny of ranging in wild chimpanzees. *International Journal of Primatology* 27: 295-309.

22 格魯喬式步行法所耗能量在下面的研究中得到測量：Gordon, K. E., D. P. Ferris, and A. D. Kuo (2009). Metabolic and mechanical energy costs of reducing vertical center of mass movement during gait. *Archives of Physical Medicine and Rehabilitation* 90: 136-44。黑猩猩和人類的比較則是從下列資料得來：Sockol, M. D., D. A. Raichlen, and H. D. Pontzer (2007). Chimpanzee locomotor energetics and the origin of human bipedalism. *Proceedings of the National Academy of Sciences USA* 104: 12265-69。這份重要研究發現，步行中的黑猩猩平均走一公尺每公斤就要耗〇・二毫升的氧氣，而步行中的人類平均走一公尺每公斤只需耗〇・〇五毫升的氧氣。在有氧呼吸的情況下，一公升的氧氣會轉換為五・一三千卡的熱量。

23 Schmitt, D. (2003). Insights into the evolution of human bipedalism from experimental studies of humans and other primates. *Journal of Experimental Biology* 206:1437-48.

24 Latimer, B., and C. O. Lovejoy (1990). Hallucal tarsometatarsal joint in Australopithecus afarensis. *American Journal of Physical Anthropology* 82: 125-33; McHenry, H. M., and A. L. Jones (2006). Hallucial convergence in early hominids. *Journal of Human Evolution* 50: 534-39.

25 Harcourt-Smith, W. E., and L. C. Aiello (2004). Fossils, feet and the evolution of human bipedal locomotion. *Journal of Anatomy* 204: 403-16; Ward, C. V., W. H. Kimbel, and D. C. Johanson (2011). Complete fourth metatarsal and arches in the foot of Australopithecus afarensis. *Science* 331: 750-53; DeSilva, J. M., and Z. J. Throckmorton (2010). Lucy's flat feet: The relationship between the ankle and rearfoot arching in early hominins. *PLoS One* 5(12): e14432.

26 Latimer, B., and C. O. Lovejoy (1989). The calcaneus of Australopithecus afarensis and its implications for the evolution of bipedality. *American Journal of Physical Anthropology* 78: 369-86.

27 Zipfel, B., et al. (2011). The foot and ankle of Australopithecus sediba. *Science* 333: 1417-20.

28 Aiello, L. C., and M. C. Dean (1990). *Human Evolutionary Anatomy*. London: Academic Press.

29 早期人族的完整股骨至今仍闕如，所以這項特徵是否為南猿專屬，還是由較早人族（如地猿）演化而來，仍不得而知。

30 Been, E., A. Gómez-Olivencia, and P. A. Kramer (2012). Lumbar lordosis of extinct hominins. *American Journal of Physical Anthropology* 147: 64-77; Williams, S. A., et al. (2013). The vertebral column of Australopithecus sediba. *Science* 340: 1232996.

31 Raichlen, D. A., H. Pontzer, and M. D. Sockol (2008). The Laetoli footprints and early hominin locomotor kinematics. *Journal of Human Evolution* 54: 112-17.

32 Churchill, S. E., et al. (2013). The upper limb of Australopithecus sediba. *Science* 340: 1233447.

33 Wheeler, P. E. (1991). The thermoregulatory advantages of hominid bipedalism in open equatorial environments: The contribution of increased convective heat loss and cutaneous evaporative cooling. *Journal of Human Evolution* 21: 107-15.

34 Tocheri, M. W., et al. (2008). The evolutionary history of the hominin hand since the last common ancestor of Pan and Homo. *Journal of Anatomy* 212: 544-62.

35 Goodall, J. (1986). *The Chimpanzees of Gombe: Patterns of Behavior*. Cambridge, MA: Harvard University Press; Boesch, C., and H. Boesch (1990). Tool use and tool making in wild chimpanzees. *Folia Primatologica* 54: 86-99.

第四章　最早的狩獵採集者

1 Zachos, J., et al. (2001). Trends, rhythms, and aberrations in global climate 65 Ma to present. *Science* 292: 686-93.

2 關於氣候變遷與其對人類演化的影響，我推薦這份文獻：Potts, R. (1986). *Humanity's Desert: The Consequences of Ecological Instability*. New York: William Morrow and Co.。

3 Trauth, M. H., et al. (2005). Late Cenozoic moisture history of East Africa. *Science* 309: 2051-53.

4 Bobe, R. (2006). The evolution of arid ecosystems in eastern Africa. *Journal of Arid Environments* 66: 564-84; Passey, B. H., et al. (2010). Hightemperature environments of human evolution in East Africa based on bond ordering in paleosol carbonates. *Proceedings of the National Academy of Sciences USA* 107: 11245-49.

5 杜布瓦更詳細的傳記，請見 Shipman, P. (2001). *The Man Who Found the Missing Link: The Extraordinary Life of Eugene Dubois*. New York: Simon & Schuster。

6 這其實是一名鳥類專家發表的知名論文，分類可以化繁為簡：Mayr, E. (1951). Taxonomic categories in fossil hominids. *Cold Spring Harbor Symposia on Quantitative Biology* 15: 109-18。

7 Ruff, C. B., and A. Walker (1993). Body size and body shape. In *The Nariokotome Homo erectus Skeleton*, ed. A. Walker and R. E. F. Leakey. Cambridge, MA: Harvard University Press, 221-65; Antón, S. C. (2003). Natural history of Homo erectus. *Yearbook of Physical Anthropology* 46: 126-70; Lordkipanidze, D., et al. (2007). Postcranial evidence from early Homo from Dmanisi, Georgia. *Nature* 449: 305-10; Graves, R. R., et al. (2010). Just how strapping was KNM-WT 15000? *Journal of Human Evolution* 59(5):542-54.

8 Leakey, M. G., et al. (2012). New fossils from Koobi Fora in northern Kenya confirm taxonomic diversity in early Homo. *Nature* 488: 201-4.

9 Wood, B., and M. Collard (1999). The human genus. *Science* 284: 65-71.

10 Kaplan, H. S., et al. (2000). Theory of human life history evolution: Diet, intelligence, and longevity. *Evolutionary Anthropology* 9: 156-85.

11 Marlowe, F. W. (2010). *The Hadza: Hunter-Gatherers of Tanzania*. Berkeley: University of California Press.

12 最早的確實證據約有兩百六十萬年的歷史，發現自數個遺址。請參考de Heinzelin, J., et al. (1999). Environment and behavior of

2.5-million-year-old Bouri hominids. *Science* 625-29; Semaw, S., et al. (2003). 2.6-million-year-old stone tools associated bones from OGS-6 and OGS-7, Gona, Afar, Ethiopia. *Human Evolution* 45: 169-77。三百四十萬年前的骨骸上也發現過據信是刻痕的痕跡，但這些發現仍具爭議。請見McPherron, S. P., et al. (2010). Evidence for stone-tool-assisted consumption of animal tissues before 3.39 million years ago at Dikika, Ethiopia. *Nature* 466: 857-60。

13 Kelly, R. L. (2007). *The Foraging Spectrum: Diversity in Hunter-Gatherer Lifeways*. Clinton Corners, NY: Percheron Press.

14 Marlowe, F. W. (2010). *The Hadza: Hunter-Gatherers of Tanzania*. Berkeley: University of California Press.

15 Hawkes, K., et al. (1998). Grandmothering, menopause, and the evolution of human life histories. *Proceedings of the National Academy of Sciences USA* 95: 1336-39

16 Hrdy, S. B. (2009). *Mothers and Others*. Cambridge, MA: The Belknap Press.

17 Wrangham, R. W., and N. L. Conklin-Brittain (2003). Cooking as a biological trait. *Comparative Biochemistry and Physiology—Part A: Molecular & Integrative Physiology* 136: 35-46.

18 Zink, K. D. (2013). Hominin food processing: material property, masticatory performance and morphological changes associated with mechanical and thermal processing techniques. Doctoral thesis, Harvard University, Cambridge, MA.

19 Carmody, R. N., G. S. Weintraub, and R. W. Wrangham (2011). Energetic consequences of thermal and nonthermal food processing. *Proceedings of the National Academy of Sciences USA* 108: 19199-203.

20 Meegan, G. (2008). *The Longest Walk: An Odyssey of the Human Spirit*. New York: Dodd Mead.

21 Marlowe, F. W. (2010). *The Hadza: Hunter-Gatherers of Tanzania*. Berkeley: University of California Press.

22 Pontzer, H., et al. (2010). Locomotor anatomy and biomechanics of the Dmanisi hominins. *Journal of Human Evolution* 58: 492-504.

23 Pontzer, H. (2007). Predicting the cost of locomotion in terrestrial animals: A test of the LiMb model in humans and quadrupeds. *Journal of Experimental Biology* 210: 484-94; Steudel-Numbers, K. (2006). Energetics in Homo erectus and other early hominins: The consequences of increased lower limb length. *Journal of Human Evolution* 51: 445-53.

24 Bennett, M. R., et al. (2009). Early hominin foot morphology based on 1.5-million-year-old footprints from Ileret, Kenya. *Science* 323: 1197-201; Dingwall, H. L., et al. (2013). Hominin stature, body mass, and walking speed estimates based on 1.5-million-year-old fossil footprints at Ileret, Kenya. *Journal of Human Evolution* 2013.02.004.

25 Ruff, C. B., et al. (1999). Cross-sectional morphology of the SK 82 and 97 proximal femora. *American Journal of Physical Anthropology* 109: 509-21; Ruff, C. B., et al. (1993). Postcranial robusticity in Homo. I: Temporal trends and mechanical interpretation. *American Journal of Anthropology* 91: 21-53.

26 Ruff, C. B. (1988). Hindlimb articular surface allometry Hominoidea and Macaca, with comparisons to diaphyseal scaling. *Human Evolution* 17: 687-714; Jungers, W. L. (1988). Relative joint size and hominoid locomotor adaptations with implications evolution of hominid bipedalism. *Journal of Human Evolution* 17: 247-65.

27 Wheeler, P. E. (1991). The thermoregulatory advantages of hominid bipedalism in open equatorial environments: contribution of increased

convective heat loss and cutaneous evaporative cooling. *Journal of Human Evolution* 21: 107-15.

28 請見Ruff, C. B. (1993). Climatic adaptation and hominid evolution: The thermoregulatory imperative. *Evolutionary Anthropology* 2: 53-60; Simpson, S. W., et al. (2008). A female Homo erectus pelvis from Gona, Ethiopia. *Science* 322: 1089-92; Ruff, C. B. (2010). Body size and body shape in early hominins: Implications of the Gona pelvis. *Journal of Human Evolution* 58:166-78。

29 Franciscus, R. G., and E. Trinkaus (1988). Nasal morphology and the emergence of Homo erectus. *American Journal of Physical Anthropology* 75: 517-27.

30 你可以在冷天用簡單的實驗來示範這個例子。找個朋友並請他先用鼻子呼吸、再用嘴巴呼吸，你會注意到他用嘴呼吸時會比用鼻子呼吸排出更多熱氣，因為鼻部氣流受到干擾會使鼻腔捕捉更多水氣。

31 Van Valkenburgh, B. (2001). The dog-eat-dog world of carnivores: A review of past and present carnivore community dynamics. In *Meat-Eating and Human Evolution*, ed. C. B. Stanford and H. T. Bunn. Oxford: Oxford University Press, 101-21.

32 Wilkins, J., et al. (2012). Evidence for early Hafted hunting technology. *Science* 338: 942-46; Shea, J. J. (2006). The origins of lithic projectile point technology: Evidence from Africa, the Levant, and Europe. *Journal of Archaeological Science* 33: 823-46.

33 O'Connell, J. F., et al. (1988). Hadza scavenging: Implications for Plio-Pleistocene hominid subsistence. *Current Anthropology* 29: 356-63.

34 Potts, R. (1988). Environmental hypotheses of human evolution. *Yearbook of Physical Anthropology* 41: 93-136; Dominguez-Rodrigo, M. (2002). Hunting and scavenging by early humans: The state of the debate. *Journal of World Prehistory* 16: 1-54; Bunn, H. T. (2001). Hunting, power scavenging, and butchering by Hadza foragers and by Plio-Pleistocene Homo. In *Meat-Eating and Human Evolution*, ed. C. B. Stanford and H. T. Bunn. Oxford: Oxford University Press, 199-218; Braun, D. R., et al. (2010). Early hominin diet included diverse terrestrial and aquatic animals 1.95 Myrago in East Turkana, Kenya. *Proceedings of the National Academy of Sciences USA* 107: 10002-7.

35 鈍矛大多只會從動物皮外彈出，除非它很重；就算插入，也無法產生致命傷口。相反地，尖矛會造成鋸齒狀撕裂傷並導致內出血，因而能使動物致命。但即使是今日持金屬矛頭的狩獵者，仍需靠近獵物至幾碼的範圍內，才有機會宰殺牠們。更多詳情請見Churchill, S. E. (1993). Weapon technology, prey size selection and hunting methods in modern hunter-gatherers: Implications for hunting in the Palaeolithic and Mesolithic. In *Hunting andAnimal Exploitation in the Later Palaeolithic and Mesolithic of Eurasia*, ed. G. L. Peterkin, H. M. Bricker, and P. A. Mellars. Archeological Papers of the American Anthropological Association no. 4, 11-24。

36 Carrier, D. R. (1984). The energetic paradox of human running and hominid evolution. *Current Anthropology* 25: 483-95; Bramble, D. M., and D. E. Lieberman (2004). Endurance running and the evolution of Homo. *Nature* 432: 345-52.

37 關於這個限制的解釋是，奔跑時的步態對動物的腸胃產生如同翹翹板的影響，導致腸胃前後晃動並有規律地像活塞一般壓撞橫膈膜。奔跑中的四足行走動物因而無法像人類一樣協調呼吸，每踏出一步就呼吸一次，牠們反而會急促喘氣，每一口氣都急促又短淺。更多細節請見Bramble, D. M., and F. A. Jenkins Jr. (1993). Mammalian locomotorrespiratory integration: Implications for diaphragmatic and pulmonary design. *Science* 262: 235-40。

38 狩獵者總是會追逐可以捕獲的最大隻獵物，因為體型越大的動物越容易體溫過高。原因是體溫會隨體型以三次方函數增加，但只會線性遞減。

39 Liebenberg, L. (2006). Persistence hunting by modern hunter-gatherers. *Current Anthropology* 47: 1017-26.

40 Montagna, W. (1972). The skin of nonhuman primates. *American Zoologist* 12: 109-24.

41 一公升的水蒸發需要五百三十一千卡的熱量，且根據能量守恆定律，一公升水的蒸發也會有同樣的皮膚冷卻效果。

42 Schwartz, G. G., and L. A. Rosenblum (1981). Allometry of hair density and the evolution of human hairlessness. *American Journal of Physical Anthropology* 55: 9-12.

43 請見第三章，這和步行正好相反，重心在每一步的前半步提高。步行時，我們大多呈鐘擺式前進，但奔跑則是呈彈簧式前進。

44 同樣的現象也出現在長頸鹿。完整說明請參見Alexander, R. M. (1991). Energy-saving mechanisms in walking and running. *Journal of Experimental Biology* 160: 55-69。

45 Ker, R. F., et al. (1987). The spring in the arch of the human foot. *Nature* 325: 147-49.

46 Lieberman, D. E., D. A. Raichlen, and H. Pontzer (2006). The human gluteus maximus and its role in running. *Journal of Experimental Biology* 209: 2143-55.

47 Spoor, F., B. Wood, and F. Zonneveld (1994). Implications of early hominid labyrinthine morphology for evolution of human bipedal locomotion. *Nature* 369: 645-48.

48 Lieberman, D. E. (2011). *Evolution of the Human Head*. Cambridge, MA: Harvard University Press.

49 要參閱這些特徵的完整清單與其功能，請見Bramble, D. M., and D. E. Lieberman (2004). Endurance running and the evolution of Homo. *Nature* 432: 345-52。

50 Rolian, C., et al. (2009). Walking, running evolution of short toes in humans. *Journal of Experimental* 212: 713-21.

51 相較於臀部和頭部，人類的軀幹更能獨立彎屈。奔跑時這樣的彎屈就顯得相當重要，因為奔跑不似行走，奔跑時每踏出一步，雙腿其實都在空中，這種剪刀式的動作，使你的身體產生一種角運動（angular motion），若沒有抗衡，角運動會造成跑者往左與右旋轉，因此跑者需要擺動雙手並旋轉軀幹以造成反向的角運動。另外，軀幹的獨立扭轉也讓頭部免於左右搖擺，更詳細的解釋請見 Hinrichs, (1990). Upper extremity function in distance running. In *Biomechanics Distance Running*, ed. P. R. Cavanagh. Champaign, IL: Kinetics, 107-34; Pontzer, H., et al. (2009). Control and function of in human walking and running. *Journal of Experimental Biology* 212: 523-34。

52 肌肉有兩種纖維：快縮肌纖維與慢縮肌纖維。比起慢縮肌纖維，快縮肌纖維較快收縮，也較有力，但也比較易累，消耗的能量也較多。因此慢縮肌纖維比較能節省能量，但也造成速度上的限制。包括猩猩和猴子在內的大部分動物，其腿肌含有高比例的快縮肌纖維，因此能在有限的時間內快跑。但是人類的腿主要由慢縮肌纖維組成，因而我們能耐久奔跑。舉例來說，人類的小腿約有百分之六十的慢縮肌纖維，但獼猴和黑猩猩的小腿僅有百分之十五至二十。我們只能猜測，直立人的腿也是主要由慢縮肌纖維組成。參考資料請見 Acosta, L., and R. R. Roy (1987). Fiber-type composition of selected hindlimb muscles of a primate (cynomolgus monkey). *Anatomical Record* 218: 136-41; Dahmane, R., et al. (2005). Spatial fiber type distribution in normal human muscle: Histochemical and tensiomyographical evaluation. *Journal of Biomechanics* 38: 2451-59; Myatt, J. P., et al. (2011). Distribution patterns of fiber types in the triceps surae muscle group of chimpanzees and orangutans. *Journal of Anatomy* 218: 402-12。

53 Goodall, J. (1986). *The Chimpanzees of Gombe*. Cambridge, MA: Harvard University Press.

54 Napier, J. R. (1993). *Hands*. Princeton, NJ: Princeton University Press.

55 Marzke, M. W., and R. F. Marzke (2000). Evolution of the human hand: Approaches to acquiring, analysing and interpreting the anatomical evidence. *Journal of Anatomy* 197 (pt. 1): 121-40.

56 Rolian, C., D. E. Lieberman, and J. P. Zermeno (2012). Hand biomechanics during simulated stone tool use. *Journal of Human Evolution* 61: 26-41.

57 Susman, R. L. (1998). Hand function and tool behavior in early hominids. *Journal of Human Evolution* 35: 23-46; Tocheri, M. W., et al. (2008). The evolutionary history of the hominin hand since the last common ancestor of Pan and Homo. *Journal of Anatomy* 212: 544-62; Alba, D., et al. (2003). Morphological affinities of the Australopithecus hand on the basis of manual proportions and relative thumb. *Journal of Human Evolution* 44: 225-54.

58 Roach, N. T., et al. (2013). Elastic storage in the shoulder and the evolution of high-speed throwing in Homo. *Nature* 498: 483-86.

59 另一個讓人類進行丟擲動作的特徵，是肱骨的扭轉程度低。大部分的人和黑猩猩的肱骨都有扭曲，並讓肘關節朝內。但以常丟擲棒球的職棒選手為例，他們丟擲慣用手的肱骨扭轉程度最多可比非慣用手低二十度。這是一項優勢，因為扭轉程度越低，手臂與肩膀可以越往後伸展，藉以儲存彈力。目前有兩個現存的直立人骨骼，其肱骨扭轉程度低於大部分的職棒選手。想進一步瞭解細節，請見Roach, al. (2012). The effect of humeral torsion on rotational range of motion in the shoulder and throwing performance. *Journal of Anatomy* 220: 293-301; Larson, S. G. (2007). Evolutionary transformation of the hominin shoulder. *Evolutionary Anthropology* 16: 172-87。

60 最早的考古證跡來自非洲南部的萬德威洞穴（Wonderwerk Cave）。火在何時被用於烹飪、烹飪何時普及，這些都尚待仔細查證（在第五章有更進一步的討論）。請見 Berna, F., et al. (2012). Microstratigraphic evidence of in situ fire in the Acheulean strata of Wonderwerk Cave, Northern Cape province, South Africa. *Proceedings of the National Academy of Sciences USA* 109: 1215-20。

61 Carmody, R. N., G. S. Weintraub, and R. W. Wrangham (2011). Energetic consequences of thermal and nonthermal food processing. *Proceedings of the National Academy of Sciences USA* 108: 19199-203.

62 Brace, C. L., S. L. Smith, and K. D. Hunt (1991). What big teeth you had, grandma! Human tooth size, past and present. In *Advances in Dental Anthropology*, ed. M. A. Kelley and C. S. Larsen. New York: Wiley-Liss, 33-57.

63 精彩評論請見Alexander, R. M. (1999). *Energy for Animal Life*. Oxford: Oxford University Press。

64 關於腦容量，請見Martin, R. D. (1981). Relative brain size and basal metabolic rate in terrestrial vertebrates. *Nature* 293: 57-60；腸肚大小的資料請見Chivers, D. J., and C. M. Hladik (1980). Morphology of the gastrointestinal tract in primates: Comparisons with other mammals in relation to diet. *Journal of Morphology* 166: 337-86。

65 Aiello, L. C., and P. Wheeler (1995). The expensive-tissue hypothesis: The brain and the digestive system in human and primate evolution. *Current Anthropology* 36: 199-221.

66 Lieberman, D. E. (2011). *The Evolution of the Human Head*. Cambridge, MA: Harvard University Press.

67 請見Hill, K. R., et al. (2011). Co-residence patterns in hunter-gatherer societies show unique human social structure. *Science* 331: 1286-89; Apicella, C. L., et al. (2012). Social networks and cooperation in hunter-gatherers. *Nature* 481: 497-501。

68 關於這些技能的詳盡描述與分析，請見L. Liebenberg (2001). *The Art of Tracking: The Origin of Science*. Claremont, South Africa: David Philip Publisher。

69 Kraske, R. (2005). *Marooned: The Strange but True Adventures of Alexander Selkirk*. New York: Clarion Books.

70 關於她的事蹟有許多版本，最知名的是下面這則：Http://digital.library.upenn.edu/women/navarre/heptameron/heptameron.html。

第五章　冰河時期的能量

1 欲進一步瞭解其他策略背後的演化理論，請見Stearns, S. C. (1992). *The Evolution of Life Histories*. Oxford: Oxford University Press。

2 就算在最佳情況下，要仔細辨析化石物種仍相當困難。有些專家認為直立人是單一種具多樣性的種類，但其他專家則視東非、喬治亞和其他地方的直立人為不同但相近的異種。為達到本書的目的，我們將用最寬鬆的方式定義直立人，而不需仔細遵照分類學。

3 Rightmire, G. P., D. Lordkipanidze, and A. Vekua (2006). Anatomical descriptions, comparative studies, and evolutionary significance of the hominin skulls from Dmanisi, Republic of Georgia. *Journal of Human Evolution* 50: 115-41; Lordkipanidze, D., et al. (2005). The earliest toothless hominin skull. *Nature* 434: 717-18.

4 Antón, S. C. (2003). Natural history of Homo erectus. *Yearbook of Physical Anthropology* 46: 126-70.

5 某些學者將最早的歐洲人歸類為分別的種族，即「前人」（*H. antecessor*），但在直立人化石中差異非常微渺。Bermúdez de Castro, J., et al. (1997). A hominid from the Lower Pleistocene of Atapuerca, Spain: Possible ancestor to Neandertals and modern humans. *Science* 276: 1392-95。

6 這項粗略的估測假定每年人口增長率為〇．〇〇四，棲地領域大小為方圓二十四公里（十五英里），而且領域每五百年會向北擴張。

7 請見Shreeve, D. C. (2001). Differentiation of the British late Middle Pleistocene interglacials: The evidence from mammalian biostratigraphy. *Quaternary Science Reviews* 20: 1693-705。

8 deMenocal, P. B. (2004). African climate change and faunal evolution during the Pliocene-Pleistocene. *Earth and Planetary Science Letters* 220: 3-24.

9 Rightmire, G. P., D. Lordkipanidze, and A. Vekua (2006). Anatomical descriptions, comparative studies and evolutionary significance of the hominin skulls from Dmanisi, Republic of Georgia. *Journal of Human Evolution* 50: 115-41; Lordkipanidze, D. T., et al. (2007). Postcranial evidence from early Homo from Dmanisi, Georgia. *Nature* 449: 305-10.

10 Ruff, C. B., and A. Walker (1993). Body size and body shape. In *The Nariokotome Homo erectus Skeleton*, ed. A. Walker and R. E. F. Leakey. Cambridge, MA: Harvard University Press, 221-65; Graves, R. R., et al. (2010). Just how strapping was KNM-WT 15000? *Journal of Human Evolution* 59(5): 542-54.; Spoor, F., et al. (2007). Implications of new early Homo fossils from Ileret, east of Lake Turkana, Kenya. *Nature* 448: 688-91; Ruff, C. B., E. Trinkaus, and T. W. Holliday (1997). Body mass and encephalization in Pleistocene Homo. *Nature* 387: 173-76.

11 Rightmire, G. P. (1998). Human evolution in the Middle Pleistocene: The role of Homo heidelbergensis. *Evolutionary Anthropology* 6: 218-27.

12 Arsuaga, J. L., et al. (1997). Size variation in Middle Pleistocene humans. *Science* 277: 1086-88.

13 Reich, D., et al. (2010). Genetic history of an archaic hominin group from Denisova Cave in Siberia. *Nature* 468: 1053-60; Scally, A., and R.

Durbin (2012). Revising the human mutation rate: Implications for understanding human evolution. *Nature Reviews Genetics* 13: 745-53.

14 Reich, D., et al. (2011). Denisova admixture and the first modern human dispersals Southeast Asia and Oceania. *American Journal of Human Genetics* 89: 516-28.

15 Klein, R. G. (2009). *The Human Career*, 3rd ed. Chicago: University of Chicago.

16 最早出土的長矛標槍位於一處距今四十萬年前的德國遺址。這些標槍長七．五英尺，以相當厚實的木頭製成，可能用來獵殺馬匹、鹿群或甚至大象，令人印象深刻。請見 Thieme, H. (1997). Lower Palaeolithic hunting spears from Germany. *Nature* 385: 807-10。

17 這種製造石器的技術稱為勒瓦盧瓦（Levallois）技術，命名由來為十九世紀巴黎的一處郊區，該區曾出土這類器具。然而，這類技術的最早的證跡是來自南非的卡圖潘（Kathu Pan）遺址。請見Wilkins, J., et al. (2012). Evidence for early hafted hunting technology. *Science* 338: 942-46。

18. Berna, F. P., et al. (2012). Microstratigraphic evidence of in situ fire in the Acheulean strata of Wonderwerk Cave, Northern Cape province, South Africa. *Proceedings of the National Academy of Sciences USA* 109: 1215-20; Goren-Inbar, N., et al. (2004). Evidence of hominin control of fire at Gesher Benot Ya'aqov, Israel. *Science* 304: 725-27。要參考關於限制的推論，請見 Roebroeks, W., and P. Villa (2011). On the earliest evidence for habitual use of fire in Europe. *Proceedings of the National Academy of Sciences USA* 108: 5209-14。

19 Karkanas, P., et al. (2007). Evidence for habitual use of fi re at the end of the Lower Paleolithic: Site-formation processes at Qesem Cave, Israel. *Journal of Human Evolution* 53: 197-212.

20 Green, R. E., et al. (2008). A complete Neandertal mitochondrial genome sequence determined by high-throughput sequencing. *Cell* 134: 416-26.

21 Green, R. E., et al. (2010). A draft sequence of the Neandertal genome. *Science* 328: 710-22; Langergraber, K. E., et al. (2012). Generation times in wild chimpanzees and gorillas suggest earlier divergence times in great ape and human evolution. *Proceedings of the National Academy of Sciences USA* 109: 15716-21.

22 雜交的證據不代表尼安德塔人和現代人是同一物種。許多物種也會雜交（其專有名詞為「混種」〔hybridize〕），但若混種的發生次數極少且物種間的差異仍甚大，那麼將他們視為同樣的物種反而事倍功半。

23 在化學分析其骨骸後，證據顯示他們食肉的程度和其他肉食動物（如狼、狐狸）一樣。請見Bocherens, H. D., et al. (2001). New isotopic evidence for dietary Neandertals from Belgium. *Journal of Human Evolution* 40: Richards, M. P., and E. Trinkaus (2009). Out of Africa: origins special feature: Isotopic evidence for the diets of Neanderthals and early modern humans. *Proceedings of the Academy of Sciences* USA 106: 16034-39。

24 精確來說，頭腦質量為身體質量的〇．七五次方。請見Martin, R. D. (1981). Relative brain size and basal metabolic rate in terrestrial vertebrates. *Nature* 293: 57-60。

25 要參考這些資料的整理，以及自行計算這些等式，請見Lieberman, D. E. (2011). *Evolution of the Human Head*. Cambridge, MA: Harvard University Press。

26 Ruff, C. B., E. Trinkaus, and T. W. Holliday (1997). Body mass and encephalization in Pleistocene Homo. *Nature* 387: 173-76.

27 Vrba, E. S. (1998). Multiphasic growth models and the evolution of prolonged growth exemplified by human brain evolution. *Journal of*

Theoretical Biology 190: 227-39; Leigh, S. R. (2004). Brain growth, life history, and cognition in primate and human evolution. *American Journal of Primatology* 62: 139-64.

28 DeSilva, J., and J. Lesnik (2006). Chimpanzee neonatal brain size: Implications for brain growth in Homo erectus. *Journal of Human Evolution* 51: 207-12.

29 人類頭腦擁有約一百一十五億條神經，而黑猩猩平均只有六十五億條。Haug, H. (1987). Brain sizes, surfaces, and neuronal sizes of the cortex cerebri: A stereological investigation of man and his variability and a comparison with some mammals (primates, whales, marsupials, insectivores, and one elephant). *American Journal of Anatomy* 180: 126-42。

30 Changizi, M. A. (2001). Principles underlying mammalian neocortical scaling. *Biological Cybernetics* 84: 207-15; Gibson, K. R., D. Rumbaugh, and M. Beran (2001). Bigger is better: Primate brain size in relationship to cognition. In *Evolutionary Anatomy of the Primate Cerebral Cortex*, ed. D. Falk and K. R. Gibson. Cambridge: Cambridge University Press, 79-97.

31 她可能需要約兩千大卡的熱量，外加百分之十五的熱量以供胎兒使用；而假設運動適量的話，一名普通的三歲小孩需要九百九十大卡，七歲小孩則需一千兩百大卡。

32 人類頭腦有個保護方式，即非常厚的隔膜，將頭腦分成不同區塊（上下左右）。這些隔膜的功能如同裝紅酒瓶的厚紙板紙箱，使酒瓶不致於互相撞擊。頭腦所處的位置則好比一個充滿加壓流體的大浴缸，可以吸收衝撞力，而且人類頭殼特別粗厚。

33 Leutenegger, W. (1974). Functional aspects of pelvic morphology in simian primates. *Journal of Human Evolution* 3: 207-22.

34 R Rosenberg, K. R., and W. Trevathan (1996). Bipedalism and human birth: The obstetrical dilemma revisited. *Evolutionary Anthropology* 4: 161-68.

35 Tomasello, M. (2009). *Why We Cooperate*. Cambridge, MA: MIT Press.

36 肉是一個例外，雄性動物有時會與一同狩獵的夥伴分享肉類。見Muller, and J. C. Mitani (2005). Conflict and cooperation in wild chimpanzees. *Advances in the Study of Behavior* 35:275-331。

37 Dunbar, R. I. M. (1998). The social brain hypothesis. *Evolutionary Anthropology* 6: 178-90.

38 Liebenberg, L. (1990). *Art of Tracking: The Origin of Science*. Cape Town: David Philip.

39 有些學者認為少年期是人類獨有的階段，主要以成長速度的加快（生長陡增）來定義。但大多數體型龐大的哺乳類動物早在骨骼成長期結束前，就會經歷此階段（特別是身體質量的陡增）。

40 Bogin, B. (2001). *The Growth of Humanity*. Cambridge: Cambridge University Press.

41 Smith, T. M., et al. (2013). First molar eruption, weaning, and life history in living wild chimpanzees. *Proceedings of the National Academy of Sciences USA* 110: 2787-91.

42 雖然比起猿猴，人類達到成熟階段會消耗更多總能量，但每個小嬰孩所花的能量仍小於人類媽媽。一篇精闢論文指出，分泌乳汁對於體型龐大的媽媽來說非常消耗能量，會增加媽媽百分之二十五至五十的能量需求。假設一位早期人類媽媽體重五十公斤（一百一十磅）、同時哺育一名幼兒，那她每天平均將需要兩千三百大卡，比起同樣正在哺育一名幼兒、體重僅三十公斤（六十六磅）的媽媽多了百分之五十。因此你可以算出，一名體重五十公斤的媽媽如同猿猴在生下嬰兒後五年才使其斷奶，平均每名幼兒將會花去四百二十萬大卡，比起三年後就斷奶需要多花一百七十萬大卡。所以，一名媽媽若能在幼兒尚未成熟時斷奶，同時能攝取高級食品如肉類、骨髓和處理過的植物，那她將擁有更多繁衍後代的優勢；詳情請見 Aiello, L. C., and C. Key (2002). The energetic consequences of being a Homo erectus female. *American Journal of Human Biology* 14: 551-65。

43 Kramer, K. L. (2011). The evolution of human parental care and recruitment of juvenile help. *Trends in Ecology and Evolution* 26: 533-40.

44 這些估測之所以可能，是因為所有哺乳類動物（包括人類和其他靈長類動物）的腦容量發育完全的時間，約略等同於第一顆恆牙臼齒長出的時間。此外，就像樹木擁有年輪一樣，牙齒也有記錄時間的顯微構造，解剖學家可以利用牙齒估測動物第一顆臼齒萌發的時間，並進而測定頭腦停止發育的時間。詳情請見Smith, B. H. (1989). Dental development as a measure of life history in primates. *Evolution* 43: 683-88; Dean, M. C. (2006). Tooth microstructure tracks the pace of human life-history evolution. *Proceedings of the Royal Society B Biological Sciences* 273: 2799-2808。

45 Dean, M. C., et al. (2001). Growth processes in teeth distinguish modern humans from Homo erectus and earlier hominins. *Nature* 414: 628-31.

46 Smith, T. M., et al. (2007). Rapid dental development in a Middle Paleolithic Belgian Neanderthal. *Proceedings of the National Academy of Sciences USA* 104: 20220-25.

47 Dean, M. C., and B. H. Smith Growth and development in the Nariokotome youth, KNM-WT 15000. In *The First Humans: Origin of the Genus Homo*, ed. F. E. Fleagle, and R. F. Leakey. New York: Springer, 101-20.

48 Smith, T. M., et al. Dental evidence for ontogenetic differences between modern humans Neanderthals. *Proceedings of the National Academy of Sciences USA* 107: 20923-28.

49 脂肪分子在技術上是一種三酸甘油酯，由三個脂肪酸和一個甘油組成；脂肪酸基本上是由碳和氫原子組成的長鏈；而甘油是一種無色、無臭、具甜味的一種酒精形式。

50 Kuzawa, 1998). Adipose tissue in human infancy and childhood: An evolutionary perspective. *Yearbook of Physical Anthropology* 41: 177-209.

51 Pond, C. M., and C. A. Mattacks (1987). The anatomy of adipose tissue in captive Macaca monkeys and its implications for human biology. *Folia Primatologica* 48: 164-85.

52 Clandinin, M. T., et al. (1980). Extrauterine fatty acid accretion in infant brain: Implications for fatty acid requirements. *Early Human Development* 4: 131-38.

53 糖原（glycogen，碳水化合物在肌肉和肝臟內儲存的形式）燃燒的速度比脂肪燃燒的速度快，但糖原更重、密度更高，因此身體只能儲存有限的數量。除非你跑得真的很快，才能燃燒大部分的脂肪。請見第十章以更深入瞭解。

54 Ellison, P. T. (2003). *On Fertile Ground*. Cambridge, MA: Harvard University Press.

55 這個關係一般稱為克萊柏定律（Kleiber's law），當生命體的身體質量越大，新陳代謝亦會隨之以〇．七五的數字呈指數增長。

56 Leonard, W. R., and M. L. Robertson (1997). Comparative primate energetics and hominoid evolution. *American Journal of Physical Anthropology* 102: 265-81; Froehle, A. W., and M. J. Schoeninger (2006). Intraspecies variation in BMR does not affect estimates of early hominin total daily energy expenditure. *American Journal of Physical Anthropology* 131: 552-59.

57 資料請見 Leonard, W. R., and M. L. Robertson (1997). Comparative primate energetics and hominoid evolution. *American Journal of Physical*

Anthropology 102: 265-81; Pontzer, H., et al. (2010). Metabolic adaptation for low energy throughput in orangutans. *Proceedings of the National Academy of Sciences USA* 107: 14048-52; Dugas, L. R., et al. (2011). Energy expenditure in adults living in developing compared with industrialized countries: A meta-analysis of doubly labeled water studies. *American Journal of Clinical Nutrition* 93: 427-41; Pontzer, H., et al. (2012). Huntergatherer energetics and human obesity. *PLoS One* 7(7): e40503。

58 Kaplan, H. S., et al. (2000). A theory of human life history evolution: diet, intelligence, and longevity. *Evolutionary Anthropology* 9: 156-85.

59 這不只適用於人類，對所有哺乳類動物亦是如此。請見Pontzer, H. (2012). Relating ranging ecology, limb length, and locomotor economy in terrestrial animals. *Journal of Theoretical Biology* 296: 6-12。

60 評論請見以下著作第五章Wrangham, R. W. (2009). *Catching Fire: How Cooking Made Us Human*. New York: Basic Books。

61 關鍵理論和參考資料，請見Charnov, E. L., and D. Berrigan (1993). Why do female primates have such long lifespans and so few babies? Or life in the slow lane. *Evolutionary Anthropology* 1: 191-94; Kaplan, H. S., J. B. Lancaster, and A. Robson (2003). Embodied capital and the evolutionary economics of the human lifespan. In *Lifespan: Evolutionary, Ecology and Demographic Perspectives*, ed. J. R. Carey and S. Tuljapakur. *Population and Development Review* 29, supp. 2003, 152-82; Isler, K., and C. P. van Schaik (2009). The expensive brain: A framework for explaining evolutionary changes in brain size. *Journal of Human Evolution* 57: 392-400; Kramer, K. L., and P. T. Ellison (2010). Pooled energy budgets: Resituating human energy-allocation trade-offs. *Evolutionary Anthropology* 19: 136-47。

62 許多侏儒人種（身高不及一百五十公分／四．九英尺）都演化自能量匱乏的地區如雨林或島嶼。也許喬治亞德馬尼西人族的迷你體型反映出，天擇在首批歐亞大陸「殖民者」身上偏好節省能量的優勢。

63 Morwood, M. J., et al. (1998). Fission track age of stone tools and fossils on the east Indonesian island of Flores. *Nature* 392: 173-76.

64 Brown, P., et al. (2004). A new small-bodied hominin from the Late Pleistocene of Flores, Indonesia. *Nature* 431: 1055-61.

65 Morwood, M. J., et al. (2005). Further evidence for small-bodied hominins from the Late Pleistocene of Flores, Indonesia. *Nature* 437: 1012-17.

66 Falk, D., et al. (2005). The brain of LB1, Homo floresiensis. *Science* 308: 242-45; Baab, K. L., and K. P. McNulty (2009). Size, shape, and asymmetry in fossil hominins: The status of the LB1 cranium based on 3D morphometric analyses. *Journal of uman Evolution* 57: 608-22; Gordon, A. D., L. Nevell, and B. Wood (2008). The Homo floresiensis cranium (LB1): Size, scaling, and early Homo affinities. *Proceedings of the National Academy of Sciences USA* 105: 4650-55.

67 Martin, R. D., et al. (2006). Flores hominid: new species or microcephalic dwarf? *Anatomical Record A* 288: 1123-45.

68 Argue, D., et al. (2006). Homo floresiensis: Microcephalic, pygmoid, Australopithecus, or Homo? *Journal of Human Evolution* 51: 360-74; Falk, D., et al. (2009). The type specimen (LB1) of Homo floresiensis did not have Laron syndrome. *American Journal of Physical Anthropology* 140: 52-63.

69 Weston, E. M., and A. M. Lister (2009). Insular dwarfism in hippos and a model for brain size reduction in Homo floresiensis. *Nature* 459: 85-88.

第六章　彬彬有禮的物種

1 Sahlins, M. D. (1972). *Stone Age Economics*. Chicago: Aldine.

2 Scally, A., and R. Durbin (2012). Revising the human mutation rate: Implications for understanding human evolution. *Nature Reviews Genetics* 13: 745-53.

3 Laval, G. E., et al. (2010). Formulating a historical and demographic model of recent human evolution based on resequencing data from noncoding regions. *PLoS ONE* 5(4): e10284.

4 Lewontin, R. C. (1972). The apportionment of human diversity. *Evolutionary Biology* 6: 381-98; Jorde, L. B., et al. (2000). The distribution of human genetic diversity: A comparison of mitochondrial, autosomal, and Y-chromosome data. *American Journal of Human Genetics* 66: 979-88.

5 Gagneux, P., et al. (1999). Mitochondrial sequences show diverse evolutionary histories of African hominoids. *Proceedings of the National Academy of Sciences USA* 96: 5077-82; Becquet, C., et al. (2007). Genetic structure of chimpanzee populations. *PLoS Genetics* 3(4): e66.

6 Green, R. E. (2008). A complete Neandertal mitochondrial genome sequence determined by high-throughput sequencing. *Cell* 134: 416-26; Green, R. E., et al. (2010). A draft sequence of the Neandertal genome. *Science* 328: 710-22; Langergraber, K. E., et al. (2012). Generation times in wild chimpanzees and gorillas suggest earlier divergence times in great ape and human evolution. *Proceedings of the National Academy of Sciences USA* 109: 15716-21.

7 欲閱讀這些資料的相關估測，請見Sankararaman, S. (2012). The date of interbreeding between neandertals and modern humans. *PLoS Genetics* 8: e1002947。

8 Reich D., et al. (2010). Genetic history of an archaic hominin group from Denisova Cave in Siberia. *Nature* 468: 1053-60; Krause, J. (2010). The complete mitochondrial DNA genome of an unknown hominin from southern Siberia. *Nature* 464: 894-97.

9 定名為 Omo I 的化石，來自衣索匹亞南部奧莫（Omo）地區。McDougall, I., F. H. Brown, and J. G. Fleagle (2005). Stratigraphic placement and age of modern humans from Kibish, Ethiopia. *Nature* 433: 733-36。

10 譬如說，衣索匹亞赫托（Herto）地區出土三具遺骸，經定年發現有超過十六萬年的歷史，摩洛哥傑爾貝伊柏（Djebel Irhoud）遺址則有數具十六萬年前的化石，蘇丹辛加（Singa）地區的顱骨則有十三萬三千年歷史。有一些現代人化石甚至還更古老，如南非佛羅里斯巴（Florisbad）地區出土的部分顱骨，可能有二十萬年歷史。請見 White, T. D., et al. (2003). Pleistocene Homo sapiens from Middle Awash, Ethiopia. *Nature* 423: 742-47; McDermott, F., et al. (1996). New Late-Pleistocene uranium-thorium and ESR ages for the Singa hominid (Sudan). *Journal of Human Evolution* 31: 507-16。

11 Bar-Yosef, O. (2006). Neanderthals and modern humans: A different interpretation. In *Neanderthals and Modern Humans Meet*, ed. N. J. Conard. Tübingen: Tübingen Publications in Prehistory, Kerns Verlag, 165-87.

12 Bowler, J. M., et al. (2003). New ages for human occupation and climatic change at Lake Mungo, Australia. *Nature* 421: 837-40; Barker, G., et al. (2007). The "human revolution" in lowland tropical Southeast Asia: The antiquity and behavior of anatomically modern humans at Niah Cave (Sarawak, Borneo). *Journal of Human Evolution* 52: 243-61.

13 基因資料和多數考古證跡指出，人類移居至新世界的年代是三萬年前以內，可能少於兩萬兩千年前。欲查看相關的統整資料請見 Meltzer, D. J. (2009). *First Peoples in a New World: Colonizing Ice Age America*. Berkeley, CA: University of California Press。更多資料請見 Goebel, T., M. R. Waters, and D. H. O'Rourke (2008). The late Pleistocene dispersal of modern humans in the Americas. *Science* 319: 1497-1502;

Hamilton, M. J., and B. Buchanan (2010). Archaeological support for the three-stage expansion of modern humans across northeastern Eurasia and into the Americas. *PLoS One* 5(8): e12472。極少數相當古老的遺址，特別是智利的蒙特貝爾德（Monte Verde），被認為是支持人類早期初始殖民的證跡，但仍有些爭議。請見Dillehay, T. D., and M. B. Collins (1998). Early cultural evidence from Monte Verde in Chile. *Nature* 332: 150-52。

14 Hublin, J. J., et al. (1995). The Mousterian site of Zafarraya (Granada, Spain): Dating and implications on the palaeolithic peopling processes of Western Europe. *Comptes Rendus de l'Académie des Sciences*, Paris, 321: 931-37.

15 Lieberman, D. E., C. F. Ross, and M. J. Ravosa (2000b). The primate cranial base: Ontogeny, function and integration. *Yearbook of Physical Anthropology* 43: 117-69; Lieberman, D. E., B. M. McBratney, and G. Krovitz (2002). The evolution and development of cranial form in Homo sapiens. *Proceedings of the National Academy of Sciences USA* 99: 1134-39.

16 Weidenreich, F. (1941). The brain and its rôle in the phylogenetic transformation of the human skull. *Transactions of the American Philosophical Society* 31: 328-442; Lieberman, D. E. (2000). Ontogeny, homology, and phylogeny in the Hominid craniofacial skeleton: The problem of the browridge. In *Development, Growth and Evolution*, ed. P. O'Higgins and M. Cohn. London: Academic Press, 85-122.

17 Bastir, M., et al. (2008). Middle cranial fossa anatomy and the origin of modern humans. *Anatomical Record* 291: 130-40; Lieberman, D. E. (2008). Speculations about the selective basis for modern human cranial form. *Evolutionary Anthropology* 17: 22-37.

18 關於下巴的功能，有一個比較牽強的想法是為了鞏固下顎。但倘若如此，為何會烹飪的人類需要鞏固下顎？其他臆測也缺乏證據支持，如下巴能控制我們的下門牙所朝方向、協助我們說話，或單純為了美觀等。想瞭解這些相關說法，請見Lieberman, D. E. (2011). *The Evolution of the Human Head*. Cambridge, MA: Harvard University Press。

19 Rak, Y., and B. Arensburg (1987). Kebara 2 Neanderthal pelvis: First look at a complete inlet. *American Journal of Physical Anthropology* 73: 227-31; Arsuaga, J. L., et al. (1999). A complete human pelvis from the Middle Pleistocene of Spain. *Nature* 399: 255-58; Ruff, C. B. (2010). Body size and body shape in early hominins: Implications of the Gona pelvis. *Journal of Human Evolution* 58: 166-78.

20 Ruff, C. B., et al. (1993). Postcranial robusticity in Homo. I: Temporal trends and mechanical interpretation. *American Journal of Physical Anthropology* 91: 21-53.

21 McBrearty, S., and A. S. Brooks (2000). The revolution that wasn't: A new interpretation of the origin of modern human behavior. *Journal of Human Evolution* 39: 453-563.

22 Brown, K. S., et al. (2012). An early enduring advanced technology originating 71,000 years ago in South Africa. *Nature* 491: 590-93; Yellen, J. E., et al. (1995). A middle stone bone industry from Katanda, Upper Semliki Valley, Zaire. *Science* 553-56; Wadley, L., T. Hodgskiss, and M. Grant (2009). Implications complex cognition from the hafting of tools with compound the Middle Stone Age, South Africa. *Proceedings of the National Academy of Sciences USA* 106: 9590-94; Mourre, V., P. Villa, and C. S. Henshilwood (2010). Early use of pressure flaking on lithic artifacts Blombos Cave, South Africa. *Science* 330: 659-62.

23 Henshilwood, S., et al. (2001). An early bone tool industry from the Middle Stone Blombos Cave, South Africa: Implications for the origins of human behaviour, symbolism and language. *Journal of Human* 41: 631-78; Henshilwood, C. S., F. d'Errico, and I. Watts (2009). Engraved ochres

from the Middle Stone Age levels at Blombos Cave, South Africa. *Journal of Human Evolution* 57: 27-47.

24 關於這個論辯的探討，請見D'Errico, F., and C. Stringer (2011). Evolution, revolution, or saltation scenario for the emergence of modern cultures? *Philosophical Transactions of the Royal Society, London, Part B, Biological Science* 366: 1060-69。

25 Jacobs, Z., et al. (2008). Ages for the Middle Stone Age of southern Africa: Implications for human behavior and dispersal. *Science* 322: 733-35.

26 由於歷史緣故，考古學家一般使用「新石器時代」（Later Stone Age）一詞來描述非洲薩哈拉沙漠南部的舊石器時代晚期（Upper Paleolithic）文化。我則都使用「舊石器時代晚期」一詞統稱。

27 Stiner, M. C., N. D. Munro, and T. A. Surovell (2000). The tortoise and the hare. Small-game use, the broad-spectrum revolution, and Paleolithic demography. *Current Anthropology* 41: 39-79.

28 Weiss, E., et al. (2008). Plant-food preparation area on an Upper Paleolithic brush hut floor at Ohalo II, Israel. *Journal of Archaeological Science* 35: 2400-14; Revedin, A., et al. (2010). Thirty-thousand-year-old evidence of plant food processing. *Proceedings of the National Academy of Sciences USA* 107: 18815-19.

29 這種神祕的生活文化方式即查特佩戎（Châtelperronian）文化，僅在幾處距今三萬五千年至兩萬九千年的遺址中發現過。它包含典型舊石器時代中期的器具，同時裡面也找得到舊石器時代晚期的工具和一些裝飾品，如雕刻吊墜和象牙戒指。一些人相信查特佩戎文化經過混雜，另一些人則相信查特佩戎文化是尼安德塔版本的舊石器時代晚期文化。更多資料與不同觀點請見Bar-Yosef, O., and J. G. Bordes (2010). Who were the makers of the Châtelperronian culture? *Journal of Human Evolution* 59: 586-93; Mellars, P. (2010). Neanderthal symbolism and ornament manufacture: The bursting of a bubble? *Proceedings of the National Academy of Sciences USA* 107: 20147-48; Zilhão, J. (2010). Did Neandertals think like us? *Scientific American* 302: 72-75; Caron, F., et al. (2011). The reality of Neandertal symbolic behavior at the Grotte du Renne, Arcy-sur-Cure, France. *PLoS One* 6: e21545。

30 這是一個棘手的問題，原因有幾個：首先，腦容量的計算需按體型比例調整（體型越大的人，通常頭也越大），但同一物種內關係並不直接，使得這種校正不精確。第二，你要如何定義智力，更遑論測量？大多數研究都發現，智力測試結果和腦容量相關性非常微小（〇．三至〇．四）。該類研究必須非常謹慎且不能妄下定論，因為測量智力時必然會有先入為主的偏見。該如何定義智力？是解答數學題目？還是使用正確的文法？或是追索捻角羚（kudu）的蹤跡？抑或是察言觀色的能力？此外，在這類智力研究中，要控制無數的環境因素幾乎不可能。儘管如此，人們還是持續嘗試著。例子請見 Witelson, S. F., H. Beresh, and D. L. Kigar (2006). Intelligence and brain size in 100 postmortem brains: Sex, lateralization and age factors. *Brain* 129: 386-98。

31 請勿認為這些研究與顱相學有任何關係，顱相學是十九世紀的偽科學，它假設顱骨外部形式的細微變化，可以反映大腦裡有關人格、智力和其他功能的差異。

32 Lieberman, D. E., B. M. McBratney, and G. Krovitz (2002). The evolution and development of cranial form in Homo sapiens. *Proceedings of the National Academy of Sciences USA* 99: 1134-39; Bastir, M., et al. (2011). Evolution of the base of the brain in highly encephalized human species. *Nature* Communications 2: 588。欲參閱相關量表研究，請見Rilling, J., and R. Seligman (2002). A quantitative morphometric comparative analysis of the primate temporal lobe. *Journal of Human Evolution* 42: 505-34; Semendeferi, K. (2001). Advances in the study of hominoid brain evolution: Magnetic resonance imaging (MRI) and 3-D imaging. In *Evolutionary Anatomy of the Primate Cerebral Cortex*, ed. D.

Falk and K. Gibson. Cambridge: Cambridge University Press, 257-89。

33 顳葉其中一區（渥尼克區〔Wernicke's area〕）的損壞通常會導致語言失去意義。

34 Persinger, M. A. (2001). The neuropsychiatry of paranormal experiences. *Journal of Neuropsychiatry and Clinical Neurosciences* 13: 515-24.

35 Bruner, E. (2004). Geometric morphometrics and paleoneurology: Brain shape evolution in the genus Homo. *Journal of Human Evolution* 47: 279-303.

36 Culham, J. C., and K. F. Valyear (2006). Human parietal cortex in action. *Current Opinions in Neurobiology* 16: 205-12.

37 Semendeferi, K., et al. (2001). Prefrontal cortex in humans and apes: A comparative study of area 10. *American Journal of Physical Anthropology* 114: 224-41; Schenker, N. M., A. M. Desgouttes, and K. Semendeferi (2005). Neural connectivity and cortical substrates of cognition in hominoids. *Journal of Human Evolution* 49: 547-69.

38 前額葉受損最有名的病例是費尼斯．蓋吉（Phineas Gage），他是一名鐵路工，在一次可怕的爆炸中，一根鐵棍插入並穿透他的眼窩和大腦。神奇的是，蓋吉活了下來，但他從此變得暴躁且沒有耐心。想瞭解更多資訊請見 Damasio, A. R. (2005). *Descartes' Error: Emotion, Reason, and the Human Brain*. New York: Penguin。

39 關於這些過程的解釋，請見Lieberman, D. E., K. M. Mowbray, and O. M. Pearson (2000). Basicranial influences on overall cranial shape. *Journal of Human Evolution* 38: 291-315。現代人類與尼安德塔人生命中前幾年的不同情況的對比證據，請見Gunz, P., et al. (2012). A uniquely modern human pattern of endocranial development. Insights from a new cranial reconstruction of the Neandertal newborn from Mezmaiskaya. *Journal of Human Evolution* 62: 300-13。還請特別注意，小臉是更屈曲的顱底及更渾圓的頭腦的另一肇因。當頭腦在顱底上方開始發育，臉也會自顱底朝下並往前發育。因此，臉的長度也影響顱底屈曲的程度。臉較長的動物其顱底也較平，使臉更能在腦殼外往前突出。

40 Miller, D. T., et al. (2012). Prolonged myelination in human neocortical evolution. *Proceedings of the National Academy of Sciences USA* 109: 16480-85; Bianchi, S., et al. (2012). Dendritic morphology of pyramidal neurons in the chimpanzee neocortex: Regional specializations and comparison to humans. *Cerebral Cortex*.

41 統整資料請見Lieberman, P. (2013). *The Unpredictable Species: What Makes Humans Unique*. Princeton, NJ: Princeton University Press。

42 Kandel, E. R., J. H. Schwartz, and T. M. Jessel (2000). *Principles of Neural Science*, 4th ed. New York: McGraw-Hill; Giedd, J. N. (2008). The teen brain: Insights from neuroimaging. *Journal of Adolescent Health* 42: 335-43。

43 一份研究比較了兩名非兒童的尼安德塔青少年與大樣本範圍的人類青少年。其中一名尼安德塔人來自比利時考古遺址史柯拉迪那（Scladina），死時年約八歲，但其成熟度與十歲人類孩童相同。另一尼安德塔人來自勒穆第耶（即 Le Moustier 1），死時年約十二歲，但其骨骼與十六歲的現代人孩童一樣。我們還需要更多化石資料分析與確認這些差異，但若經確認後果真如上述，那可能即表示古人類在成年前的青少年期較短。請見Smith, T., et al. (2010). Dental evidence for ontogenetic differences between modern humans and Neanderthals. *Proceedings of the National Academy of Sciences USA* 107: 20923-28。

44 Kaplan, H. S., et al. (2001). The embodied capital theory of human evolution. In *Reproductive Ecology and Human Evolution*, ed. P. T. Ellison. Hawthorne, NY: Aldine de Gruyter; Yeatman, J. D., et al. (2012). Development of white matter and reading skills. *Proceedings of the National*

Academy of Sciences USA 109: 3045-53; Shaw, P., et al. (2005). Intellectual ability and cortical development in children and adolescents. *Nature* 44: 676-79; Lieberman, P. (2010). *Human Language and Our Reptilian Brain*. Cambridge, MA: Harvard University Press.

45 Klein, R. G., and B. Edgar (2002). *The Dawn of Human Culture*. New York: Nevreaumont Publishing.

46 Enard, W., et al. (2009). A humanized version of Foxp2 affects cortico-basal ganglia circuits in mice. *Cell* 137: 961-71.

47 Krause, J., et al. (2007). The derived FOXP2 variant of modern humans was shared with Neandertals. *Current Biology* 17: 1908-12; Coop, G., et al. (2008). The timing of selection FOXP2 gene. *Molecular Biology and Evolution* 25: 1257-59.

48 Lieberman, P. (2006). *Toward Evolutionary Biology of Language*. Cambridge, MA: Harvard Press.

49 外型重塑的出現，主要是因為靈長類舌頭大小和身體質量呈比例高度相關。當人臉變短時，舌頭並沒有變小，反而變短、變厚，同時跟其他靈長類動物相比，人類舌頭基底在喉嚨較低的位置。

50 關於人類語音屬性，有一個「量化語音」（quantal speech）理論。最早提出這個理論的文章，請見Stevens, K. N., and A. S. House (1955). Development of a quantitative description of vowel articulation. *Journal of the Acoustical Society of America* 27: 401-93。

51 與古人類雜交可能也發生在非洲。請見Hammer, M. F., et al. (2011). Genetic evidence for archaic admixture in Africa. *Proceedings of the National Academy of Sciences USA* 108: 15123-28; Harvarti, K., et al. (2011). The Later Stone Age calvaria from Iwo Eleru, Nigeria: Morphology and chronology. *PlosOne* 6: e24024。

52 如果冰河時期的狩獵採集者像晚近的極圈狩獵採集者一樣，平均每一百平方公里（三十八平方英尺）只住一人，那麼像義大利那麼大的地方最多只會住三千人。請見Zubrow, E. (1989). The demographic modeling of Neanderthal extinction. In *The Human Revolution*, ed. P. Mellars and C. B. Stringer. Edinburgh: Edinburgh University Press, 212-31。

53 Caspari, R., and S. H. Lee (2004). Older age becomes common late in human evolution. *Proceedings of the National Academy of Sciences USA* 101(30): 10895-900.

54 關於這些理論的更多統整資料，請見Stringer, C. (2012). *Lone Survivor: How We Came to Be the Only Humans on Earth*. New York: Times Books; Klein, R. J., and B. Edgar (2002). *The Dawn of Human Culture*. New York: Wiley。你可能對下面這篇文章也有興趣：Kuhn, S. L., and M. C. Stiner (2006). What's a mother to do? The division of labor among Neandertals and modern humans in Eurasia. *Current Anthropology* 47: 953-81。

55 Shea, J. J. (2011). Stone tool analysis and human origins research: Some advice from Uncle Screwtape. *Evolutionary Anthropology* 20: 48-53.

56 基因是生物資訊傳遞的基本單位，在文化中這樣的基本單位就是模因。模因通常是一種想法，比如一個象徵、一種嗜好、一個習慣或是一種信念。「模因」（meme）這詞源自於「模仿」（to imitate）這個詞的希臘文。模因就如同基因，是由個體傳給下一代的，但父母不是唯一傳遞模因的單位，這點與基因不同。請見Dawkins, R. (1976). *The Selfish Gene*. Oxford: Oxford University Press。

57 有許多針對文化演化和天擇所做的傑出分析，我個人相當推薦。想瞭解更多，請見Cavalli-Sforza, L. L., and M. W. Feldman (1981). *Cultural Transmission and Evolution: A Quantitative Approach*. Princeton: Princeton University Press; Boyd, R., and P. J. Richerson (1985). *Culture and the Evolutionary Process*. Chicago: University of Chicago Press; Durham, W. H. (1991). *Co-evolution: Genes, Culture and Human Diversity*. Stanford, CA: Stanford University Press。想瞭解較受歡迎的幾種解釋，我推薦Richerson, P. J., and R. Boyd (1995). *Not by Genes*

Alone: How Culture Transformed Human Evolution. Chicago: University of Chicago Press; Ehrlich, P. R. (2000). *Human Natures: Genes, Cultures and the Human Prospect*. Washington, DC: Island Press。

58 乳糖酶是一種酵酶，協助你消化乳糖（即牛奶中的糖）。直到晚近，人類才變得像其他哺乳類動物一樣，斷奶後失去製造乳糖酶的能力，但在LCT基因中演化而生的一些突變，讓部分人類在其成年時能繼續合成乳糖酶。Tishkoff, S. A., et al. (2007). Convergent adaptation of human lactase persistence in Africa and Europe. *Nature Genetics* 39: 31-40; Enattah, N. S., et al. (2008). Independent introduction of two lactase-persistence alleles into human populations reflects different history of adaptation to milk culture. *American Human Genetics* 82: 57-72。

59 Wrangham, R. W. (2009). *Catching Fire: How Cooking Made Us Human*. New York: Basic Books.

60 這裡有兩個常見法則。第一個又稱柏格曼法則（Bergmann's rule），身體質量呈立方比增加，但身體表面積是呈平方比增加。所以，體型較壯的動物，其表面積相對較小。因此，在較寒冷地帶生活的動物，體型也會較壯。第二個法則又稱艾倫法則（Allen's rule），即較長的四肢能讓表面積增加，所以較寒冷地帶的動物，其四肢較短會比較有幫助。

61 Holliday, T. W. (1997). Body proportions in Late Pleistocene Europe and modern human origins. *Journal of Human Evolution* 32: 423-48; Trinkaus, E. (1981). Neandertal limb proportions and cold adaptation. In *Aspects of Human Evolution*, ed. C. B. Stringer. London: Taylor and Francis, 187-224.

62 Jablonski, N. (2008). *Skin*. Berkeley: University of California Press; Sturm, R. A. (2009). Molecular genetics of human pigmentation diversity. *Human Molecular Genetics* 18: R9-17.

63 Landau, M. (1991) *Narratives of Human Evolution*. New Haven, CT: Yale University Press.

64 Pontzer, H., et al. (2012). Hunter-gatherer energetics and human obesity. *PLoS ONE* 7(7): e40503, doi: 10.1371; Marlowe, F. (2005). Hunter-gatherers and human evolution. *Evolutionary Anthropology* 14: 54-67.

65 這個分析有點複雜，我還沒有修正比例的影響。動物（含人類）體型變大時，勞動所費的能量會相對較少。儘管如此，久坐不起的西方人勞動身體時，平均每個單位的身體質量所花的能量仍少於狩獵採集者。

66 Lee, R. B. (1979). *The !Kung San: Men, Women and Work in a Foraging Society*. Cambridge: Cambridge University Press.

67 想瞭解狩獵採集者變化的概要，請見 Kelly, R. L. (2007). *The Foraging Spectrum: Diversity in Hunter-Gatherer Lifeways*. Clinton Corners, NY: Percheron Press; Lee, R. B., and R. Daly (1999). *The Cambridge Encyclopedia of Hunters and Gatherers*. Cambridge: Cambridge University Press。

第七章　進步、失調和不良演化

1 Floud R., et al. (2011). *The Changing Body: Health Nutrition and Human Development in the Western Hemisphere Since 1700*. Cambridge: Cambridge University Press.

2 McGuire, M. T., and A. Troisi (1998). *Darwinian Psychiatry*. Oxford: Oxford University Press；也請參照Baron-Cohen, S., ed. (2012). *The Maladapted Mind: Classic Readings in Evolutionary Psychopathology*. Hove, Sussex: Psychology Press; Mattson, M. P. (2012). Energy intake

and exercise as determinants of brain health and vulnerability to injury and disease. *Cell Metabolism* 16: 706-22。

3 關於這個主題，有許多經典書籍值得一讀，包括Odling-Smee, F. J., K. N. Laland, and M. W. Feldman (2003). *Niche Construction: The Neglected Process in Evolution*. Princeton: Princeton University Press; Richerson, P. J., and R. Boyd (2005). *Not By Genes Alone: How Culture Transformed Human Evolution*. Chicago: University of Chicago Press; Ehrlich, P. R. (2000). *Human Natures: Genes, Cultures andthe Human Prospect*. Washington, DC: Island Press; Cochran, G., and H. Harpending (2009). *The 10,000 Year Explosion*. New York: Basic Books。

4 Weeden, J., et al. (2006). Do high-status people really have fewer children? Education, income, and fertility in the contemporary US. *Human Nature* 17: 377-92; Byars, S. G., et al. (2010). Natural selection in a contemporary human population. *Proceedings of the National Academy of Sciences USA* 107: 1787-92。

5 Williamson, S. H., et al. (2007). Localizing recent adaptive evolution in the human genome. *PLoS Genetics* 3: e90; Sabeti, P. C., et al. (2007). Genomewide detection and characterization of positive selection in human populations. *Nature* 449: 913-18; Kelley, J. L., and W. J. Swanson (2008). Positive selection in the human genome: From genome scans to biological significance. *Annual Review of Genomics and Human Genetics* 9: 143-60; Laland, K. N., J. Odling-Smee, and S. Myles (2010). How culture shaped the human genome: Bringing genetics and the human sciences together. *Nature Reviews Genetics* 11: 137-48.

6 Brown, E. A., M. Ruvolo, and P. C. Sabeti (2013). Many ways to die, one way to arrive: How selection acts through pregnancy. *Trends in Genetics* S0168-9525.

7 Kamberov, Y. G., et al. (2013). Modeling recent human evolution in mice by expression of a selected EDAR variant. *Cell* 152: 691-702。這種基因變異有一些其他影響，如小胸部和上門牙呈些微鏟形。

8 你可以用下面的公式算算等位基因頻需要幾代才會改變：$\Delta p = (spq2)/1 - sq2$，p和q是同一基因的兩個等位基因頻，$\Delta p$是等位基因（p）在每一代的頻率變化，而s是天擇係數（0.0 表示完全沒有，1.0 表示百分之百）。

9 回顧請見Tattersall, I., and R. DeSalle (2011). *Race? Debunking a Scientific Myth*. College Station: Texas A & M Press。

10 Corruccini, R. S. (1999). *How Anthropology Informs the Orthodontic Diagnosis of Malocclusion's Causes*. Lewiston, NY: Edwin Mellen Press; Lieberman, D. E., et al. (2004). Effects of food processing on masticatory strain and craniofacial growth in a retrognathic face. *Journal of Human Evolution* 46: 655-77.

11 Kuno, Y. (1956). *Human Perspiration*. Springfield, IL: Charles C. Thomas.

12 關於這些變化的資料，請見Bogin, B. (2001). *The Growth of Humanity*. New York: Wiley; Brace, C. L., K. R. Rosenberg, and K. D. Hunt (1987). Gradual change in human tooth size in the Late Pleistocene and Post-Pleistocene. *Evolution* 41: 705-20; Ruff, C. B., et al. (1993). Postcranial robusticity in Homo. I: Temporal trends and mechanical interpretation. *American Journal of Physical Anthropology* 91: 21-53; Lieberman, D. E. (1996). How and why humans grow thin skulls. *American Journal of Physical Anthropology* 101: 217-36; Sachithanandam, V., and B. Joseph (1995). The influence of footwear on the prevalence of flat foot: A survey of 1846 skeletally mature persons. *Journal of Bone and Joint Surgery* 77: 254-57; Hillson, S. (1996). *Dental Anthropology*. Cambridge: Cambridge University Press。

13 Wild, S., et al. (2004). Global prevalence of diabetes. *Diabetes Care* 27: 1047-53.

14 關於演化醫學有許多好書值得一讀。第一次有專書處理這個領域，請見 Nesse, R., and G. C. Williams (1994). *Why We Get Sick: The New Science of Darwinian Medicine*. New York: New York Times Books。其他可觀的好書有Ewald, P. (1994). *Evolution of Infectious Diseases*. Oxford: Oxford University Press; Stearns, S. C., and J. C. Koella (2008). *Evolution in Health and Disease*, 2nd ed. Oxford: Oxford University Press; Trevathan, W. R., E. O. Smith, and J. J. McKenna (2008). *Evolutionary Medicine and Health*. Oxford: Oxford University Press; Gluckman, P., A. Beedle, and M. Hanson (2009). *Principles of Evolutionary Medicine*. Oxford: Oxford University Press; Trevathan, W. R. (2010). *Ancient Bodies, Modern Lives: How Evolution Has Shaped Women's Health*. Oxford: Oxford University Press。

15 Greaves, M. (2000). *Cancer: The Evolutionary Legacy*. Oxford: Oxford University Press.

16 關於這個複雜主題的回顧，請見 Dunn, R. (2011). *The Wild Life of Our Bodies*. New York: HarperCollins。

17 對許多癌症而言，這是個具爭議性的話題，其中包括前列腺癌；有兩篇研究在同一年發表於同一本期刊，卻得到不同的結論。請見 Wilt, T. J., et al. (2012). Radical prostatectomy versus observation for localized prostate cancer. *New England Journal of Medicine* 367: 203-13; Bill-Axelson, A., et al. (2011). Radical prostatectomy versus watchful waiting in early prostate cancer. *New England Journal of Medicine* 364: 1708-17。

18 關於飲食的有趣歷史回顧，請見Foxcroft, L. (2012). *Calories and Corsets: A History of Dieting over Two Thousand Years*. London: Profile Books。

19 請見Gluckman, P., and M. Hanson (2006). *Mismatch: The Lifestyle Diseases Timebomb*. Oxford: Oxford University Press。

20 Nesse, R. M. (2005). Maladaptation and natural selection. *The Quarterly Review of Biology* 80: 62-70.

21 這個現象已經過詳盡研究，但有一篇重要的論文提到了這個現象，可以參考Colditz, G. A. (1993). Epidemiology of breast cancer: Findings from the Nurses' Health Study. *Cancer* 71: 1480-89。

22 Baron-Cohen, S. (2008). *Autism and Asperger Syndrome: The Facts*. Oxford: University Press.

23 Price, W. A. (1939). *Nutrition and Physical Degeneration: A Comparison of Primitive and Modern Diets and Their Effects*. Redlands, CA: Paul B. Hoeber, Inc.

24 例證請見Mann, G. V., et al. (1962). Cardiovascular disease in African Pygmies: A survey of the health status, serum lipids and diet of Pygmies in Congo. *Journal of Chronic Disease* 15: 341-71; Mann, G. V., et al. (1962). The health and nutritional status of Alaskan Eskimos. *American Journal of Clinical Nutrition* 11: 31-76; Truswell, A. S., and J. D. L. Hansen (1976). Medical research among the !Kung. In *Kalahari Hunter-Gatherers: Studies of the !Kung San and Their Neighbors*, ed. R. B. Lee and I. DeVore. Cambridge: Harvard University Press, 167-94; Truswell, A. S. (1977). Diet and nutrition of hunter-gatherers. In *Health and Disease in Tribal Societies*. New York: Elsevier, 213-21; Howell, N. (1979). *Demography of the Dobe !Kung*. New York: Academic Press; Kronman, N., and A. Green (1980). Epidemiological studies in the Upernavik District, Greenland. Acta Medica Scandinavica 208: 401-6; Trowell, H. C., and D. P. Burkitt (1981). *Western Diseases: Their Emergence and Prevention*. Cambridge, MA: Harvard University Press; Rode, A., and R. J. Shephard (1994). Physiological consequences of acculturation: A 20-year study of fitness in an Inuit community. *European Journal of Applied Physiology and Occupational Physiology* 69: 516-24。

25 例證請見Wilmsen, E. (1989). *Land Filled with Flies: A Political Economy of the Kalahari*. Chicago: University of Chicago Press。

26 許多動物會合成維他命C，但食水果的猿猴在幾百萬年前就失去這個能力了，因此在一些動物器官內會找到一定量的維他命C。

27 Carpenter, K, J. (1988). *The History of Scurvy and Vitamin C*. Cambridge: Cambridge University Press.

28 關於人類口腔微生物，請參考由福塞斯協會建立的網站：http:/www.homd.org。

29 關於齲齒的歷史與演化評論，請參考Hillson, S. (2008). The current state of dental decay. In *Technique and Application in Dental Anthropology*, ed. J. D. Irish and G. C. Nelson. Cambridge: Cambridge University Press, 111-35。至於黑猩猩的蛀牙，請參考Lovell, N. C. (1990). *Patterns of Injury and Illness in Great Apes: A Skeletal Analysis*. Washington, DC: Smithsonian Press。

30 Vos, T., et al. (2012). Years lived with disability (YLDs) for 1160 sequelae of 289 diseases and injuries 1990-2010: A systematic analysis for the Global Burden of Disease Study 2010. *Lancet* 380: 2163-96.

31 *Oxford English Dictionary*, 3rd ed. (2005). Oxford: Oxford University Press。「減緩」這詞在當代最常見的意思，是絕症病人痛苦的減輕。

32 Boyd, R., and P. J. Richerson (1985). *Culture and the Evolutionary Process*. Chicago: University Press; Durham, W. H. (1991). *Co-evolution: Genes, Culture and Diversity*. Stanford: Stanford University Press; Ehrlich, P. R. (2000). *Human Natures: Genes, Cultures and the Human Prospect*. Washington, DC: Island Press; Odling-Smee, F. J., K. N. Laland, and M. Feldman (2003). *Niche Construction: The Neglected Process in Evolution*. Princeton: Princeton University Press; Richerson, P. J., and R. Boyd (2005). *Not by Genes Alone: How Culture Transformed Human Evolution*. Chicago: University of Chicago Press.

33 P. M., et al. (2005). Global burden of hypertension: Analysis of worldwide data. *Lancet* 365: 217-23.

34 Dickinson, H. O., et al. (2006). Lifestyle interventions to reduce raised blood pressure: A systematic review of randomized controlled trials. *Journal of Hypertension* 24: 215-33.

35 Hawkes, K. (2003). Grandmothers and the evolution of human longevity. *American Journal of Human Biology* 15: 380-400.

第八章　文明的失樂園？

1 Diamond, J. (1987). The worst mistake in the history of the human race. *Discover* 5: 64-66.

2 Ditlevsen, P. D., H. Svensmark, and S. Johnsen (1996). Contrasting atmospheric and climate dynamics of the last-glacial and Holocene periods. *Nature* 379: 810-12.

3 Cohen, M. N. (1977). *The Food Crisis in Prehistory*. New Haven, CT: Yale University Press; Cohen, M. N., and G. J. Armelagos (1984). *Paleopathology at the Origins of Agriculture*. Orlando: Academic Press.

4 針對該證據的全球性檢視，請參閱Mithen, S. (2003). *After the Ice: A Global Human History*. Cambridge, MA: Harvard University Press。

5 Doebley, J. F. (2004). The genetics of maize evolution. *Annual Review of Genetics* 38: 37-59.

6 Nadel, D., ed. (2002). *Ohalo II— A 23,000-Year-Old Fisher-Hunter-Gatherers' Camp on the Shore of the Sea of Galilee*. Haifa: Hecht Museum.

7 Bar-Yosef, O. (1998). The Natufian culture of the southern Levant. *Evolutionary Anthropology* 6: 159-77.

8 Alley, R. B., et al. (1993). Abrupt accumulation increase at the Younger Dryas termination in the GISP2 ice core. *Nature* 362: 527-29.

9 新仙女木期是一段漫長的冰期，卻以產於阿爾卑斯山的一種可愛野花仙女木（Dryas octopetala）命名。在這段期間，這種野花產量相當豐富。

10 這些民族被稱為哈利發人（Harifian）。Goring-Morris, A. N. (1991). The Harifian of the southern Levant. In *The Natufian Culture in the Levant*, ed. O. Bar-Yosef and F. Arbor, MI: International Monographs in Prehistory, 173-216。

11 參閱Zeder, M. A. (2011). The origins of agriculture in the Near East. *Current Anthropology* 52(S4): S221-35; Goring Morris, N., and A. Belfer-Cohen (2011). Neolithisation processes in the Levant. *Current Anthropology* 52(S4): 195-208。

12 請參考Smith, B. D. (2001). *The Emergence of Agriculture*. New York: Scientific American Press; Bellwood, P. (2005). *First Farmers: The Origins Agricultural Societies*. Oxford: Blackwell Publishing。

13 Wu, et al. (2012). Early pottery at 20,000 years ago in Xianrendong Cave, *China. Science* 336: 1696-700.

14 Clutton-Brock, J. (1999). *A Natural History of Domesticated Mammals*, 2nd ed. Cambridge: Cambridge University Press。並請參閱Connelly, J., et al. (2011). Meta-analysis of zooarchaeological data from SW Asia and SE Europe provides insight into the origins and spread of animal husbandry. *Journal of Archaeological Science* 38: 538-45。

15 Pennington, R. (2001). Hunter-gatherer demography. In *Hunter-Gatherers: An Interdisciplinary Perspective*, ed. C. Panter-Brick, R. Layton, and P. Rowley-Conwy. Cambridge: Cambridge University Press, 170-204.

16 使用等式「$N_t=N_0*e^{rt}$」計算人口成長率。N_t表示t年時的人口大小，N_0表示0年時的人口大小，r表示成長率（1%表示0.01），t為年數，e為自然對數基數（2.718281828）。

17 Bocquet-Appel, J. P. (2011). When the world's population took off: The springboard of the Neolithic demographic transition. *Science* 333: 560-61.

18 Price, T. D., and A. B. Gebauer (1996). *Last Hunters, First Farmers: New Perspectives on the Prehistoric Transition to Agriculture*. Santa Fe, NM: School of American Research.

19 個別語言的組成因素較難定義，但請參閱下文以取得更廣泛的列表：Lewis, M. P., ed. (2009). *Ethnologue: Languages of the World*, 16th ed. Dallas, TX: SIL International; http://www.ethnologue.com。

20 Kramer, K. L., and P. T. Ellison (2010). Pooled energy budgets: Resituating human energy allocation trade-offs. *Evolutionary Anthropology* 19: 136-47.

21 下揭書可提供有趣的說法：Anderson, A. (1989). *Prodigious Birds*. Cambridge: Cambridge University Press。

22 評論請見Sée, H. (2004). *Economic and Social Conditions During Eighteenth Century France*. Kitchener, Ontario: Batoche。針對當代說法，請參閱Arthur Young. (1792). *Travels in France*. http://www.econlib.org/library/YPDBooks/Young/yngTF0.html。上揭書對貧窮（以及使之惡化的苛刻賦稅體系）有許多親眼描述，例如以下這則：「在上坡路走了一長段，正要讓我的母馬休息一下，一位可憐的婦人就攔住了我，抱怨著這個時代，說這真是一個不幸的國家。問及她這麼說的原因，她答道：她的丈夫僅有一小片地、一頭母牛和一匹瘦弱的小馬，卻得背負沉重的稅賦。她家有七個小孩……從遠處看，她駝背如此嚴重，臉龐滿佈勞動所留下的皺紋，你會誤以為她已經六、七十歲。但她說，自己僅有二十八歲。」

23 請見Bogaard, A. (2004). *Neolithic Farming in Central Europe*. London: Routledge。

24 Marlowe, F. W. (2005). Hunter-gatherers and human evolution. *Evolutionary Anthropology* 14: 54-67.

25 Gregg, S. A. (1988). *Foragers and Farmers: Population Interaction and Agricultural Expansion in Prehistoric Europe*. Chicago: University of Chicago Press.

26 僅能提供最基本、微小估計值的人種學研究顯示：非洲南部的布希曼人定期攝取至少六十九種不同植物物種，巴拉圭亞齊（Aché）人至少攝取四十四種植物，剛果的艾非（Efe）人至少攝取二十八種植物，坦桑尼亞的哈札人至少攝取六十二種。針對數據資料，請參閱Lee, R. B. (1979). *The !Kung San: Men, Women and Work in a Foraging Society*. Cambridge and New York: Cambridge University Press; Hill, K., et al. (1984). Seasonal variance in the diet of Aché hunter-gatherers of eastern Paraguay. *Human Ecology* 12: 145-80; Bailey, R. C., and N. R. Peacock (1988). Efe Pygmies of northeast Zaire: Subsistence strategies in the Ituri Forest. In *Coping with Uncertainty in Food Supply*, ed. I. de Garine and G. A. Harrison. Oxford: Oxford University Press, 88-117; Marlowe, F. W. (2010). *The Hadza Hunter-Gatherers of Tanzania*. Berkeley: University of California Press.

27 Milton, K. (1999). Nutritional characteristics of wild primate foods: Do the diets of our closest living relatives have lessons for us? *Nutrition* 15: 488-98; Eaton, S. B., S. B. Eaton III, and M. J. Konner (1997). Paleolithic nutrition revisited: A twelve-year retrospective on its nature and implications. *European Journal of Clinical Nutrition* 51: 207-16.

28 Froment, A. (2001). Evolutionary biology and health of hunter-gatherer populations. In *Hunter-Gatherers: An Interdisciplinary Perspective*, ed. C. Panter-Brick, R. H. Layton, and P. Rowley-Conwy. Cambridge: Cambridge University Press, 239-66.

29 Prentice, A. M., et al. (1981). Long-term energy balance in child-bearing Gambian women. *American Journal of Clinical Nutrition* 34: 279-99; Singh, J., et al. (1989). Energy expenditure of Gambian women. *British Journal of Nutrition* 62: 315-19.

30 Donnelly, J. S. (2001). *The Great Irish Potato Famine*. Norwich, VT: Sutton Books.

31 下揭書對饑荒歷史與原因，有極為精采的綜論：Gráda, C. Ó. (2009). *Famine: A Short History*. Princeton: Princeton University Press。

32 請見Hudler, G. (1998). *Magical Mushrooms, Mischievous Molds*. Princeton: Princeton University Press。

33 Hillson, S. (2008). The current state of dental decay. In *Technique and Application in Dental Anthropology*, ed. J. D. Irish and G. C. Nelson. Cambridge: Cambridge University Press, 111-35.

34 Smith, P., O. Bar-Yosef, and A. Sillen (1984). Archaeological and skeletal evidence for dietary change during the late Pleistocene/early Holocene in the Levant. In *Palaeopathology at the Origins of Agriculture*, ed. M. N. Cohen and G. J. Armelagos. New York: Academic Press, 101-36.

35 Chang, C. L., et al. (2011). Identification of metabolic modifiers that underlie phenotypic variations in energy-balance regulation. *Diabetes* 60: 726-34.

36 Lee, R. B. (1979). *The !Kung San: Men, Women and Work in a Foraging Society*. Cambridge: Cambridge University Press; Marlowe, F. W. (2010). *The Hadza Hunter-Gatherers of Tanzania*. Berkeley: University of California Press.

37 Sand, G. (1895). *The Haunted Pool*, trans. F. H. Potter. New York: Dodd, Mead and Co., chapter 2.

38 Leonard, W. R. (2008). Lifestyle, diet, and disease: Comparative perspectives on the determinants of chronic health risks. In *Evolution in Health and Disease*, ed. S. C. Stearns and J. C. Koella. Oxford: Oxford University Press, 265-76.

39 Kramer, K. (2011). The evolution of human parental care and recruitment of juvenile help. *Trends in Ecology and Evolution* 26: 533-40; Kramer, K. (2005). Children's help and the pace of reproduction: Cooperative breeding in humans. *Evolutionary Anthropology* 14: 224-37。在這兩篇論文研究的族群中，哈札人是唯一迫使孩童一天工作五到六個小時的狩獵採集者族群。

40 Malthus, T. R. (1798). *An Essay on the Principle of Population*. London: J. Johnson.

41 針對粗略估計，請參閱Haub, C. (1995). How many people have ever lived on the Earth? *Population Today* 23: 4-5; Cochran, G., and H. Harpending (2009). *The 10,000 Year Explosion*. New York: Basic Books。

42 Zimmermann, A., J. Hilpert, and K. P. Wendt (2009). Estimations of population density for selected periods between the Neolithic and AD 1800. *Human Biology* 81: 357-80.

43 相關討論，請參閱Ewald, P. (1994). *The Evolution of Infectious Disease*. Oxford: Oxford University Press。

44 針對類似其他疾病的總結，請參閱Barnes, E. (2005). *Diseases and Human Evolution*. Albuquerque: University of New Mexico Press。

45 Armelagos, G. J., A. H. Goodman, and K. Jacobs (1991). The origins of agriculture: Population growth during a period of declining health. In *Cultural Change and Population Growth: An Evolutionary Perspective*, ed. W. Hern. *Population and Environment* 13: 9-22.

46 Li, Y., et al. (2003). On the origin of smallpox: Correlating variola phylogenics with historical smallpox records. *Proceedings of the National Academy of Sciences USA* 104: 15787-92.

47 Boursot, P., et al. (1993). The evolution of house mice. *Annual Review of Ecology and Systematics* 24: 119-52; Sullivan, R. A. (2004). *Rats: Observations on the History and Habitat of the City's Most Unwanted Inhabitants*. New York: Bloomsbury.

48 Ayala, F. J., A. A. Escalante, and S. M. Rich (1999). Evolution of Plasmodium and the recent origin of the world populations of Plasmodium falciparum. *Parassitologia* 41: 55-68.

49 這兩本書中的探討相當生動詳實：Ewald, P. (1993). *The Evolution of Infectious Disease*. Oxford: Oxford University Press; Diamond, J. (1997). *Guns, Germs, and Steel*. New York: W. W. Norton。

50 流感病毒在冬季傳播更為迅速，原因並非人們更長時間待在室內，而是由於病毒在打噴嚏或咳嗽傳出後，能在乾冷的空氣中存活更久。參閱Lowen, A. C., et al. (2007). Influenza virus transmission is dependent on relative humidity and temperature. *PLoS Pathogens* 3: e151。

51 Potter, C. W. (1998). Chronicle of influenza pandemics. In *Textbook of Influenza*, ed. K. G. Nicholson, R. G. Webster, and A. J. Hay. Oxford: Blackwell Science, 395-412.

52 天花是相當駭人的例子，它早已被疫苗接種撲滅，所以現在人們已不再接種疫苗。假如天花再度爆發，當前世界上只有極少人具有免疫力，將導致災難性後果。歐洲人將天花帶到美洲新大陸時，當地原住民從未接觸過這種病毒，導致百分之九十的美洲原住民死於病毒。

53 請見Smith, P. H., and L. K. Horwitz (2007). Ancestors and inheritors: A bio-cultural perspective of the transition to agro-pastoralism in the Southern Levant. In *Ancient Health: Skeletal Indicators of Agricultural and Economic Intensification*, ed. M. N. Cohen and G. M. M. Crane-Kramer. Gainesville: University Press of Florida, 207-22; Eshed, V., et al. (2010). Paleopathology and the origin of agriculture in the Levant. *American Journal of Physical Anthropology* 143: 121-33。

54 Danforth, M. E., et al. (2007). Health and the transition to horticulture in the South-Central U.S. In *Ancient Health: Skeletal Indicators of Agricultural and Economic Intensification*, ed. M. N. Cohen and G. M. M. Crane-Kramer. Gainesville: University Press of Florida: 65-79.

55 Mummert, A., et al. (2011). Stature and robusticity during the agricultural transition: Evidence from the bioarchaeological record. *Economics and Human Biology* 9: 284-301.

56 Pechenkina, E. A., R. A. Benfer, Jr., and Ma Xiaolin (2007). Diet and health in the Neolithic of the Wei and Yellow River Basins, Northern China. In *Ancient Health: Skeletal Indicators of Agricultural and Economic Intensification*, ed. M. N. Cohen and G. M. M. Crane-Kramer. Gainesville: University Press of Florida, 255-72; Temple, D. H., et al. (2008). Variation in limb proportions between Jomon foragers and Yayoi agriculturalists from prehistoric Japan. *American Journal of Physical Anthropology* 137: 164-74.

57 Marquez, M. L., et al. (2002). Health and nutrition in some prehispanic Mesoamerican populations related with their way of life. In *The Backbone of History: Health and Nutrition in the Western Hemisphere*, ed. R. Steckel and J. Rose. Cambridge: Cambridge University Press, 307-38.

58 請見Cohen, M. N., and G. J. Armelagos (1984). *Paleopathology at the Origins of Agriculture*. Orlando, FL: Academic Press; Seckel, R. H., and J. C. Rose (2002). *The Backbone of History: Health and Nutrition in the Western Hemisphere*. Cambridge: Cambridge University Press; Cohen, M. N., and G. M. M. Crane-Kramer (2007). *Ancient Health: Skeletal Indicators of Agricultural and Economic Intensification*. Gainesville: University Press of Florida.

59 針對本論點的探討，請參閱Laland, K. N., J. Odling-Smee, and S. Myles (2010). How culture shaped the human genome: Bringing genetics and the human sciences together. *Nature Reviews Genetics* 11: 137-48; Cochran, G., and H. Harpending (2009). *The 10,000 Year Explosion*. New York: Basic Books。

60 Hawks, J., et al. (2007). Recent acceleration of human adaptive evolution. *Proceedings of the National Academy of Sciences USA* 104: 20753-88; Nelson, M. R., al. (2012). An abundance of rare functional variants in 202 drug target sequenced in 14,002 people. *Science* 337: 100-104; Kienan, A., and (2012). Recent explosive human population growth has resulted in an excess of rare genetic variants. *Science* 336: 740-43; Tennessen, , J. A. et al. (2012). Evolution and functional impact of rare coding variation from deep sequencing of human exomes. *Science* 337: 64-69.

61 Fu, et al. (2013). Analysis of 6,515 exomes reveals the recent origin of most human protein-coding variants. *Nature* 493: 216-20.

62 Akey, J. M. (2009). Constructing genomic maps of positive selection in humans: Where do we go from here? *Genome Research* 19: 711-22; Bustamante, C. D., et al. (2005). Natural selection on protein-coding genes in the human genome. *Nature* 437: 1153-57; Frazer, K. A., et al. (2007). A second generation human haplotype map of over 3.1 million SNPs. *Nature* 449: 851-61; Sabeti, P. C., et al. (2007). Genome-wide detection and characterization of positive selection in human populations. *Nature* 449, 913-18; Voight, B. F., et al. (2006). A map of recent positive selection in the human genome. *PLoS Biology* 4: e72; Williamson, S. H., et al. (2007). Localizing recent adaptive evolution in the human genome. *PLoS Genetics* 3: e90; Grossman S. R., et al. (2013). Identifying recent adaptations in large-scale genomic data. *Cell* 152: 703-13.

63 López, C., et al. (2010). Mechanisms of genetically-based resistance to malaria. *Gene* 467: 1-12.

64 這種反應被稱為葡萄糖—6—磷酸脫氫酶（G6PD）缺乏症。在體內帶有突變者食用蠶豆後，也會發生這種反應。

65 Tishkoff, S. A., et al. (2007). Convergent adaptation of human lactase persistence in Africa and Europe. *Nature Genetics* 39: 31-40; Enattah, N. S.,

et al. (2008). Independent introduction of two lactase-persistence alleles into human populations reflects different history of adaptation to milk culture. *American Journal of Human Genetics* 82: 57-72.

66 Helgason, A., et al. (2007). Refining the impact of TCF7L2 gene variants on type 2 diabetes and adaptive evolution. *Nature Genetics* 39: 218-25.

67 McGee, H. (2004). *On Food and Cooking*, 2nd ed. New York: Scribner.

第九章　現代人來了

1 盧德運動人士是英格蘭工業革命早期對工業革命的反對者。他們根據一位民間傳奇人物盧德（Ned Ludd，有點類似現代版羅賓漢）為自己命名。

2 Wegman, M. (2001). Infant mortality in the 20th century: Dramatic but uneven progress. *Journal of Nutrition* 131: 401-8.

3 http://www.cdc.gov/nchs/data/nvsr/nvsr59/nvsr59_01.pdf

4 Komlos, J., and B. E. Lauderdale (2007). The mysterious trend in American heights in the 20th century. *Annals of Human Biology* 34: 206-15.

5 Ogden, C., and M. Carroll (2010). Prevalence of Obesity Among Children and Adolescents: United States, Trends 1963-1965 through 2007-2008; http://www.cdc.gov/nchs/data/hestat/obesity_child_07_08/obesity_child_07_08.

6 吸引大量觀眾的體育運動是工業時代的另一項發明。根據主管全球足球運動的國際足球總會，觀賞足球運動的人數多達數十億（堪稱全世界最流行的運動），但僅有約兩百五十萬人實際從事這項運動：www.fifa.com/mm/document/fifafacts/.../emaga_9384_10704.pdf。

7 欲瞭解關於最初工業化釀酒的有趣紀錄，請參閱Corcoran, T. (2009). *The Goodness of Guinness: The 250-Year Quest for the Perfect Pint*. New York: Skyhorse Publishing。

8 本書對年輕的達爾文與維多利亞時代的科學有著出眾、引人入勝的描寫：Brown, J. (2003). *Charles Darwin: Voyaging*. Princeton: Princeton University Press。

9 請參閱Stearns, P. N. (2007). *The Industrial Revolution in World History*, 3rd ed. Boulder, CO: Westview Press。

10 http://eh.net/encyclopedia/article/whaples.work.hours.us.

11 http://www.globallabourrights.org/reports?id=0034.

12 James, W. P. T., and E. C. Schofi eld (1990). *Human Energy Requirements: A Manual for Planners and Nutritionists*. Oxford: Oxford University Press.

13 我根據每日八小時的工時、每年兩百六十個工作天進行假設。比較對象為體型一般的馬拉松跑者，跑完二十六．六英里路程需消耗約兩千八百大卡。

14 Bassett, Jr., D. R., et al. (2008). Walking, cycling, and obesity rates in Europe, North America, and Australia. *Journal of Physical Activity and Health* 5: 795-814.

15 Kerr, J., F. Eves, and D. Carroll (2001). Encouraging stair use: Stair-riser banners are better than posters. *American Journal of Public Health* 91: 1192-93.

16 Archrer, E., et al. (2013). 45-year trends in women's use of time and household management energy expenditure. *PLoS One* 8: e56620.

17 James, W. P. T., and E. C. Schofield (1990). *Human Energy Requirements: A Manual for Planners and Nutritionists*. Oxford: Oxford University Press.

18 Leonard, W. R. (2008). Lifestyle, diet, and disease: Comparative perspectives on the determinants of chronic health risks. In *Evolution in Health and Disease*, ed. S. C. Stearns and J. C. Koella. Oxford: Oxford University Press, 265-76; Pontzer, H., et al. (2012). Hunter-gatherer energetics and human obesity. *PLoS ONE* 7: e40503.

19 關於這些變遷的詳實歷史，請參閱Hurt, R. D. (2002). *American Agriculture: A Brief History*, 2nd ed. West Lafayette, IN: Purdue University Press。

20 Abbott, E. (2009). Sugar: A Bittersweet History. London: Duckworth.

21 一九一三年，市面上一磅糖售價為十二美分；二〇一〇年，每磅糖售價則為五十三美分。根據通貨膨脹進行調整後，一九一三年的十二美分換算到二〇一〇年為二．七四美元。

22 Haley, S., et al. (2005). Sweetener Consumption in the United States. U.S. Department of Agriculture Electronic Outlook Report from the Economic Research Service; http://www.ers.usda.gov/media/326278/sss24301_002.pdf.

23 Finkelstein, E. A., C. J. Ruhm, and K. M. Kosa (2005). Economic causes and consequences of obesity. *Annual Review of Public Health* 26: 239-57.

24 Newman, C. (2004). Why are we so fat? The heavy cost of fat. *National Geographic* 206: 46-61.

25 Bray, G. A. (2007). *The Metabolic Syndrome and Obesity*. Totowa, NJ: Humana Press.

26 http://www.cdc.gov/mmwr/preview/mmwrhtml/mm5304a3.htm.

27 Pimentel, D., and M. H. Pimentel (2008). *Food, Energy and Society*, 3rd ed. Boca Raton, FL: CRC Press.

28 L. L. Birch (1999). Development of food preferences. *Annual Review of Nutrition* 19: 41-62.

29 Moss, M. (2013) *Salt Sugar Fat: How the Food Giants Hooked Us*. New York: Random House.

30 Boback, S. M., et al. (2007). Cooking and grinding reduces the cost of meat digestion. *Comparative Biochemistry and Physiology Part A: Molecular and Integrative Physiology* 148: 651-56.

31 下揭書提供精要、準確的概述：Siraisi, N. G. (1990). *Medieval and Early Renaissance Medicine: An Introduction to Knowledge and Practice*. Chicago: University of Chicago Press。

32 Szreter, S. R. S., and G. Mooney (1998). Urbanisation, mortality and the standard of living debate: New estimates of the expectation of life at birth in nineteenth-century British cities. *Economic History Review* 51: 84-112.

33《聖經．利未記》第十三章第四十五節。

34 關於巴斯德的傳記多不勝數，但沒有一部能與這部出版於一九二六年的經典之作相提並論；本書已於近期再版發行：De Kruif, P., and F. Gonzalez-Crussi (2002). *The Microbe Hunters*. New York: Houghton Mifflin Harcourt。

35 Snow, S. J. (2008). *Blessed Days of Anaesthesia: How Anaesthetics Changed the World*. Oxford: Oxford University Press.

36 Boyle, T. C. (1993). *The Road to Wellville*. New York: Viking Press Boyle。本書對凱洛格的療養院有著逗趣、小說化的描寫。

37 Ackroyd, P. (2011). *London Under*. London: Chatto and Windus.
38 Chernow, R. (1998). *Titan: The Life of John D. Rockefeller, Sr.* New York: Warner Books.
39 許多細節摘自Gordon, R. (1993). *The Alarming History of Medicine*. New York: St. Martin's Press。
40 Lauderdale, D. S., et al. (2006). Objectively measured sleep characteristics among early-middle-aged adults: The CARDIA study. *American Journal of Epidemiology* 164: 5-16。並請參閱*Sleep in America Poll*, 2001-2002. Washington, DC: National Sleep Foundation。
41 Worthman, C. M., and M. Toward a comparative developmental ecology of human sleep. In *Adolescent Sleep Patterns: Biological, Social, and Psychological Influences*, ed. M. S. Carskadon. New York: Cambridge University Press.
42 Marlowe, F. (2010). *Hunter-Gatherers of Tanzania*. Berkeley: University of California.
43 Ekirch, R. A. (2005). *At Day's Close: Night in Times Past*. New York: Norton.
44 時間觀念的現代化是相當豐富的主題，下揭書對此有精闢詳盡的描述：Landes, D., S. (2000). *Revolution in Time: Clocks and the Making of the Modern*, 2nd ed. Cambridge, MA: Harvard University Press。
45 Silber, M. H. (2005). Chronic insomnia. *New England Journal of Medicine* 353: 803-10.
46 Worthman, C. M. (2008). After dark: The evolutionary ecology of human sleep. In *Evolutionary Medicine and Health*, ed. W. R. Trevathan, E. O. Smith, and J. J. McKenna. Oxford: Oxford University Press, 291-313.
47 Roth, T., and T. Roehrs (2003). Insomnia: Epidemiology, characteristics, and consequences. *Clinical Cornerstone* 5: 5-15.
48 Spiegel, K., R. Leproult, and E. Van Cauter (1999). Impact of sleep debt on metabolic and endocrine function. *Lancet* 354: 1435-39.
49 Taheri, S., et al. (2004). Short sleep duration is associated with reduced leptin, elevated ghrelin, and increased body mass index (BMI). *Sleep* 27: A146-47.
50 Lauderdale, D. S., et al. (2006). Objectively measured sleep characteristics among early-middle-aged adults: The CARDIA study. *American Journal of Epidemiology* 164: 5-16.
51 請注意，這並不意謂天擇並未發生。請參閱Stearns, S. C., et al. (2010). Measuring selection in contemporary human populations. *Nature Reviews Genetics* 11: 611-22。
52 Hatton, T. J., and B. E. Bray (2010). Long run trends in the heights of European men, 19th-20th centuries. *Economics and Human Biology* 8: 405-13.
53 Formicola, V., and M. Giannecchini (1999). Evolutionary trends of stature in upper Paleolithic and Mesolithic Europe. *Journal of Human Evolution* 36: 319-33.
54 Bogin, B. (2001). *The Growth of Humanity*. New York: Wiley.
55 Floud, R., et al. (2011). *The Changing Body: Health, Nutrition, and Human Development in the Western World Since 1700*. Cambridge: Cambridge University Press.
56 Villar, J., et al. (1992). Effect of fat and fat-free mass deposition during pregnancy on birth weight. *American Journal of Obstetrics and Gynecology* 167: 1344-52.

57 Floud, R., et al. (2011). *The Changing Body: Health, Nutrition, and Human Development in the Western World Since 1700*. Cambridge: Cambridge University Press.

58 Wang, H., et al. (2012). Age-specific and sex-specific mortality in 187 countries, 1970-2010: A systematic analysis for the Global Burden of Disease Study 2010. *Lancet* 380: 2071-94.

59 Friedlander, D., B. S. Okun, and S. Segal (1999). The demographic transition then and now: Process, perspectives, and analyses. *Journal of Family History* 24: 493-533.

60 http://www.census.gov/population/international/data/idb/worldpopinfo.php.

61 針對這項趨勢在英格蘭，歐陸與美國的長期數據，請參閱Floud, R., et al. (2011). *The Changing Body: Health, Nutrition, and Human Development in the Western World Since 1700*. Cambridge: Cambridge University Press。針對一九七〇年與二〇一〇年之間的死亡率數據，請參閱Lozano, R., et al. (2012). Global and regional mortality from 235 causes of death for 20 age groups in 1990 and 2010: A systematic analysis for the Global Burden of Disease Study 2010. *Lancet* 380: 2095-128。

62 Aria, E. (2004). United States Life Tables. *National Vital Statistics Reports* 52 (14): 1-40; http://www.cdc.gov/nchs/data/nvsr/nvsr52/nvsr52_14.pdf.

63 相關細節，請參閱http://www.cdc.gov/nchs/data/nvsr/nvsr59/nvsr59_08.pdf; Vos, T., et al. (2012). Years lived with disability (YLDs) for 1160 sequelae of 289 diseases and injuries 1990-2010: A systematic analysis for the Global Burden of Disease Study 2010. *Lancet* 380: 2163-96。

64 下揭這篇經典論文創造了「疾病壓縮」（compression of morbidity）一詞。其假說為：假如罹患慢性病，初次發作的年齡受推遲，死前受終身病痛所苦的時間將會縮短；然而，若在年輕時就罹患慢性病，受病痛所苦的時間將會較長：Fries, J. H. (1980). Aging, natural death, and the compression of morbidity. *New England Journal of Medicine* 303: 130-35。

65 技術上，失能調整生命年評分為個人與某項殘疾共存的年數，以及因該項殘疾所失去生命年數的總和。

66 Murray, C. J. L., et al. (2012). Disability-adjusted life years (DALYs) for 291 diseases and injuries in 21 regions, 1990-2010: A systematic analysis for the Global Burden of Disease Study 2010. *Lancet* 380: 2197-223.

67 Vos, T., et al. (2012). Years lived with disability (YLDs) for 1160 sequelae of 289 diseases and injuries 1990-2010: A systematic analysis for the Global Burden of Disease Study 2010. *Lancet* 380: 2163-96.

68 Vos, T., et al. (2012). Years lived with disability (YLDs) for 1160 sequelae of 289 diseases and injuries 1990-2010: A systematic analysis for the Global Burden of Disease Study 2010. *Lancet* 380: 2163-96.

69 Salomon, J. A., et al. (2012). Healthy life expectancy for 187 countries, 1990-2010: A systematic analysis for the Global Burden Disease Study 2010. *Lancet* 380: 2144-62.

70 Gurven, M., and H. Kaplan (2007). Longevity among hunter-gatherers: A cross-cultural examination. *Population and Development Review* 33: 321-65.

71 Howell, N. (1979). *Demography of the Dobe !Kung*. New York: Academic Press; Hill, K., A. M. Hurtado, and R. Walker (2007). High adult mortality among Hiwi hunter-gatherers: Implications for evolution. *Journal of Human Evolution* 52: 443-54; Sugiyama, L. S. (2004) Illness,

injury, and disability among Shiwiar forager-horticulturalists: Implications of health-risk buffering for the evolution of human life history. *American Journal of Physical Anthropology* 123: 371-89.

72 Mann, G. V., et al. (1962). Cardiovascular disease in African Pygmies: A survey of the health status, serum diet of Pygmies in Congo. *Journal of Chronic Disease* 15: 341-71; Truswell, A. S., and J. D. L. Hansen (1976). Medical research among the !Kung. In *Kalahari Hunter-Gatherers: Studies of the !Kung San and Their Neighbors*, ed. R. B. Lee and I. DeVore. Cambridge, MA: Harvard Press, 167-94; Howell, N. (1979). *Demography of the Dobe !Kung*. New York: Academic Press; Kronman, N., and A. Green (1980). Epidemiological studies in the Upernavik District, Greenland. *Acta Medica Scandinavica* 208: 401-6; Rode, A., and R. J. Shephard (1994). Physiological consequences of acculturation: A 20-year study of fitness in an Inuit community. *European Journal of Applied Physiology and Occupational Physiology* 69: 516-24.

73 關於癌症的數據，見Cancer Incidence Data, Office for National Statistics and Cancer Incidence and Surveillance Unit (WCISU), available at www.statistics.gov.uk and www.wcisu.wales.nhs.uk。關於平均壽命的數據，見http://www.parliament.uk/documents/commons/lib/research/rp99/rp99-111.pdf。

74 Ford, E. S. (2004). Increasing prevalence of metabolic syndrome among U.S. adults. *Diabetes Care* 27: 2444-49.

75 Talley, N. J., et al. (2011). An evidence-based systematic review on medical therapies for inflammatory bowel disease. *American Journal of Gastroenterology* 106: 2-25.

76 Lim, S. S., et al. (2012). A comparative risk assessment of burden of disease and injury attributable to 67 risk factors and risk factor clusters in 21 regions, 1990-2010: A systematic analysis for the Global Burden of Disease Study 2010. *Lancet* 380: 2224-60; Ezzati, M., et al. (2004). *Comparative Quantification of Health Risks: Global and Regional Burden of Diseases Attributable to Selected Major Risk Factors*. Geneva: World Health Organization; Mokdad, A. H., et al. (2004). Actual causes of death in the United States, 2000. *Journal of the American Medical Association* 291: 1238-45.

77 Vita, A. J., et al. (1998). Aging, health risks, and cumulative disability. *New England Journal of Medicine* 338: 1035-41.

第十章　富足的惡性循環

1 這些小雕像中，最古老的來自大約三萬五千年前的德國。請參閱Conard, N. J. (2009). A female figurine from the basal Aurignacian of Hohle Fels Cave in southwestern Germany. *Nature* 459: 248-52。

2 Johnstone, A. M., et al. (2005). Factors influencing variation in basal metabolic rate include fat-free mass, fat mass, age, and circulating thyroxine but not sex, circulating leptin, or triiodothyronine. *American Journal of Clinical Nutrition* 82: 941-48.

3 Spalding, K. L., et al. (2008). Dynamics of fat cell turnover in humans. *Nature* 453: 783-87.

4 另一種結構簡單的基本醣類是半乳糖（galactose），常出現在牛乳中，總是與葡萄糖成對出現。

5 此外，少數葡萄糖會在人體全身將蛋白質固定，造成氧化，損壞組織。

6 我在此處做了一些簡化。包括生長激素（GH）與腎上腺素在內的其他荷爾蒙也用類似方式吸收能量。

7 Bray, G. A. (2007). *The Metabolic Syndrome and Obesity*. Totowa, NJ: Humana Press.

8 技術上，BMI指數計算方式為將體重（公斤）除以身高（公尺）的平方。由於體重是立方測量單位（意謂著力量規模乘以三倍），身高是線性單位（力量規模乘以一），從後見之明來看，這種量化肥胖的方式是拙劣的。這導致數以百萬計的高個子認為自己比實際狀況還要胖，數百萬計的矮子認為自己身材纖瘦。尤有甚者，BMI指數對脂肪在體內所占百分比的聯結相當微弱，也未說明皮下脂肪與腹部脂肪的比率。由於BMI指數較常且較易量測，因而在今日仍廣泛使用。

9 Colditz, G. A., et al. (1995). Weight gain as a risk factor for clinical diabetes mellitus in women. *Annals of Internal Medicine* 122: 481-86; Emberson, J. R., et al. (2005). Lifestyle and cardiovascular disease in middle-aged British men: The effect of adjusting for within-person variation. *European Heart Journal* 26: 1774-82.

10 Pond, C. M., and C. A. Mattacks (1987). The anatomy of adipose tissue in captive Macaca monkeys and its implications for human biology. *Folia Primatologica* 48: 164-85; Kuzawa, C. W. (1998). Adipose tissue in human infancy and childhood: An evolutionary perspective. *Yearbook of Physical Anthropology* 41: 177-209; Eaton, S. B., M. Shostak, and M. Konner (1988). *The Paleolithic Prescription: A Program of Diet and Exercise and a Design for Living*. New York: Harper and Row.

11 Dufour, D. L., and M. L. Sauther (2002). Comparative and evolutionary dimensions of the energetics of human pregnancy and lactation. *American Journal of Human Biology* 14: 584-602; Hinde, K., and L. A. Milligan (2011). Primate milk: Proximate mechanisms and ultimate perspectives. *Evolutionary Anthropology* 20: 9-23.

12 Ellison, P. T. (2001). *On Fertile Ground: A Natural History of Human Reproduction*. Cambridge, MA: Harvard University Press.

13 藉由產生一種稱為「瘦素」的激素，脂肪影響了許多代謝功能。人體內脂肪越多，瘦素濃度就越高，反之亦然。瘦素擁有調節食欲等數項功能。通常，人體內擁有大量脂肪時，瘦素濃度會升高，大腦會抑制食欲；缺乏脂肪時，瘦素濃度降低，食欲隨之上升。當女性排卵時，瘦素濃度也協助調節。因而，體內脂肪濃度的降低，會減少女性受孕的能力。關於更詳細的說明，請參閱Donato, J., et al. (2011). Hypothalamic sites of leptin action linking metabolism and reproduction. *Neuroendocrinology* 93: 9-18。

14 Neel, J. V. (1962). Diabetes mellitus: A "thrifty" genotype rendered detrimental by "progress"? *American Journal of Human Genetics* 14: 353-62.

15 Knowler, W. C., et al. (1990). Diabetes mellitus in the Pima Indians: Incidence, risk factors, and pathogenesis. *Diabetes Metabolism Review* 6: 1-27.

16 Gluckman, M., A. Beedle, and M. Hanson (2009). *Principles of Evolutionary Medicine*. Oxford: Oxford University Press.

17 Speakman, J. R. (2007). A nonadaptive scenario explaining the genetic predisposition to obesity: The "predation release" hypothesis. *Cell Metabolism* 6: 5-12.

18 Yu, C. H. Y., and B. Zinman (2007). Type 2 diabetes and impaired glucose tolerance in aboriginal populations: A global perspective. *Diabetes Research and Clinical Practice* 78: 159-70.

19 Hales, C. N., and D. J. Barker (1992). Type 2 (non-insulin-dependent) diabetes mellitus: The thrifty phenotype hypothesis. *Diabetologia* 35: 595-601.

20 Painter, R. C., T. J. Rosebloom, and O. P. Bleker (2005). Prenatal exposure to the Dutch famine and disease in later life: An overview. *Reproductive Toxicology* 20: 345-52.

21 Kuzawa, C. W., et al. (2008). Evolution, developmental plasticity, and metabolic disease. In *Evolution in Health and Disease*, 2nd ed., ed. S. C.

Stearns and J. C. Koella. Oxford: Oxford University Press, 253-64.

22 Wells, J. C. K. (2011). The thrifty phenotype: An adaptation in growth or metabolism. *American Journal of Human Biology* 23: 65-75.

23 Eriksson, J. G. (2007). Epidemiology, genes and the environment: Lessons learned from the Helsinki Birth Cohort Study. *Journal of Internal Medicine* 261: 418-25.

24 Eriksson, J. G., et al. (2003). Pathways of infant and childhood growth that lead to type 2 diabetes. *Diabetes Care* 26: 3006-10.

25 Ibrahim, M. (2010). Subcutaneous and visceral adipose tissue: Structural and functional differences. *Obesity Reviews* 11: 11-18.

26 Coutinho, T., et al. (2011). Central obesity and survival in subjects with coronary artery disease: A systematic review of the literature and collaborative analysis with individual subject data. *Journal of the American College of Cardiology* 57: 1877-86.

27 針對更詳盡的探討與其他細節，請參閱Wood, P. A. (2009). *How Fat Works*. Cambridge, MA: Harvard University Press。

28 Rosenblum, A. L. (1975). Age-adjusted analysis of insulin responses during normal and abnormal glucose tolerance tests in children and adolescents. *Diabetes* 24: 820-28; Lustig, R. H. (2013). Fat Chance: Beating the Odds Against Sugar, Processed Food, Obesity, and Disease. New York: Penguin.

29 通常可藉由兩種方式量測這項特質。第一種是升糖指數（ＧＩ），量測一百公克食物與一百公克純葡萄糖升高血糖濃度速度的比率。血糖負荷（ＧＬ）則量測一份食物使血液中葡萄糖濃度增加的程度（由ＧＩ測定醣類的時間）。以蘋果為例，ＧＩ指數為39，ＧＬ值為6；水果糖的ＧＩ值為99，ＧＬ值為24。

30 Weigle, D. S., et al. (2005). A high-protein diet induces sustained reductions in appetite, ad libitum caloric intake, and body weight despite compensatory changes in diurnal plasma leptin and ghrelin concentrations. *American Journal of Clinical Nutrition* 82: 41-8.

31 Small, C. J., et al. (2004). Gut hormones and the control of appetite. *Trends in Endocrinology and Metabolism* 15: 259-63.

32 Samuel, V. T. (2011) Fructose-induced lipogenesis: From sugar to fat to insulin resistance. *Trends in and Metabolism* 22: 60-65.

33 Vos, M. B., et al. (2008). fructose consumption among U.S. children and adults: The Third Health and Nutrition Examination Survey. *Medscape Journal of Medicine* 10: 160.

34 一項測試這項假說的研究最近獲得刊登。該研究先使二十一位（年齡介於十八歲與四十歲之間的）受測者藉由飲食減少百分之十到十五的體重，再隨機將他們分為三組，每組攝取等量卡路里的飲食：（一）低脂飲食、（二）低糖飲食、（三）低血糖飲食。攝取低脂飲食者表現最差；攝取低糖飲食者每天比攝取低脂飲食者多燃燒三百大卡的熱量，但體內可體松濃度升高，發炎跡象也較多；低血糖飲食者每天比攝取低脂飲食者多燃燒一百五十大卡的熱量，但未受低糖飲食者的負面效應影響。參閱Ebbeling, C. B., et al. (2012). Effects of dietary composition on energy expenditure during weight-loss maintenance. *Journal of the American Medical Association* 307: 2627-34。

35 這是一個迅即多變的廣泛主題。請見Walley, A. J., J. E. Asher, and P. Froguel (2009). The genetic contribution to non-syndromic human obesity. *Nature Reviews Genetics* 10: 431-42。

36 Frayling, T. M., et al. (2007). A common variant in the FTO gene is associated with body mass index and predisposes to childhood and adult obesity. *Science* 316: 889-94; Povel, C. M., et al. (2011). Genetic variants and the metabolic syndrome: A systematic review. *Obesity Reviews* 12:

952-67.

37 Rampersaud, E., et al. (2008). Physical activity and the association of common FTO gene variants with body mass index and obesity. *Archives of Internal Medicine* 168: 1791-97.

38 Adam, T. C., and Epel, E. S. (2007). Stress, eating and the reward system. *Physiology and Behavior* 91: 449-58.

39 Epel, E. S., et al. (2000). Stress and body shape: Stress-induced cortisol secretion is consistently greater among women with central fat. *Psychosomatic Medicine* 62: 623-32; Vicennati, V., et al. (2002). Response of the hypothalamic-pituitary-adrenocortical axis to high-protein/fat and high carbohydrate meals in women with different obesity phenotypes. *Journal of Clinical Endocrinology and Metabolism* 87: 3984-88; Anagnostis, P. (2009). Clinical review: The pathogenetic role of cortisol in the metabolic syndrome: A hypothesis. *Journal of Clinical Endocrinology and Metabolism* 94: 2692-701.

40 Mietus-Snyder, M. L., et al. (2008). Childhood obesity: Adrift in the "Limbic Triangle." *Annual Review of Medicine* 59: 119-34.

41 Beccuti, G., and S. Pannain (2011). Sleep and obesity. *Current Opinions in Clinical Nutrition and Metabolic Care* 14: 402-12.

42 Shaw, K., et al. (2006). Exercise for overweight obesity. *Cochrane Database of Systematic Reviews*. CD003817.

43 Cook, C. M., and D. A. Schoeller (2011). Physical activity and weight control: Conflicting findings. *Current Opinions Clinical Nutrition and Metabolic Care* 14: 419-24.

44 Blundell, J. E., and N. A. King (1999). Physical activity and regulation of food intake: Current evidence. *Medicine and Science in Sports and Exercise* 31: S573-83.

45 Poirier, P., and J. P. Després 2001). Exercise in weight management of obesity. *Cardiology Clinics* 19: 459-70.

46 Turnbaugh, P. J., and Gordon (2009). The core gut microbiome, energy balance and obesity. *Journal of Physiology* 587: 4153-58.

47 Smyth, S., A. Heron (2006). Diabetes and obesity: The twin epidemics. *Nature* 12: 75-80.

48 Koyama, K., et al (1997). Tissue triglycerides, insulin resistance, and insulin production: Implications for hyperinsulinemia of obesity. *American Journal of Physiology* 273: E708-13; Samaha, F. F., G. D. Foster, and A. P. Makris (2007) Low-carbohydrate diets, obesity, and metabolic risk factors for cardiovascular disease. *Current Atherosclerosis Reports* 9: 441-47; Kumashiro, N., et al. (2011). Cellular mechanism of insulin resistance in nonalcoholic fatty liver disease. *Proceedings of the National Academy of Sciences USA* 108: 16381-85.

49 Thomas, E. L., et al. (2012). The missing risk: MRI and MRS phenotyping of abdominal adiposity and ectopic fat. *Obesity* 20: 76-87.

50 Bray, G. A., S. J. Nielsen, and B. M. Popkin (2004). Consumption of highfructose corn syrup in beverages may play a role in the epidemic of obesity. *American Journal of Clinical Nutrition* 79: 537-43.

51 Lim, E. L., et al. (2011). Reversal of type 2 diabetes: Normalisation of beta cell function in association with decreased pancreas and liver triacylglycerol. *Diabetologia* 54: 2506-14.

52 Borghouts, L. B., and H. A. Keizer (2000). Exercise and insulin sensitivity: A review. *International Journal of Sports Medicine* 21: 1-12.

53 van der Heijden, G. J., et al. (2009). Aerobic exercise increases peripheral and hepatic insulin sensitivity in sedentary adolescents. *Journal of Clinical Endocrinology and Metabolism* 94: 4292-99.

54 O'Dea, K. (1984). Marked improvement in carbohydrate and lipid metabolism in diabetic Australian aborigines after temporary reversion to traditional lifestyle. *Diabetes* 33: 596-603.

55 Basu, S., et al. (2013). The relationship of sugar to population-level diabetes prevalence: An econometric analysis of repeated cross-sectional data. *PLoS One*. 8: e57873.

56 Knowler, W. C., et al. (2002). Reduction in the incidence of Type 2 diabetes with lifestyle intervention or metformin. *New England Journal of Medicine* 346: 393-403.

57 低密度脂蛋白也將膽固醇傳輸至睪丸、卵巢與腎上腺，膽固醇就在這些位置被轉換成雌性激素、雄性激素與可體松等荷爾蒙。並請注意：高密度脂蛋白與低密度脂蛋白都不是膽固醇分子（即使它們的成分中包括膽固醇），常用的「良性膽固醇」與「惡性膽固醇」等名詞常引人誤解。由於這些名詞已廣泛使用，為讀者所熟知，我選擇繼續沿用。

58 Thompson, R. C., et al. (2013). Atherosclerosis across 4000 years of human history: The Horus study of four ancient populations. *Lancet* 381: 1211-22.

59 Mann, G. V., et al. (1962). Cardiovascular disease in African Pygmies: A survey of the health status, serum lipids, and diet of Pygmies in Congo. *Journal of Chronic Disease* 15: 341-71; Mann, G. V., et al. (1962). The health and nutritional status of Alaskan Eskimos. *American Journal of Clinical Nutrition* 11: 31-76; Lee, K. T., et al. (1964). Geographic pathology of myocardial infarction. *American Journal of Cardiology* 13: 30-40; Meyer, B. J. (1964). Atherosclerosis in Europeans and Bantu. *Circulation* 29: 415-21; Woods, J. D. (1966). The electrocardiogram of the Australian aboriginal. *Medical Journal of Australia* 1: 238-41; Magarey, F. R., J. Kariks, and L. Arnold (1969). Aortic atherosclerosis in Papua and New Guinea compared with Sydney. *Pathology* 1: 185-91; Mann, G. V., et al. (1972). Atherosclerosis in the Masai. *American Journal of Epidemiology* 95: 26-37; Truswell, A. S., and J. D. L. Hansen (1976). Medical research among the !Kung. In *Kalahari Hunter-Gatherers: Studies of the !Kung San and Their Neighbors*, ed. R. B. Lee and I. DeVore. Cambridge: Harvard University Press, 167-94; Kronman, N., and A. Green (1980). Epidemiological studies in the Upernavik District, Greenland. *Acta Medica Scandinavica* 208: 401-6; Trowell, H. C., and D. P. Burkitt (1981). *Western Diseases: Their Emergence and Prevention*. Cambridge, MA: Harvard University Press; Blackburn, H., and R. Prineas (1983). Diet and hypertension: Anthropology, epidemiology, and public health implications. *Progress in Biochemical Pharmacology* 19: 31-79; Rode, A., and R. J. Shephard (1994). Physiological consequences of acculturation: A 20-year study of fitness in an Inuit community. *European Journal of Applied Physiology and Occupational Physiology* 69: 516-24.

60 Durstine, J. L., et al. (2001). Blood lipid and lipoprotein adaptations to exercise: A quantitative analysis. *Sports Medicine* 31: 1033-62。請注意，運動並不會降低低密度脂蛋白含量，但會藉由燃燒三酸甘油酯，減少較小、較密集且富三酸甘油酯的低密度脂蛋白百分比。

61 Ford, E. S. (2002) Does exercise reduce inflammation? Physical activity and C-reactive protein among U.S. adults. *Epidemiology* 13: 561-68.

62 Tanasescu, M., et al. (2002). Exercise type and intensity in relation to coronary heart disease in men. *Journal of the American Medical Association* 288: 1994-2000.

63 Cater, N. B., and A. Garg (1997). Serum low-density lipoprotein response to modification of saturated fat intake: Recent insights. *Current Opinion in Lipidology* 8: 332-36.

64 針對相關探討與回顧，請參閱Willett, W. (1998). *Nutritional Epidemiology*, 2nd ed. Oxford: Oxford University Press; Hu, F. B. (2008). *Obesity Epidemiology*. Oxford: Oxford University Press。

65 由於這些脂肪酸的雙碳鍵結位於脂肪酸鍊的第三個至最後一個碳上，它們被定名為N-3或ω-3脂肪酸。就其對健康效益證據的總結，請參閱McKenney, J. M., and D. Sica (2007). Prescription of omega-3 fatty acids for the treatment of hypertriglyceridemia. *American Journal of Health Systems Pharmacists* 64: 595-605。

66 Mozaffarian, D., A. Aro, and W. C. Willett (2009). Health effects of trans fatty acids: Experimental and observational evidence. *European Journal of Clinical Nutrition* 63 (suppl. 2): S5-21.

67 Cordain, L., et al. (2002). Fatty acid analysis of wild ruminant tissues: Evolutionary implications for reducing diet-related chronic disease. *European Journal of Clinical Nutrition* 56: 181-91; Leheska, J. M., et al. (2008). Effects of conventional and grass-feeding systems on the nutrient composition of beef. *Journal of Animal Science* 86: 3575-85.

68 Bjerregaard, P., M. E. Jørgensen, and K. Borch-Johnsen (2004). Serum lipids of Greenland Inuit in relation to Inuit genetic heritage, westernisation and migration. *Atherosclerosis* 174: 391-98.

69 Castelli, W. P., et al. (1977). HDL cholesterol and other lipids in coronary heart disease: The cooperative lipoprotein phenotyping study. *Circulation* 55: 767-72; Castelli, W. P., et al. (1992). Lipids and risk of coronary heart disease: The Framingham Study. *Annals of Epidemiology* 2: 23-28; Jeppesen, J., et al. (1998). Triglycerides concentration and ischemic heart disease: An eight-year follow-up in the Copenhagen Male Study. *Circulation* 97: 1029-36; Da Luz, P. L., et al. (2005). Comparison of serum lipid values in patients with coronary artery disease at <50, 50 to 59, 60 to 69, and >70 years of age. *American Journal of Cardiology* 96: 1640-43.

70 Gardner, C. D., et al. (2007). Comparison of the Atkins, Zone, Ornish, and LEARN diets for change in weight and related risk factors among overweight premenopausal women: The A TO Z Weight Loss Study: A randomized trial. *Journal of the American Medical Association* 297: 969-77; Foster, G. D., et al. (2010). Weight and metabolic outcomes after 2 years on a low-carbohydrate versus low-fat diet: A randomized trial. *Annals of Internal Medicine* 153: 147-57.

71 Stampfer, M. J., et al. (1996). A prospective study of triglyceride level, low-density lipoprotein particle diameter, and risk of myocardial infarction. *Journal of the American Medical Association* 276: 882-88; Guay, V., et al. (2012). Effect of short-term low- and high-fat diets on low-density lipoprotein particle size in normolipidemic subjects. *Metabolism* 61(1): 76-83.

72 針對文獻的詳盡探討，請參閱Hooper, L., et al. (2012). Reduced or modified dietary fat for preventing cardiovascular disease. *Cochrane Database of Systematic Reviews* 5: CD002137; Hooper, L., et al. (2012). Effect of reducing total fat intake on body weight: Systematic review and meta-analysis of randomised controlled trials and cohort studies. *British Medical Journal* 345: e7666。

73 例如，一項低脂或地中海式飲食（包含大量橄欖油、新鮮蔬菜與魚類）研究，以隨機方式選擇了七千四百四十七位介於五十五歲到八十歲之間的過重、吸菸或罹患心臟病的受測者。五年後，由於接受地中海式飲食的受測者死於心臟病、中風與其他心臟疾病的機率已降低百分之三十，研究即終止。參閱Estruch, R., et al. (2013). Primary prevention of cardiovascular disease with a Mediterranean diet. *New England Journal of Medicine* 368: 1279-90。

74 Cordain, L., et al. (2005). Origins and evolution of the Western diet: Health implications for the 21st century. *American Journal of Clinical Nutrition*. 81: 341-54.

75 Tropea, B. I., et al. (2000). Reduction of aortic wall motion inhibits hypertension-mediated experimental atherosclerosis. *Arteriosclerosis, Thrombosis, and Vascular Biology*. 20: 2027-33。

76 請留意纖維也會填滿胃部，協助控制食欲。關於纖維益處的經典總結，請參閱Anderson, J. W., B. M. Smith, and N. J. Gustafson (1994). Health benefits and practical aspects of high-fiber diets. *American Journal Clinical Nutrition* 59: 1242S-47S。

77 Eaton, S. B. (1992). Humans, lipids and evolution. *Lipids* 27: 814-20.

78 Allam, A. H., et al. (2009). Computed tomographic assessment of atherosclerosis in ancient Egyptian mummies. *Journal of the American Medical Association* 302: 2091-94.

79 American Society (2011). *Cancer Facts and Figures*. Atlanta: American Cancer.

80 Beniashvili, D. S. (1989). An overview of the world literature on spontaneous tumors nonhuman primates. *Journal of Medical Primatology* 18: 423-37.

81 Rinogi-Stern, D. A. (1842). Fatti statistici relativi alle mallattie cancrose. *Giovnali per servire ai progressi della Patologia e della Terapeutica* 2: 507-17.

82 Greaves, M. (2001). *Cancer: The Evolutionary* Legacy. Oxford: Oxford University Press.

83 一個受到仔細研究的範例是p53基因，它協助開啟ＤＮＡ修復機制，並阻止受壓迫的細胞繁殖。包括人類在內的動物，體內此項基因如產生突變，接觸到導致突變的刺激元時，罹患癌症的機率也較高。請參閱Lane, D. P. (1992). p53, guardian of the genome. *Nature* 358: 15-16。

84 Eaton, S. B., et al. (1994). Women's reproductive cancers in evolutionary context. *Quarterly Review of Biology* 69: 353-36.

85 過去，生物學家認為哺乳頻率會抑制女性排卵；但近期證據指出，哺乳的總體能量消耗是這項影響的最主要原因。參閱Valeggia, C., and P. T. Ellison (2009). Interactions between metabolic and reproductive functions in the resumption of postpartum fecundity. *American Journal of Human Biology* 21: 559-66。

86 Lipworth, L., L. R. Bailey, and D. Trichopoulos (2000). History of breastfeeding in relation to breast cancer risk: A review of the epidemiologic literature. *Journal of the National Cancer Institute* 92: 302-12.

87 關於以演化與人類學觀點進行的廣泛生物學討論，我推薦Trevathan, W. (2010) *Ancient Bodies, Modern Lives: How Evolution Has Shaped Women's Health*. Oxford: Oxford University Press。

88 Austin, H., et al. (1991). Endometrial cancer, obesity, and body fat distribution. *Cancer Research* 51: 568-72.

89 Morimoto, L. M., et al. (2002). Obesity, body size, and risk of postmenopausal breast cancer: The Women's Health Initiative (United States). *Cancer Causes and Control* 13: 741-51.

90 Calistro Alvarado, L. (2010). Population differences in the testosterone levels of young men are associated with prostate cancer disparities in older men. *American Journal of Human Biology* 22: 449-55; Chu, D. I., and S. J. Freedland (2011). Metabolic risk factors in prostate cancer.

Cancer 117: 2020-23.

91 Jasienska, G., et al. (2006). Habitual physical activity and estradiol levels in women of reproductive age. *European Journal of Cancer Prevention* 15: 439-45.

92 Thune, I., and A. S. Furberg (2001). Physical activity and cancer risk: Doseresponse and cancer, all sites and site-specific. *Medicine and Science in Sports and Exercise* 33: S530-50.

93 Peel, B., et al. (2009). Cardiorespiratory fitness and breast cancer mortality: Findings from the Aerobics Center Longitudinal Study (ACLS). *Medicine and Science in Sports and Exercise* 41: 742-48; Ueji, M., et al. (1988). Physical activity and the risk of breast cancer: A case-control study of Japanese women. *Journal of Epidemiology* 8: 116-22.

94 Ellison, P. T. (1999). Reproductive ecology and reproductive cancers. In *Hormones and Human Health*, ed. C. Panter-Brick and C. Worthman. Cambridge: Cambridge University Press, 184-209.

95 針對更詳盡內容，請參閱Merlo, L. M. F., et al. (2006). Cancer as an evolutionary and ecological process. *Nature Reviews Cancer* 6: 924-35; Ewald, P. W. (2008). An evolutionary perspective on parasitism as a cause of cancer. *Advances in Parasitology* 68: 21-43。

96 關於二〇一〇年與一九九〇年全球由這些疾病導致的殘疾與死亡率比較分析，請參閱Lozano, R., et al. (2012). Global and regional mortality from 235 causes of death for 20 age groups in 1990 and 2010: A systematic analysis for the Global Burden of Disease Study 2010. *Lancet* 380: 2095-128; Vos, T., et al. (2012). Years lived with disability (YLDs) for 1160 sequelae of 289 diseases and injuries 1990-2010: A systematic analysis for the Global Burden of Disease Study 2010. *Lancet* 380: 2163-96。

97 http://seer.cancer.gov/csr/1975_2009_pops09/results_single/sect_01_table.11_2pgs.pdf.

98 Sobal, J., and A. J. Stunkard (1989). Socioeconomic status and obesity: A review of the literature. *Psychological Bulletin* 105: 260-75.

99 Campos, P., et al. (2006). The epidemiology of overweight and obesity: Public health crisis or moral panic? *International Journal of Epidemiology* 35: 55-60.

100 Wildman, R. P., et al. (2008). The obese without cardiometabolic risk factor clustering and the normal weight with cardiometabolic risk factor clustering: Prevalence and correlates of 2 phenotypes among the U.S. population (NHANES 1999-2004). *Archives of Internal Medicine* 168: 1617-24.

101 McAuley, P. A., et al. (2010). Obesity paradox and cardiorespiratory fitness in 12,417 male veterans aged 40 to 70 years. *Mayo Clinic Proceedings* 85: 115-21; Habbu, A., N. M. Lakkis, and H. Dokainish (2006). The obesity paradox: Fact or fiction? *American Journal of Cardiology* 98: 944-48; McAuley, P. A., and S. N. Blair (2011). Obesity paradoxes. *Journal of Sports Science* 29: 773-82.

102 Lee, C. D., S. N. Blair, and A. S. Jackson (1999). Cardiorespiratory fitness, body composition, and all-cause and cardiovascular mortality in men. *American Journal of Clinical Nutrition* 69: 80.

第十一章　閒置即廢棄

1 技術上，安全係數意指建築物結構最大強度或承受力除以其最大負荷量所得的數值。

2 請參閱Horstman, J. (2012). *The Scientific American Healthy Aging Brain: The Neuroscience of Making the Most of Your Mature Mind*. San Francisco: Jossey-Bass。

3 日本研究員在試圖瞭解為何有些士兵較其他同袍更能適應南太平洋的濕熱氣候時，發現在生命最初三年中承受較炎熱環境壓力的人，汗腺的發育與功能較為完整。這項特徵會一直持續到成年期。請參閱Kuno, Y. (1956). *Human Perspiration*. Springfield, IL: Charles C. Thomas。

4 爬蟲類提供許多寶貴的例子。假如你在較狹窄的枝條上飼養蜥蜴，牠們會發育出較短的四肢；在某些物種中，卵的溫度將決定幼獸的性別。請參閱Losos, J. B., et al. (2000). Evolutionary implications of phenotypic plasticity in the hindlimb of the lizard Anolis sagrei. *Evolution* 54: 301-5; Shine, R. (1999). Why is sex determined by nest temperature in many reptiles? *Trends in Ecology and Evolution* 14: 186-89。

5 針對這項生物學機能的詳實描述，請參閱Jablonski, N. (2007). *Skin: A Natural History*. Berkeley: University of California Press。

6 人體調整其結構，以搭配（但不超出）需求的說法，被稱為「單一物種適應性假說」（hypothesis of symmorphosis）。欲瞭解更多細節，請參閱Weibel, E. R., C. R. Taylor, and H. Hoppeler (1991). The concept of symmorphosis: A testable hypothesis of structure-function relationship. *Proceedings of the National Academy of Sciences USA* 88: 10357-61。

7 Jones, H. H., et al. (1977). Humeral hypertrophy in response to exercise. *Journal of Bone and Joint Surgery* 59: 204-8.

8 針對相關檢視，請參閱Lieberman, D. E. (2011). *The Evolution of the Human Head*. Cambridge, MA: Harvard University Press。

9 針對相關探討，請參閱Carter, D. R., and G. S. Beaupré (2001). *Skeletal Function and Form: Mechanobiology of Skeletal Development, Aging, and Regeneration*. Cambridge: Cambridge University Press。

10 Currey, J. D. (2002). *Bone: Structure and Mechanics*. Princeton: Princeton University Press.

11 Riggs, B. L., and L. J. Melton III (2005). The worldwide problem of osteoporosis: Insights afforded by epidemiology. *Bone* 17 (suppl. 5): 505-11.

12 Roberts, C. A., and K. Manchester (1995). *The Archaeology of Disease*, 2nd ed. Ithaca, NY: Cornell University Press.

13 Martin, R. B., D. B. Burr, and N. A. Sharkey (1998). *Skeletal Tissue Mechanics*. New York: Springer.

14 Guadalupe-Grau, A., et al. (2009). Exercise and bone mass in adults. *Sports Medicine* 39: 439-68.

15 Devlin, M. J. (2011). Estrogen, exercise, and the skeleton. *Evolutionary Anthropology* 20: 54-61.

16 請參閱http://www.ars.usda.gov/foodsurvey; S. B. Eaton III; M. J. Konner (1997). Paleolithic nutrition twelve-year retrospective on its nature and implications. *Journal of Clinical Nutrition* 51: 207-16。

17 Bonjour, J. P. (2005). Dietary protein: essential nutrient for bone health. *Journal of the American College Nutrition* 24: 526S-36S.

18 Corruccini, R. S. (1999). *Anthropology Informs the Orthodontic Diagnosis of Malocclusion's Causes*. Lewiston, NY: Mellen Press.

19 Hagberg, C. (1987). Assessment of bite force: A review. *Journal of Craniomandibular Disorders: Facial and Oral Pain* 1: 162-69.

20 已在人類以外的靈長類動物身上量測了這些力量。相關範例請見Hylander, W. L., K. R. Johnson, and A. W. Crompton (1987). Loading patterns movements during mastication in Macaca fascicularis: A bone-strain, electromyographic, and cineradiographic analysis. *American Journal of Physical Anthropology* 72: 287-314。

21 Lieberman, D. E., et al. (2004). Effects of food processing on masticatory strain and craniofacial growth in a retrognathic face. *Journal of Human

Evolution 46: 655-77.

22 Corruccini, R. S., and R. M. Beecher (1982). Occlusal variation related to soft diet in a nonhuman primate. *Science* 218: 74-76; Ciochon, R. L., R. A. Nisbett, and R. S. Corruccini (1997). Dietary consistency and craniofacial development related to masticatory function in minipigs. *Journal of Craniofacial Genetics and Developmental Biology* 17: 96-102.

23 Corruccini, R. S. (1984). *An epidemiologic transition in dental occlusion in world populations. American Journal of Orthodontics and Dentofacial Orthopaedics* 86: 419-26; Lukacs, J. R. (1989). Dental paleopathology: Methods for reconstructing dietary patterns. In *Reconstruction of Life from the Skeleton*, ed. M. R. Iscan and K. A. R. Kennedy. New York: Alan R. Liss, 261-86.

24 更多細節請參閱Lieberman, D. E. (2011). *The Evolution of the Human Head.* Cambridge, MA: Harvard University Press。

25 Twetman, S. (2009). Consistent evidence to support the use of xylitol- and sorbitol-containing chewing gum to prevent dental caries. *Evidence Based Dentistry* 10: 10-11.

26 Ingervall, B., and E. Bitsanis (1987). A pilot study of the effect of masticatory muscle training on facial growth in long-face children. *European Journal of Orthodontics* 9: 15-23.

27 Savage, D. C. (1977). Microbial ecology of the gastrointestinal tract. *Annual Review of Microbiology* 31: 107-33.

28 Dethlefsen, L., M. McFall-Ngai, and D. A. Relman (2007). An ecological and evolutionary perspective on human-microbe mutualism and disease. *Nature* 449: 811-18.

29 Ruebush, M. (2009). *Why Dirt Is Good.* New York: Kaplan.

30 Brantzaeg, P. (2010). The mucosal immune system and its integration with the mammary glands. *Journal of Pediatrics* 156: S8-15.

31 Strachan, D. J. (1989). Hay fever, hygiene, and household size. *British Medical Journal* 299: 1259-60.

32 請見Correale, J., and M. Farez (2007). Association parasite infection and immune responses in multiple sclerosis. *Neurology* 61: 97-108; Summers, R. W., et al. (2005). Trichuris therapy in Crohn's disease. *Gut* 54: 87-90; Finegold, S. M., et al. Pyrosequencing study of fecal microfl ora of autistic and control children. *Anaerobe* 16: 444-53。

33 Bach, J. F. (2002). The effect of susceptibility to autoimmune and allergic diseases. *New England Journal of Medicine* 347: 911-20.

34 Otsu, K., and S. C. Dreskin Peanut allergy: An evolving clinical challenge. *Discovery Medicine* 28.

35 P Prescott, S. L., et al. (1999). Development of allergen-specific T-cell memory in atopic and normal children. *Lancet* 353: 196-200; Sheikh, A., and D. P. Strachan (2004). The hygiene theory: Fact or fiction? *Current Opinions in Otolaryngology and Head and Neck Surgery* 12: 232-36.

36 Hansen, G., et al. (1999). Allergen-specific Th1 cells fail to counterbalanceTh2 cell-induced airway hyperreactivity but cause severe airway inflammation. *Journal of Clinical Investigation* 103: 175-83.

37 Benn, C. S., et al. (2004). Cohort study of sibling effect, infectious diseases, and risk of atopic dermatitis during first 18 months of life. *British Medical Journal* 328: 1223-27.

38 Rook, G. A. (2009). Review series on helminths, immune modulation and the hygiene hypothesis: The broader implications of the hygiene hypothesis. *Immunology* 126: 3-11.

39 Braun-Fahrlander, C., et al. (2002). Environmental exposure to endotoxin and its relation to asthma in school-age children. *New England Journal of Medicine* 347: 869-77; Yazdanbakhsh, M., P. G. Kremsner, and R. van Ree (2002). Allergy, parasites, and the hygiene hypothesis. *Science* 296: 490-94.

40 Rook, G. A. (2012). Hygiene hypothesis and autoimmune diseases. *Clinical Reviews in Allergy and Immunology* 42: 5-15.

41 Van Nood, E., et al. (2013). Duodenal infusion of donor feces for recurrent Clostridium difficile. *New England Journal of Medicine* 368: 407-15.

42 Feijen, M., J. Gerritsen, and D. S. Postma (2000). Genetics of allergic disease. *British Medical Bulletin* 56: 894-907。然而，一項有趣的警訊是雙胞胎通常傾向擁有同樣的微生物體，提高對基因所扮演角色的估計值。想看更多細節，請參閱Turnbaugh, P. J., et al. (2009). A core gut microbiome in obese and lean twins. *Nature* 457: 480-84。

43 在許多檢驗這項效應的實驗中，我最喜歡的是由法萊斯博士與同事所執行的史丹佛跑者實驗。這項研究自一九八四年起持續追蹤兩組超過五十歲的美國人，一組包括五百三十八位業餘慢跑者，另一組包括四百二十三位健康、體重未過重卻習慣久坐、不常運動的控制組人員。二十年後，相較習慣久坐的控制組人員，業餘跑者在一定年齡後的死亡率低了百分之二十；在已逝的兩百二十五位受測者中，只有三分之一是跑者（差距達到兩倍）。另外，跑者罹患殘疾的機率也低了百分之五十；至於相同生理年齡的身體，跑者的身體機能則比非跑者的身體機能年輕十四歲。請參閱Chakravarty, E.F., et al. (2008) Reduced disability and mortality among aging runners: a 21-year longitudinal study. *Archives of Internal Medicine* 168: 1638-46。

第十二章　革新和舒適潛藏的危險

1 Paik, D. C., et al. (2001). The epidemiological enigma of gastric cancer rates in the U.S.: Was grandmother's sausage the cause? *International Journal of Epidemiology* 30: 181-82; Jakszyn, P., and C. A. Gonzalez (2006). Nitrosamine and related food intake and gastric and oesophageal cancer risk: A systematic review of the epidemiological evidence. *World Journal of Gastroenterology* 12: 4296-303.

2 我認為尼安德塔人曾想出在冬季用動物外皮包覆腳部的辦法，但這類包覆材料無法撐過漫長的歲月並存留為考古證跡；因此，鞋類的最早證據來自腳趾骨的粗度，這個證據是基於穿鞋者的腳趾骨比赤腳走路者粗的觀察。請見 Trinkaus, E., and H. Shang (2008). Anatomical evidence for the antiquity of human footwear: Tianyuan and Sunghir. *Journal of Archaeological Science* 35: 1928-33。

3 Pinhasi, R., et al. (2010). First direct evidence of chalcolithic footwear from the Near Eastern Highlands. *PLoS ONE* 5(6): e10984; Bedwell, S. F., and L. S. Cressman (1971). Fort Rock Report: Prehistory and environment of the pluvial Fort Rock Lake area of South-Central Oregon. In *Great Basin Anthropological Conference*, ed. M. C. Aikens. Eugene: University of Oregon Anthropological Papers, 1-25.

4 美國足科醫學協會的網站上指出：「對工作時需用腳頻繁的人來說，具氣墊鞋底的鞋子是不可或缺的，它能提供腳部良好的支持。」http://www.apma.org/MainMenu/FootHealth /Brochures/Footwear.aspx.

5 McDougall, C. (2009). *Born to Run: A Hidden Tribe, Superathletes, and the Greatest Race the World Has Never Seen*. New York: Knopf.

6 Lieberman, D. E., et al. (2010). Foot strike patterns and collision forces in habitually barefoot versus shod runners. *Nature* 463: 531-35.

7 Kirby, K. A. (2010). Is barefoot running a growing trend or a passing fad? *Podiatry Today* 23: 73.

8 Chi, K. J., and D. Schmitt (2005). Mechanical energy and effective foot mass during impact loading of walking and running. *Journal of*

Biomechanics 38: 1387-95.

9 這也適用於走路時踮著腳尖，但並非常見的步態，畢竟不太有效率而且沒有必要。

10 Nigg, B. M. (2010). *Biomechanics of Sports Shoes*. Calgary: Topline Printing.

11 差異總是有的，許多有經驗的赤腳跑者偏好以腳前掌觸地，但也有些習慣性赤腳者有時以腳跟觸地。我們尚不清楚差異是否受能力、奔跑距離、路面硬度、速度和疲累度等因素影響，雖然肯亞有名的善長跑部落卡倫金（Kalenjin）中，族人皆習慣赤腳奔跑，赤腳奔跑時也的確以腳前掌觸地，不過有一個研究發現，有一個名為達森那（Daasenach）的北肯亞赤腳族群平常都以腳跟觸地，特別是慢跑時。儘管如此，達森那人其實是生活在熱帶沙漠的牧人，也不那麼常奔跑。請見Lieberman, D. E., et al. (2010). Foot strike patterns and collision forces in habitually barefoot versus shod runners. *Nature* 463: 531-35; Hatala, K. G., et al. (2013). Variation in foot strike patterns during running among habitually barefoot populations. *PLoS One* 8: e52548。

12 我個人認為，如同其他運動技術如游泳、丟擲或攀爬，善於長跑是一種特殊能力。不過，還是可以從有經驗的赤腳跑者奔跑的方式學到很多。這雖仍待進一步研究，但許多教練與專家相信，良好的跑步姿勢普遍包括：幾乎全平的腳掌緩和地觸地、踩著小步伐、腳觸地時膝蓋朝下、維持平均每分鐘一百七十到一百八十步的節奏，同時保持上半身直立，腰部不要過於傾斜。不過，有個關鍵的考量是，這種跑步姿勢更需要消耗腳和小腿肌的力氣；此外，若你不曾以這個方式跑步，需要很慢且很小心地開始採用此法，以提升肌力並讓肌腱、韌帶和骨頭適應，否則你有可能受傷。

13 Milner, C. E., et al. (2006). Biomechanical factors associated with tibial stress fracture in female runners. *Medicine and Science in Sports and Exercise* 38: 323-28; Pohl, M. B., J. Hamill, and I. S. Davis (2009). Biomechanical and anatomic factors associated with a history of plantar fasciitis in female runners. *Clinical Journal of Sports Medicine* 19: 372-76。欲參考相反的假說（即因為身體會減低撞擊力，最大撞擊力不會造成傷害），請見Nigg, B. M. (2010). *Biomechanics of Sports Shoes*. Calgary: Topline Printing。

14 Daoud, A. I., et al. (2012). Foot strike and injury rates in endurance runners: A Retrospective Study. *Medicine and Science in Sports and Exercise* 44: 1325-44.

15 Dunn, J. E., et al. (2004). Prevalence of foot and ankle conditions in a multiethnic community sample of older adults. *American Journal of Epidemiology* 159: 491-98.

16 Rao, U. B., and B. Joseph (1992). The influence of footwear on the prevalence of flat foot: A survey of 2300 children. *Journal of Bone and Joint Surgery* 74: 525-27; D'Aoȗt, K., et al. (2009). The effects of habitual footwear use: Foot shape and function in native barefoot walkers. *Footwear Science* 1: 81-94.

17 Chandler, T. J., and W. B. Kibler (1993). A biomechanical approach to the prevention, treatment and rehabilitation of plantar fasciitis. *Sports Medicine* 15: 344-52.

18 請見Ryan, M. B., et al. (2011). The effect of three different levels of footwear stability on pain outcomes in women runners: A randomised control trial. *British Journal of Sports Medicine* 45: 715-21; Richards, C. E., P. J. Magin, and R. Callister (2009). Is your prescription of distance running shoes evidence-based? *British Journal of Sports Medicine* 43: 159-62; Knapick, J. J., et al. (2010). Injury reduction effectiveness of assigning running shoes based on plantar shape in Marine Corps basic training. *American Journal of Sports Medicine* 36: 1469-75。

19 Marti, B., et al. (1988). On the epidemiology of running injuries: The 1984 Bern Grand-Prix Study. *American Journal of Sports Medicine* 16: 285-94.

20 van Gent, R. M., et al. (2007). Incidence and determinants of lower extremity running injuries in long distance runners: A systematic review. *British Journal of Sports Medicine* 41: 469-80.

21 Nguyen, U. S., et al. (2010). Factors associated with hallux valgus in a population-based study of older women and men: The MOBILIZE Boston Study. *Osteoarthritis Cartilage* 18: 41-46; Goud, A., et al. (2011). Women's musculoskeletal foot conditions exacerbated by shoe wear: An imaging perspective. *American Journal of Orthopedics* 40: 183-91.

22 Kerrigan, D. C., et al. (2005). Moderate-heeled shoes and knee joint torques relevant to the development and progression of knee osteoarthritis. *Archives of Physical Medicine and Rehabilitation* 86: 871-75.

23 而且，我們何時有了「鞋子比腳乾淨」的想法？我們多常清理鞋子，又是多常清潔腳部？這些相關主題的回顧請見Howell, L. D. (2010). *The Barefoot Book*. Alameda, CA: Hunter House。

24 Zierold, N. (1969). *Moguls*. New York: Coward-McCann.

25 Au Eong, K. G., T. H. Tay, and M. K. Lim (1993). Race, culture and myopia in 110,236 young Singaporean males. *Singapore Medical Journal* 34: 29-32; Sperduto, R. D., et al. (1983). Prevalence of myopia in the United States. *Archives of Ophthalmology* 101: 405-7.

26 Holm, S. (1937). The ocular refraction state of the Palaeo-Negroids in Gabon, French Equatorial Africa. *Acta Ophthalmology* 13(suppl.): 1-299; Saw, S. M., et al. (1996). Epidemiology of myopia. *Epidemiologic Reviews* 18: 175-87.

27 Ware, J. (1813). Observations relative to the near and distant sight of different persons. *Philosophical Transactions of the Royal Society, London* 103: 31-50.

28 Tscherning, M. (1882). *Studier over Myopiers Aetiologi*. Copenhagen: C. Myhre.

29 Young, F. A., et al. (1969). The transmission of refractive errors within Eskimo families. *American Journal of Optometry and Archives of the American Academy of Optometry* 46: 676-85.

30 精彩評論請見Foulds, W. S., and C. D. Luu (2010). Physical factors in myopia and potential therapies. In *Myopia: Animal Models to Clinical Trials*, ed. R. W. Beuerman, et al. Hackensack, NJ: World Scientific, 361-86; Wojciechowski, R. (2011). Nature and nurture: The complex genetics of myopia and refractive error. *Clinical Genetics* 79: 301-20; Young, T. L. (2009). Molecular genetics of human myopia: An update. *Optometry and Vision Science* 86: E8-E22。

31 Saw, S. M., et al. (2002). Nearwork in early onset myopia. *Investigative Ophthalmology and Vision Science* 43: 332-39.

32 Saw, S.M., et al. (2002). Component dependent risk factors for ocular parameters in Singapore Chinese children. *Ophthalmology* 109: 2065-71.

33 Jones, L. A. (2007). Parental history of myopia, sports and outdoor activities, and future myopia. *Investigative Ophthalmology and Vision Science* 48: 3524-32; Rose, K. A., et al. (2008). Outdoor activity reduces the prevalence of myopia in children. *Ophthalmology* 115: 1279-85; Dirani, M., et al. (2009). Outdoor activity and myopia in Singapore teenage children. *British Journal of Ophthalmology* 93: 997-1000.

34 這項學者提出的飲食機制是高澱粉食物會提高胰島素濃度，這又導致某一血液中生長因子（IGF-1）濃度提高，它不但影響骨骼的生長板，還會影響眼球壁。這個機制如果正確，也許能夠解釋近視者為何通常比視力正常者的身高來得較高，也長得較快，也可以解釋第二型糖尿病患者（胰島素濃度甚高者）為何也常有近視眼。更多資訊請見Gardiner, P. A. (1954). The relation of myopia to growth. *Lancet* 1: 476-79; Cordain, L., et al. evolutionary analysis of the aetiology and pathogenesis of juvenile-myopia. *Acta Ophthalmologica Scandinavica* 80: 125-35; Teikari, J. 1987). Myopia and stature. *Acta Ophthalmologica Scandinavica* 65: 673-76; Fledelius, H. C., J. Fuchs, and A. Reck (1990). Refraction in diabetics during metabolic dysregulation, acute or chronic with special reference to the diabetic myopia concept. *Acta Ophthalmologica Scandinavica* 68: 275-80。

35 這些纖維常稱為「小帶纖維」（zonular fibers），舊時也稱為懸帶（zonules）或秦氏小帶（Zinn），以德國植物學家秦（Johann Gottfried Zinn）命名，他的姓氏也被用以命名百日草屬植物（zinnia）。

36 Sorsby, A., et al. (1957). *Emmetropia and Its Aberrations*. London: Her Majesty's Stationery Office.

37 Grosvenor, T. (2002). *Primary Care Optometry*, 4th ed. Boston: Butterworth-Heinemann.

38 McBrien, N. A., A. I. Jobling, and A. Gentle (2009). Biomechanics of the sclera in myopia: Extracellular and cellular factors. *Ophthalmology and Vision Science* 86: E23-30.

39 Young, F. A. (1977). The nature and control of myopia. *Journal of the American Optometric Association* 48: 451-57; Young, F. A. (1981). Primate myopia. *American Journal of Optometry and Physiological Optics* 58: 560-66.

40 Woodman, E. C., et al. (2011). Axial elongation following prolonged near work in myopes and emmetropes. *British Journal of Ophthalmology* 5: 652-56; Drexler, W., et al. (1998). Eye elongation during accommodation in humans: Differences between emmetropes and myopes. *Investigative Ophthalmology and Vision Science* 39: 2140-47; Mallen, E. A., P. Kashyap, and K. M. Hampson (2006). Transient axial length change during the accommodation response in young adults. *Investigative Ophthalmology and Vision Science* 47: 1251-54.

41 McBrien, N. A., and D. W. Adams (1997). A longitudinal investigation of adult-onset and adult-progression of myopia in an occupational group: Refractive and biometric findings. *Investigative Ophthalmology and Vision Science* 38: 321-33.

42 Hubel D., T. N. Wiesel, and E. Raviola (1977). Myopia and eye enlargement after neonatal lid fusion in monkeys. *Nature* 266: 485-88.

43 Raviola, E., and T. N. Weisel (1985). An animal model of myopia. *New England Journal of Medicine* 312: 1609-15.

44 Smith III, E. L., G. W. Maguire, and J. T. Watson (1980). Axial lengths and refractive errors in kittens reared with an optically induced anisometropia. *Investigative Ophthalmology and Vision Science* 19: 1250-55; Wallman, J., et al. (1987). Local retinal regions control local eye growth and myopia. *Science* 237: 73-77.

45 Rose, K. A., et al. (2008). Outdoor activity reduces the prevalence of myopia in children. *Ophthalmology* 115: 1279-85.

46 《聖經．彼得後書》第一章第九節。

47 Nadell, M. C., and M. J. Hirsch (1958). The relationship between intelligence and the refractive state in a selected high school sample. *American Journal of Optometry and Archives of American Academy of Optometry* 35: 321-26; Czepita, D., E. Lodygowska, and M. Czepita (2008). Are children with myopia more intelligent? A literature review. *Annales Academiae Medicae Stetinensis* 54: 13-16.

48 Miller, E. M. (1992). On the correlation of myopia and intelligence. *Genetic, Social, and General Psychology Monographs* 118: 363-83.

49 Saw, S. M., et al. (2004). IQ and the association with myopia in children. *Investigative Ophthalmology and Vision Science* 45: 2943-48.

50 Rehm, D. (2001). The Myopia Myth; http://www.myopia.org/ebook/index.htm.

51 Leung, J. T., and B. Brown (1999). Progression of myopia in Hong Kong Chinese schoolchildren is slowed by wearing progressive lenses. *Optometry and Vision Science* 76: 346-54; Gwiazda, J., et al. (2003). A randomized clinical trial of progressive addition lenses versus single vision lenses on the progression of myopia in children. *Investigative Ophthalmology and Vision Science* 44: 1492-1500.

52 Rieff, C., K. Marlatt, and D. R. Denge (2011). Difference in caloric expenditure in sitting versus standing desks. *Journal of Physical Activity and Health* 9: 1009-11.

53 Convertino, V. A., S. A. Bloomfi eld, and J. E. Greenleaf (1997). An overview of the issues: Physiological effects of bed rest and restricted physical activity. *Medicine and Science in Sports and Exercise* 29: 187-90.

54 O'Sullivan, P. B., et al. (2006). Effect of different upright sitting postures on spinal-pelvic curvature and trunk muscle activation in a pain-free population. *Spine* 31: E707-12.

55 Lieber, R. L. (2002). *Skeletal Muscle Structure, Function, and Plasticity: The Physiological Basis of Rehabilitation.* Philadelphia: Lippincott, Williams and Wilkins.

56 Nag, P. K., et al. (1996). EMG analysis of sitting work postures in women. *Applied Ergonomics* 17: 195-97.

57 Riley, D. A., and J. M. Van Dyke (2012). The effects of active and passive stretching on muscle length. *Physical Medicine and Rehabilitation Clinics of North America* 23: 51-57.

58 Dunn, K. M., and P. R. Croft (2004). Epidemiology and natural history of lower back pain. *European Journal of Physical and Rehabilitation Medicine* 40: 9-13.

59 我推薦一本相當出色的評論專書：Waddell, G. (2004). *The Back Pain Revolution*, 2nd ed. Edinburgh: Churchill-Livingstone。

60 Violinn, E. (1997). The epidemiology of low back pain in the rest of the world: A review of surveys in low- and middle-income countries. *Spine* 22: 1747-54.

61 Hoy, D., et al. (2003). Low back pain in rural Tibet. *Lancet* 361: 225-26; Nag, A., H. Desai, and P. K. Nag (1992). Work stress of women in sewing machine operation. *Journal of Human Ergonomics* 21: 47-55.

62 床墊最早的考古證跡，是來自距今七萬七千年南非西度布（Sidubu）洞穴。那裡我們可以明顯發現，洞穴的居民睡在一張芳香葉和枯草製的床（用以驅離昆蟲）。請見Wadley, L., et al. (2011). Middle Stone Age bedding construction and settlement patterns at Sibudu, South Africa. *Science* 334: 1388-91。

63 Adams, M. A., et al. (2002). *The Biomechanics of Back Pain.* Edinburgh: Churchill-Livingstone.

64 Mannion, A. F. (1999). Fibre type characteristics and function of the human paraspinal muscles: Normal values and changes in association with low back pain. *Journal of Electromyography and Kinesiology* 9: 363-77; Cassisi, J. E., et al. (1993). Trunk strength and lumbar paraspinal muscle activity during isometric exercise in chronic low-back pain patients and controls. *Spine* 18: 245-51; Marras, W. S., et al. (2005). Functional impairment as a predictor of spine loading. *Spine* 30: 729-37.

65 Mannion, A. F., et al. (2001). Comparison of three active therapies for chronic low back pain: Results of a randomized clinical trial with one-year follow-up. *Rheumatology* 40: 772-78.

第十三章　較適者生存

1 May, A. L., E. V. Kuklina, and P. W. Yoon (2012). Prevalence of cardiovascular disease risk factors among U.S. adolescents, 1999-2008. *Pediatrics* 129: 1035-41.

2 Olshansky, S. J., et al. (2005). A potential decline in life expectancy in the United States in the 21st century. *New England Journal of Medicine* 352: 1138-45.

3 World Health Organization (2011). *Global Status Report on Noncommunicable Diseases 2010*. Geneva: WHO Press; http://whqlibdoc.who.int/publications/2011/9789240686458_eng.pdf.

4 Shetty, P. (2012). Public health: India's diabetes time bomb. *Nature* 485: S14-S16.

5 這個數字來自二〇一一年美國罹患第二型糖尿病的人數（一千八百八十萬人診斷出患有第二型糖尿病，另有七百萬人未診出罹患此病，但據信可能罹患），以及二〇〇七年總直接支出（一千一百六十億美元）。更多資料請見 http://www.cdc.gov/chronicdisease/resources/publications/AAG/ddt.htm。

6 Russo, P. (2011). Population health. In *Health Care Delivery in the United States*, ed. A. R. Kovner and J. R. Knickman. New York: Springer, 85-102.

7 Byars, S. G., et al. (2009). Natural selection in a contemporary human population. *Proceedings of the National Academy of Sciences USA* 107 (suppl. 1): 1787-92.

8 Elbers, C. C. (2011). Low fertility and the risk of type 2 diabetes in women. *Human Reproduction* 26: 3472-78.

9 Pettigrew, R., and D. Hamilton-Fairley (1997). Obesity and female reproductive function. *British Medical Bulletin* 53: 341-58.

10 de Condorcet, M. J. A. (1795). Esquisse d'un Tableau Historique des Progrès de l'Esprit Humain. Paris: Agasse。如要看看今日的未來學家怎麼說，請看http://www.kurzweilai.net/predictions/download.php。

11 TODAY Study Group (2012). A clinical trial to maintain glycemic control in youth with type 2 diabetes. *New England Journal of Medicine* 366: 2247-56.

12 你可以自行在http://www.cdc.gov/nchs/查閱資料。請注意，死亡率已按照人口的多少和年齡變化做了修正，因此被診斷出罹患疾病的人數並不會產生偏倚影響，因為這些都只是死亡率。

13 Pritchard, J. K. (2001). Are rare variants responsible for susceptibility to common diseases? *American Journal of Human Genetics* 69: 124-37; Tennessen, J. A. (2012). Evolution and functional impact of rare coding variation from deep sequencing of human exomes. *Science* 337: 64-69; Nelson, M. R. (2012). An abundance of rare functional variants in 202 drug target genes sequenced in 14,002 people. *Science* 337: 100-4.

14 Yusuf, S., et al. (2004). Effect of potentially modifiable risk factors associated with myocardial infarction in 52 countries (the INTERHEART study): Case-control study. *Lancet* 364: 937-52.

15 Blair, S. N., et al. (1995). Changes in physical fitness and all-cause mortality: A prospective study of healthy and unhealthy men. *Journal of the American Medical Association* 273: 1093-98.

16 這個數字僅根據二〇一一年美國罹患中風或突發性心臟病的人數（一千三百萬人），但這顯然是個低估的數值，畢竟在所有患有心臟疾病的人當中這只是一小部分。更多資料請見Kovner, A. R., and J. R. Knickman (2011). *Health Care Delivery in the United States*. New York: Springer。

17 Russo, P. (2011). Population health. In *Health Care Delivery in the United States*, ed. A. R. Kovner and J. R. Knickman. New York: Springer, 85-102; http://report.nih.gov/award/.

18 Trust for America's Health (2008). *Prevention for a Healthier America: Investments in Disease Prevention Yield Significant Savings, Stronger Communities*. Washington, DC: Trust for America's Health。可以前往下列網址閱讀該報告：http://healthyamericans.org/reports/prevention08/。

19 Brandt, A. M. (2007). *The Cigarette Century*. New York: Basic Books.

20 McTigue, K. M., et al. (2003). Screening and interventions for obesity in adults: Summary of the evidence for the U.S. Preventive Services Task Force. *Archives of Internal Medicine* 139: 933-49; http://www.cdc.gov/nchs/data/hus/hus11.pdf#073.

21 如欲參考針對牟利動機而扭曲醫學的嚴厲批判，請見Bortz, W. M. (2011). *Next Medicine: The Science and Civics of Health*. Oxford: Oxford University Press。

22 Glanz, K., B. K. Rimer, and K. Viswanath (2008). Theory, research and practice in health behavior and health education. In *Health Behavior in Education: Theory, Research and Practice*, 4th ed. San Francisco: Jossey-Bass, 23-41.

23 Institute of Medicine (2000). *Promoting Health: Intervention Strategies from Social and Behavioral Research*. Washington, DC: National Academy Press.

24 Orleans, C. T., and E. F. Cassidy (2011). Health and behavior. In *Health Care Delivery in the United States*, ed. A. R. Kovner and J. R. Knickman. New York: Springer, 135-49.

25 Gantz, W., et al. (2007). *Thought: Television Food Advertising to Children in the United State*. Menlo Park, CA: Kaiser Family Foundation.

26 Hager, R., et al. (2012). Evaluation of a university general education health and wellness course by lecture or online. *American Journal of Health Promotion* 26: 263-69.

27 Cardinal, B. K. M. Jacques, and S. S. Levy (2002). Evaluation of a university course aimed at promoting exercise behavior. *Journal of Sports Medicine Physical Fitness* 42: 113-19; Wallace, L. S., and J. Buckworth (2003). Longitudinal shifts in exercise stages of change in college students. *Journal Sports Medicine and Physical Fitness* 43: 209-12; Sallis, J. F., et al. (1999). Evaluation of a university course to promote physical activity: Project GRAD. *Research Quarterly for Exercise and Sport* 70: 1-10.

28 Galef Jr., B. G. (1991). A contrarian view of the wisdom of the body as it relates to dietary self-selection. *Psychology Reviews* 98: 218-23.

29 請見Birch, L. L. (1999). Development of food preferences. *Annual Review of Nutrition* 19: 41-62; Popkin, B. M., K. Duffey, and P. Gordon-Larsen (2005). Environmental influences on food choice, physical activity and energy balance. *Physiology and Behavior* 86: 603-13。

30 Webb, O. J., F. F. Eves, and J. Kerr (2011). A statistical summary of mallbased stair-climbing interventions. *Journal of Physical Activity and Health* 8: 558-65.

31 關於我們如何做這類決定，我推薦兩本知名的行為經濟學書籍：Kahneman, D. (2011). *Thinking Fast and Thinking Slow*. New York: Farrar, Straus and Giroux; Ariely, D. (2008). *Predictably Irrational: The Hidden Forces That Shape Our Decisions*. New York: Harper。

32 美國直到一九三八年才通過國家童工法規，限制兒童可工作的時數與種類。

33 請見Feinberg, J. (1986). *Harm to Self*. Oxford: Oxford University Press; Sunstein, C., and R. Thaler (2008). *Nudge: Improving Decisions About Health, Wealth, and Happiness*. New Haven, CT: Yale University Press。

34 http://www.surgeongeneral.gov/initiatives/healthy-fit-nation/obesityvision2010.pdf.

35 Johnstone, L. D., J. Delva, and P. M. O'Malley (2007). Sports participation and physical education in American secondary schools. *American Journal of Preventive Medicine* 33(4S): S195-S208.

36 Avena, N. M., P. Rada, and B. G. Hoebel (2008). Evidence for sugar addiction: Behavioral and neurochemical effects of intermittent, excessive sugar intake. *Neuroscience Biobehavioral Reviews* 32: 20-39.

37 Garber, A. K., and R. H. Lustig (2011). Is fast food addictive? *Current Drug Abuse Reviews* 4: 146-62.

國家圖書館出版品預行編目資料

從叢林到文明，人類身體的演化和疾病的產生／丹尼爾・李伯曼（Daniel E. Lieberman）著；郭騰傑譯. -- 二版. -- 臺北市：城邦文化事業股份有限公司出版：英屬蓋曼群島商家庭傳媒股份有限公司城邦分公司發行, 民111.07
面； 公分. --（科學新視野；113）
譯自：The Story of the Human Body

ISBN 978-626-318-349-0（平裝）
1.CST: 人體生理學 2.CST: 人類演化

397 111009529

科學新視野 113

從叢林到文明，人類身體的演化和疾病的產生

原著書名／The Story of the Human Body
作　　者／丹尼爾・李伯曼（Daniel E. Lieberman）
譯　　者／郭騰傑
企畫選書／林宏濤
責任編輯／鄭雅菁、李尚遠

版　　權／林易萱
行銷業務／周丹蘋、賴正祐
總 編 輯／楊如玉
總 經 理／彭之琬
事業群總經理／黃淑貞
發 行 人／何飛鵬
法律顧問／元禾法律事務所　王子文律師
出　　版／商周出版
城邦文化事業股份有限公司
臺北市中山區民生東路二段141號9樓
電話：(02) 2500-7008　傳真：(02) 2500-7759
E-mail：bwp.service@cite.com.tw
發　　行／英屬蓋曼群島商家庭傳媒股份有限公司城邦分公司
臺北市中山區民生東路二段141號B1樓
書虫客服專線：(02)2500-7718；(02)2500-7719
服務時間：週一至週五上午09:30-12:00；下午13:30-17:00
24小時傳真專線：(02)2500-1990；(02)2500-1991
劃撥帳號：19863813　戶名：書虫股份有限公司
讀者服務信箱：service@readingclub.com.tw
城邦讀書花園 網址：www.cite.com.tw
香港發行所／城邦（香港）出版集團有限公司
香港灣仔駱克道193號東超商業中心1樓
E-mail：hkcite@biznetvigator.com
電話：(852) 25086231　傳真：(852) 25789337
馬新發行所／城邦（馬新）出版集團Cité (M) Sdn. Bhd.
41, Jalan Radin Anum, Bandar Baru Sri Petaling, 57000 Kuala Lumpur, Malaysia
電話：(603)90578822　傳真：(603) 90576622 Email: cite@cite.com.my

封面設計／李東記
排　　版／游淑萍
印　　刷／韋懋實業有限公司
經 銷 商／聯合發行股份有限公司
電話：(02) 2917-8022　傳真：(02) 2911-0053

■2014年（民103）09月初版
■2022年（民111）07月二版
定價／560元

Printed in Taiwan
城邦讀書花園
www.cite.com.tw

商周出版

廣	告	回	函
北區郵政管理登記證			
台北廣字第 000791 號			
郵資已付，免貼郵票			

104 台北市民生東路二段 141 號 B1

英屬蓋曼群島商家庭傳媒股份有限公司
城邦分公司

請沿虛線對摺，謝謝！

商周出版

書號：BU0113X　書名：從叢林到文明，人類身體的演化和疾病的產生　編碼：

請於此處用膠水黏貼

商周出版

讀者回函卡

感謝您購買我們出版的書籍！請費心填寫此回函卡，我們將不定期寄上城邦集團最新的出版訊息。

「線上問卷回函」

姓名：＿＿＿＿＿＿＿＿＿＿＿＿＿＿ 性別：☐男 ☐女

生日：西元＿＿＿＿＿年＿＿＿＿＿月＿＿＿＿＿日

地址：＿＿＿＿＿＿＿＿＿＿＿＿＿＿＿＿＿＿

聯絡電話：＿＿＿＿＿＿＿＿＿ 傳真：＿＿＿＿＿＿＿

E-mail：

學歷：☐ 1. 小學 ☐ 2. 國中 ☐ 3. 高中 ☐ 4. 大學 ☐ 5. 研究所以上

職業：☐ 1. 學生 ☐ 2. 軍公教 ☐ 3. 服務 ☐ 4. 金融 ☐ 5. 製造 ☐ 6. 資訊

☐ 7. 傳播 ☐ 8. 自由業 ☐ 9. 農漁牧 ☐ 10. 家管 ☐ 11. 退休

☐ 12. 其他＿＿＿＿＿＿＿＿＿＿＿＿＿＿＿＿

您從何種方式得知本書消息？

☐ 1. 書店 ☐ 2. 網路 ☐ 3. 報紙 ☐ 4. 雜誌 ☐ 5. 廣播 ☐ 6. 電視

☐ 7. 親友推薦 ☐ 8. 其他＿＿＿＿＿＿＿＿＿＿＿＿

您通常以何種方式購書？

☐ 1. 書店 ☐ 2. 網路 ☐ 3. 傳真訂購 ☐ 4. 郵局劃撥 ☐ 5. 其他＿＿＿

您喜歡閱讀那些類別的書籍？

☐ 1. 財經商業 ☐ 2. 自然科學 ☐ 3. 歷史 ☐ 4. 法律 ☐ 5. 文學

☐ 6. 休閒旅遊 ☐ 7. 小說 ☐ 8. 人物傳記 ☐ 9. 生活、勵志 ☐ 10. 其他

對我們的建議：＿＿＿＿＿＿＿＿＿＿＿＿＿＿＿＿＿＿

＿＿＿＿＿＿＿＿＿＿＿＿＿＿＿＿＿＿

＿＿＿＿＿＿＿＿＿＿＿＿＿＿＿＿＿＿

請於此處用膠水黏貼